赫尔曼·舒伯特
(1848—1911)

　　Hermann Schubert (1848—1911)，出生于德国的波茨坦. 1867 年毕业于柏林大学. 1870 年，在 Halle 大学获得博士学位. 博士论文题目为《论特征理论》，内容是关于计数几何的研究. 1872 年, 他得到了一所文理中学(Gymnasium)的数学教师职位. 四年后他迁往汉堡，在德国著名的 Johanneum 文理中学任教，并在那里一直工作到 1908 年，才由于健康原因退休. 在此期间，由于在计数几何研究上的杰出成就，有多所大学聘请他去任教，但他不愿离开汉堡，因而全都拒绝了. 1874 年，由于他将特征理论推广到三次空间曲线的工作，Schubert 获得了丹麦皇家科学院的金奖.

　　Schubert 的主要著作就是这本《计数几何演算法》. 此书阐述了他独创的一种研究计数几何的演算法，总结了他在计数几何上的研究成果. 在 1900 年的巴黎数学家大会上，Hilbert 在其著名的演讲中列出了 23 个当时最重要的数学问题，其中的第 15 问题主要就是要求为本书中阐述的方法建立严格的基础，并据此来验证本书中所得到的计数结果.

李培廉先生

李培廉先生(1931—2016), 江西省南昌市人. 1952 年毕业于上海同济大学机械系. 生前曾任鞍山钢铁学院(即现在的辽宁科技大学)基础部主任, 数理系教授. 他在承担繁重的教学工作之余, 积极进行基础理论研究, 在国内外学术刊物上发表有关物理和工程的论文共二十余篇. 李培廉先生精通好几门外语, 先后从英语、俄语、德语、法语翻译了物理和数学的书籍多种, 正式出版的文字将近两百万字. 他一生勤奋努力, 笔耕不辍, 在去世前两个月刚刚完成了《黎曼全集》第二卷的翻译工作, 真正做到了生命不息, 为学不止.

数学名著译丛

计数几何演算法

〔德〕赫尔曼·舒伯特 著

李培廉 译

李邦河 余建明 校

科 学 出 版 社

北 京

内 容 简 介

　　本书第一章为条件的符号记法,一个条件是给定代数簇中子簇的某种等价类,引进了条件的乘法和加法运算,这是 Schubert 的独创. 第二章为关联公式,由直线和其上的一点、平面和其上的一点或一直线组成的几何形体称为关联体,本章给出了关联体上各种条件之间关系的公式及其应用. 第三章为叠合公式,用现代术语来说,叠合公式就是把乘积空间沿对角线爆炸所得的例外除子类用其他条件来表达,本章的公式包括点对、直线对和一些其他的叠合公式. 第四章为通过退化形体进行计数,对圆锥曲线、带尖点的三次平面曲线、带二重点的三次平面曲线、三次空间曲线、二次曲面等通过退化的办法来计数,这是 19 世纪计数几何最具特色的方法,其内容十分丰富,结果极其深刻. 第五章为多重叠合,把一对元素的叠合推广到多个元素的叠合. 第六章为特征理论,给出了某些代数簇中条件的生成元及全部关系.

　　本书读者对象为数学领域的研究生和对 Hilbert 第 15 问题感兴趣的人.

图书在版编目(CIP)数据

　　计数几何演算法/(德)赫尔曼·舒伯特(Hermann Schubert)著;李培廉译.
—北京:科学出版社,2018.8
　　(数学名著译丛)
　　书名原文:Kalkul der abzalenden Geometrie
　　ISBN 978-7-03-058251-5

　　I.①计⋯　II.①赫⋯　②李⋯　III.①几何学　IV.①O18

　　中国版本图书馆 CIP 数据核字(2018)第 155491 号

责任编辑:胡庆家　赵彦超/责任校对:邹慧卿
责任印制:赵　博/封面设计:陈　敬

科学出版社 出版
北京东黄城根北街 16 号
邮政编码:100717
http://www.sciencep.com
北京中石油彩色印刷有限责任公司印刷
科学出版社发行　各地新华书店经销
*
2018 年 8 月第 一 版　开本:720×1000　B5
2024 年 2 月第四次印刷　印张:21 3/4
字数:430 000
定价:149.00 元
(如有印装质量问题,我社负责调换)

中译本序言

2005 年, 我对 Hilbert 问题 15 产生了兴趣, 因此请李培廉先生于七八月间来中国科学院访问, 帮助把 Schubert 的这本书译成中文. 培廉先生效率很高, 只用了不到两个月的时间, 就完成了手写的译稿. 但要正式出书, 我觉得校对者必须对书的基本框架有一个正确的理解, 才能保证质量. 而这需要时间. 直到 2014 年底, 我感觉已基本上弄清了框架, 才请科学出版社与培廉先生联系出版事宜. 录入手写稿是个艰巨的任务, 而培廉先生在他年高有病之际, 还要根据手写稿来核对录入稿, 这必定更为辛苦, 因为其中涉及难以计数的公式和数表. 对于培廉先生兢兢业业地工作到生命最后时段的精神, 我深表敬佩. 这个译本的出版应是对他永远的缅怀.

＊ ＊ ＊ ＊ ＊ ＊ ＊ ＊ ＊ ＊

本书的德文原著出版于 1879 年. 在 1900 年, Hilbert 提出的 23 个著名问题之 15, 就是要求对于计数几何中的结果, 特别是本书中的方法和结果, 给出严格的基础和验证. 1979 年, 在原著出版百年之后, Springer 出版公司重印了该书, 并邀请著名数学家 Kleiman 为重印版写了一个导言. 这次重印对于 Hilbert 问题 15 的研究, 起到了很大的推动作用. Kleiman 的这个导言, 以及他在 1976 年出版的关于 23 个问题专著中的文章 [1], 都是关于 Hilbert 问题 15 的拨乱反正、承上启下的历史性文献. 建议读者在阅读中译本时, 先看一看他的这个导言.

在 1879 年前, 计数几何在欧洲蓬勃发展, 取得了辉煌的成就. Schubert 的高明之处, 用当今的术语来说, 就在于在给定的代数簇中引进了各种子簇在有理数域上的有限线性组合, 以及它们在数值等价下的等价类之间的加法和乘法运算. 他用这一办法, 不仅可以迅速得到同时代人已得的许多成果, 也得到了许多新的成果.

但要得到加法和乘法运算下的生成元, 以及生成元之间的种种关系, Schubert 使用的方法, 最主要的就是 Chasles 和 Zeuthen 的归结为退化情形的方法.

退化的方法最早由 Chasles 应用于平面圆锥曲线问题: 此时的两种退化分别是二重直线带其上的两个点, 以及两条相交直线.

平面二次曲线可以用齐次坐标表成为

$$ax^2 + by^2 + cz^2 + dxy + exz + fyz = 0$$

---

1) S.L. Kleiman, *Problem 15: Rigorous foundation of Schubert's enumerative calculus*, 收入美国数学会的会议录: *Mathematical developments arising from Hilbert Problems*, Proc. Symp. Pure Math., 1976, 28: 445–482.

它们形成 5 维复投影空间 $\mathbb{C}P^5$, 而二重直线的全体作为其 2 维子簇就是 Veronese 曲面. 一条直线上的无序点对构成的空间与 $\mathbb{C}P^2$ 同构. 因此, 所有带两点的二重直线实为 $\mathbb{C}P^5$ 沿 Veronese 曲面的爆炸 (blowup) 的例外除子. 要算出与 5 个处于一般位置的圆锥曲线相切的圆锥曲线的数目是 3264, 而不是由 Bezout 定理得到的 6^5, 退化曲线的引入, 或者说使用爆炸, 是成功的. 爆炸的现代概念, 有助于我们理解 Schubert 及其同代人使用的方法; 反之, 学习他们的方法, 或许会丰富我们对爆炸的认识.

比平面圆锥曲线稍复杂的是平面中带尖点的三次曲线组成的代数簇, 它是 7 维的. Schubert 对于它列举了 12 种退化, 每种退化都定义了一个单重条件. 这个 7 维簇在所有三次平面曲线形成的 $\mathbb{C}P^9$ 中的闭包是带奇点的代数簇, 而每一种退化都对应于其中的一类比带尖点的奇异性更高的三次曲线. 退化是单重条件 (即余维为 1 的子簇) 这一事实表明, 它们的确像爆炸的例外除子或者 strict transformation (后者出现在奇异曲线形成的集合本身是余维 1 的情形, 比如, 二次曲线中两条直线的并集形成的集合, 带尖点的三次曲线的集合的闭包中的一条圆锥曲线与一条直线的并集形成的集合).

退化的方法, 无疑是 Schubert 等人取得丰硕成果的关键之一. 在我看来, 当他们使用退化时, 实际是在想着正常的几何形体 (曲线, 曲面 ……) 无限地靠近奇异的几何形体时的图景. 书中经常使用无穷小的语言, 如无限靠近的两点, 两条无限接近的直线等. 但在 Schubert 的时代, 用 ε-δ 取代无穷小的思想出现已有一些时日. 或许他已感到使用无穷小的语言不严格, 因而对于实际上是无限接近二重直线的圆锥曲线, 却用了从一点出发向一条直线作投影的办法, 把这样的圆锥曲线说成是一条二重直线带两个点. 这样一来, 无穷小是避免了, 但结果却让人更加费解, 其严格性在我看来是更差了.

分析中的无穷小方法, 用 ε-δ 语言来严格化的确是很成功的. 对于代数几何中出现的较为简单的情形, ε-δ 方法也有一定的效果. 比如在二重直线带两个点的情形, 可按如下方式进行: 对一列趋于一条给定二重直线的圆锥曲线 (视为 $\mathbb{C}P^5$ 中的一个序列), 考虑它们在对偶平面 (即以切线为点的平面) 中相应的圆锥曲线序列, 则当把这一序列看成另一个 $\mathbb{C}P^5$ 中的序列时, 所有可以由此得到的极限点, 恰为这个 $\mathbb{C}P^5$ 中的一个二维线性子空间. 它们表示的是通过对偶平面中的一个点 p 的所有直线对的集合, 而 p 恰是当给定的二重直线被视为一条直线时所对偶的点. 于是, 通过 p 点的两条直线所对偶的就是给定的二重直线上的两个点, 而与通过这两个点中的每一个的所有直线对偶的, 就是相应的两条直线中的一条. 如此, 我们就

用 ε-δ 语言严格地解释了所有趋于二重直线的圆锥曲线序列的极限恰为该二重直线及通过其上的任意两个点的切线束.

但是, 对于像带尖点的三次平面曲线中的 12 种退化这样复杂的几何形体, 如果还用 ε-δ 语言, 其复杂程度那就可想而知了. 幸运的是, 理解这样复杂的无穷小现象, 有力的严格化方法, 在 20 世纪 60 年代, 已由 Robinson 创立了, 它就是非标准分析 [2].

在本书的 "个数守恒原理" 一节 (即 §4), Schubert 在举例 4 中, 用一条 m 重直线带以其上的 n 个点为中心的直线束, 表示一条退化的 m 阶 n 秩的曲线; 又在举例 5 中, 用一条二重直线带以其上的两个点为中心的直线束, 表示一条退化的圆锥曲线. 我用非标准分析, 将一条 m 阶 n 秩的曲线

$$f(x, y, z) = 0$$

变为

$$f\left(x, \frac{y}{\varepsilon}, z\right) = 0$$

将圆锥曲线

$$x^2 + y^2 + z^2 = 0$$

变为

$$\varepsilon x^2 + y^2 + \varepsilon z^2 = 0$$

其中的 ε 为非零无穷小. 由此我已将 Schubert 的方法严格化, 分别证明了

$$\chi = n\mu + m\nu$$

和

$$\chi = m + n$$

另一件重要的事情是重数. 在 Schubert 的时代, 重数还没有严格的定义, 因此他是凭直觉和经验来确定重数的. 看来是出于对自己的严格性的一定程度的不自信, 他在书中最喜欢做的事情之一, 是用不同的方法来验证同一公式或数目的一致性, 以确信其结果的可靠性.

今天, 重数的概念早有严格定义. 而要检验重数, 则写出有关的代数簇的方程是必须的 (但在本书中, 连一个代数簇的方程都没有). 写出方程并算出计入重数的解答数, 决非易事, 特别是当方程组的解答数是两位数以上时 (这在书中比比皆是). 所幸的是, 我们现在已有 Ritt-吴三角列方法和 Gröbner 基方法, 使得让计算机来帮忙, 有时是可行的. 我已用这些方法, 严格证明了 §20 中关于重数的某些论断, 以及

---

[2] 非标准分析的初步介绍可以参看: 李邦河. 非标准分析基础. 上海: 上海科学技术出版社, 1987.

两张表格: 关于 $\delta\mu^m\nu^n\varrho^{7-m-n}$ 和 $\eta\mu^m\nu^n\varrho^{7-m-n}$ 的, 以及关于 $\mu^m\nu^n\varrho^{8-m-n}$ 的, 其中最大的数为 140.

至于本书的严格性, 则是和同时代的同行数学家的严格性站在一个水平上的. 因此, 他们的结果可以相互承认, 互相纠错. 如 Schubert 因研究空间三次曲线而获得哥本哈根科学院大奖的著名论文, 就被 Zeuthen 发现其中关于一个主干数的结论有误, 并告之正确的主干数 [3].

我在阅读本书的初期, 对于用 p 表示空间中点在一给定平面中的条件, 用 g 表示直线构成的空间中直线与一给定直线相交的条件, 而在考虑由点和通过该点的直线构成的空间中, 仍用 p 和 g 表示该空间的条件很不理解. 后来才悟到, Schubert 其实是在点空间和直线空间的乘积空间中考虑问题. 此时的 p 和 g, 实际上是乘积空间向两个因子空间的投影 p_1 和 g_1 的拉回 (pull-back), 即 p_1^*p 和 g_1^*g. 全书中无言地广泛使用了二重和多重的空间乘积, 而拉回的符号全无. 有时还使用了前推 (push-forward), 但应有的符号, 如 p_{1*}, g_{1*} 等亦全无. 这或许是因为那时还没有集合论, 更没有集合乘积的概念. 理解了这一点, 读者就可以使用 Fulton 的名著《相交理论》[4] 中的公式, 来验证本书中的一些公式了.

无疑, Hilbert 问题 15 和 Schubert 的这本书已大大推动了相交理论的发展. 关于重数, 先有 van der Waerden 在相交于有限个点时的定义, 后有 Weil 对于孤立交点的定义, 又有 Serre 的著名公式. 相交理论中有理等价类构成的周环, 使得 Schubert 引进的由数值等价类构成的相交环成为其商环. 这方面的工作很多, 除了前述 Fulton 的名著外, 特别值得一提的是 Eisenbud 和 Harris 在 2016 年出版的巨著《3264 及类似的数》[5]. 在该书的一开头作者就引用了 van der Waerden 的话:"从本人的经验看来, 学习几何的最佳途径莫过于研读Schubert 的《计数几何演算法》.[6]"

成熟于 19 世纪的不严格的计数几何, 在下半叶蓬勃发展, 成果累累, 群星闪烁. Schubert 在本书的序言中写道: "《数学进展年鉴》关于计数几何的那一章的篇幅, 最好地说明了, 这一分支在不到十五年的发展中, 取得了何等丰硕的成果". 又写

---

3) 参见本书 "文献注释" 部分的**Lit.36**.

4) Fulton W. *Intersection Theory*. 2nd ed. New York: Springer-Verlag, 1998.

5) Eisenbud D, Harris J. 3264 *and All That: A Second Course in Algebraic Geometry*. Cambridge: Cambridge University Press, 2016.

6) 此语出自 van der Waerden 在《德国数学文摘》(Zentralblatt) 上为 Hendrik de Vries 的书《计数几何引论》(*An Introduction to Enumerative Geometry*) 所写的评论.

道: "如果本书可以作为Salmon-Fiedler以及Clebsch-Lindemann的巨著 7) 中某些篇章的补充的话, 作者写作此书而付出的辛劳, 也就得到了最好的回报". 这说明, 虽然 Schubert 以他的天才, 引进了数值等价类之间的加法和乘法运算, 而站在了最高峰. 但就其取得的成果而言, 仍然只是这一宝库中的一部分.

* * * * * * * * * *

本书中文译稿的校对工作是由我和余建明合作完成的. 余建明的德语和数学都好, 文字功夫也好, 我深为赞赏. 他比照原文, 一字一句地校改培廉先生的译稿. 然后我们一起商讨经他改订后的译文, 弄懂其中的数学内涵, 推敲文字的表达方式, 力求准确流畅. 在此过程中, 我们还纠正了原书中不少的错误 (主要是排印错误), 这些都在脚注中进行了说明 8). 我们没有采取直译的办法. 在这方面, 有两种情形特别值得一提: 一是书中的术语与当下通用的术语不同, 比如一类几何形体组成的代数簇的维数, 原文直译当作常数个数, 而按现代术语, 这显然应是参数的个数. 二是有些术语本身在书中没有定义, 比如 "punktallgemeine fläche n^{ten} grades", 直译当作 "点的一般的 n 阶 (次) 曲面". 通过阅读全书, 我们认为, 按现代术语, 应该译为 "没有奇点 (非奇异) 的 n 阶 (次) 曲面". 事实上, 全书中各种几何形体形成的代数簇都是指非奇异的元素形成的非奇异代数簇, 虽然常常是不完备的, 但在完备化后, 则成了其中的一个 Zariski 开集. 例如, 圆锥曲线总是指非奇异的二次曲线. 在一个平面内的圆锥曲线全体的完备化, 一个是平面内二次曲线的全体, 即一个 $\mathbb{C}P^5$; 另一个 Schubert 在书中用到的完备化则是前面已经说过的 $\mathbb{C}P^5$ 的一个爆炸.

我们在逐字逐句地校对中认识到, 要彻底理解本书, 必须也要理解同时代的同类工作. 因此, 破解 Hilbert 问题 15, 实际上是为那个时代不严格但极富创意的计数几何建立严格的基础. 我们反复推敲 Hilbert 问题 15 的德文原文, 认为正确的翻译应该是 "这个问题是: 对于计数几何中得到的几何数目, 在准确界定其适用范围的前提下, 严格地证明其正确性. 特别需要研究的是, Schubert在他的书中 …… 算

---

7) 这是 Schubert 在本书中多次引用的两部著作. 第一部是 George Salmon(1819–1904) 的《三维解析几何论》(*A Treatise on the Analytic Geometry of Three Dimensions*), 初版于 1862 年. 后来, Wilhelm Fiedler 将它翻译成德文, 并对其内容作了编辑加工. 德译本的书名为《空间解析几何》(*Analytische Geometrie des Raumes*). 第二部是 Alfred Clebsch(1833–1872) 的《几何学讲义》(*Vorlesungen über Geometrie*), 初版于 1876 年. 此书是 Clebsch 去世之后, Ferdinand Lindemann 根据 Clebsch 在大学的授课讲义编辑整理而成. Lindemann 为此书补充了许多内容, 包括他自己的研究成果. 这两部著作总结了当时代数几何的发展状况, 包含了许多计数几何的精彩结果.

8) 中译本中的脚注, 若是译者或校对者所加, 皆有明确说明. 凡是没有标明 "译注" 或者 "校注" 的脚注, 都是原作者所加.

出的那些几何数目" 9). 也就是说, Hilbert 的原意就是, 给以 Schubert 的这本书为代表的整个计数几何确立严格的基础.

我相信, 中译本的出版, 将为推动 19 世纪繁荣于欧洲的计数几何在严格的基础上复兴、发展作出贡献.

最后, 对科学出版社相关人士, 特别是赵彦超编审和胡庆家编辑的热情和辛劳, 深表感谢!

李邦河

中国科学院数学与系统科学研究院

2018 年 2 月

---

9) 详见本书的附录.

重印版序言*

Steven L. Kleiman

计数几何学是一门非常吸引人的学科, 我们这么说是有充分理由的. 它的历史丰富多彩, 是阐释数学探索和数学哲学真正本质的一个极好的实例. 它的基础深深植根于一些深奥的数学之中. 这些数学具有自己独立的课题和各种的应用, 但是, 能够很好地展示并推动它们的, 却正是它们在解决计数问题中的应用.

计数问题容易表述, 容易理解, 并不需要专门的术语或知识. 它们吸引着每一个人, 过去如此, 将来也会如此. 看看下面这些例子吧: (1) 给定三个圆周, 求与它们都相切的圆周的数目. 这是 Apollonius 在大约公元前 200 年时研究过的问题. (2) 给定五条圆锥曲线 (椭圆、抛物线、双曲线, 以及圆周), 求与它们都相切的圆锥曲线的数目. 这个问题是 Steiner 于 1848 年作为 Apollonius 问题的自然推广而提出来的. (3) 给定十二个二次曲面, 求与它们都相切的三次空间曲线的数目. 这个问题的出色的解答只发表在本书中 (答案在 §25 的结尾), 并在 1875 年为 Schubert 赢得了丹麦皇家科学院的金奖.

计数几何的精妙之处在于: 给定了一些几何条件之后, 满足这些条件的图形的数目可以直接求出来, 既不用画出这些图形, 也不用解出定义这些图形的方程.

如果想具体画出这些图形, 事先知道它们的数目是大有好处的. 无论如何, 这个数目反映了几何上的复杂程度. 让我们举个例子来说明, Steiner 对 Apollonius 问题看上去只是作了一点简单的推广, 就把问题变得多么可怕的复杂. 这只要看一下 Steiner 的研究结果就清楚了. 他断言说, 在一般情况下, 与五条圆锥曲线都相切的圆锥曲线的数目是 7776 (即 6^5). 有谁能画出 7776 条圆锥曲线或者求出它们的方程呢?

然而, Steiner 的答数 7776 是错的! 正确的数目是 3264, 这就是本书 §20 上最后的那个结果. 这个结果是 Chasles 于 1864 年首先发表的, 他提出了一个非常漂亮的方法来求圆锥曲线的个数, 并给出了几百个例子. Chasles 的工作是计数几何发展

---

* Schubert 的这本书最初于 1879 年由 Teubner 出版社出版, 1979 年由 Springer 出版社重印再版. 本文是 Kleiman 为 Springer 重印版所写的导言, 原标题为 *An Introduction to the Reprint Edition*. 这里的译文曾以《计数几何学 Schubert 演算法简介》为标题刊载于《数学译林》第 24 卷 (2005), 第 4 期. 这次借中译本出版的机会, 本书的校对者对译文作了再次的校对, 同时也更正了原文中的几个 (排印) 错误, 不过这些就不再一一说明了.—— 校注

史上的一个里程碑 [1]. 他因此而获得了 1865 年伦敦皇家学会颁发的 Copley 奖章. Chasles 的方法很快就被推广到了空间圆锥曲线和二次曲面. 在本书的 §20—§22 讲述了这个推广以及许多的例子.

在计数几何中, 几何形体和条件都假定可以用代数方程来表达 [2]. 此外, 虚数 [3] 和实数也不加区分地使用 [4], 而且认为无限远处的点与有限部分的点在射影空间中有同等的地位. 事实上, 这些做法既自然又富有成果. 比如说, Bezout 定理指出两条平面代数曲线的交点个数等于它们次数的乘积, 如果仅限于考虑实仿射平面的话, 它显然就会遇到很大的麻烦. 另外一个例子是, 给定三个处于一般位置的实圆周, 则根据三者嵌套方式之不同, 与它们都相切的实圆周个数可以是 2, 4, 或者 8, 但如果考虑复方程, 则相切圆周的个数总是 8.

要求几何形体和条件可以用复代数方程定义, 并在射影空间中加以考虑, 看上去具有很强的限制性, 但实际并非如此. 它也允许在定义几何形体和条件时使用许多 "度量" 性质, 比如正交、夹角相等、割出的距离相等, 这些都可以用令人满意的形式重新进行表述. 例如, 一个圆周就是通过无限远处两个特殊点的一条圆锥曲线, 这两个特殊点叫做 "圆点" (circular point); 而圆心就是该圆锥曲线在圆点处的两条切线的交点. 因此, 圆周的圆心与双曲线渐近线的交点这两个概念, 不过是同一个抽象的复概念在实空间中两种不同的表现形式而已. 在本书中, 涉及度量性质的例子只有为数不多的几个 (参见 §2), 而 Chasles 则给出了好几百个.

计数几何成熟于 19 世纪 [5], 本书就是其主要的里程碑 [6]. 正如本书序言所述, 这本书有两个目的, 其一是介绍计数几何的概念、问题和结果, 其二是阐述一种特殊的计数演算法. 事实上, 这种演算法就是在本书中首次建立起来的 (参见 **Lit.3**). 利用这种演算法, Schubert 实际上达成了一个更大的目标: 他是试图为计数几何建立一个系统而逐步深化理论的第一人 (也是唯一的一人). 他用简单得多, 也自然得

---

1) 这里有个美好的故事. 参见 S. L. Kleiman, "Chasles 圆锥曲线计数理论的历史性引论", Aarhus 大学预印本系列, 1975/75, No.32; 并将发表于美国数学协会丛书中由 Seidenberg 主编的那一卷.

2) 但是, 参见本书的文献注释 **Lit.5a**, 以及本文的脚注 5) 中所引文章的 330–331 页.

3) 当然, 虚数今天也还在用.

4) 实际上, 要将实数与虚数完全区分开来不说不可能, 也是相当难的. 参见本书的 §4 及 **Lit.6**.

5) 参见 H. G. Zeuthen 和 M. Pieri 的文章《计数几何》, 刊载于《科学百科全书》数学卷 (第 III 卷, 260–331 页), Teubner 出版社, Leipzig, 1915 年.

6) Schubert 写作本书时刚刚 31 岁, 在汉堡一所高级中学当教师. 有关 Schubert 更多的资料, 参见 W. Burau 的文章, 刊载于《科学家传记词典》(Gillespie 主编, 第 XII 卷, 227–229 页, Scribner 出版社, New York, 1975). 在 *Acta Math. Table Général*, T.1–35 的 169 页上有他的照片.

多的方法推导了许多已知的结果 7)，同时还解决了一些用以往的初等方法无法解决的复杂问题. 而且, 本书是平面计数几何和立体计数几何的终结者. 在它面世以后, 大部分研究就转向了将书中的理论推广到任意维. 这些成就都是伟大数学的标志.

Schubert 的理论是从 Chasles 的理论中发展出来的. Chasles 发现, 在一个圆锥曲线的单参数系中, 满足一个附加条件的圆锥曲线的数目总可以表示成为 $\alpha\mu + \beta\nu$ 的形式, 其中的 α 与 β 仅依赖于附加的条件, 而 μ 与 ν 仅依赖于系统本身. 事实上, μ 是系统中通过一个给定点的圆锥曲线的数目, 而 ν 则是系统中与一条给定直线相切的圆锥曲线的数目. 在具体问题中, 常常是通过将该条件加在两个特别简单的系统上来求出 α 和 β, 而 μ 和 ν 也是用类似的办法求出. Chasles 把 μ 和 ν 这两个符号称作该系统的 "特征", 而把表达式 $\alpha\mu + \beta\nu$(其中的 μ 和 ν 看成是变量) 称作该条件的 "模"

假设在圆锥曲线上附加下述五个相互独立的条件 $Z, Z^{\text{i}}, Z^{\text{ii}}, Z^{\text{iii}}, Z^{\text{iv}}$, 它们的模分别为

$$\alpha\mu + \beta\nu, \ \alpha^{\text{i}}\mu + \beta^{\text{i}}\nu, \ \alpha^{\text{ii}}\mu + \beta^{\text{ii}}\nu, \ \alpha^{\text{iii}}\mu + \beta^{\text{iii}}\nu, \ \alpha^{\text{iv}}\mu + \beta^{\text{iv}}\nu$$

对于满足这五个条件的圆锥曲线的数目, Chasles 得到了下面的公式:

$$N(ZZ^{\text{i}}Z^{\text{ii}}Z^{\text{iii}}Z^{\text{iv}}) = \alpha\alpha^{\text{i}}\alpha^{\text{ii}}\alpha^{\text{iii}}\alpha^{\text{iv}} + 2\sum \alpha\alpha^{\text{i}}\alpha^{\text{ii}}\alpha^{\text{iii}}\beta^{\text{iv}}$$
$$+ 4\sum \alpha\alpha^{\text{i}}\alpha^{\text{ii}}\beta^{\text{iii}}\beta^{\text{iv}} + 4\sum \alpha\alpha^{\text{i}}\beta^{\text{ii}}\beta^{\text{iii}}\beta^{\text{iv}}$$
$$+ 2\sum \alpha\beta^{\text{i}}\beta^{\text{ii}}\beta^{\text{iii}}\beta^{\text{iv}} + \beta\beta^{\text{i}}\beta^{\text{ii}}\beta^{\text{iii}}\beta^{\text{iv}}$$

其中第 n 项的系数就是通过 $5 - n$ 个给定点, 并同时与 n 条给定直线相切的圆锥曲线的数目 *. 举例说来, 由于与一条圆锥曲线相切这个条件的模恰好是 $2\mu + 2\nu$, 因此这个公式得出的数就是 3264.

Chasles 推导这个公式的方法基本如下: 数 $N(ZZ^{\text{i}}Z^{\text{ii}}Z^{\text{iii}}Z^{\text{iv}})$ 由表达式 $\alpha^{\text{iv}}\mu + \beta^{\text{iv}}\nu$ 给出, 其中的 μ 和 ν 是所有满足条件 $(ZZ^{\text{i}}Z^{\text{ii}}Z^{\text{iii}})$ 的圆锥曲线构成的单参数

---

7) 然而, 有些当时已知的重要结果并没有收入本书, 特别需要指出的有: de Jonquières 的切触公式、Plücker 公式, 以及关于空间曲线和曲面的广义 Plücker 公式. 有些结果也仅仅收入了一部分, 例如, Cayley-Brill 对应原理只是对于带有限制条件的一类对应来讲的, 空间曲线的四重割线的数目也只是对于两个曲面的交线作了讨论.

* 这里, n 的取值是从 0 到 5, 就是说, $\alpha\alpha^{\text{i}}\alpha^{\text{ii}}\alpha^{\text{iii}}\alpha^{\text{iv}}$ 是第 0 项, $2\sum \alpha\alpha^{\text{i}}\alpha^{\text{ii}}\alpha^{\text{iii}}\beta^{\text{iv}}$ 是第 1 项, 等等. 在第 1 项中, 求和符号 $\sum$ 下所包含的加项是: 从五个 α 中选取四个, 再取一个与四者指标都不同的 β, 所有这样的五个符号构成的乘积. 其余几个求和符号的意义与此类似. —— 校注

系统的特征. 令 p 表示要求圆锥曲线通过一个给定点的条件, d 表示要求它与一条给定直线相切的条件, 则 μ 就等于 $N(pZZ^iZ^{ii}Z^{iii})$, 而 ν 就等于 $N(dZZ^iZ^{ii}Z^{iii})$. 从而类似可知, μ 可以由下式给出:

$$\mu = \alpha^{iii}N(p^2ZZ^iZ^{ii}) + \beta^{iii}N(dpZZ^iZ^{ii})$$

如此等等. 依次类推下去, 就可以得到 Chasles 的公式.

Halphen 观察到 Chasles 公式的右边可以作因式分解, 从而表成为这五个条件的模的一个形式乘积, 即有

$$N(ZZ^iZ^{ii}Z^{iii}Z^{iv}) = (\alpha\mu + \beta\nu)(\alpha^i\mu + \beta^i\nu)(\alpha^{ii}\mu + \beta^{ii}\nu)$$
$$\cdot \alpha^{iii}\mu + \beta^{iii}\nu)(\alpha^{iv}\mu + \beta^{iv}\nu)$$

所需注意的只是, 当将上述乘积作形式展开后, 要把 $\mu^m\nu^n$ 这样的项替换成通过 m 个给定点并同时与 n 条给定直线相切的圆锥曲线的数目. Schubert 的天才使得他将这个观察发展成了一个强有力的演算法.

这个演算法的基本想法如下 (参见本书第一章): 把一个几何的条件用一个代数的符号来表示. 如果给定了两个相互独立的条件, 其符号分别为 x 和 y, 则用和式 $x+y$ 来表示一个新的条件, 它要求条件 x 和 y 中至少有一个得到满足; 又用乘积 xy 来表示一个新的条件, 它要求条件 x 和 y 两者同时得到满足. 如果满足符号 x 所代表条件的几何形体的数目为一个有限数, 则我们稍微乱用一下符号, 就用同一个符号 x 来表示该数目. 如果两个符号 x 和 y 所代表的条件对于计数目的而言是一样的话, 就是说, 如果对于每个辅助条件 w, 当 xw 与 yw 都为有限数时, 二者就一定相等, 那么我们就认为符号 x 和符号 y 相等. 这样一来, 所有的符号就构成了一个具有单位元的、无挠的、交换的结合环. 为方便起见, 标量被扩张到了有理数域 (这一点没有明说).

作为例子, 我们来考虑 Chasles 的理论. 用上面的术语来讲, 加在圆锥曲线上的一个条件的模, $\alpha\mu + \beta\nu$, 其实就是一个符号表达式, 它把该条件表成为两个符号 μ 和 ν 的线性组合, 而这两个符号本身又代表了基本条件 p 和 d. 换句话说, 初始条件等价于一个新的条件, 该新条件要求圆锥曲线或者通过 α 个给定点中的某一个点, 或者与 β 条给定直线中的某一条相切. 这里"等价"的意思是: 对于任给的一个圆锥曲线的单参数系统, 当该系统中满足初始条件的圆锥曲线与满足新条件的圆锥曲线的数目都为有限时, 则二者一定相等. 显然, 后面那个数目等于该单参数系统中通过一个给定点的圆锥曲线数目的 α 倍, 再加上该系统中与一条给定直线相切的圆锥曲线数目的 β 倍. 于是, 对于表达式 $\alpha\mu + \beta\nu$ 的这个解释, 与 Chasles 的解

释在逻辑上是等价的, 然而现在的这种观点却更富有成效. 例如, 从这个观点来看, 上述 Halphen 的公式根据乘积的定义确实是成立的, 而由此就立刻导出了 Chasles 原来的公式.

一般来说, 利用这个演算法解决计数问题的方法是: 将所给条件用一些标准条件表达出来, 从而将原来的问题转化为一系列已经解决了的问题. 例如, 对于平面上的圆锥曲线来说, 将每个条件都表成为 $\alpha\mu + \beta\nu$ 的形式, 就可以将原来的问题约化为求六个形如 $\mu^m\nu^{5-m}$ 的数目. 而这六个数在古代就已为人所知, 它们是 1, 2, 4, 4, 2, 1. 在本书的前四章中, 引入了许多这样的标准条件, 它们涉及各种各样的几何形体, 包括点、直线、平面、圆锥曲线、二次曲面、三次与四次曲线, 以及射影相关的线性空间 (仿照 Hirst). 在第四章中, 相应问题的答案被列成了一张一张又一张的表格, 但由于涉及的计算十分冗长, 所以大部分都省略了. 除此之外, 还解决了一系列其他有趣的问题. 例如, 在 §22 的最后给出了与九个给定的二次曲面都相切的二次曲面的数目, 结果是 666841088.

许多标准条件, 特别在第四章中, 都是 "退化" 条件, 它们要求几何形体具有某种退化的形式, 比如说, 要求圆锥曲线成为一对直线就是一个退化条件. 对于涉及退化形体的问题, 可以先对退化形体的各个分支加上适当的条件, 求解相关问题, 然后将得到的答数相加, 就可以得到原来问题的解. 下面会考察几个典型的例子.

全书在各种条件之间推导了许多的符号关系, 然后用这些关系来一步一步地确定各种数目. 主要的关系有两类: 一类是第二章中的关联公式, 另一类是第三章、第五章及第六章中的叠合公式. 尽管本书 §13 的第二段给人的印象似乎是不会再有其他的关系了, 但确实还有不属于这两类的关系, 例如, 下面要讨论的 Chasles 关系 $\lambda = 2\mu - \nu$. 不过, 所有的关系都是从两个一般的几何 "原理" 推出来的, 其一是个数守恒原理, 其二是 Chasles 对应原理. 而这两个原理本身又都基于 Gauss 的代数学基本定理, 即一个 n 次多项式有 n 个根 (包括实根与虚根, 并计算重根). 书中再没有别的地方需要用到定义方程的代数性质了.

个数守恒原理断言, 对于一个计数问题, 当相关条件中的参数取特定值时, 解的个数保持不变, 当然这里要假定解的个数为有限, 并要计算每个解出现的重数. 这个原理应该是合理的 [8], 因为令一个齐次多项式的系数取特定的值, 或者根的个数保持不变 (计算根的重数), 或者该多项式变为零.

下面是个数守恒原理的一些典型的应用. 考虑平面曲线的一个单参数系统. 令

---

[8] 在本书的 §4, Schubert 抱怨说这个原理还没有得到它所应得的认可. 事实上, 这个原理长期以来就是对计数几何的严格性进行攻击的一个主要目标.

μ 表示系统中通过一个给定点的曲线数目, ν 表示系统中与一条给定直线相切的曲线数目. 那么, 这个原理首先就推出 μ 和 ν 与点和直线的特定位置无关. 其次来考虑与一条给定圆锥曲线相切的曲线数目 [9]. 根据该原理, 可以假定这条圆锥曲线退化成了一对直线. 那么, 一条曲线会在两种情况下与圆锥曲线相切, 一种是它与这直线对中的某一条相切, 另一种是它通过这两条直线的交点. 在后一种情形下, 这条曲线必须按重数 2 来计算, 因为它是两条曲线的极限, 而这两条曲线都与一个任意靠近的非退化纤维相切 [10]. 因此, 所求的数就是 $2\mu + 2\nu$.

考虑下面的四个条件, 它们分别要求: 一个点属于一个给定平面, 一个点属于一条给定直线, 一条直线与另一条给定直线相交, 以及一条直线含于一个给定平面内. 这四个条件都称为关联条件, 分别用符号 p, p_g, g 以及 g_e 来表示. 关联条件之间的任何符号关系都称为 "关联公式" (参见第二章, §7). 关联公式中只有一个是基本的, 其余都是从它推出来的 (参见第二章, §7).

基本关联公式涉及由一条直线和该直线上一个点所组成的旗 (flag). 这个公式就是 $pg = p_g + g_e$, 其中的关联条件是加在旗的各个组成部分上的. 这个公式是按如下方式推出来的: 根据个数守恒原理, 可以将条件取为特殊的情形. 于是, 可以把给定直线移到给定平面内. 那么, 对于一个旗来说, 要求它的点属于给定平面, 而它的直线又与给定直线相交, 显然只有两种可能: 或者是它的点在给定直线上, 或者是它的直线在给定平面内. 这个公式的极端重要性, 从下面的例子可见一斑. 这个例子是: 对于由曲线构成的一个单参数系统, 考虑系统中曲线的切线和切点所组成的旗. 此时, 这个关联公式就化成了 Zeuthen 和 Sturm 曾经用过的一个数值关系 (参见 §8).

第二章中其他关联公式的推导方法如下: 用 p 和 g 去乘基本关联公式, 再将所得的公式与通过对偶变换所得的公式结合起来, 然后去掉等于零的项. 在这一章中, 还由这些公式得到了各种各样有趣的数值关系.

对应原理 (参见第三章, §13) 所处理的, 是一条直线上的点 A, B 之间的 (α, β) 值的对应 T, 也就是将每个 A 点对应于 β 个 B 点组成的集合 $T(A)$; 反之, 将每个 B 点对应于 α 个 A 点组成的集合 $T^{-1}(B)$. 这个原理断言: 与 $T(A)$ 中某个点 B 叠合的点 A, 或者有 $\alpha + \beta$ 个, 或者有无穷多个. 这个原理之所以成立, 是因为 T 的图像 (graph) 是由一个双齐次 (bihomogeneous) 方程定义的. 这个方程对于第一个

---

9) 与高次平面曲线相切的问题, 可以参见本书 §4 的例 4, 那里进行了类似的但是对偶的讨论.

10) 在很多与本例类似的情形中, 重数都是不加说明地给出的. 它们常常是用很高的技巧间接求得的. 另外, 对于未知的重数, 也找到了几个它们所满足的方程, 然后通过求解方程来得出重数.

变量是 α 次的, 对于第二个变量是 β 次的. 所以, 如果令这两个变量相等, 得到的方程或者是 $\alpha + \beta$ 次的, 或者是恒等于零的.

下面是对应原理的一个典型应用 [11]. 考虑平面圆锥曲线的一个单参数系统. 若系统的特征为 μ, ν, 系统中二重直线的数目为 λ, 则有 $\lambda = 2\mu - \nu$. 理由如下: 作一条辅助直线, 令系统中圆锥曲线与该直线的两个交点相互对应, 于是在该直线上得到一个 (μ, μ) 值的对应. 由于系统中有 ν 条圆锥曲线与该直线相切, 此外还有 λ 条二重直线 [12], 所以共有 $\nu + \lambda$ 个叠合点. 在 Schubert 的演算法中, 公式 $\lambda = 2\mu - \nu$ 被看作为一个符号表达式, 这里的 λ 应该理解为一个退化条件, 它要求圆锥曲线成为二重直线. 这个公式可以用来确定 $\mu^4\nu$ 和 $\mu^3\nu^2$ 的数值 [13], 方法如下: 因为 $\mu^5 = 1$(这是显然的), 故有 $\mu^4\nu = 2\mu^5 - \lambda\mu^4 = 2$, 因而 $\mu^3\nu^2 = 2\mu^4\nu - \lambda\mu^3\nu = 4$; 其中 $\lambda\mu^4$ 和 $\lambda\mu^3\nu$ 这两项都等于零, 因为没有二重直线能通过 3 个任意的点, 更何况 4 个.

所谓 "叠合公式" (参见 §13) 是指任何那样的符号表达式, 它将 "叠合条件" 用关于点、直线和平面的 11 个基本 (关联) 条件表示出来 (在 §2 中列出了这 11 个条件及其专用的符号). 而所谓叠合条件是指这样的一种条件, 它要求两个变动的点, 两条变动的直线, 或者两个变动的平面无限靠近, 或者是指这样一种条件与其他任何条件组成的复合条件 [14]. 同样地, 只有一个基本的叠合公式, 其他的都是利用演算法从它推出来的.

基本叠合公式涉及的几何形体由三个元素组成, 分别是一条直线及该直线上的两个点 [15]. 这个公式就是 $\varepsilon = p + q - g$, 其中 ε 表示两个点无限靠近的条件, p 表示第一个点在一个给定平面上, q 表示第二个点在一个给定平面上, g 表示该直线与一条给定直线相交. 这个基本公式是从对应原理推出来的, 方法如下: 任取一个由上述三元几何形体构成的 (具有一般位置的) 单参数系统, 作一条辅助直线, 考虑通过该直线的所有平面, 当两个这样的平面分别含有所取系统的某个几何形体中的两个点时, 就认为这两个平面是相互对应的.

---

11) 公式 $\lambda = 2\mu - \nu$ 是 Chasles 得到并证明的. $\mu^4\nu$ 和 $\mu^3\nu^2$ 的数值是 Zeuthen 确定的. 在 §20—§22 中, 所有这些结果都推广到了空间中的圆锥曲线及二次曲面.

12) 尽管这些二重直线与每条曲线交于两个叠合点, 但在 19 世纪时, 它们并没有看作是与每条曲线相切的. 更确切地说, 它们被认为是切线的包络曲线, 即系统中与之相邻的圆锥曲线的包络曲线的极限.

13) 其余的数值, $\mu^2\nu^3$, $\mu\nu^4$ 和 ν^5, 可以通过对偶求出, 分别是 4, 2 和 1.

14) 后面这个规定极大地拓广了叠合条件的定义, 参见 §17.

15) 按照当时习惯的做法, Schubert 采用了一个更形象化的观点: 他主要关注的是那两个点, 并且说, 当这两个点无限靠近时, 它们仍然有一条完全确定的连线 (参见 §13).

在第三章中, 推导了好几个叠合公式, 然后将它们加以应用. 得到的结果中, 包括了各种各样的数值关系, 比如说, 涉及曲线与曲面相切问题的数值关系; 也包括了好几个对应原理——Chasles 最初的对应原理 [16], Salmon-Zeuthen 把它推广到平面的形式, Zeuthen-Schubert 把它推广到空间的形式, 尤为重要的, 是 Cayley-Brill 把它推广到任意亏格曲线的形式. 值得注意的是, 推广到空间的形式 (参见 §13) 等价于 §13 中的公式 15), 即 $\eta = p^3 + p^2q + pq^2 + q^3$, 其中 η 表示的条件要求一个点对发生"完全"叠合, 即要求点对中的两个点完全重合, 而并非简单地无限靠近 [17]. 实际上, 此公式中的"相等"意味着, 如果将等式两边所代表的条件分别应用于由点对构成的具有三个参数的系统, 得到的将是同一个数. 但是, 一个这样的系统就是一个对应的图像, 而应用完全叠合条件得到的恰好就是该对应所产生的叠合点的数目.

在第五章中, 推导了一些"多重叠合"公式. 这些公式处理的问题, 涉及一条变动直线上的 n 个点的叠合, 以及 n 条这样的直线本身的叠合. 特别, §34 中的 6) 式和 24) 式就是对于一条固定直线上的 n 个点的 Saltel 对应原理. 这些公式被用来求一个直线族中奇异直线 (或者说例外直线) 的各种数目, 例如, 一个曲面上四重切线的数目以及在五个点相切的切线的数目 (参见 §33, 例 17 和例 21). 这些应用重新确认了许多老结果, 也得到了一些新结果, 特别清楚地展示了这个演算法的威力.

在前五章中定义了一些标准条件, 而其他的条件都可以用它们表达出来 (当然, 不同的条件有不同的表达方式). 这就提出了一个理论上的问题. 在第六章的 §37 中, 将它称作"特征问题", 并对其作了如下的表述: 对于一类给定的几何形体和一个给定的整数 i, 找出有限个基本的 i 重条件 [18], 使得其他任意的 i 重条件都可以用它们表达出来; 确切地说, 如果 $b_1, \cdots, b_m$ 为基本条件, z 为一个任意的条件, 则存在一个形如 $z = \alpha_1 b_1 + \cdots + \alpha_m b_m$ 的公式, 其中的 α 都是适当的有理数.

假定这样的基本条件确实存在, 那当然决不会是唯一的, 但数 m 却是唯一的*. 此外, 若该类几何形体的参数个数为 c, 则对于 $c-i$ 重条件必定存在一组对偶的基. 将这组对偶基用 $e_1, \cdots, e_m$ 表示, 则有 $b_i e_j = \delta_{ij}$. 从而有 $\alpha_j = z e_j$, 并且对于一个

---

16) 这个原理逻辑上等价于基本叠合公式 (参见 §13).

17) 就是说, 对于产生叠合的点对, 不再要求点对中的两个点有一条确定的"连线". 这条"连线"记录的是两个点相互趋近路径的基本信息.

18) i 重条件就是使自由度减少 i 个参数的条件. 例如, 要求空间中的点对完全叠合是一个三重的条件.

* 这里应该假定基本条件是相互独立的, 数 m 才是唯一的.—— 校注

任意的 $c-i$ 重条件 y, 就有一个如下的 "特征公式":

$$zy = (ze_1)(yb_1) + \cdots + (ze_m)(yb_m)$$

举例说来, 考虑空间中的点, 并取 $i=1$, 则有 $c=3, m=1$. 令 p 表示的条件为一个点位于一个给定平面上, 则 p^2 表示的条件就是一个点位于一条给定直线上. $\{p\}$ 和 $\{p^2\}$ 互为对偶基. 于是, 在特征公式中, 用 p 去代 b_1, 用 p^2 去代 e_1, 结果就得到了 Bezout 定理, 即一条曲线与一个曲面的交点个数等于它们次数的乘积.

在第六章中, 对于平面圆锥曲线解决了特征问题, 还对于二次曲面以及由点、直线和平面构成的多种几何形体解决了特征问题. 对于空间中的点, 其解得自于完全叠合公式 $\eta = p^3 + p^2q + pq^2 + q^3$, 因此 Bezout 定理就是这个公式的推论; 实际上 (参见 §37 的结尾部分), 同时满足两个条件的点的数目, 等于那种点对 (P, Q) 的数目, 其中的 P 满足第一个条件, 而 Q 满足第二个条件, 并且 P 与 Q(完全)叠合.

同样地, 对于空间中的直线, 其解得自于一个关于完全叠合的类似公式, 即 §15 中的公式 34). 由此得出的一个推论就是 Halphen 定理, 它涉及参数个数为 2 的两个直线系中公共直线的数目. 对于圆锥曲线和二次曲面, 求解的方法和对点的求解方法是一样的 [19]. 不过, 此时要直接基于 Chasles 的对应原理. 对于其他的各种几何形体, 从第三章和第五章中的各种叠合公式出发, 利用这个演算法, 可以顺利得出相应的解, 甚至不用明确地给出具体步骤了. 与此同时, 还可以证明一个更强的结果, 它可以很自然地称作完全叠合公式. 第六章中还包含了特征公式的各种有趣应用. 例如, 有一个结果是两个曲面交线的四重割线的数目 (即 §43 的最后一个结果).

这个演算法行之有效, 对此绝无疑问. 但它为什么行之有效, 则是另一个问题, 一个严重的问题, 以致于 Hilbert 将其列为他的第 15 问题 [20]. 通过 Severi, van der Waerden 及其他一些人的工作, 这个演算法现在可以用下面的一些术语来进行表述: 参数簇, 它的点就代表几何形体; 子簇, 它的点代表各种系统中的几何形体; 闭链 (cycle)(即子簇的线性组合), 它的 "点" 代表满足各种条件的几何形体; 两个规则相交的 (meeting properly) 闭链的交积 (intersection product), 对应于两个独立条

---

19) 在 §38 的最后, Schubert 表达了这样的希望: 对于其他种类的曲线和曲面, 其解也可以类似地求得.

20) 参见 S. L. Kleiman, 《第十五问题: Schubert 计数演算法的严格基础》, 刊载于《Hilbert 问题所产生的数学发展》, *Proceedings of Symposia in Pure Math.*, Vol.28, AMS(1976).

件的乘积; 闭链的数值等价, 对应于条件的计数等价; "代数等价推出数值等价" 这个定理, 对应于个数守恒原理; 对角线的 Künneth 分解, 对应于广义的完全叠合公式 [21]; 沿对角线爆炸 (blowup) 的例外类 (exceptional class) 公式, 对应于广义的单重叠合公式; 约化到对角线的方法, 就是从完全叠合公式去求解特征问题; 闭链在模掉数值等价之后是有限生成的这个 (深刻) 定理, 就是在各种情况下特征问题解的存在性定理.

用上面的术语来诠释 Schubert 的演算法, 就完全清楚地表明了: 从抽象的角度来看, 这个演算法本质上是现代代数几何中一般相交理论的一部分. 实际上, 1940 年以前相交理论中大部分的研究都受到了这个演算法的启发. 到了 1960 年, 相交理论在逻辑上已经成熟可靠了 [22]. 这是一个巨大而必要的成就. 然而, 它还是没能证明这个演算法的正确性. 例如, 对于个数守恒原理所作的抽象诠释, 就证明不了以这个原理为基础所算得的一个曲线系统中与一条给定曲线相切的曲线数目的正确性 [23]. 今天, 人们正在重新发现经典计数几何的美妙. 在世界范围内, 对于证实这个方法, 验证它所算得的数值, 越来越多的人表现出了兴趣. 实际上, 正是这种兴趣促成了本书的此次重印.

然而, 单是求出一个数目并不够, 还必须研究这个数目的意义. 在本书中, 这个问题实际上并没有解决, 只是给予了下面一般性的观察: 假如一个计数问题只有有限个解, 那么, 解的个数 (算上每个解出现的重数) 就是我们所求的数目. 因此, 还有下述问题有待回答: 这个问题确实只有有限个解吗? 所有解都是非退化的吗? 所有解的重数都等于 1 吗? 在本书的许多情况中, 所有这三个问题的答案都是肯定的. 这一点可以很容易地用以下定理来证明 [24]: 将代表闭链作一般位置的平移, 结果与原来的闭链横截相交, 这是因为一般线性群或者可迁地作用在几何形体上, 或者只有有限个轨道.

---

21) 这一点似乎最近才被注意到, 首先见于 D. Grayson 的文章《计数几何中的叠合》(Columbia 大学预印本, 1978 年, 10 月), 将在 *Communications in Alg.* 发表. 该文出色之处在于, 它以本书的核心部分为基础, 既把握了 Schubert 思想方法的精神, 又给出了符合现代标准的清晰严格的证明.

22) 最近, 主要是通过 Fulton 和 MacPherson 的工作, 相交理论正在被彻底改造. 它具有以下几个优点: 解决了某些长期没有解决的问题, 具有更广泛的适用性, 而且观点新颖, 富有成效.

23) 本书中有三个这样的计算结果已被证实. 第一个也是最直接的一个 (§4, 例 4), 已由 Fulton 和 Mac-Pherson 作了严格的推导 (待发表); 第二个 (§14, 第 1 款) 和第三个 (§39, 第一个应用), 分别是从基本关联公式和基本叠合公式推出来的, 而这两个方法对于下面提出的三个问题都给出了肯定的答案. 所有这些都在 Grayson 的论文中作了严格的论证 (参见本文的脚注 21).

24) 参见 S. L. Kleiman, *Comp. Math.*, 1974 年, 第 28 卷, p.287–297.

有些情况并不这样简单. 一个有趣的情况是 [25], 给定两个一般的曲面 F 和 F', 次数分别为 m 和 m', 求它们相交曲线的四重割线的数目. 这个数由 §43 的最后一个公式给出. 对于 $m' = 1, 2$ 及 $m \geqslant 4$, 这个公式给出的数为负数, 因而就有无限多条四重割线. 对于 $m' = 3$, 公式给出的数为 $27\binom{m}{4}$, 因而 F' 上的 27 条直线中, 每条都是重数为 $\binom{m}{4}$ 的四重割线. 对于 $m, m' \geqslant 4$, 这三个问题的答案都是肯定的 [26].

今天, 当我们离开抽象的理论, 回归到具体的几何问题时, 这本书会给我们带来许多美妙的数学. 本书是计数几何的系统导引, 出自这一学科最杰出的大师之手. 它既是一本理论著作, 又有大量具体的例子. 它不是重复 (而可疑地) 使用初等的原理, 而是发展了深刻而强有力的方法, 但同时也没有忽视直接使用初等原理和初等推理的魅力. 书中含有丰富的源自几何的巧妙论证, 其中不少都是对于复合几何形体的极富想象力的应用. 书中对于一些已知的结果提供了有趣的新证明, 比如从对应原理推出 Bezout 定理, 同时也包含了许多对于当前研究极有价值的想法. 实际上, 如果本书的内容能更好地为人们所知晓, 许多近来的研究工作都将获益. 但是, 依靠中间作者的介绍来了解本书却是危险的, 因为他们的著作一般都抓不住要点. 书中花了很长的篇幅来研究退化的情形, 并从而算出了一些颇为壮观的数字, 比如说, 与 12 个二次曲面都相切的三次空间曲线的数目为 5819539783680(参见 §25 的结尾). 将这一著作更新为现代版, 无疑将会使我们对于基本的几何有更加深入的认识.

可是, 阅读本书并非总是易事. 作者所假定的对于基础射影几何的熟悉程度, 今天的我们并不具备. 此外, 他不能使用现代相交理论的有力工具, 所以无法严密地表述他的论证. 实际上, 举个例子说, 要想为算出 5819539783680 这个数目的各个步骤提供严格论证所需要的一切细节, 那将会是非常困难的. 然而, 为了给他的演算法建立起严格的基础 (他认为这个基础能够而且终将建成), 花去了我们那么多年的时间; 而且直到今天, 在本书面世一百周年的前夕, 我们才刚刚做好充分认识其真正内涵的准备, 这一切就是 Schubert 的天才的最好证明.

(李培廉 译 段海豹 校)

---

25) 这种情况所处理的几何形体是由一条直线与其上的四个点组合而成, 因而有无限多个轨道. 另一个有趣的情况是曲面的例外切线 (参见 §33). 对于这种情况, 如果将问题看成是 de Jonquières 切触公式的推广, 并采用 I. Vainsencher 在其博士论文 (M.I.T., 1976 年 11 月) 中开创的方法, 则三个问题都能得到答案. 对于次数为 1, 2, 3 的曲面, 答案都是例外而奇怪的.

26) 参见 P. le Barz 的博士论文 (Nice 大学, 1977 年 12 月), 其中也讨论了不是完全相交的曲线.

序　言

　　这本书有两个目的. 首先, 本书要让读者了解几何学的一个新分支中的概念、问题和结果. 这个几何分支所关心的不是几何形体本身的结构, 而是致力于计算, 在具有某种定义的几何形体中, 满足某些给定条件的到底有多少个. 这一方面可以为解析几何学的研究提供重要的研究课题与前期准备, 另一方面可以对理解空间的性质提供一个新的视角. 《数学进展年鉴》(*Jahrbuche über die Fortschritte der Mathematik*) 中有一章就是关于计数几何的 (第VIII卷, 5C). 那一章的篇幅最好地说明了这一分支在不到十五年的发展中, 取得了何等丰硕的成果. 其次, 本书还要讲授一种独特的演算方法. 使用这种方法, 可以轻松自然地算出大量的几何个数, 并定出奇点个数之间的关系. 其中包括了那样的结果, 这些结果如果用近代解析几何中通行的代数方法去处理的话, 或者需要复杂艰难的消去过程, 或者根本就得不出来. 因此, 如果本书可以作为 Salmon-Fiedler 以及 Clebsch-Lindemann 的巨著中某些篇章的补充的话, 作者写作此书而付出的辛劳也就得到了最好的回报.

　　在本书的前三章, 主要从教学法上着眼, 对于所有的定义、定理和公式, 我都用了例子与应用来加以阐释, 其中有简单的, 也有复杂的, 有已知的, 也有新编的. 关于计数演算法, 我以前在《哥廷根简报》(*Göttinger Nachrichten*) 和《数学年刊》(*Mathematischen Annalen*) 上发表过若干论文. 与那些论文相比, 本书更加系统连贯地实施了这一方法, 并且还包含一些尚未发表的研究成果. 后者包括: 三阶空间曲线个数的计算, 更多由点、直线和平面组合而成的几何形体的特征理论及其应用, 还有至今尚未研究过的两个直线复形交集上的奇点. 正文中出现的记号 "**Lit.**", 指的是书尾部分的 "文献注释". 在文献注释之后还附有名词索引和作者索引.

　　在初步阅读本书时, 可以先略去以下各节: §11、§16—§18、§23—§32, 也许还有 §34—§36 以及 §41—§44.

　　近年来, 许多数学家, 其中有 Zeuthen, Sturm, Klein, Voss, Halphen, Hirst 这几位先生, 通过通信给予我极为友善的鼓励. 这大大提高了我从事科学研究, 特别是撰写本书的乐趣. 所以, 最后我想向他们表达自己的感激之情. 此外, 汉堡的 Lazarus 先生与慕尼黑的 Hurwitz 先生热心地校对了本书, 出版商先生精心地装潢了本书, 在此我向他们也说声谢谢了.

赫尔曼·舒伯特

1879 年 7 月于汉堡

目　　录

第一章　条件的符号记法 ·· 1

　　§1　几何形体的参数个数 ·· 1

　　§2　条件的记法 ··· 3

　　§3　条件的维数与系统的级数 ······································ 6

　　§4　个数守恒原理 ··· 9

　　§5　用条件的符号来表示由条件所确定的数目以及用这些符号来作计算 ··· 14

　　§6　三个主元素的基本条件之间的方程 ······························ 16

第二章　关联公式 ·· 19

　　§7　点与直线的关联公式 ··· 19

　　§8　关联公式 I, II, III 应用于切线与其切点组成的关联体 ············· 20

　　§9　关联公式 I, II, III 的其他例子 ································· 22

　　§10　其他关联公式 ·· 24

　　§11　关联公式 IV 至 XIV 的应用举例 ······························ 27

　　§12　关联公式应用于与主元素相关联的主元素系统 ···················· 32

第三章　叠合公式 ·· 35

　　§13　点对的叠合公式和 Bezout 定理 ······························ 35

　　§14　应用 §13 中的叠合公式确定有关平面曲线与曲面相切的若干数目 ··· 41

　　§15　直线对及其叠合条件 ··· 48

　　§16　直线对的叠合公式对二次曲面上两个直线族的应用 ················ 55

　　§17　不同种类主元素组成的对及其叠合条件 ························· 70

　　§18　由点对的一般叠合公式推导 Cayley-Brill 的对应公式 ·········· 74

第四章　通过退化形体进行计数 ···································· 77

　　§19　有限个主元素所构成几何形体的计数 ··························· 77

　　§20　圆锥曲线的计数 ·· 78

　　§21　Chasles-Zeuthen 约化 ······································ 84

　　§22　二次曲面的计数 ·· 88

　　§23　带尖点的三次平面曲线的计数 ································· 92

　　§24　带二重点的三次平面曲线的计数 ······························ 131

　　§25　三次空间曲线的计数 ··· 150

　　§26　固定平面中四阶平面曲数的计数 ······························ 170

　　§27　线性线汇的计数 ·· 173

§28 由那样两条直线构成的几何形体的计数, 这两条直线上的点或者含有
这两条直线的平面相互之间是射影相关的 ·························180

§29 由一个平面束和一个与之射影相关的直线束所构成几何形体的
计数 ···187

§30 由两个射影相关的直线束所构成几何形体的计数 ···············189

§31 由两个共线直线丛所构成几何形体的计数 ······················192

§32 由两个关联直线丛所构成几何形体的计数 ······················200

第五章 多重叠合 ···209

§33 直线与曲面交点的叠合 ···209

§34 一条直线上多个点的叠合 ··227

§35 一个直线束中多条直线的叠合 ··235

§36 一般直线复形的奇点 ··243

第六章 特征理论 ···254

§37 关于任意几何形体 Γ 的特征问题 ·······································254

§38 圆锥曲线的特征问题 ··263

§39 由一条直线和其上一点所构成几何形体的特征公式的推导与应用 ···266

§40 直线束的特征公式的推导与应用 ··275

§41 由一条直线、该直线上的一个点以及含有该直线的一个平面所构成
几何形体的特征公式的推导与应用 ···································280

§42 由一条直线和该直线上的 n 个点所构成几何形体的特征理论 ······283

§43 两个曲面相交曲线的多重割线数目的计算 ···························294

§44 一个直线束和其中的 n 条直线所构成几何形体的特征理论以及在两个
复形公共线汇上的应用 ··298

文献注释 ···307

附录 数学问题 ···319

第一章

条件的符号记法

§1

几何形体的参数个数

计数几何的目的是回答所有如下形式的问题:

"满足某些给定**条件**的、有某种确切定义的几何形体共有**多少个**?"

这种问题的答案, 一方面与所提出的定义有关, 另一方面又与所给条件的性质有关. 如果由几何形体 Γ 的定义推出, 该空间含有 ∞^c 个元素, 换言之, 在 Γ 的解析的 (或几何的) 表述中, 含有 c 个实质性的参数, 则 c 称为几何形体 Γ (或其定义) 的参数个数(constantenzahl).

此后, 所谓空间 (理解为点的集合) 是 3 维的意思, 就是指点的参数个数为 3. 平面的参数个数等于 3, 但直线的参数个数则为 4. 由有限个点、平面和直线组合而成的几何形体的参数个数, 可以由这些点、平面和直线的参数个数相加得出. 例如:

1. 点对的参数个数等于 $2 \cdot 3$, 而具有固定长度的线段, 其参数个数为 $2 \cdot 3 - 1$;

2. 空间中三角形的参数个数为 9, 在一固定平面内的三角形, 其参数个数则等于 6;

3. 空间中的 n 顶三角形多面体, 是指由三角形作界面的、有 n 个顶角的多面体, 这种几何形体的参数个数等于 $3n$;

4. 空间中平面 n 边形的参数个数等于 $2n + 3$;

5. 所谓直线点组, 是由一条直线和位于其上的 n 个点组成的几何形体, 它的参数个数为 $4 + n$;

6. 直线束 (strahlbüschel) 的参数个数等于 5;

7. 由直线束和其中的 n 条直线所组成的几何形体, 其参数个数等于 $5 + n$;

8. 由上面例 3 中三角形多面体的参数个数, 很容易得出任意多面体的参数个数 c. 设多面体有 e 个顶角、f 个面和 k 条边. 将每个面如下剖分: 如果某个面是 n 边形, 则通过连接 $n - 3$ 条对角线, 将其剖分成 $n - 2$ 个三角形. 假设对所有 f 个面进行剖分, 总共需要 d 条对角线, 由此形成 δ 个三角形. 因为对每个面作剖分, 都会得到比对角线数目多一个的三角形, 所以 δ 比 d 大 f. 从而有

$$\delta = d + f$$

此外, 这 δ 个三角形的 3δ 条边, 一部分是对角线, 另一部分是原来的 k 条边. 但是, 这 d 条对角线, 也和那 k 条边一样, 每条都是两个三角形的边, 故有下式:

$$3\delta = 2d + 2k$$

由上述二方程可推得

$$d = 2k - 3f$$

这样一来, 一个多面体总可以看成是特殊的三角形多面体, 其特殊之处在于: 假设将它剖分成三角形需要 d 条对角线, 则与这 d 条边中每条边相接的两个面, 交角都等于 $180°$. 因此, 一个任意多面体的参数个数, 比有相同顶点数 e 的三角形多面体的参数个数小 d. 由此得出

$$c = 3e - d$$

用上述求得的 d 值代入, 即有

$$c = 3e + 3f - 2k \quad \textbf{(Lit.1)}$$

再应用 Euler 公式:

$$f + e = k + 2$$

就得到下述简单的结果:

$$c = k + 6$$

因为全等几何形体的个数总是 ∞^6 *, 所以, 根据这个公式, 要确定一个多面体, 如果不考虑其位置的差异, 所需要的单重条件的数目, 正好等于它所具有的棱边的数目. 如果多面体定义中含有其他限制条件, 则参数个数就会相应减少. 例如, 梯形体 (prismatoid) 的参数个数就要比它的棱边数小 2, 因为它有两个面互相平行这一特殊的位置要求.

除了上述几个参数个数的例子, 我们再补充讲几个解析几何中熟知的例子.

9. 在任一平面内考虑平面曲线, 它的阶为 n, 秩为 n' **, 有 δ 个二重点、κ 个尖点、δ' 条双切线 (doppeltangente) 和 κ' 条拐切线 (wendetangente), 则有

$$c = 3 + \frac{1}{2}n(n+3) - \delta - 2\kappa$$

$$= 3 + \frac{1}{2}n'(n'+3) - \delta' - 2\kappa'$$

---

* 因为任何几何形体在空间作刚体运动的自由度为 6.—— 译注

** 即对偶曲线的阶为 n'. 这里原文是 klass, 可译为类, 但在下文中, 作者统一称之为秩.—— 校注

10. 没有奇点的 (punktallgemein)n 次曲面:

$$c = \frac{1}{6}(n+1)(n+2)(n+3) - 1$$

11. 没有奇点的 (strahlenallgemein)n 次直线复形:

$$c = \frac{1}{12}(n+1)(n+2)^2(n+3) - 1 \quad \textbf{(Lit.2)}$$

§2
条件的记法

对一个有确切定义的几何形体, 可以加上各式各样的条件. 这些各不相同的条件, 我们用符号来加以区别, 即用带或不带下标的字母加以区别. 如果条件是复合条件, 就是说, 要同时满足多个条件, 那么, 我们将它的符号写为那些单个条件的符号的**乘积***, 而称那些单个条件为这个乘积的因子. 因此, 将两个条件 y 与 z 相乘, 构成一个复合条件 yz, 就是指条件 y 与 z 要同时得到满足. 由此推知, 一个条件 y 的 n 次幂这种复合条件, 就是指条件 y 要 n 次被满足. 我们也可定义两个条件的**和***. 两个条件 y 与 z 相加, 就是指这样一个新的条件 $y+z$, 它要求或者 y 或者 z 被满足 (Lit.3).

在几何学的近代观点中, 点、平面及直线都是构造几何形体最基本的单元, 就是说, 我们把后二者看成和点一样, 也是几何形体的基本生成单元. 因而, 我们将此三者叫做空间的三个主元素.

由点生成的最简单的几何形体有

 1. 一条直线上所有的点, 称为**点轴、直线点列、直线**;

 2. 一个平面上所有的点, 称为**点场、平面**;

 3. 一个空间内所有的点, 称为**点空间、空间**.

由平面生成的最简单的几何形体有

 1. 通过某条直线的所有平面, 称为**平面轴、平面束、直线**;

 2. 通过某点的所有平面, 称为**平面丛、点**;

 3. 空间中的所有平面, 称为**平面空间、空间**.

由直线生成的最简单的几何形体有

 1. 平面中通过某个点的全部直线, 称为**直线束**;

 2a. 在某平面内的全部直线, 称为**直线场、平面**;

---

*可以与符号逻辑运算中的和与积作类比, 参见 E.Schröder, 《符号逻辑中的演算》, Teubner, 1877.

2b. 通过某点的全部直线, 称为直线丛、点;

3. 与某条直线相交的全部直线, 称为直线轴、特殊线性复形、直线;

4. 空间中的全部直线, 称为直线空间、空间.

上述几何形体, 连同三个主元素, 按位置几何学 (geometrie der lage) 中常用的术语, 称为空间的 14 类基本几何形体.

在可以加于几何形体的各种条件中, 基本条件起着十分重要的作用. 这些条件要求, 几何形体 Γ 中的某个主元素, 必须位于某一给定的基本几何形体之中. 例如, 对于一条空间曲线来说, 要求它与一条给定直线相交, 这个条件就是基本条件, 因为它要求这条空间曲线上的某个点位于一条给定的直线之中. 上述 14 类基本几何形体, 每一类都可以产生一个基本条件. 这些基本条件中有三个永远是满足的, 即只要求某个主元素属于该空间. 对其余 11 个基本条件, 我们引入**固定的符号, 在以后的章节中, 我们将一直用这种符号.**

Ⅰ. 如果点用 p 来表示, 则

1. 同一符号 p 也表示条件: 点 p 属于给定的平面;

2. 符号 p_g 表示条件: 点 p 属于给定的直线;

3. 符号 P 表示条件: 点 p 为给定点.

Ⅱ. 如果平面用 e 表示, 则

1. 同一符号 e 也表示条件: 平面 e 通过一个给定点;

2. 符号 e_g 表示条件: 平面 e 通过一条给定的直线;

3. 符号 E 表示条件: 平面 e 为给定平面.

Ⅲ. 如果直线用 g 表示, 则

1. 同一符号 g 也表示条件: 直线 g 与一条给定直线相交;

2a. 符号 g_e 表示条件: 直线 g 含于一个给定平面中;

2b. 符号 g_p 表示条件: 直线 g 通过一个给定点;

3. 符号 g_s 表示条件: 直线 g 属于一个给定直线束;

4. 符号 G 表示条件: 直线 g 为给定直线.

举例说来, 根据以上的约定, 条件 g^2 就表示该直线 g 要与两条给定的直线都相交, 而条件 hh_p 表示, 直线 h 既要与一条给定直线相交, 同时又要通过某个给定点.

基本条件都是空间条件, 就是说, 这种条件对所研究的几何形体 Γ, 规定了它相对于某个给定的几何形体 Γ' 的位置关系. 没有这种位置规定的条件, 称为不变条件. 例如, 要求一个点对中的两个点无限靠近; 又例如, 要求点空间中的平面曲线有一个二重点, 或者要求它的两个拐点重合, 这些条件就是不变条件. 在第四章中所处理的条件, 要求一个几何形体以某种方式分解, 或者说退化, 都属于不变条件. 此外, *度量条件*也是空间条件, 它们确定某种量, 用来描述相对于无穷远处虚球圆 (imaginärer kugelkreis) 的特定位置. 在 §4 的例 5 与例 6、§39 的应用 V、§33 的第 28 款中都涉及度量条件. 此外, Chasles 在 *Comptes Rendus* 上发表的许多论文中 (**Lit.3a**), 研究了如何确定度量条件的个数, 例如, 在一条直线上与一条平面曲线相交的两根线段相等的条件.

在应用上述符号体系时要注意以下几点:

1. 如果一个条件要求的是同时满足两个相互关联的条件, 则它不能理解为这两个条件的复合条件, 因而一般不能写成乘积, 而只能当作一个单独的条件, 用一个特殊符号来表示. 比如, 要求圆锥曲线既与一条给定圆锥曲线两阶接触, 又与另一条给定圆锥曲线三阶接触, 就是这样一种条件. 只有在不会引起误解时, 即当一个条件是退化条件时, 我们也将这种相互关联的两个条件表示为这两者的乘积, 例如, 在 §16, §23, §24,§25 等节中, 就是如此.

2. 如果一个空间条件要求几何形体 Γ 相对于给定的几何形体 Γ′ 取特定的位置, 我们就将 Γ′ 和它的每个部分, 都看成属于该空间条件. 比如, 在讨论直线 h 时, 条件 h_p 决定的点, 就是指根据条件 h_p, 直线 h 应该通过的那个点.

3. 如果某个几何形体, 按照上面的第 2 点, 属于多个给定的条件, 则我们总将这些条件相互之间的位置设想为是任意的. 比如, 对于曲线我们用 z 表示以下的条件: 曲线应通过一个给定点. 那么, z^2 表示的条件是: 曲线要通过两个给定的但相互间位置是任意的点, 决不是说, 该曲线必须两次通过同一个点.

4. 利用一个已给的几何形体 Γ, 可以用多种方式来给出另一个几何形体 Γ′, 它是以某种方式由前者生成的. 例如, 一个点生成一个以它为中心的直线丛. 一个曲面可以生成的几何形体有: 曲率中心曲面, 它的二重曲线 (doppelkurve), 以及与它四阶接触的切线所构成的直纹面. 当几何形体 Γ′ 以这种方式属于几何形体 Γ 时, 则加在 Γ′ 上的某种条件 z, 也会间接地加到 Γ 上. 于是, 当我们把条件 z 理解为对 Γ所加的条件时, 我们就说它是转移到 Γ 上的, 并且在不会引起误解时, 也用 z 来记这个条件, 和用来记属于 Γ′ 的条件符号一模一样. 比如, 我们用 p 来表示某条空间曲线上的点, 则对此空间曲线来说, p_g 就表示它与一条给定直线相交. 又如, 如果我们用 f 来表示一条平面曲线的拐切线, 则对该平面曲线来说, 符号 f_e 就表示它要以某个给定平面为其密切面. 如果一个几何形体由直线 g 及其上的 n 个点 $p_1, p_2, p_3, \cdots, p_n$ 组成, 则符号

$$gp_1 p_2 \cdots p_n$$

就表示条件: 该几何形体中的直线 g 与一条给定直线相交, 同时它的 n 个点分别属于 n 个给定的平面.

6

§3

条件的维数与系统的级数

如果几何形体 Γ 的参数个数（§1）为 c，受到一个条件的约束，使得其 c 个参数之间有 α 个条件方程，换言之，满足这个条件的几何形体 Γ 共有 $\infty^{c-\alpha}$ 个，我们就说这个条件是 α 重的，或者是 α 维的. 满足 α 重条件的这 $\infty^{c-\alpha}$ 个几何形体的全体，就称为由几何形体 Γ 生成、通过那 α 重条件确定的 $c-\alpha$ 级的系统. 特别，加在几何形体 Γ 上的每个 c 重条件都会确定一个零级系统，它由有限个 Γ 组成.

在 §2 中引进的那些基本条件及其符号，在加于主元素 p,e,g 本身时，其维数如下：

1. 条件 p,e,g 是单重的；
2. 条件 p_g, e_g, g_e 及 g_p 是二重的；
3. 条件 P, E, g_s 是三重的；
4. 条件 G 是四重的.

在 §2 中，这 11 个条件确定的、由主元素构成的系统，我们称之为基本几何形体. 由于点与平面的参数个数为 3，而直线的参数个数为 4，故这 14 个基本几何形体的级数分别是：

1. 三个主元素本身的级数为零级；
2. 点轴、平面轴、直线束为一级；
3. 点场、平面丛、直线场和直线丛为二级；
4. 点空间、平面空间、直线轴为三级；
5. 直线空间为四级.

由任意条件确定的主元素系统，也称为轨迹，这是根据欧几里得作图问题中常用术语"几何轨迹"来命名的. 对于各种不同级数的轨迹，也采用如下不同的名称：

1. 点的一级系统叫做曲线；
2. 点的二级系统叫做曲面；
3. 直线的一级系统叫做直纹面；
4. 直线的二级系统叫做线汇(congruenz)，或者直线系统 (按 Kummer 的叫法)；
5. 直线的三级系统叫做直线复形，或者就叫复形；
6. 平面组成的一级系统叫做平面构成的曲线，或者就叫曲线；
7. 平面组成的二级系统叫做平面构成的曲面，或者就叫曲面.

对于一些其他几何形体组成的特殊系统，也采用一些特殊的名称，例如：

1. 曲线或曲面的某些一级系统叫做束(büschel)；

2. 圆锥曲线的某些二级系统叫做网(netz);

3. 曲面的某些二级系统叫做丛(bündel);

4. 点对、平面对或直线对的某些一级系统叫做射影系统 (§28—§30);

5. 由两个主元素构成的对所组成的某些二级系统叫做共线系统, 而其他这样的系统则称为相关系统 (参见 Reye, 《位置几何》, 第二部分, p.2-3);

6. 点对的某些三级系统叫做共线关联空间系统;

7. 一个点与一个平面构成的几何形体所组成的某些三级系统叫做相关关联空间系统;

8. 位于某固定平面中的一个点与一条直线构成的几何形体所组成的三级系统叫做连缀 *.

几何学中, 专门研究由直线所组成系统的那个分支, 或者用 Plücker 的说法, 把直线当作空间元素的那个分支, 称为直线几何. 完全类似地, 可以有线束几何、圆锥曲线几何, 等等. 一般说来, 对任意定义的一个几何形体 Γ, 还可以有 Γ 几何. 例如, 在第四章研究了几何形体的奇点(或称退化), 其中作为空间元素出现的, 有圆锥曲线、二次曲面、带尖点的三次平面曲线、带二重点的三次平面曲线、三次空间曲线, 以及某些由射影基本几何形体组成的对. 在第六章中, 给出了在某些几何中与 Bezout 定理相应的结果. 在这些几何中, 作为空间元素的都是某些单个主元素组合而成的几何形体.

由上述条件维数的概念, 可以直接推得, 一个复合条件的维数等于各组成部分的维数之和; 此外, 如果几何形体 Γ 的某个 α 级系统, 其每个元素都是几何形体 Γ′ 的 α' 级系统, 那它就是 Γ′ 的 $\alpha + \alpha'$ 级系统. 于是, 我们有下述定理:

如果几何形体 Γ 含有几何形体 Γ′ 的一个 α' 级系统, 那么, 对 Γ′ 加上 d 重条件, 则对几何形体 Γ 只加上了 $d - \alpha'$ 重条件.

因此, 根据这个定理, 当上述给出的基本条件不是加在主元素本身上, 而是加在 i 级轨迹上时, 则其维数要减小 i. 例如, 我们有:

1. 要求一条曲线满足条件 p_g, 即与一条给定直线相交, 是一个 $2 - 1$ 重的条件;

2. 要求一个曲面通过一个给定点, 是一个 $3 - 2$ 重的条件;

3. 要求一个线汇包含一条给定直线, 是一个 $4 - 2$ 重的条件;

4. 要求一个复形含有某个给定直线束中的一条直线, 是一个 $3 - 3$ 重的条件.

为了给上述定理再举一个例子, 我们来计算一个条件的维数. 这个条件就是要求一个二次曲面包含一条给定的圆锥曲线. 计算方式如下: 因为空间具有 ∞^3 个平面, 而每个平面与二次曲面相交于一条圆锥曲线, 从而, 一个二次曲面就含有一个圆

---

*连缀 (connexe) 是 Clebsch 在代数形式理论中引入的 (参见 Lindemann 的《Clebsch 讲义》, p.936). 在连缀出现的几何问题中, 空间元素都是由点与直线构成的几何形体.

锥曲线组成的三级系统. 由于圆锥曲线的参数个数为 8, 给定一条圆锥曲线需要一个 8 重的条件. 因此, 要求一个二次曲面包含一条给定的圆锥曲线, 就是一个 $8-3$ 重的条件.

为了获得第二个定理, 我们作以下的考虑. 设几何形体 Γ 的参数个数为 c, 几何形体 Γ' 的参数个数为 c', 且 Γ 含有 Γ' 的一个 α' 级系统. 那么, 根据上述第一个定理, 要求 Γ 含有 Γ' 的一个给定元素, 对于 Γ 来说, 是一个 $c'-\alpha'$ 重的条件. 因此, 它给出 Γ 的一个 $c-c'+\alpha'$ 级的系统. 也可以反过来, 说 Γ' 是 Γ 中某个 $c-c'+\alpha'$ 级系统的载体 (träger). 从而, 对于 Γ' 来说, 要求它含有 Γ 的一个给定元素, 其条件的维数就是

$$c-(c-c'+\alpha') \quad \text{即} \quad c'-\alpha'$$

因此, 如令 d 表示 $c'-\alpha'$, 则有以下定理:

如果对 Γ 而言, 要求它含有 Γ' 的一个给定元素, 是一个 d 重的条件, 则对 Γ' 而言, 要求它含有 Γ 的一个给定元素, 也是一个 d 重的条件*.

例如, 根据这个定理, 要求一条圆锥曲线位于一个给定的二次曲面上, 是一个 5 重的条件, 因为在上面我们已经看到, 要求一个二次曲面包含一条给定的圆锥曲线是一个 5 重的条件.

当然, 我们也可以讨论这样的系统, 它的级数比生成它们的几何形体 Γ 的参数个数还要大 i. 那么, 该系统就是由所有几何形体 Γ 组成的空间, 但其中的每个元素都要按 ∞^i 次来计算. 例如, 一个直线复形中全部直线上的所有点组成了一个 4 级系统, 这里空间的每个点都计算了 ∞^1 次. 这样, 我们也可以给负维数的条件赋予意义. 例如, 要求上述点组成的 4 级系统包含一个给定的点, 就是给它加上一个 -1 重的条件, 因为该系统自动满足这个条件, 并且该给定点在系统中出现了 ∞^1 次. 对一个直线复形, 要求它的 ∞^3 条直线中, 有一条与给定直线相交, 就是一个 -2 重的条件.

一个几何形体的系统本身, 又可以理解为一个几何形体. 因此, 对一个系统可以谈它的参数个数, 也可以谈加在系统上条件的维数. 例如, 在一个固定平面上的圆锥曲线束, 其参数个数等于 8, 要求它包含一个圆的条件, 其维数仅为1, 而要求一条圆锥曲线是圆却是一个 2 重的条件.

加在 Γ 上的每个条件, 也可理解为对 Γ 定义的一种限定. 因此, 谈定义中的限定的维数, 也是有意义的. 例如, 要求一条平面曲线位于一个给定的平面内, 既可理解为对该平面曲线加上一个 3 重条件, 也可将它直接加在该平面曲线的定义中,

---

* 其实, 这里不应理解为 Γ 与 Γ' 相互包含, 而应理解为 Γ 构成的系统与 Γ' 构成的系统之间有一个代数对应. 这一定理本质上就是 Chasles 对应原理. 参见:《代数几何引论》, §5.1 (代数对应·Chasles 对应原理), 范德瓦尔登著, 李培廉、李乔译, 科学出版社, 2008 年第一版.—— 校注

从而使这个定义受到一个 3 重的限定. 再举第二个例子, 如果定义一个几何形体时, 不考虑其位置, 即将所有全等的几何形体看成是同一个几何形体, 那么, 我们对这个定义的限定是 6 重的, 因为所有全等的几何形体总构成一个 6 级系统, 也可以说, 因为空间的笛卡儿坐标架的参数个数为 6.

§4
个数守恒原理

设几何形体 Γ 的参数个数为 c, 受到一个 c 重条件 z 的限制, z 可以是单独条件, 也可以是复合条件. 那么, 一般说来, 几何形体 Γ 中满足 c 重条件 z 的元素个数, 是一个有限数 N(§3). 如果 z 是一个空间条件, 那么, 给定条件 z 也就意味着, 同时已经给定了另外某个几何形体 Γ' (参见 §2 的第 2 个注意点). 当 N 不是无穷大时, 不论如何改变几何形体 Γ' 的位置, 或者在保持 Γ' 定义的条件下, 考虑它的一个特殊情况, 这个数 N 总是一样大的. 长久以来, 这个原理一直是几何计数的一个重要工具. 然而, 在作者看来, 它还没有得到彻底的探讨, 因为我们还没有为它确立一个公共的基础, 使得在基于空间基本性质而应用这一原理时, 都必须依据这个基础. 作者把这个原理叫做 "个数守恒原理"(**Lit.4**). 从代数的角度看, 这个原理不过是说, 改变一个方程的参数, 要么不影响根的个数, 要么会导致无穷多个根, 这就是把方程变成了一个恒等式. 个数守恒原理在几何应用中共有四种形式, 简短地介绍如下:

Ⅰ. 如果所给几何形体在空间中取特殊的位置, 例如无穷远, 个数将为无限或保持不变.

Ⅱ. 如果所给几何形体相互之间取特殊的位置, 例如, 一个给定点在一条给定直线上, 则其个数为无限或保持不变.

Ⅲ. 如果起初考虑的是一般的几何形体 Γ', 则将其换成一个满足 Γ' 定义的特殊几何形体时, 个数为无限或保持不变. 例如, 将给定的一般圆锥曲线换成如下特殊的圆锥曲线: 它由两条直线构成, 而它的切线形成两个直线束, 且束心就是这两条直线的交点 (参见第四章中关于退化几何形体的讨论).

Ⅳ. 一个给定的几何形体, 如果在某种位置时, 个数取值正好等于 N, 而在另一种位置时, 个数取值大于 N 的话, 则该取值必定是无限大.
为了阐明个数守恒原理的内涵, 下面我们举一些非常简单的例子及应用.

10

举　　例

1. 假设对直线 g 加上 4 重条件 g^4, 即要求它与 4 条给定的直线相交. 我们问, 有多少条直线满足这个条件. 考虑到守恒原理的第 II 种形式, 我们对这四条给定直线的位置, 作如下特别的限定: 让第一条与第二条相交, 第三条与第四条相交. 那么, 共有两条直线满足所给的条件, 它们是:

a) 连接两个交点的直线;

b) 前两条直线决定的平面与后两条直线决定的平面之交线.

从而, 依照守恒原理, 与 4 条给定直线相交的直线, 就总是只有两条; 但也可能会有无限条, 此时, 这 4 条给定直线的位置, 还要有更特殊的要求, 比如说, 要求其中 3 条有一个公共的交点.

2. 如果在一个二次曲面束中有 3 个曲面, 即 3 个抛物面, 与无穷远处的平面相切, 则根据守恒原理的第 I 种形式可知, 对一个任意给定的平面, 在这个束中都有 3 个曲面与之相切.

3. 如果某一条直线与一个曲面的交点, 不多不少正好有 n 个, 而第二条直线与该曲面的交点, 至少有 $n+1$ 个, 则根据守恒原理的第 IV 种形式, 它与该曲面必定有无限多个交点.

4. 为了说明原理的第 III 种形式也非常有用, 假设在某固定平面内有一个平面曲线的一级系统 Σ, 以及一个 m 阶、n 秩的曲线 C, 我们用此原理来确定, Σ 中与 C 相切的曲线数目 x, 办法就是: 用一条满足 C 定义的特殊的曲线, 来替代一般的曲线 C. 众所周知, 曲线 C 可以退化为 m 条直线, 且每条都与单条直线 g 重合, 而它的切线形成 n 个直线束, 其 n 个束心的集合 S 含于 g 内 (参见 §20 与 §23 中通过同形投影映射 * (homographische abbildung) 产生退化形体的讨论). 因此, 根据个数守恒原理的第 III 种形式, 可以通过研究 Σ 中有多少条曲线与上述特殊的曲线 C 相切, 来确定数目 x. 对此, 我们只要将 "两条曲线相切" 的意思搞清楚, 那就非常容易了. 所谓两条曲线 "相切", 最常用的意义, 不是它们共有无限靠近的两个点, 而是指它们两者具有一个公共点及通过该点的公共切线. 据此, 与特殊曲线 C 相切的情形有以下两种:

第一, 当 Σ 中某条曲线通过 S 的 n 个点之一, 这条曲线就与 C 相切了一次.

第二, 当 Σ 中某条曲线与直线 g 相切, 那么, 它就与 C 相切了 m 次. 我们说相切了 m 次, 是因为直线 g 是 C 的 m 重切线, 所以在每一次相切时, 这条曲线上就有一个由切线与切点组成的几何形体, 恒同于 C 上 m 个同样的几何形体.

于是, 如果用 μ 表示系统中有多少条曲线通过一个给定点, 用 ν 表示有多少条

---

*同形投影映射是一种中心投影变换, 其定义可见 §16.—— 校注

曲线与一条给定直线相切, 则对于 x 就有下述熟知的公式:

$$x = n \cdot \mu + m \cdot \nu$$

要推导这个公式, 仅用个数守恒原理就足够了. 然而, 迄今为止, 人们对此用的都是一些不太重要的工具, 比如对应原理或配极理论 (polarentheorie). 这个公式我们以后还会遇到两次: 第一次是在 §14 中, 作为叠合公式的应用出现; 第二次是在第四章的 §32 中, 作为一个公式的特例出现, 该公式给出了两个系统中公共元素的数目, 而这两个系统的元素都是由一条直线和其上一点组成的几何形体. 当然, 用类似的方法, 对于曲面及空间曲线的相切, 还可推出更多与上述公式类似的公式.

5. 假设在一个固定平面内, 给定了一条 m 阶、n 秩的平面曲线 C 以及一条圆锥曲线 K. C 的每条切线都确定了一个关于 K 的极点, 我们将它与切线的切点连一条直线. 现在来求在上面作出的 ∞^1 条连线中, 通过该平面上一个任意给定点 P 的条数 x. 根据守恒原理的第 III 种形式, 我们可以将一般的圆锥曲线 K, 换成一个特殊的圆锥曲线, 于是我们就可选择这样的圆锥曲线, 它的点组成两条与直线 g 叠合的直线, 而它的切线形成两个直线束, 且束心 A 与 B 都在 g 上 (参见 §20). 根据原理的第 II 种形式, 我们还可以把 P 点的位置进一步特殊化, 将其置于两束心之一, 确切说就是 A 点. 那么, 满足所给条件的情况有以下两种:

第一, 直线 g 满足条件 m 次, 因为 g 与 C 的 m 个交点处, 每条切线的极点都在 g 上, 因而 A 与这 m 个极点的连线, 都属于所要求的 x 条连线.

第二, 从 A 到曲线 C 上的 n 条切线, 因为这些切线的极点都是 A. 因此有

$$x = m + n$$

设想 g 位于无穷远, 而 A 与 B 为虚圆点 (imaginärer kreispunkt), 则上述公式说的就是: 平面曲线所在平面上的每个点都有 $n + m$ 条法线通过.

6. 假设给定了一个 o 阶、r 秩、k 类的曲面 F, 以及平面 E 中的一个圆锥曲线 K. F 的每个切平面都确定了一个关于 K 的极点, 我们将它与切平面的切点连一条直线. 现在来求两个数 x 与 y, 它们分别给出在上面作出的 ∞^2 条连接直线中, 通过一个任意给定点 P 的条数, 以及在一个任意给定平面 e 中的条数. 与上例一样, 我们再次把圆锥曲线设想为一条二重直线 g, 两个切线束的束心 A 与 B 位于 g 上, 然后再将点 P 放在 A 上, 并且令平面 e 通过 A. 那么, x 就由以下三个数相加而成: 第一个数是 o, 因为 g 与 F 的 o 个交点中, 每个交点与其切平面极点的连线都通过 P; 第二个数是 r, 因为在平面 E 中有 r 条通过 P 的切线; 第三个数是 k, 因为 F 有 k 个切平面通过 g, 它们的极点都是 P. 其次, 数 y 就等于 r, 因为如果 e 通过 A, 则在 e 中每条通过 A 的切线, 都属于我们要求的连线, 除此之外, 在 e 中

没有别的直线将曲面上的点与其切平面的极点连接. 所以有

$$x = o + r + k$$
$$y = r$$

现在, 设想平面 E 在无穷远处, 而其上的圆锥曲线 K, 就成为了 Poncelet 虚球圆 (imaginärer kugelkreis), 那么, 这两个公式就推出下述熟知的结果 (**Lit.5**): 在 o 阶、r 秩、k 类的曲面 F 的每个截面上, 有该曲面的 r 条法线; 而对空间的任一点, 曲面上都有 $o + r + k$ 条法线通过. 在 §33 的第 28 款中, 还有另一个应用, 它通过考虑特殊的圆锥曲线, 解决了一个度量性的计数问题, 从而确定了曲面上脐点(kreispunkt) 的个数.

个数守恒原理最重要的应用, 可在第二章见到, 那里对空间的主元素确立了最一般的个数关系. 建立这些关系时, 除了个数守恒原理外, 没有再使用任何其他的代数工具. 利用这些关系以及第三章中讨论的对应原理, 并通过几个基本数目, 作者最终给出了所有的几何个数. 这些基本数目的正确性, 通过直观经验即可看出, 因此应称之为公理*. 基本数目表示的是, 给定基本条件所确定的主元素的个数, 具体列举如下:

1. 直线与平面的公共点个数是 1;
2. 一个平面束与一个平面丛的公共平面个数是 1;
3. 两直线丛的公共直线条数是 1(因为在两点之间只有一条直线);
4. 将平面看成直线场时, 两平面的公共直线条数是 1;
5. 一个直线丛与一个直线场的公共直线条数是 0.

应当注意, 在本书中, 所有从上述公理数目导出的计数结果, 计算的并不仅仅是实的几何形体, 而是实的以及所谓虚的几何形体之和. 基于这一点, 个数守恒原理与对应原理 (§13), 这两个作为一切计数问题基础的代数原理, 只有当所有的虚值都计入了时, 才是正确的. 对于实几何形体与虚几何形体个数之间的关系, 目前还知之甚少. 不过, Zeuthen 与 Klein 最近找到了一些这种关系. 例如, Klein 证明了对每条平面曲线, 有一个与 Plücker 公式类似的公式:

$$n + w' + 2t'' = k + r' + 2d'' \quad (\textbf{Lit.6})$$

其中 n 为平面曲线的阶数, k 为其秩, w' 为实拐点数, t'' 为实的孤立双切线数, r' 为实的尖点数, 而 d'' 为实的孤立二重点数.

---

*在 Schubert 的计数中, 需要计入交点的重数. 但在他的时代, 重数是没有定义的. 所以, 他把下列五种情形的交点数作为公理. 现代代数几何的重大成就之一, 就是给出了重数的精确定义. 用重数的定义, 对本书中大量的计数结果, 检验其正确与否, 是解决 Hilbert 第十五问题的关键之一.——校注

根据个数守恒原理, 在一个 i 级轨迹(即主元素的系统, 见 §3) 中, 满足一个附加的 i 重基本条件的主元素个数, 总是不变的. 轨迹的这种特征个数叫做次数, 因为它就是解析几何中用来描述该轨迹的方程的次数. 确切地说, 次数可以如下理解:

1. 曲线的次数是它在每个平面 (即每个点场) 上点的数目;
2. 曲面的次数是它在每条直线上点的数目;
3. 平面构成的一级轨迹的次数是它与每个平面丛的公共平面数目, 即它通过每个点的平面数目;
4. 平面构成的二级轨迹的次数是它与每个平面束的公共平面数目, 即它通过每条直线的平面数目;
5. 直纹面的次数是它与一条给定直线相交的直线数目;
6a. 线汇的场次数(feldgrad) 是它在一个给定平面 (直线场) 中的直线数目;
6b. 线汇的丛次数(bündelgrad) 是它通过一个给定点的直线数目, 即它与一个给定直线丛的公共直线数目;
7. 直线复形的次数是它在一个给定直线束中的直线数目.

曲线通常指点的轨迹, 但其切线的轨迹、密切平面的轨迹, 也经常被看作为曲线; 同样地, 曲面通常指点组成的曲面, 但也经常考虑直线或平面组成的曲面. 因此, 为点轨迹、直线轨迹以及平面轨迹的次数分别引进专有名称, 是会带来方便的. 由于目前还没有固定统一的专有名称, 因而我们在此做以下规定:

1. 点轨迹的次数叫做阶;
2. 直线轨迹的次数叫做秩;
3. 平面轨迹的次数叫做类 (**Lit.7**).

线汇有两个同等地位的次数, 其名称通常为阶和类, 只不过是一个叫做阶, 另一个叫做类, 或者反过来. 如果我们把这两个次数, 像上面那样, 分别命名为场次数和丛次数, 或者命名为**场秩** (feldrang) 和**丛秩** (bündelrang), 就可以避免任何误解.

个数守恒原理的正确性, 是以下几章中导出的结论和方法得以成立的前提条件. 因此, 对于超越曲线和超越曲面, 就必须假定它们组成一个代数系统, 也就是说, 此系统中满足给定条件的几何形体总是一个固定不变的有限数. 例如, 在上面例 4 中导出的公式:

$$x = n \cdot \mu + m \cdot \nu$$

对于超越曲线就没有意义, 因为对超越曲线并没有阶与秩的概念. 但是, 如果我们考虑的是由超越曲线组成的一级系统, 这个公式却仍然成立 (**Lit.5a**).

§5

用条件的符号来表示由条件所确定的数目
以及用这些符号来作计算

在 §4 中已经讲过, 对参数个数为 c 的几何形体 Γ, 加上一个 c 重条件 z, 则 Γ 中满足条件的元素个数总是一个不变的有限数. 因此, 容易想到, 仅与此 c 重条件有关的这个个数, 可以就用 z 来表示, 正如用 z 来表示条件本身一样(**Lit.8**), 如果我们将 "通过该条件所确定的个数" 简称为 "条件", 那么, 也就可以谈条件的函数、条件之间的方程了. 因此, 对参数个数为 c 的几何形体, 说加于其上的条件之间有一个方程, 自然只有当每个条件都是c 维时, 才有意义. 但是, 我们也可定义维数小于 c 的条件之间的方程. 一个在 α 重条件符号之间的方程, 其含义如下: 如果对方程中出现的所有 α 重符号, 加上同一个任意的 $c-\alpha$ 重条件符号作为其因子符号, 从而形成 $\alpha+c-\alpha$ 重(即 c 重)的条件符号, 则将后者所确定的个数代入方程时, 得到的总是恒等式. 因此, 一个α 维的方程, 即一个α 重条件之间的方程, 代表了很多的个数之间的恒等式, 其数目与 $c-\alpha$ 重条件一样多.

我们用下面的例子来解释上述定义. 对一个参数个数为 c 的 n 阶平面曲线, 我们用 P 表示它通过一个给定点的二重条件, 用 μ 表示它所在平面通过一个给定点的单重条件, 用 ν 表示它与一条给定直线相交的单重条件. 那么, 符号 $P, \mu\nu, \mu^2$ 就表示了三个二重条件, 在 §12 的第 9 款中将证明, 它们之间成立以下方程:

1)
$$P = \mu\nu - n \cdot \mu^2$$

这个方程表明, 如果 y 为一个任意的$c-2$ 重条件, 则在 $Py, \mu\nu y, \mu^2 y$ 这三个数之间总有以下关系:

2)
$$Py = \mu\nu y - n \cdot \mu^2 y$$

不论这里的 y 是什么样的 $c-2$ 重条件. 对任意给定的 $c-2$ 重条件 y, 所有满足它的曲线构成一个二级系统, 因此, 上述方程也可作如下的解释: 在每个由 n 阶平面曲线组成的二级系统中, 满足条件 P 的曲线数目, 等于满足条件 $\mu\nu$ 的曲线数目, 减去满足条件 μ^2 的曲线数目的 n 倍.

从 α 重条件符号之间方程的定义可知, 如果对每个 α 重符号, 加上同一个任意的 β 重符号, 比方说 v, 作为符号因子, 则从原来的方程又得到一个正确的方程. 因为从新方程可以推出的恒等式, 都可由原来的方程推出. 新方程所表示的恒等式, 其对应的任意条件 y, 都是由 v 与另一个任意条件复合而成的. 给条件方程的全部符号都加上同一个条件符号, 这种步骤, 作者称之为 "用符号来乘方程"(**Lit.8**). 用符号去乘方程, 对方程并没有实质性的改变, 但它提高了公式的维数, 并相应减少了所涉及条件的维数, 从而导致对方程做出特殊的解释. 例如, 将下面的方程

1) $$P = \mu\nu - n \cdot \mu^2$$

乘以 P, 则有

3) $$P^2 = \mu\nu P - n \cdot \mu^2 P$$

而将该方程分别乘以 $\mu\nu$ 与 μ^2, 则得到

4) $$\mu\nu P = \mu^2\nu^2 - n \cdot \mu^3\nu$$

以及

5) $$\mu^2 P = \mu^3\nu$$

在 5) 式的右边, 我们删去了 $n \cdot \mu^4$ 这一项, 因为任何一条平面曲线, 其所在的平面都不可能通过四个任意给定的点. 通过代换, 由 3), 4), 5) 各式可得

6) $$P^2 = \mu^2\nu^2 - 2n \cdot \mu^3\nu$$

  6) 式也可以直接从 1) 式导出, 办法就是将 1) 式两边平方. 总而言之, 所有加法、减法和乘法的算术法则, 在我们的条件演算法中都成立. 我们讨论的方程, 大多是同维数条件的整系数线性关系之间的等式, 所以, 不用担心符号乘法与真正的乘法会弄混. 尽管如此, 为了更加明确, 我们用以下方式来区分这两种乘法: 对真正的乘法, 我们用一个点来表示乘法运算, 而对符号乘法则不用 *. 只有到第六章才会遇到这样的公式, 其中条件符号之间, 既有符号的乘法, 也有真正的乘法.
  为简短起见, 我们把一个和式中各项共有的条件, 写成一个单独的因子, 不过这时要注意, 方程中所有出现的乘法, 无论是一个符号与一个和式相乘, 还是两个和式相乘, 都必须实际施行. 比如, 下面的式子:

$$P^2 = (\mu\nu - n \cdot \mu^2)(\mu\nu - n \cdot \mu^2) = (\mu\nu - n \cdot \mu^2)^2$$

只能理解为下式:

$$P^2 = \mu^2\nu^2 - 2n \cdot \mu^3\nu$$

---

  *这里所谓 "真正的乘法", 指的是有理数 (或实数) 的乘法. Schubert 作这个约定的目的, 是为了明确区分表示数的符号与表示条件的符号, 使它们不致混淆. 但是, 在后文中他并没有严格遵守这个约定, 在很多按照其约定应该加点的地方却没有加. 因此, 为了统一起见, 也为了简洁起见, 在我们的译文中, 只要不会引起误解, 都不加这个点. 但在必要时, 或者加了点有助于理解时, 我们还是会予以保留. 例如, 本页公式中保留的点表明: 点前面的符号是数, 点后面的符号是条件. —— 校注

16

在一个方程的所有条件符号中, 消去同一个符号因子, 得出的方程不一定是正确的, 因此一般不允许做符号的除法. 比如, 我们知道 5) 式

$$P\mu^2 = \mu^3\nu$$

是正确的. 可是, 如果由此得出结论说:

$$P\mu = \mu^2\nu \quad \text{或} \quad P = \mu\nu$$

那就不对了.

对参数个数为 c 的几何形体, 我们也常常考虑这样一种 α 维的方程, 只有当方程中所有的 α 重条件, 都加上某种特殊的 $c - \alpha$ 重条件时, 方程才能成立, 换句话说, 方程不是对所有的 α 级系统, 而是仅对某些特殊的 α 级系统才成立. 因此, 很自然地, 我们总要明确给出方程的有效范围, 并且, 每当用一个条件 z 做符号乘法时, 都要注意条件 z 是否属于该系统的有效范围. 如果一个 α 维的公式对所有 α 级的系统都成立, 我们就说它是普遍成立的. 仅对某些系统成立, 而非普遍成立的例子, 见于 §13 的第 14 至第 17 款, 以及 §25 与 §26 中的公式. 如果一个公式没有明确指定其有效范围, 那就默认它是普遍成立的.

<h1 style="text-align:center">§6</h1>
<h2 style="text-align:center">三个主元素的基本条件之间的方程</h2>

直至几年前, 人们研究的几何形体系统, 几乎仅限于由点组成的系统, 即曲线与曲面, 而通过对偶原理, 也可能还有平面的系统. 仅仅是在不久以前, 人们才将同等权利给予了直线的系统, 由此创立了直线几何. 对于这三个主元素之外其他种类的系统, 至今还研究得很少 (**Lit.9**). 因此, 目前来说, 首要的是确立这三个主元素的基本条件之间的关系.

对于点 p, 在 §2 中已经定义了条件 p, p_g 与 P, 以及复合条件 p^2, pp_g, p^3. 如果几何形体 Γ 只含有唯一的一个点 p, 则按照 §2 中的规定, 首先, p^2 表示一个二级系统中那种几何形体的数目, 它的点 p 位于两个给定平面上, 因而也就必定在它们的交线上; 其次, p_g 则表示那种几何形体的数目, 它的点 p 在一条给定的直线上. 根据个数守恒原理, p^2 与 p_g 相等. 由于二级系统是完全任意的, 故下述方程必定成立:

1) $$p^2 = p_g$$

用 p 对它作符号乘积, 得到

2)
$$p^3 = pp_g$$

此外, 由于一个点既要在一个给定平面上, 又要在一条给定直线上, 那它就必定为二者的交点, 故有

3)
$$pp_g = P$$

因此, 由于 2) 式, 又有

4)
$$p^3 = P$$

但是, 如果几何形体 Γ 含有多个用 p 表示的点 *, 并且对 Γ 来说, p 表示的条件是, Γ 的某个点 p 位于一个给定平面上, 那么, 就不能令 p^2 等于 p_g, 因为条件 p^2 蕴含着已经给定了两个平面, 此两平面交线上的点当然满足条件, 然而, 若一个点 p 位于某个平面, 另一个点位于另一个平面, 条件也同样满足.

类似于方程 1)—4), 对于由唯一一个平面 e 组成的几何形体, 我们有

5)
$$e^2 = e_g$$

6)
$$e^3 = ee_g$$

7)
$$ee_g = E$$

8)
$$e^3 = E$$

由于方程 1)—8), 当所考虑的几何形体只含有唯一的点 p 或唯一的平面 e 时, 或者当替换条件不会引起误解时, 我们总是将 p_g 写为 p^2, P 写为 p^3, e_g 写为 e^2, E 写为 e^3.

对直线 g, 我们在 §2 中已知有下述基本条件:

$$g, g_e, g_p, g_s, G$$

以及它们组成的复合条件. 在三个二重条件 g_e, g_p 和 g^2 之间存在一个方程, 现在我们来推导这个方程. 如果几何形体 Γ 由唯一的一条直线 g 组成, 则 g^2 表示一个二级系统中那些几何形体的个数, 它们的直线 g 与两条给定的直线相交. 如果令这两条给定的直线本身相交, 这个数仍然不变 (§4). 那么, 满足条件 g^2 的首先有那种几何形体, 它们的 g 通过两条给定直线的交点; 其次有那种几何形体, 它们的 g 位于两条给定直线决定的平面内, 此外再没有其他几何形体了. 因此有

9)
$$g^2 = g_p + g_e$$

---

*这里的几何形体 Γ 应理解为空间的多重乘积中的一个元素. ——校注

18

类似地, 容易得到

10) $$gg_p = g_s$$

11) $$gg_e = g_s$$

12) $$gg_s = G$$

13) $$g_p g_e = 0$$

然后, 再用 g 乘公式 9), 得

14) $$g^3 = gg_p + gg_e$$

由于 10) 式和 11) 式, 又有

15) $$g^3 = 2g_s$$

最后, 利用 12) 式与 13) 式, 通过符号乘法得到

16) $$G = g_e^2 = g_p^2 = g^2 g_p = g^2 g_e = gg_s = \frac{1}{2}g^4$$

自然, 条件符号中出现的数目, 也可理解为由点、平面和直线所生成系统的次数. 例如, 方程 9) 就可以用文字来表述如下: 一个线汇与一个特殊线性复形的公共直线构成了一个直纹面, 其次数等于线汇的丛次数与场次数之和, 即等于通过一个给定点的直线数目与含于一个给定平面的直线数目之和.

第二章

关 联 公 式

§7

点与直线的关联公式

除了主元素外, 最简单的几何形体是关联体 (incidenz), 它们是由两个不同的主元素组合而成的几何形体. 这两个主元素相互之间具有某种特殊的位置关系, 称为关联关系. 关联关系有以下四种 (**Lit.10**):

1. 点与直线关联, 即点在直线之上, 或者说直线通过该点;
2. 平面与直线关联, 即直线在平面之中;
3. 点与平面关联, 即点在平面之中;
4. 直线与直线关联, 即两条直线相交.

这四种关联体的基本条件之间的方程, 都叫做关联公式. 在本节中我们来建立点与直线的关联公式.

设几何形体由直线 g 及其上的点 p 组成, 则对 p 与 g 有以下四个二重条件:

$$p^2, g_e, g_p, pg$$

根据 §2 与 §4 中的规定, 符号 pg 表示一个系统中那种几何形体的数目, 它的点 p 在一个给定平面中, 而它的直线 g 与一条给定直线相交. 根据个数守恒原理 (§4), 当我们将给定直线置于给定平面内时, 这个数不会改变. 于是, 点 p 位于给定直线上的几何形体与直线 g 位于给定平面中的几何形体, 都满足条件 pg. 因此, 有

I) $$pg = p_g + g_e{}^*$$

用 p^2 代替 p_g(§6), 就有

$$pg = p^2 + g_e$$

由这个重要公式及与之对偶的相应公式, 并通过符号乘法, 就可以推出所有其余的关联公式. 因此, 条件演算法使得我们只要应用一次个数守恒原理, 而无须作其他的几何推导. 用 p 与 g 对公式 I 作符号乘法, 并应用 §6 中的公式, 就可得到

$$p^2 g = p^3 + pg_e$$

以及

$$pg_e + pg_p = p^2 g + g_s$$

---

*这里的原文为 $pg = p_g + g$, 有误. —— 译注

两式相加就得到

Ⅱ) $$pg_p = p^3 + g_s$$

为了得到四维的公式, 用 p^2, g_p 与 g_e 分别去乘公式 Ⅰ, 得到

$$p^3 g = 0 + p^2 g_e$$
$$pg_s = p^2 g_p + 0$$
$$pg_s = p^2 g_e + G$$

从而有

Ⅲ) $$pg_s = p^2 g_p = G + p^3 g = G + p^2 g_e$$

五维的公式都是一些显然的结果, 例如:

$$p^3 g_e = 0 \quad 与 \quad p^2 g_p = p^2 g_s = pG$$

上面得到的关联公式, 我们都特别用罗马数字来标记. 当所给条件涉及相互关联的点与直线时, 它们处处可以找到应用. 在以下两节中, 将举出若干容易理解的例子.

§8
关联公式 Ⅰ , Ⅱ , Ⅲ
应用于切线与其切点组成的关联体

现在, 将 §7 的各个公式中的 g 看成是空间曲线的切线, 将 p 看成是它的切点, 并将公式中出现的符号正确地搬到空间曲线上. 那么, 从 §7 中的每个公式, 都可得到一个加在空间曲线上的条件之间的公式. 由于空间曲线具有一个一级系统, 其元素是切线与其切点组成的几何形体, 从而, §7 中的 i 重条件, 搬到空间曲线上后, 就得到一个 $i - 1$ 重的条件. 例如:

1. 由 g_e 得单重条件: 曲线与一个给定平面相切;

2. 由 p^2 得条件: 曲线与一条给定直线相交;

3. 由 p^3 得条件: 曲线通过一个给定点;

4. 由 g_s 得条件: 曲线与给定平面相切且切点处的切线通过该平面上一个给定点;

5. 由 $p^2 g_p$ 得条件: 曲线与一条给定直线相交且交点处的切线通过一个给定点.

我们仅对 §7 中的几个公式, 用文字来叙述如何将它们搬到空间曲线上.

首先, 公式 Ⅰ

$$pg = p^2 + g_e$$

给出下述常用的定理 (**Lit.11**)：

"对于曲线组成的**一级**系统，将系统中与一条给定直线相交的曲线数目，加上与一个给定平面相切的曲线数目，和数等于系统中那种曲线的数目，这种曲线与给定平面相交且交点处的切线与给定直线相交. 这个和数也等于系统中与一条给定直线相交的所有切线的切点所形成曲线的次数，还等于系统中的曲线与给定平面交点处所有切线所形成直纹面的次数."

这个定理很容易搬到平面曲线上 (**Lit.11**).

由 §7 中的公式 II，可得到关于空间曲线的以下定理：

"对于空间曲线组成的**二级**系统，将系统中通过一个给定点的曲线数目，加上与一个给定直线束中某条直线相切的曲线数目，和数等于一条曲线的次数，该曲线由系统中曲线的所有通过一个给定点的切线的切点组成."(**Lit.11**)

由 §7 中的公式 III：

$$p^2 g_p = p^2 g_e + G$$

可得到下述定理：

"对空间曲线组成的**三级**系统，将系统中与一个给定平面相切于一个给定点的曲线数目，加上与一条给定直线相切的曲线数目，和数等于一个曲面的次数，该曲面由系统中曲线的所有通过一个给定点的切线的切点组成."

如果将 g 看成为一个曲面的切线，p 为其切点，则曲面就具有由这种 g 与 p 构成的关联体的三级系统. 从而，每个在 §7 中对于曲面的 i 重条件，给出一个 $i-3$ 重条件. 因而，由 §7 中三维的公式 II，可以得出零重条件之间的一个关系，也就是个数之间的一个关系. 它涉及曲面的零级系统，也就是有限个曲面，特别也可以是单个曲面. 由于 p^3 是一个不可能满足的条件，因此，从公式 II 得出下述著名的定理：

"从空间的任一点出发，对曲面作 ∞^1 条切线，它们的切点所构成曲线的次数等于该曲面的秩，即属于一个给定直线束中的切线数目."

公式 III 对曲面给出下述定理：

"对于曲面组成的一级系统，将系统中通过一个给定点的曲面数目，加上与一条给定直线相切的曲面数目，和数等于系统中那种曲面的数目，这种曲面与一条给定直线相交且交点处的切线通过一个给定点*."

---

* 这里用的是公式 $p^2 g_p = p^3 g + G$，并用到了 $g g_s = G$ (即 §6 的公式 12).—— 校注

§9
关联公式 I, II, III 的其他例子

1. 设 g 为一个给定线汇中的直线, p 为 g 上的两个焦点 (brennpunkt) 之一, 则线汇中的每条直线确定了两个关联体. 于是, 公式 I 就给出以下定理:

"将线汇中位于一个给定平面中的直线数目的二倍, 加上其焦面 (brennfläche) 的次数, 和数等于一条曲线的次数, 这条曲线由线汇中与一条给定直线相交的所有直线上的全部焦点组成."

公式 II 与公式 III 对于线汇的一级系统与二级系统, 分别给出类似的定理.

2. 如果三个点 a, b, c 在同一条直线 g 上, 则在 a, b, c 的基本条件之间存在一个三维的方程, 其中不含有 g 的基本条件. 求出这个方程的办法是, 从公式 I 所给出的三个方程

$$ag = a^2 + g_e$$
$$bg = b^2 + g_e$$
$$cg = c^2 + g_e$$

消去 g 和 g_e. 在消去过程中, 只能作加法、减法或乘法, 但不能作除法 (参见 §5). 因此, 我们用 $b - c$ 乘第一个方程, 用 $c - a$ 乘第二个方程, 用 $a - b$ 乘第三个方程, 再将所得的方程加起来, 就得到

$$0 = a^2(b - c) + b^2(c - a) + c^2(a - b)$$

它也可以写成

$$(a - b)(b - c)(c - a) = 0$$

其实, 事先就可预想到, 所求的方程对 $a = b, b = c, c = a$ 必定是成立的, 因为如果三点之中有两点重合, 则此三点必在同一条直线上.

3. 考虑两条相交于点 p 的直线 g 与 h 组成的几何形体. 这个几何形体的参数个数为 7, 我们在它上面加上 6 重条件 $g_s h_s$, 并应用公式 II 和公式 III, 就得到

$$\begin{aligned}
g_s h_s &= (pg_p - p^3)(ph_p - p^3) \\
&= p^2 g_p h_p \\
&= (G + p^2 g_e)h_p \\
&= Gh_p + p^2 g_e h_p \\
&= Gh_p + g_e(H + p^3 h) \\
&= Gh_p + Hg_e
\end{aligned}$$

这个结果很容易用文字来叙述, 我们马上就会用到它.

4. 考虑具有 n 条边

$$g_1, g_2, g_3, \cdots, g_n$$

的空间 n 角形, 即这样一种几何形体, 它是由 n 条直线 $g_1, g_2, \cdots, g_n$ 以如下方式组成的: g_1 与 g_2 相交, g_2 与 g_3 相交, g_3 与 g_4 相交, 以此类推, 最后 g_n 又与 g_1 相交. 这个几何形体的参数个数为 $3n$, 我们在它上面加上如下的 $3n$ 重条件:

$$g_{1s}g_{2s}g_{3s}g_{4s}\cdots g_{ns}$$

利用在上面例 3 中所得的公式, 很容易求出这个条件所确定的个数.

我们有

$$g_{1s}g_{2s}g_{3s}\cdots g_{ns} = G_1g_{2p}g_{3s}\cdots g_{ns} + g_{1e}G_2g_{3s}\cdots g_{ns}$$

容易看出, 如果 $n = 3$, 则有 $g_{1e}G_2g_{3s} = 1$; 但是 $G_1g_{2p}g_{3s} = 0$, 因为没有直线既通过条件 g_{2p} 决定的点, 又与条件 G_1g_{3s} 决定的两条共面的直线相交; 而如果 $n > 3$, 则等式右边的两项中, 每一项都唯一地决定了一个空间 n 角形. 所以, 对 $n > 3$, 有

$$g_{1s}g_{2s}g_{3s}\cdots g_{ns} = 2$$

从而, 在 $n > 3$ 时, 有两个空间 n 角形, 其 n 条边属于 n 个给定的直线束.

为了确定空间 n 角形的另一个个数, 我们用

$$a_1, a_2, a_3, \cdots, a_n$$

来表示它的 n 个顶点, 其中 a_1 为 g_1 与 g_2 的交点, a_2 为 g_2 与 g_3 的交点, 以此类推, 最后 a_n 为 g_n 与 g_1 的交点. 然后, 我们把下述 $3n$ 重条件

$$a_1a_2a_3\cdots a_ng_{1p}g_{2p}\cdots g_{np}$$

加到空间 n 角形上, 并应用关联公式 II, 就得到

$$a_1g_{1p}a_2g_{2p}a_3g_{3p}\cdots a_ng_{np} = (a_1^3 + g_{1s})(a_2^3 + g_{2s})(a_3^3 + g_{3s})\cdots(a_n^3 + g_{ns})$$

将上式右边的乘积展开, 得到 2^n 个项, 其中不为零的项只有

$$a_1^3a_2^3a_3^3\cdots a_n^3 *$$

与

$$g_{1s}g_{2s}g_{3s}\cdots g_{ns}$$

---

* 这个式子中的 a_3^3 原文为 a_3^2, 有误.——译注

其余的项都是不可能满足的条件, 比方说, 其中有个条件要求 a_2 为给定点, 同时又要求通过它的直线 g_3 位于一个给定直线束中. 现在, 我们有

$$a_1^3 a_2^3 \cdots a_n^3 = 1$$

而对 $n > 3$, 上面已经证明了

$$g_{1s} g_{2s} \cdots g_{ns} = 2$$

因此, 对 $n > 3$, 有

$$a_1 a_2 \cdots a_n g_{1p} g_{2p} \cdots g_{np} = 3$$

而对 $n = 3$, 则有

$$a_1 a_2 a_3 g_{1p} g_{2p} g_{3p} = 2$$

这些结果可用文字表述如下:

"设空间 n 角形的 n 个顶点, 除了一个以外, 其余顶点在 $n-1$ 个给定平面上按如下方式运动, 使得在运动过程中, n 角形的 n 条边始终通过 n 个给定点. 那么, 那个除外的顶点, 当 $n > 3$ 时, 画出一条 3 阶空间曲线; 而当 $n = 3$ 时, 画出一条圆锥曲线."

应当指出, 这个定理的证明是从关联公式直接推出来的, 因而除了个数守恒定律 (§4) 以外, 没用到其他的代数原理.

§10
其他关联公式

我们在 §7 中处理的几何形体, 由一条直线及该直线上的一个点组成, 与之对偶的几何形体则是由一条直线及通过该直线的一个平面组成. 对于这个对偶几何形体成立的关联公式, 可从 §7 所得的公式直接推出. 将平面记为 e, 其上的直线记为 g. 那么, 首先我们有

Ⅳ *) $\qquad\qquad\qquad\qquad eg = g_p + e_g$

用 e^2 代替 e_g (§6), 就得

Ⅳ) $\qquad\qquad\qquad\qquad eg = g_p + e^2$

---

* 这里的罗马数字是与 §7 中的罗马数字衔接的.

由此推出

$$e^2 g = e g_p + e^3$$

从而有

V)
$$e g_e = g_s + e^3$$

以及下面四维的公式:

VI)
$$e^2 g_e = e g_s = G + e^3 g = G + e^2 g_p$$

在 §7 中引入了四种关联体, 其中第三种由一个平面 e 及该平面中的一点 p 构成. 这个关联体的基本条件之间的公式, 通过对已经导出的公式进行计算, 即可得到. 计算时要注意, 当点 p 在直线 g 上, 而直线 g 又在平面 e 上时, 则点 p 就必定在平面 e 上. 因此, 我们既有

$$pg = p^2 + g_e$$

也有

$$eg = e^2 + g_p$$

将上述第一个方程乘以 e, 第二个乘以 p, 并注意两个方程的左边相等, 得到

$$p^2 e + e g_e = e^2 p + p g_p$$

现在, 用公式 II 与公式 V 代换 $p g_p$ 与 $e g_e$, 就得

$$p^2 e + g_s + e^3 = e^2 p + g_s + p^3$$

或者

VII)
$$p^3 - p^2 e + p e^2 - e^3 = 0$$

将这个重要的关联公式与 e 或 p 作符号乘法, 可得到下面四维的公式:

VIII)
$$p^3 e - p^2 e^2 + p e^3 = 0$$

再次乘以 p 或 e, 就得到如下显然的结果:

$$p^3 e^2 = p^2 e^3$$

在 §7 中引进的第四种关联体, 是由两条相交直线组成的几何形体. 我们用 g 与 h 表示这两条直线, 用 p 表示其交点. 则由公式 I, II, III 可推出下述公式:

$$G = p^2 g_p - p^3 g$$
$$g_s = p g_p - p^3$$
$$g_e = p g - p^2$$
$$h_e = p h - p^2$$
$$h_s = p h_p - p^3$$
$$H = p^2 h_p - p^3 h$$

将上面 6 个方程的第一个乘以 1, 第二个乘以 $-h$, 第三个乘以 h_p, 第四个乘以 g_p, 第五个乘以 $-g$, 第六个乘以 1, 再将所得的 6 个方程相加, 即得

$$\text{IX)} \qquad G - g_s h + g_e h_p + g_p h_e - g h_s + H = 0$$

在两条相交直线的基本条件之间, 这个公式是维数最低的. 现在, 将它分别乘以 h, h_e, h_p, 就得到下面五维与六维的公式:

$$\text{X)} \qquad G h - g_s(h_p + h_e) + (g_p + g_e) h_s - g H = 0$$

$$\text{XI)} \qquad G h_e - g_s h_s + g_p H = 0$$

$$\text{XII)} \qquad G h_p - g_s h_s + g_e H = 0$$

其中的公式XII已经在 §9 的例 3 中见过了; 再将公式IX乘以 h_s, 就得到显然的结果:

$$G h_s = g_s H$$

上面通过符号计算得到的每个公式, 通过几何的方法自然也可以得到. 但是, 在大多数情况下, 这种方法要烦琐得多. 作为例子, 我们来对关联公式VII作一个几何推导.

对于由平面 e 及其上一点 p 组成的几何形体, 有下述三重的基本条件:

$$p^3, p^2 e, p e^2, e^3$$

此外, 我们再加上三重的条件 $\widehat{pe}$ [*], 这个条件要求, 平面 e 通过一条给定直线, 且点 p 在给定直线上. 然后, 我们来考察条件 $p^2 e$, 并将条件 e 中的给定点 p, 置于条件 p^2 所决定的直线上. 那么, 满足条件 $p^2 e$ 的, 首先有那种几何形体, 它的点 p 就是给定点, 从而它满足条件 p^3; 其次有那种几何形体, 它的平面 e 通过给定直线, 且它的点 p 在给定直线上, 从而它满足条件 $\widehat{pe}$. 由此得到

$$\text{XIII)} \qquad p^2 e = p^3 + \widehat{pe}$$

从而, 也有与之对偶的公式:

$$\text{XIV)} \qquad p e^2 = e^3 + \widehat{pe}$$

从上述两个公式消去 $\widehat{pe}$, 就得到了公式VII.

由平面 e 及其上一点 p 组成的几何形体, 也可看成是一个直线束, 其束心为 p, 束平面为 e. 那么, 这个新引入的符号 $\widehat{pe}$ 所表示的条件就是, 该直线束含有给定的直线.

---

[*]在以下章节中, 对此条件将一直使用这个符号, 正如将一直使用在 §2 中定义的条件符号一样 (**Lit.12**).

§11
关联公式Ⅳ至ⅩⅣ的应用举例

只要将 §7 与 §8 中的例子作对偶变换，即可得到关联公式Ⅳ至Ⅵ的例子. 至于其余的关联公式，则由以下各例说明.

1. 每个曲面都有一个二级系统, 系统中的几何形体由一个切平面 e 及其切点 p 组成. 因此，一个曲面组成的一级系统，就具有这种几何形体组成的三级系统. 我们来把公式ⅩⅢ与公式ⅩⅣ应用到这些几何形体上. 对曲面来说，p^3 就成为要求它通过一个给定点的条件 μ, e^3 成为了要求它与一个给定平面相切的条件 ϱ, 而 $\widehat{pe}$ 则成为要求它与一条给定直线相切的条件 ν. 于是，由公式ⅩⅢ得出下述定理:

"对曲面组成的一级系统，将系统中通过一个给定点的曲面数目 μ, 加上与一条给定**直线**相切的曲面数目 ν, 和数等于一个曲面的次数，该曲面由系统中曲面的所有通过一个给定点的切平面的切点组成"

类似地，由公式 Ⅷ可得到下述定理:

"对曲面组成的二级系统，将系统中与一条给定**直线**相切于一个给定点的曲面数目，加上与一个给定**切平面**中一条给定**直线**相切的曲面数目，和数等于一个曲面的次数，该曲面由系统中曲面的所有通过一条给定**直线**的切平面的切点组成. "

2. 对空间曲线, 用 e 表其密切平面, p 表其切点, 则由公式Ⅶ得到下述定理:

"对空间曲线组成的二级系统，一方面，将系统中通过一个给定点的曲线数目，加上一条曲线的次数，该曲线由系统中曲线的所有通过一条给定直线的密切平面的切点组成; 另一方面，将系统中以一个给定平面为密切平面的曲线数目，加上一个曲面的次数，该曲面由系统中曲线的所有通过一个给定点的密切平面的切点组成; 那么，这两个和数相等."

3. 每个曲面的二级系统都含有一个四级系统, 系统中的几何形体由同一切点处的两条主切线(haupttangente) 组成. 将关联公式Ⅸ:

$$(G + H) + (g_p h_e + g_e h_p) = g_s h + g h_s$$

应用到这个系统上, 则得下述定理:

"对曲面组成的二级系统，将系统中以一条给定直线为主切线的曲面数目，加上那种曲面的数目，这种曲面的两条主切线中，有一条通过一个给定点，另一条则在一个给定平面内，那么，和数等于一个直纹面的次数，该直纹面由所有那样的主切线构成，与这种主切线配套的另一条主切线属于一个给定的直线束."

对那些由单个主元素组合而成的几何形体, 有多种多样的方式来应用关联公式, 从而确定它们基本条件之间的公式. 下面给出几个这样的例子.

4. 在同一平面 e 上有 4 个点 a_1, a_2, a_3, a_4. 为了求出 a_1, a_2, a_3, a_4 的基本条件之间最低维数的公式, 我们从下面 4 个方程 (即关联公式Ⅶ) 中消去基本条件 e, e^2, e^3:

$$a_1{}^3 - a_1{}^2 e + a_1 e^2 - e^3 = 0$$
$$a_2{}^3 - a_2{}^2 e + a_2 e^2 - e^3 = 0$$
$$a_3{}^3 - a_3{}^2 e + a_3 e^2 - e^3 = 0$$
$$a_4{}^3 - a_4{}^2 e + a_4 e^2 - e^3 = 0$$

从消去过程可以推出, 下述符号行列式

$$\begin{vmatrix} a_1{}^3 & a_1{}^2 & a_1 & 1 \\ a_2{}^3 & a_2{}^2 & a_2 & 1 \\ a_3{}^3 & a_3{}^2 & a_3 & 1 \\ a_4{}^3 & a_4{}^2 & a_4 & 1 \end{vmatrix}$$

必须为零, 即有

$$(a_1 - a_2)(a_1 - a_3)(a_1 - a_4)(a_2 - a_3)(a_2 - a_4)(a_3 - a_4) = 0 \quad \textbf{(Lit.13)}$$

其实, 事先就可预想到, 方程左边的六个因子都必然会出现, 因为如果四点之中有两点重合, 则此四点必在同一个平面上.

5. 设在平面 e 中有一个直线束, 束心为 p, 而 g 与 h 是束中的直线. 那么, 在与 p, e, g, h 相关的基本条件之间, 成立一系列方程, 它们都可由关联公式 Ⅰ 至 Ⅵ 推出. 这些我已在《数学年鉴》(*Math.Ann.*, Bd.10, p.326–327) 中讲过了. 在这些方程中, 我们提出以下几个:

a) $$g_p = eg - e^2$$

b) $$g_e = pg - p^2$$

因为

$$g_s = pg_p - p^3 = p(eg - e^2) - p^3$$

故有

c) $$g_s = peg - (pe^2 + p^3) = peg - (p^2 e + e^3) = peg - (p^3 + e^3 + \widehat{pe})$$

因为

$$G = p^2 g_p - p^3 g = p^2(eg - e^2) - p^3 g$$

因而也有

d)
$$G = (p^2 e - p^3)g - p^2 e^2 = \widehat{peg} - p^2 e^2$$

此外还有

$$
\begin{aligned}
pegh &= (p^2 + g_e)(e^2 + h_p) \\
&= p^2 e^2 + (H + p^3 h) + (G + e^3 g) + g_e h_p \\
&= p^2 e^2 + H + G + e^3 h + p^3 g + g_p h_e \\
pegh_e &= (p^2 + g_e)(e^3 + h_s) \\
&= e^3 p^2 + g_e h_s + pH + eG \\
p^2 e^2 gh &= peG + peH + peg_p h_e \\
&= peG + peH + (g_s + p^3)(h_s + e^3) \\
&= peG + peH + g_s h_s
\end{aligned}
$$

6. 像例 5 一样, 考虑两条直线 g 与 h, 它们相交于点 p, 决定的平面为 e. 我们提出如下的问题: 将所有形如

$$g^m h^n$$

的符号 (其中 m 与 n 至少有一个大于 1) 用 p, e 以及 g 和 h 的一次幂表出来. 首先, 我们将例 5 中的公式 a) 与公式 b) 相加，得到

a)
$$g^2 = g(p + e) - (p^2 + e^2)$$

b)
$$h^2 = h(p + e) - (p^2 + e^2)$$

将此二式乘以 g 和 h, 并将右边出现的符号 g^2 与 h^2, 立即用 a) 式与 b) 式的右端来代替. 反复施行这一运算过程, 就可一步一步地推得

c)
$$g^3 = 2peg - 2\widehat{pe} - 2p^3 - 2e^3$$

d)
$$g^2 h = pgh + egh - p^2 h - e^2 h$$

e)
$$g^4 = 2\widehat{peg} - 2p^2 e^2$$

f)
$$g^3 h = 2pegh - 2\widehat{peh} - 2p^3 h - 2e^3 h$$

g)
$$g^2 h^2 = p^2 gh + 2pegh + e^2 h^2 - 2\widehat{peg} - 2\widehat{peh} - 2p^3 g - 2e^3 g \\ - 2p^3 h - 2e^3 h + 2p^2 e^2$$

h) $\qquad g^4h = 2\widehat{peg}h - 2p^2e^2h$

i) $\qquad g^3h^2 = 4\widehat{peg}h + 2p^3gh + 2e^3gh - 2p^2e^2g - 4p^2e^2h + 4p^3e^2$

j) $\qquad g^4h^2 = 2p^2e^2gh - 4p^3e^2h$

k) $\qquad g^3h^3 = 4p^2e^2gh - 4p^3e^2g - 4p^3e^2h$

l) $\qquad g^4h^3 = 4p^3e^2gh$

此外, 还有在上述公式中互换 g 与 h 而得到的公式. 这些方程在 §23 中计算含有 δ 的退化符号时要用到.

7. 我们来研究这样一种几何形体, 它由位于同一平面 e 内, 交于同一点 p 的三条直线组成. 对此几何形体, 我们规定:

ν 表示条件: 三条直线中有一条与一条给定直线相交;

ν_2 表示条件: 三条直线中有两条与一条给定直线相交;

ν_3 表示条件: 三条直线中每条都与一条给定直线相交.

那么, 利用关联公式, 就可将 ν 的高次幂通过

$$p, e, \nu, \nu_2, \nu_3$$

表出. 因为一步一步地推导, 即可得到

$\nu^2 = \nu_2 + \nu p + \nu e - 3p^2 - 3e^2$

$\nu^3 = \nu_3 + 3\nu_2 p + 3\nu_2 e - 6\nu p^2 + 2\nu pe - 6\nu e^2 - 6\widehat{pe} - 6p^3 - 6e^3$

$\nu^4 = 6\nu_3 p + 6\nu_3 e - 3\nu_2 p^2 + 14\nu_2 pe - 3\nu_2 e^2 - 38\nu\widehat{pe} - 40\nu p^3 - 40\nu e^3 + 30p^2e^2$

$\nu^5 = 15\nu_3 p^2 + 50\nu_3 pe + 15\nu_3 e^2 - 30\nu_2\widehat{pe} - 60\nu_2 p^3 - 60\nu_2 e^3 - 80\nu p^2e^2 + 240p^3e^2$ *

$\nu^6 = 360\nu_3\widehat{pe} + 180\nu_3 p^3 + 180\nu_3 e^3 - 500\nu_2 p^2e^2 + 560\nu p^3e^2$

$\nu^7 = 1120\nu_3 p^2e^2 - 2520\nu_2 p^3e^2$

$\nu^8 = 4200\nu_3 p^3e^2$

最后一个公式, 可以通过非常简单直接的几何推导来加以验证, 因为有

$\nu^8 = 8_4 \cdot (8-4)_3 \cdot 2 \cdot 2 + 8_4 \cdot (8-4)_2 \cdot \dfrac{1}{2} \cdot 2 \cdot (1+1) + 8_3 \cdot (8-3)_3 \cdot \dfrac{1}{2} \cdot 2 \cdot 2 \cdot (1+1)$

$= 4200$ **

---

* 这一行中 $80\nu p^2e^2$ 这一项, 原文为 $80\nu_1 p^2e^2$, 有误.—— 校注

** 这个式子中的符号 8_4 表示的是二项式系数 $\begin{pmatrix} 8 \\ 4 \end{pmatrix}$, 其他符号也类似. 参见 §20 的脚注.—— 校注

这些方程在 §23 中计算含有 τ 的退化符号时要用到.

8. 对平面 μ 内的三角形, 我们用 f 表示它的边. 那么, 符号

$$f^m f_e^n, \quad \text{其中} \quad m+n>3$$

可以通过 μ 以及符号

$$f^m f_e^n, \quad \text{其中} \quad m+n \leq 3$$

表达出来. 因为, 利用关联公式可导出以下各式, 详细推导过程可参见《数学年鉴》(*Math. Ann.*, Bd.10, p.37-42)(**Lit.14**):

$$f^4 = 6f^2 f_e - 3f_e^2 - 22\mu f f_e + 6\mu f^3 + 30\mu^2 f_e - 21\mu^2 f^2 + 54\mu^3 f$$

$$f^3 f_e = 3f f_e^2 + 6\mu f^2 f_e - 7\mu f_e^2 - 18\mu^2 f f_e - 3\mu^3 f^2 + 30\mu^3 f_e$$

$$f^5 = 15f f_e^2 + 50\mu f^2 f_e - 60\mu f_e^2 + 15\mu^2 f^3 - 210\mu^2 f f_e - 90\mu^3 f^2 + 360\mu^3 f_e$$

$$f^2 f_e^2 = f_e^3 + 5\mu f f_e^2 - 10\mu^2 f_e^2 + \mu^2 f^2 f_e - \mu^3 f^3 - 8\mu^3 f f_e$$

$$f^4 f_e = 3f_e^3 + 26\mu f f_e^2 + 21\mu^2 f^2 f_e - 72\mu^2 f_e^2 - 6\mu^3 f^3 - 102\mu^3 f f_e$$

$$f^6 = 15f_e^3 + 165\mu f f_e^2 + 195\mu^2 f^2 f_e - 545\mu^2 f_e^2 - 15\mu^3 f^3 - 990\mu^3 f f_e$$

$$f f_e^3 = 3\mu f_e^3 + 3\mu^2 f f_e^2 - 3\mu^3 f^2 f_e - 12\mu^3 f_e^2$$

$$f^3 f_e^2 = 8\mu f_e^3 + 21\mu^2 f f_e^2 - 6\mu^3 f^2 f_e - 66\mu^3 f_e^2$$

$$f^5 f_e = 35\mu f_e^3 + 130\mu^2 f f_e^2 + 5\mu^3 f^2 f_e - 425\mu^3 f_e^2$$

$$f^7 = 210\mu f_e^3 + 910\mu^2 f f_e^2 + 210\mu^3 f^2 f_e - 3150\mu^3 f_e^2$$

$$f_e^4 = 6\mu^2 f_e^3 - 6\mu^3 f f_e^2$$

$$f^2 f_e^3 = 12\mu^2 f_e^3 + 3\mu^3 f f_e^2$$

$$f^4 f_e^2 = 45\mu^2 f_e^3 + 45\mu^3 f f_e^2$$

$$f^6 f_e = 235\mu^2 f_e^3 + 345\mu^3 f f_e^2$$

$$f^8 = 1540\mu^2 f_e^3 + 2660\mu^3 f f_e^2$$

$$f f_e^4 = 12\mu^3 f_e^3$$

$$f^3 f_e^3 = 39\mu^3 f_e^3$$

$$f^5 f_e^2 = 180\mu^3 f_e^3$$

$$f^7 f_e = 1050\mu^3 f_e^3$$

$$f^9 = 7280\mu^3 f_e^3$$

这些方程在 §25 中计算含有 λ 与 ν', 或者含有 λ 与 P' 的退化符号时很有用.

§12
关联公式应用于
与主元素相关联的主元素系统

迄今为止, 我们讨论的情况, 都是单个主元素与另一个主元素相关联. 现在, 我们来研究这样的情况, 即一个主元素组成的系统中每个元素都与一个点、一个平面或者一条直线相关联. 例如, 一条平面曲线上所有的点就构成这样一个系统. 对这种系统成立的方程, 可以从我们的关联公式直接推出. 首先, 我们来处理主元素的零级系统与一个点、一个平面或者一条直线相关联的情况.

1. 设有 n 个点 p 位于同一条直线 g 上. 那么, 该给定直线 g 确定的就不是一个、而是 n 个关联体. 此外, 还应注意, 符号 p, p_g, P 所代表的条件分别是: n 个点中的某个点位于一个给定平面, 位于一条给定直线, 位于一个给定点. 所以, 这里不能用 p^2 代替 p_g, 也不能用 p^3 代替 P, 因为这样会引起误解 (参见 §6 及 §7). 因此, 由关联公式 I 与 II 可以得到

a) $$p_g = pg - n \cdot g_e$$

b) $$P = pg_p - n \cdot g_s$$

2. 设有 n 条直线 g 通过同一个点 p, 则由关联公式 I , II , III 得到

a) $$g_e = pg - n \cdot p^2$$

b) $$g_s = pg_p - n \cdot p^3$$

c) $$G = p^2 g_p - p^3 g$$

3. 设有 n 个平面 e 通过同一条直线 g, 则由关联公式 IV 与 V 得到

a) $$e_g = eg - n \cdot g_p$$

b) $$E = eg_e - n \cdot g_s$$

4. 设有 n 条直线 g 在同一个平面 e 上, 则由关联公式 IV , V , VI 得到

a) $$g_p = eg - n \cdot e^2$$

b) $$g_s = eg_e - n \cdot e^3$$

c) $$G = e^2 g_e - e^3 g$$

5. 设有 n 个点在同一个平面 e 上, 则由关联公式Ⅶ得到

$$P = ep_g - e^2p + n \cdot e^3$$

6. 设有 n 个平面 e 通过同一个点 p, 则由公式Ⅶ得到

$$E = pe_g - p^2e + n \cdot p^3$$

7. 设有 n 条直线 h 与同一条直线 g 相交, 则由关联公式Ⅸ得到

$$H = gh_s - ge h_p - g_p h_e + g_s h - n \cdot G$$

对于与一个点、一个平面或者一条直线相关联的级数为正的系统, 只须处理那种情况, 即关联公式可以推出关于该系统的两个以上条件之间的方程, 因为其他的情况都是自明的 (**Lit.15**).

8. 考虑平面 μ 中一条平面曲线, 其切线构成了一个一级直线系统, 将它看成为切线的轨迹, 就在直线空间中得到了对偶曲线. 设曲线的秩为 a, 即直线空间中任意一条直线与对偶曲线的交点个数为 a. 设 ϱ 表示条件: 系统中有某条直线位于一个给定平面内, 即平面曲线与该给定平面相切; 又设 T 表示条件: 系统中含有一条给定直线, 即平面曲线与该给定直线相切. 则由关联公式Ⅵ, 就得到如下对所有三级系统都成立的方程:

$$T = \mu^2\varrho - a \cdot \mu^3$$

9. 将平面 μ 内的平面曲线看成为点的轨迹, 就得到一个由点组成的一级系统, 对它应用关联公式Ⅶ, 就得到关于平面曲线的第二个重要方程. 我们用 a 表示它的次数, 用 ν 表示它与一条给定直线相交的条件, 用 P 表示它通过一个给定点的条件. 那么, 公式Ⅶ中的符号 p^3, p^2e 与 pe^2 可分别用 P, $\mu\nu$ 与 $a \cdot \mu^2$ 来代入, 而符号 e^3 则应置为零, 因为由曲线组成的二级系统, 无法满足位于一个给定平面内的条件. 因此, 对于平面曲线的二级系统有以下的方程:

$$P = \mu\nu - a \cdot \mu^2$$

10. 11. 对应于例 8 与例 9 中关于平面曲线的方程, 有两个关于圆锥曲线的方程, 它们也可由关联公式Ⅲ与Ⅶ得出.

12. 设直纹面的 ∞^1 条直线都与一条给定直线 g 相交, 或者说, 该直纹面含于一个特殊线性复形中. 用 a 表示它的次数, T 表示它含有一条给定直线的三重条件, t 表示它含有一个给定直线束中某条直线的二重条件, ϱ 表示它有一条直线位于一

34

个给定平面中的单重条件, ϱ' 表示它有一条直线通过一个给定点的单重条件. 那么, 对每个直纹面组成的三级系统, 由关联公式 IX 可推得以下的方程:

$$T = gt - g_p\varrho - g_e\varrho' + a \cdot g_s$$

13. 设线汇的 ∞^2 条直线都与一条给定直线 g 相交, 令 b 表示线汇中位于一个给定平面中的直线数, b' 表示线汇中通过一个给定点的直线数, B 表示线汇含有一条给定直线的二重条件, β 表示线汇含有一个给定直线束中某条直线的单重条件. 那么, 由关联公式 IX 可得到以下的方程:

$$B = g\beta - b \cdot g_p - b' \cdot g_e$$

所有这些基本公式, 在第四章中都非常有用.

第三章

叠 合 公 式

§13

点对的叠合公式和 Bezout 定理

上一章我们讨论了主元素的关联体(incidenz). 现在, 我们来研究主元素的叠合体(coincidenz), 它们是由无限靠近的两个点、两个平面或者两条直线构成的几何形体. 叠合体是一种特殊的主元素对, 所谓主元素对是由处于一般位置上的两个点、两个平面或者两条直线组成的几何形体. 如果在主元素对上附加一个条件, 要求该对中的两个主元素无限靠近, 这个条件就称为叠合条件. 这个条件与其他条件组成的复合条件, 我们也称之为叠合条件. 现在, 我们的主要任务就是:

"求出用基本条件表达叠合条件的公式."

这种公式称为叠合公式, 它们与关联公式相结合, 对于通过代数方式定义的几何形体, 可以将与之相关的所有个数, 一步接一步地算出来. 正如关联公式来源于一个代数原理, 即个数守恒原理, 叠合公式也来源于一个代数原理, 即所谓Chasles 对应原理(Comptes rendus, 1864). 实际上, 这个对应原理是 Gauss 的代数学基本定理的几何形式.

设 g 为一条固定的直线, 通过某种代数关系, 使得在 g 上的两点 A 与 B 之间有 ∞^1 次的相互对应, 确切地说, 如果将直线上的任一点看作 A 点, 则有 β 个 B 点与之对应; 反之, 如果将任一点当成 B 点, 则有 α 个 A 点与之对应. 那么, 如果在该直线上固定一点 O, 并用 a 表线段 OA, 用 b 表线段 OB, 则在 a 与 b 之间就有一个代数方程, 它具有如下性质: 如果将某个值代入 a, 就相应地得到 β 个 b 的值; 而如果将某个值代入 b, 就相应地得到 α 个 a 的值. 因此, 如果我们令 a 等于 b, 则一般可得到 $\alpha + \beta$ 个 $a = b$ 的值, 因为在一般情况下, 方程中存在 $a^\alpha b^\beta$ 这一项. 如果在特殊情况下, $a^\alpha b^\beta$ 这一项的系数为零, 则 $\alpha + \beta$ 个值 $a = b$ 中包含有无限大的值 *. 因此, 在直线上存在 $\alpha + \beta$ 个点, 在这些点处, 有两个相互对应的点 A 与 B 叠合在一起.

通过对偶变换, 就可由此得到直线束与平面束的对应原理.

现在, 无需更多的代数考虑, 只要借助头两章中引入的演算法, 我们就能求得

---

*关于有限值的 $a = b$ 与无限大的 $a = b$ 之间的区别, Saltel 在《Brussel 科学院院刊》中的几篇文章中进行了研究. 但在我们研究的一般情况下, 用不着考虑这种区别.

36

所有可能的叠合公式. 让我们先来推导用基本条件表达点对的单重叠合条件的公式. 我们用 p 与 q 表示点对中的两个点, 用 g 表示它们的连线, 又用 ε 表示下述条件: p 与 q 这两个点无限靠近, 但是它们有一条完全确定的连接直线. 现在, 假设给定了一个由这种点对组成的任意的一级系统 *. 我们取一个任意的平面束, 并设其中心直线为 l. 考虑通过 l 的如下平面对: 该平面对中的一个平面通过点 p, 而另一个平面则通过与之配对的点 q. 那么, 根据对应原理, 在平面束中有

$$p + q$$

个平面, 使得相互配对的两点 p 与 q 都位于其上. 属于这种平面的, 首先有 ε 个那样的平面, 它们由 l 与某个点对的叠合点决定, 其次还有由 l 与某条连接直线 g 决定的那些平面. 后面这种平面的数目为 g, 因为直线 l 与 g 条连接直线相交. 因此, 总有

1) $$\varepsilon = p + q - g$$

这个公式对所有一级点对系统都成立. 尽管它可以由平面束的 Chasles 对应公式直接导出, 可是它却比 Chasles 对应公式更为一般, 其他所有的对应公式都是它的特殊情形.

由这个一维的叠合公式, 只需通过符号乘法, 就可以立即导出所有高维的公式. 为了将公式转化为最便于应用的形式, 我们还要用到 §7 中的关联公式 I, II, III. 对 1) 式乘以 g, 得到

$$\begin{aligned} \varepsilon g &= pg + qg - g^2 \\ &= (g_e + p^2) + (g_e + q^2) - (g_p + g_e) \end{aligned}$$

也就是

2) $$\varepsilon g = p^2 + q^2 + g_e - g_p$$

此外还有

$$\varepsilon g_p = pg_p + qg_p - g_s$$

再应用关联公式 III, 就得到

3) $$\varepsilon g_p = p^3 + q^3 + g_s$$

4) $$\varepsilon g_e = pg_e + qg_e - g_s$$

---

*Schubert 实际上考虑了两个空间的乘积在对角线上的爆炸 (blow-up), 而这里的一级系统应是爆炸中的一级系统. 因此, 它不仅含有无限靠近的点对, 也必含有不无限靠近的普通点对.—— 校注

5)
$$\varepsilon g_s = p^2 g_e + q^2 g_e + G$$

6)
$$\varepsilon G = pG + qG$$

公式 6) 就是 Chasles 假设连接直线为固定不变时所得的最初的对应原理.

因为对于叠合体, p 与 q 是重合的, 所以 $p\varepsilon$ 与 $q\varepsilon$ 是完全相同的. 从而, 与 ε 相关的符号, 不论用 p 还是用 q 都完全一样. 下面我们选用符号 p. 这样一来, 用 q 符号相乘的结果与用 p 符号相乘的结果是否相等, 就可用来检验计算结果是否正确. 我们有

$$\varepsilon p = p^2 + pq - gp = p^2 + pq - p^2 - g_e$$

也就是

7)
$$\varepsilon p = pq - g_e$$

8)
$$\varepsilon p^2 = p^2 q - pg_e = pq^2 - qg_e$$

9)
$$\varepsilon p^3 = p^3 q - p^2 g_e = pq^3 - q^2 g_e = p^2 q^2 - pqg_e$$

10)
$$\varepsilon pg_e = pqg_e - G$$

11)
$$\varepsilon p^2 g_e = p^2 qg_e - pG = pq^2 g_e - qG$$

这些公式都可以用文字来表述, 我们以 3) 式与 7) 式为例说明如下:

"对于一个三级点对系统, 将那些有一个点为给定点的点对个数, 加上那些另一个点为给定点的点对个数, 再加上连接直线所构成复形的次数, 和数等于那种叠合体的个数, 这种叠合体的连接直线都通过一个任意给定的点."

"对于一个二级点对系统, 将那些两个点在两个给定平面上的点对个数, 减去那些连接直线在一个给定平面内的点对个数, 差数等于叠合点所构成空间曲线的次数."

在叠合条件多于一个的公式中, 所含条件与连接直线 g 关系最少的那些公式, 特别值得注意. 将 2) 式与 7) 式相加, 得到

12)
$$\varepsilon g + \varepsilon b = p^2 + pq + q^2 - g_p$$

由 8) 式可导出

$$2\varepsilon p^2 = p^2 q + pq^2 - pg_e - qg_e$$

再加上 3) 式与 4) 式, 就得到

13)
$$\varepsilon g_p + \varepsilon g_e + 2\varepsilon p^2 = p^3 + p^2 q + pq^2 + q^3$$

由公式 12) 可得到由 Zeuthen 最先发表的平面上的对应原理 (comptes rendus, Juni 1874). 由公式 13) 可得到点空间中的对应原理, 这个原理 Zeuthen 完成了一部分, 我则完成了其全部 (**Lit.16**). 然而, 对于应用来说, 使用公式1)—11)却更加方便, 因为它们只包含单独一个叠合条件.

在定义单重叠合条件 ε 时, 我们假定叠合点中那两个无限靠近的点有一条完全确定的连接直线, 就像一条曲线中两个无限靠近的点一样. 可是, 如果将一个直线束中的每条直线, 或更一般地, 将一个圆锥中的每条直线, 都看成是两个叠合点的连接直线, 且叠合位置就是直线束的束心或者圆锥的顶点, 那么, 我们就得到一个二重的叠合条件. 最后, 如果将每条通过叠合位置的直线都看成是两个叠合点的连接直线, 我们就得到一个三重的叠合条件, 或者说, 得到一个完全叠合体(volle coincidenz). 因此, 每个完全叠合体都自动满足条件 εg_p, 因为条件 g_p 决定的点与叠合位置的连线就是那两个叠合点的连接直线.

常常还会遇到仅由完全叠合体组成的三级或者多级点对系统. 这种系统的叠合符号, 除了含有条件 g_p 作为因子的以外, 其余的都可令其为 0. 用 η 表示完全叠合体这个三重条件, 则由上面的叠合公式可得到以下的方程:

14)
$$\eta = p^3 + q^3 + g_s$$
$$0 = pg_e + qg_e - g_s$$
$$\eta g = p^2 g_e + q^2 g_e + G$$
$$\eta g_p = pG + qG$$
$$0 = p^2 q - pg_e = pq^2 - qg_e$$
$$0 = pqg_e - G$$

15)
$$\eta = p^3 + p^2 q + pq^2 + q^3$$

16)
$$\eta p = p^3 q + p^2 q^2 + pq^3$$

17)
$$\eta p^2 = p^3 q^2 + p^2 q^3$$

要注意, 这些方程只能用于那些仅含完全叠合体的系统 (参见 §5 的最后一段). 让我们举个这种系统的例子: 给定两个由点组成的系统, 将其中一个系统的每个点与另一系统的每个点组成点对, 就得到一个仅含完全叠合体的点对系统. 假如所给的这两个系统分别为 m 次曲面与 n 次曲面, 因而也就是两个二级点系统, 这时 16) 式的右边将化简为 $p^2 q^2$. 对于这一项, 我们得用 mn 代入, 因为条件 p^2 决定的直线与 m 次曲面相交于 m 个点, 而条件 q^2 决定的直线与 n 次曲面相交于 n 个点, 将这 m 个点中的每个点与这 n 个点中的每个点组成点对, 就得到一个四级的点对系统. 因此, 公式 16) 就蕴涵了下面重要的Bezout 基本定理:

"两个曲面相交曲线的次数等于这两个曲面次数的乘积."

类似地, 由 15) 式或 14) 式可以得到定理:

"一个 m 次曲面与一条 n 次曲线相交于 mn 个点."

由上述两个定理可推出下面的第三个定理:

"三个次数分别为 m, n 与 l 的曲面相交于 mnl 个点"

因此, 由重要的叠合公式

$$\varepsilon = p + q - g$$

只须通过符号乘法, 也就是通过特殊化, 即可得到 Bezout 基本定理的如下几何形式: 给定 r 个未知量的 r 个方程, 它们公共解的个数等于这 r 个方程次数的乘积. 事实上, 近年来经常有人发表这个 Bezout 定理几何形式的证明, 在他们的证明中都只用到对应原理 (**Lit.17**). 上面的推导使用了我们的演算法, 避免了许多不必要的麻烦, 而且还清楚说明了这两个定理之间的关系. 由于所用到的一维叠合公式是由 Chasles 对应原理导出的, 而后者不过是 Gauss 的代数学基本定理的几何形式, 因此应该有可能用 Gauss 定理给出 Bezout 定理的一个代数推导. Fouret 先生做成了这件事, 他的论文发表于《法国数学学会通报》(Bd.2, p.127). 在该文中他还研究了如果要求的只是公共的有限解的个数, 则对次数的乘积应如何进行约化.

在解析几何中经常遇到确定奇点个数的问题. 这类问题用我们上面给出的点对公式来解决, 要比用传统的代数方法简单得多, 也自然得多. 这是由于我们演算法计算的对象不是方程, 而仅仅是对确定个数十分重要的与方程有关的**次数**. 事实上, 作者用他的方法, 不仅比代数方法更快捷地确定了许多关于曲面、线汇和复形的大家熟知的个数, 而且还确定了许多奇点的个数, 而对于这类问题, 代数学家的努力一直都是徒劳无功的. 点对公式的这类应用, 在以下各节中有丰富的例子 (参见 §33, §36, §44). 因而在这里, 关于点对公式的应用, 我们仅举一例就够了. 这个例子取自 Salmon 的《空间解析几何》(Fiedler 的德译本, Bd. II, §438, p.552).

考虑 n 次曲面 F 与 n' 次曲面 F' 的交线, F 在交线各点处的主切线生成了一个曲面, 我们现在来确定这个曲面的阶数 x. F 的一条切点为 p 的主切线, 与 F' 相交于 n' 个点 q, 我们将 p 与每个这样的 q 组成点对. 如果对 F 的每条主切线都这样做, 就得到一个点对的二级系统, 我们来对此系统应用公式 2). 那么, 符号 p^2 得用 $2nn'$ 代入, 因为条件 p^2 决定的直线与 F 相交于 n 个点 p, 每个交点 p 处有两条主切线, 每条主切线又与曲面 F' 相交于 n' 个点 q^*, 而每个点 p 与每个这样的点 q 组成了一个点对. 符号 q^2 得用 $n'\pi$ 代入, 这里 π 是 F 的主切线中通过空间中任给一点的条数, 因为 q^2 决定的直线与 F' 交于 n' 个点 q, 每个点 q 有 π 条 F 的

---

* 这句中的曲面 F', 原文为曲面 F, 有误.—— 译注

主切线通过, 而 q 与这些主切线的切点 p 组成了点对. 类似可知, 符号 g_e 等于 $\eta n'$, 这里 η 是 F 的主切线中位于任一给定平面中的条数. 同样地, 符号 g_p 等于 $\pi n'$, 因为有 π 条 F 的主切线通过条件 g_p 决定的点, 每条主切线与 F' 相交于 n' 个点, 从而其切点与交点组成了 n' 个点对. 因而有

$$x = 2nn' + \pi n' + \eta n' - \pi n'$$

也就是

$$x = n'(2n + \eta)$$

如果曲面 F 没有奇点, 即它没有二重曲线等等, 则 η 与 n 有如下熟知的关系:

$$\eta = 3n(n-2)$$

这个公式从叠合公式也很容易推出 (参见 §33 中的公式 3)). 因此, 当 F 没有奇点时, 有

$$x = nn'(3n - 4)$$

对本节中点对的叠合公式作对偶变换, 就得到平面对的叠合公式. 用 e 和 f 表示两个平面, 用 h 表示它们的相交直线, ε 表示它们无限靠近的条件, 那么, 举例说来, 我们可以

由 1) 式得 $\qquad\qquad\qquad \varepsilon = e + f - h$

由 2) 式得 $\qquad\qquad\qquad \varepsilon h = e^2 + f^2 + h_p - h_e$

由 3) 式得 $\qquad\qquad\qquad \varepsilon h_e = e^3 + f^3 + h_s$

由 5) 式得 $\qquad\qquad\qquad \varepsilon h_s = e^2 h_p + f^2 h_p + H$

由 7) 式得 $\qquad\qquad\qquad \varepsilon e = ef - h_p$

由 12) 式得 $\qquad\qquad\quad \varepsilon h + \varepsilon e = e^2 + ef + f^2 - h_e$

由 13) 式得 $\qquad\quad \varepsilon h_e + \varepsilon h_p + 2\varepsilon e^2 = e^3 + e^2 f + ef^2 + f^3$

由上述公式可以导出平面轨迹的 Bezout 定理, 它对应于前面点轨迹的 Bezout 定理, 可以表述如下:

"假定有一个二级平面系统, 使得对于任给的一条直线, 系统中有 m 个平面通过它; 此外, 还有另一个二级平面系统, 使得对于任给的一条直线, 系统中有 n 个平面通过它. 那么, 这两个二级平面系统的公共平面构成一个一级平面系统, 使得对于任给的一点, 该一级系统中有 mn 个平面通过这个点."

"一个 m 次的二级平面轨迹与一个 n 次的一级平面轨迹有 mn 个公共平面."

"三个次数分别为 m, n 及 l 的二级平面轨迹有 mnl 个公共平面."

上面点对与平面对的叠合公式, 自然可以用来处理点对都在一固定平面内的情况, 亦即全部点对都满足条件 g_e 的情况; 也可以用来处理平面对都通过一个固定点

的情况, 亦即全部平面对都满足条件 h_p 的情况. 例如, 假设有一个固定平面, 把它看成是条件 g_e 决定的平面, 在其上给定了两个一级点系, 也就是两条平面曲线. 我们将一个系统中的每个点与另一个系统中的每个点组成点对, 再应用公式 5). 那么, εg_s 就是公共点的个数, $p^2 g_e$ 与 $q^2 g_e$ 都等于 0, 而 G 则等于位于该平面中一条直线上的点对的个数, 故有

"两条次数分别为 m 与 n 的平面曲线相交于 mn 个点."

如果通过这两条平面曲线的所有切线作各种可能的平面, 就得到一个二级平面轨迹. 对它应用 Bezout 定理, 就得到下面的定理, 它也可从前一定理通过对偶变换来得到. 这个定理是

"在一个固定平面内, 两个次数分别为 m 与 n 的一级直线轨迹有 mn 条公共直线."

从上述两个定理, 通过对偶变换可得到两个关于有公共顶点圆锥的相应定理.

§14
应用 §13 中的叠合公式确定
有关平面曲线与曲面相切的若干数目

1. 假设在一个固定的平面内, 给定了一个平面曲线的一级系统和一条平面曲线. 在 §4 中, 我们已经求得了系统中与该平面曲线相切的曲线数目. 这个数目通过以下方式也可很容易地得到, 就是对于给定平面曲线的一条切线, 用上一节中的公式去计算, 系统中有多少条曲线与该切线在其切点处相切. 对于给定平面曲线的每条切线 g, 我们将其切点 p 与每个那样的点 q 组成点对, 其中 q 是 g 与系统中某条曲线相切的切点, 这样就得到一个由点对组成的一级系统. 我们对它来应用如下的一维点对公式 (§13 中的公式 1)):

$$p + q - g = \varepsilon$$

这时, p 得用 $m\nu$ 代入, 其中 m 是平面曲线的次数, ν 是系统中与一条给定直线相切的曲线数目, 这是因为, 点 p 决定的平面与平面曲线交于 m 个点, 而这 m 个点处的切线, 每条都与系统中的 ν 条曲线相切. 为了确定 q, 注意 q 决定的平面与系统中 ∞^1 条曲线相交, 从而有 ∞^1 个交点, 这些交点处的 ∞^1 条切线构成一个一级直线轨迹, 其次数可由 §7 的关联公式 I 直接得出 (参见 §8), 即等于

$$\mu + \nu$$

其中 μ 是系统中通过一个给定点的曲线数目. 另一方面, 若给定平面曲线的秩为 n, 则它的切线就构成一个次数为 n 的直线轨迹. 因此, 根据 Bezout 定理 (参见 §13 的结尾部分), 这两个直线轨迹有 $(\mu + \nu)n$ 条公共直线. 所以, q 得用 $(\mu + \nu)n$ 代入. 为了确定 g, 我们从条件 g 决定的直线与平面曲线所在平面的交点出发, 对平面曲线作 n 条切线, 并将每条切线的切点与那样的点组成点对, 这些点都是该切线与系统中某条曲线相切的切点. 因此, g 就等于 $n\nu$. 于是, 我们得到

$$\varepsilon = m\nu + n(\mu + \nu) - n\nu$$

即

$$\varepsilon = m\nu + n\mu$$

因此, 我们考虑的一级点对系统具有 $m\nu + n\mu$ 个叠合体, 就是说, 在平面曲线上有 $m\nu + n\mu$ 条切线, 在它们的切点处有系统中的平面曲线与它们相切. 这就确定了所求的数目 (参见 §39 中的应用 I).

类似可以求出, 在一个空间曲线的一级系统中存在

$$\nu r + \varrho n$$

条空间曲线与一个给定的 n 阶、r 秩的曲面相切, 其中 ν 是系统中与一条给定直线相交的曲线数目, ϱ 是系统中与一个给定平面相切的曲线数目 (参见 §39 中的应用 II).

2. 假设在一个固定的平面内, 给定了平面曲线的两个一级系统, 它们中有些曲线会互相相切, 所有这样的切点构成了一条曲线. 那么, 应用二维叠合公式, 就可确定此曲线的次数, 当然也可以确定与此数相对偶的数. 设这两个系统为 Σ_1 与 Σ_2. 对于 Σ_1, 我们用 μ_1 表示通过一个给定点的曲线数目, 用 ν_1 表示与一条给定直线相切的曲线数目; 对于 Σ_2, 相应的数则分别用 μ_2, ν_2 表示. 两个系统有 ∞^2 条公共切线, 在每条公共切线上, 将每个属于 Σ_1 的切点 p 与每个属于 Σ_2 的切点 q 组成一个点对. 所有这样的点对组成一个二级系统, 我们对它应用 §13 中的叠合公式 7) 与公式 2), 即

$$pq - g_e = \varepsilon p$$

与

$$p^2 + q^2 + g_e - g_p = \varepsilon g$$

为了确定 pq, 我们注意, 所有切点位于条件 p 决定的平面上的切线构成了一个直线轨迹. 根据关联公式 I, 该直线轨迹的次数, 对 Σ_1 等于 $\mu_1 + \nu_1$, 对 Σ_2 等于

$\mu_2 + \nu_2$. 于是, 根据 Bezout 定理, 这两个直线轨迹有 $(\mu_1 + \nu_1)(\mu_2 + \nu_2)$ 条公共直线. 因此, pq 就等于 $(\mu_1 + \nu_1)(\mu_2 + \nu_2)$. g_e 自然等于 $\nu_1\nu_2$, 因为条件 g_e 决定的平面与系统所处的固定平面交于一条直线, 这条直线与 Σ_1 中的 ν_1 条曲线相切, 同时又与 Σ_2 中的 ν_2 条曲线相切, 因而含有 $\nu_1\nu_2$ 个由切点组成的点对. p^2 等于 $\mu_1\mu_2$, 因为条件 p^2 决定的直线与固定平面有一个交点, 该交点处有 Σ_1 的 μ_1 条曲线通过, 这 μ_1 条曲线在此点的切线, 每条都与 Σ_2 中的 ν_2 条曲线相切. 类似地, q^2 等于 $\mu_2\nu_1$. 最后, g_p 等于 0, 因为该固定平面中的直线都不通过条件 g_p 决定的点. 因此, 我们得到如下结果:

$$(\mu_1 + \nu_1)(\mu_2 + \nu_2) - \nu_1\nu_2 = \varepsilon p$$
$$\mu_1\nu_2 + \nu_1\mu_2 + \nu_1\nu_2 - 0 = \varepsilon g$$

这两个式子可用文字来表述如下:

"在一个固定的平面内, 给定两个特征数分别为 μ_1, ν_1 与 μ_2, ν_2 的一级平面曲线系统. 那么, 分属两个系统中互相相切的曲线的所有切点构成一条曲线, 其次数为

$$\mu_1\nu_2 + \nu_1\mu_2 + \mu_1\mu_2$$

而该曲线的切线所构成曲线的秩为

$$\mu_1\nu_2 + \nu_1\mu_2 + \nu_1\nu_2"$$

这两个数互为对偶的事实, 说明我们的结果是正确的.

3. 为了对两个曲面的相切导出相应的数, 必须注意, 两个曲面相切意味着, 在它们某个交点处的两个切平面相互叠合, 而叠合平面上通过切点的每条直线都可看成是这两个叠合平面的交线. 假设给定了一个 m 阶、r 秩、k 类的曲面 F, 以及一个曲面的一级系统 Σ, 并设系统中通过一个给定点的曲面总有 μ 个, 与一条给定直线相切的总有 ν 个, 与一个给定平面相切的总有 ϱ 个. 对于 F 与 Σ 中曲面的每个交点, 我们将交点处属于 F 的切平面 e 与属于 Σ 的切平面 f 组成一个平面对, 就得到一个平面对的二级系统, 再对它应用 §13 中的公式*

$$e^2 + ef + f^2 - h_e = \varepsilon h + \varepsilon e$$

首先, 通过条件 e^2 决定的直线, 对 F 作 k 个切平面, 得到 k 个切点, 对每个这样的切点 B, Σ 中有 μ 个曲面通过, 这 μ 个曲面的每一个都在 B 点有一个切平面. 于

---

* 这里的原文为 "用 §14 中的公式", 有误.—— 译注

是, 我们看到, 有 $k\mu$ 个平面对满足条件 e^2. 为了确定 ef, 我们通过条件 e 决定的点, 对 F 作 ∞^1 个切平面, 它们的切点在 F 上构成一条曲线, 根据关联公式, 该曲线的次数为 r. 此外, 通过条件 f 决定的点, 对 Σ 的 ∞^1 个曲面作 ∞^2 个切平面, 它们的切点构成一个曲面, 根据关联公式, 该曲面的次数为 $\mu + \nu$. 根据 Bezout 定理, 该曲面与上面构造的 r 次曲线相交于 $(\mu + \nu)r$ 个点. 因而, ef 等于 $(\mu + \nu)r$. 为了确定 f^2, 我们通过条件 f^2 决定的直线, 对 Σ 的 ∞^1 个曲面作 ∞^1 个切平面, 它们的切点构成一条曲线, 根据关联公式, 该曲线的次数为 $\nu + \varrho$. 根据 Bezout 公式, 该曲线与 m 次曲面 F 有 $(\nu + \varrho)m$ 个交点. 因而, 有 $(\nu + \varrho)m$ 个平面对满足条件 f^2. 为了确定 h_e, 我们注意, 条件 h_e 决定的平面与曲面 F 交于一条曲线, 而与 Σ 交于一个曲线系统. 上面已经证明, 这条曲线具有

$$\mu r + \nu m$$

条切线, 它们在其切点处与系统中的曲线相切. 在每个这样的切点处, F 有一个切平面, Σ 也有一个切平面, 这两个切平面组成的平面对满足条件 h_e. 因此, h_e 就等于 $\mu r + \nu m$. 最后, 我们知道叠合条件 εe 应等于 0, 因为不可能有 ∞^1 次的相切. 但是, 符号 εh 则等于系统中与 F 相切的曲面数目, 我们将其记为 x. 注意, εh 中之所以有因子 h, 是由于在两个叠合的切平面中, 通过切点的每条直线都可看成是这两个叠合平面的交线. 因此, 从这 ∞^1 条直线中可以选出那种直线, 它们通过条件 h 决定的直线与叠合平面的交点. 将求得的这些数值代入前面的公式, 就得到

$$k\mu + r(\mu + \nu) + m(\nu + \varrho) - (r\mu + m\nu) = x$$

即

$$x = k\mu + r\nu + m\varrho$$

这个结果可用文字表述如下:

"在特征数为 μ, ν, ϱ 的一级曲面系统中, 与一个 m 次、r 秩、k 类的曲面相切的曲面个数为

$$k\mu + r\nu + m\varrho$$ "

(**Lit.18**)(参见 §40 中的例子).

4. 给定两个曲面的一级系统 Σ_1 与 Σ_2, 则 Σ_1 中的曲面与 Σ_2 中的曲面会 ∞^1 次地发生相切. 我们来求切点所构成曲线的次数以及切点处的切平面所形成一级轨迹的次数. 为求切点曲线的次数, 我们对分属两个系统中的每一对曲面, 将它们在交点处的切平面 e 与 f 组成一个平面对, 由此得到一个平面对的三级系统, 再对

它来应用公式
$$\varepsilon h_e = e^3 + f^3 + h_s$$

我们在前例中对 Σ 所采用的记号 μ, ν, ϱ, 现在对 Σ_1 与 Σ_2 则分别用 μ_1, ν_1, ϱ_1 与 μ_2, ν_2, ϱ_2 来表示. 那么, e^3 等于 $\varrho_1\mu_2$, 因为条件 e^3 决定的平面与 Σ_1 中 ϱ_1 个曲面相切, 由此得到 ϱ_1 个切点, 而对每个这样的切点, Σ_2 中有 μ_2 个曲面通过, 从而有 μ_2 个切平面通过. 类似地, f^3 等于 $\varrho_2\mu_1$. 最后, 我们来确定 h_s. 将 h_s 决定的平面与 Σ_1 及 Σ_2 相交, 就得到两个平面曲线系统. 通过分属两个系统中两条曲线的所有切点作切线, 得到一个由切线构成的轨迹, 而 h_s 就是这个切线轨迹的次数. 这个次数在上面已经确定了. 根据上面的结果, h_s 就等于

$$\mu_1\nu_2 + \nu_1\mu_2 + \nu_1\nu_2$$

最后, εh_e 是平面对的三级系统中那种平面对的个数, 这种平面对的两个平面相互叠合, 且它们的交线位于一个给定的平面中. 但这就是在一个给定平面中切点的数目 x. 于是有

$$x = \mu_1\varrho_2 + \varrho_1\mu_2 + \mu_1\nu_2 + \nu_1\mu_2 + \nu_1\nu_2$$

用文字来表述就是

"给定特征数分别为 μ_1, ν_1, ϱ_1 与 μ_2, ν_2, ϱ_2 的两个一级曲面系统, 分属两个系统中互相相切的曲面的所有切点构成一条曲线, 其次数为

$$\mu_1\varrho_2 + \varrho_1\mu_2 + \mu_1\nu_2 + \nu_1\mu_2 + \nu_1\nu_2"$$

(**Lit.19**)(参见 §40 中的例子).

由此通过对偶变换, 即可得到通过切点的切平面所形成轨迹的次数.

5. 最后, 假设给定了曲面的一级系统 Σ_1 与二级系统 Σ_2. 那么, 这两个系统中的曲面会 ∞^2 次地发生相切. 我们来求切点所构成曲面的次数 x 以及切点处的切平面所构成曲面的次数. 对 Σ_1, 我们仍令 μ, ν, ϱ 表示与前面例 3, 例 4 一样的意义. 对 Σ_2, 我们用 ϑ 表示系统中与一条给定直线切于一个给定点的曲面个数, 用 φ 表示系统中与一个给定平面切于一条给定直线的曲面个数. 这两个曲面系统有 ∞^4 条公共切线, 它们在两个系统中所属的切平面互相重合. 将每条这样的切线 g 上的两个切点 p 与 q 组成一个点对, 就得到一个点对的四级系统, 我们对它来应用 $\varepsilon p^2 g$ 的叠合公式. 具体做法是, 用 $p^2 g$ 去乘一维的叠合公式, 再用关联公式化简所得的结果, 从而得到

$$\begin{aligned}
\varepsilon p^2 g &= p^3 g + p^2 qg - p^2 g^2 \\
&= p^3 g + p^2 q^2 + p^2 g_e - p^2 g_e - p^2 g_p \\
&= p^2 q^2 - G
\end{aligned}$$

条件 p^2 决定的直线与 Σ_1 中的曲面交于 ∞^1 个点, 根据关联公式, 这些交点处的 ∞^1 个切平面所构成轨迹的次数为

$$\mu + \nu$$

另一方面, 条件 q^2 决定的直线与 Σ_2 中的曲面交于 ∞^2 个点, 根据关联公式, 这些交点处的 ∞^2 个切平面所构成轨迹的次数为

$$\vartheta + \varphi$$

因此, 这两个轨迹的公共切平面的个数为

$$(\mu + \nu)(\vartheta + \varphi)$$

从而, $p^2 q^2$ 等于 $(\mu + \nu)(\vartheta + \varphi)$. 此外, 条件 G 决定的直线与 Σ_1 中的 ν 个曲面相切. 对这 ν 个曲面中的每一个, 它在切点处的切平面都与 Σ_2 中的 φ 个曲面相切, 且切点位于 G 决定的直线上. 因而, G 的值就等于 $\nu\varphi$. 最后, 叠合符号 $\varepsilon p^2 g$ 表示一条直线上那种点的个数, 这种点是两个点 p 与 q 的叠合位置, 并且 p 与 q 的连接直线还与一条给定的直线相交. 任一切点都满足这个条件, 因为在切点处两个交点叠合, 并且切平面中通过切点的每条直线都可看成是两个叠合点的连接直线; 因此, $\varepsilon p^2 g$ 就是切点所构成曲面的次数. 于是有

$$x = (\mu + \nu)(\vartheta + \varphi) - \nu\varphi$$
$$= \mu\vartheta + \mu\varphi + \nu\vartheta \quad \textbf{(Lit.20)}$$

由此通过对偶变换, 即可得到切点处的切平面所形成轨迹的次数为

$$\varrho\varphi + \varrho\vartheta + \nu\varphi$$

上面五个计算个数的例子说明了, §13 的叠合公式是如何应用的. 下面一小节将说明, 如何推广求得的这些结果. 我们将在 §18 中用到这些推广.

6. 在上面的几个计数问题中, 对于曲线上的点, 我们仅仅将该点的切线与之对应; 对曲面上的点, 也仅仅将该点的某条切线与之对应. 由于我们计算方法的一般性, 如果与点对应的不是切线, 而是另外的某条直线, 我们的演算法仍然有效. 例如, 我们提出下述问题, 它比在例 1 中解决的问题更为一般:

"假设在某个固定平面内, 给定了由几何形体构成的一个二级系统 Σ, 其中的几何形体由一条直线 h 及其上一点 r 组成; 此外, 还给定了一条 m 阶、n 秩的平面曲线 C, 因而, C 与每条直线有 m 个交点, 同时 C 有 n 条切线通过每个点. 我

们的问题是: 求曲线 C 上那种点的个数 x, 这种点与曲线在该点切线所组成的几何形体就属于 Σ."

为了确定这个数 x, 对曲线的每条切线 g, 我们将其切点 q 与每个点 p 组成点对, 这里点 p 就是将切线 g 看成 Σ 中的直线 h 时, h 上相关的点 r. 这样就得到一个由点对 p, q 组成的一级系统, 我们对它来应用 §13 中的叠合公式 1). 对公式中的条件 q, 得用 $m\nu$ 代入, 这里 ν 是平面中给定直线 h 上点 r 的个数, 因为条件 q 决定的平面与曲线 C 交于 m 个点, 相应的 m 条切线上, 每条都有 ν 个点 p. 为了确定符号 p 的值, 我们注意, 系统 Σ 的直线 h 中, 所有那些与某条直线上的点 r 相关者, 构成了一个直线轨迹, 根据关联公式 I, 这个轨迹的次数等于

$$\nu + \mu$$

其中 μ 是与平面中一个给定点相关的直线 h 的数目. 因此, 根据 Bezout 定理这个直线轨迹中有

$$(\nu + \mu)n$$

条直线是曲线 C 的切线. 于是, 叠合公式中的符号 p 就得用这个数代入. 为了确定 g, 取条件 g 决定的直线与固定平面的交点, 考虑曲线 C 通过该点的 n 条切线, 如果将它们看成系统 Σ 中的直线 h, 则每条切线上有 ν 个点属于 Σ. 因此, 符号 g 的值就等于 $n\nu$. 最后, 满足叠合公式中叠合条件 ε 的点对有 x 个, 而这个 x 正是我们上面所要求的数. 因此, 有

$$x = m\nu + n(\nu + \mu) - n\nu$$

即

$$x = m\nu + n\mu$$

这就推广了例 1 中所得的结果, 它可用文字表述如下:

"假设在某个固定平面上建立了某种对应关系, 使得对每条给定的直线, 有该直线上的 ν 个点与之对应; 反过来, 对每个给定的点, 有 μ 条通过该点的直线与之对应. 那么, 在此平面内的一条 m 阶、n 秩的曲线上, 有

$$m\nu + n\mu$$

个点, 使得在每个这样的点, 曲线在该点的切线就与该点相对应 *."

在 §18 中, 我们将利用这个定理, 从三维的叠合公式 (即 §13 中的 3) 式, 4) 式与 8) 式) 推出 Cayley 与 Brill 对于对应原理所作的推广.

---

*在整个这一小节中, Schubert 的意思应该是, 考虑平面上的直线空间与平面之间的一个代数对应, 使每条直线对应于该直线上的 ν 个点, 使平面上的每个点对应于通过该点的 μ 条直线.—— 校注

§15
直线对及其叠合条件

直线对由两条处于一般位置的直线 g 与 h 组成. 我们用 β 来表示以下的单重条件: 在与 g 和 h 都相交的 ∞^2 条直线中, 有一条属于一个给定的直线束; 用 ε 表示单重条件: g 与 h 无限靠近但不相交; 最后, 用 σ 表示单重条件: g 与 h 相交但不无限靠近, 并将 g 与 h 的交点记为 p, 两者决定的平面记为 e. 由此, 自然就有

1) $$\varepsilon h = \varepsilon g$$

以及

2) $$\sigma\beta = \sigma p + \sigma e$$

在三个空间条件 g, h, β 与两个不变条件 σ, ε 之间存在有两个方程. 从 Chasles 对应原理或者上一节的点对公式, 都很容易推出这两个方程. 具体方法如下: 对于一个直线对的一级系统, 将分属两条配对直线上的每两个点组成点对, 由此得到一个点对的三级系统, 对它应用 §13 中的公式 3) 与公式 4). 那么, p^3 与 q^3 等于 0, g_s 与 $pg_e + qg_e$ 则分别要代以符号 β 与 $g+h$. 此外, 对于 §13 中的符号 εg_p, 首先, 每个叠合体都满足一次; 其次, 每个由相交直线组成的直线对也满足一次. 但是, 对于前一节的符号 εg_e, 却只有每个叠合体满足一次. 因此, 我们得到以下的方程:

3) $$\sigma + \varepsilon = \beta$$

4) $$\varepsilon = g + h - \beta$$

由此还可推出

5) $$\sigma + 2\varepsilon = g + h$$

6) $$\sigma = 2\beta - g - h$$

用 $\sigma, \varepsilon, g, h, \beta$ 与这些公式作符号乘法, 并不能得到二重条件之间所有的方程, 至少有一个二维的方程是必须从个数守恒原理直接推导的. 在推导之前, 我们先定义一个二重条件 B: 它要求直线对中的两条直线都与一条给定的直线相交. 然后, 再对所有与 g 和 h 都相交的直线组成的线性线汇 *(lineare congruenz) 应用 §12 的第 13 款中的公式. 因为 b 与 b' 都等于 1, 从而有

7) $$B = \beta g - g^2$$

与

8) $$B = \beta h - h^2$$

---

* 线性线汇的定义见 §27.—— 译注

现在, 我们把条件 β 中直线束的束平面与另一个条件 β 中直线束的束平面叠合在一起. 那么, 满足条件 β^2 的, 首先有那种直线对, 它们的两条直线与两个直线束的束心连线都相交; 其次有那种直线对, 它们的两条直线中有一条位于两个直线束的公共束平面上; 第三有那种直线对, 它们的两条直线相交, 且交点位于该公共束平面上. 因此, 根据个数守恒原理就有

9) $$\beta^2 = B + g_e + h_e + \sigma p$$

这个方程的对偶方程是

10) $$\beta^2 = B + g_p + h_p + \sigma e$$

将 9) 式与 10) 式相加, 然后应用 7) 式、8) 式与 2) 式, 所得结果恰好就是用 β 去乘 6) 式.

为了得到更多关于直线对的公式, 我们用引入的条件符号以各种可能的方式去乘已经得到的方程. 乘的时候必须注意, 只有两个相互无关的不变条件的符号相乘才有意义. 因此, 只能用 σ 与 ε 相乘, 而不能用 σ 与 σ 相乘, 或者用 ε 与 ε 相乘. 已得的方程使我们可以用 β, g, h 组成的条件将每个含有 σ, ε 或 $\varepsilon\sigma$ 的符号表达出来. 在此, 我们只对含有 σ 及 ε 的二重条件来做这一项工作, 因为否则的话, 得到的方程就太多了.

利用 7) 式与 8) 式, 可由 9) 式与 10) 式得到

11) $$\sigma p = \beta^2 - \beta g + g_p - h_e = \beta^2 - \beta h + h_p - g_e$$

12) $$\sigma e = \beta^2 - \beta g + g_e - h_p = \beta^2 - \beta h + h_e - g_p$$

由此还可推出

13) $$\sigma p - \sigma e = g_p + h_p - g_e - h_e$$

由 6) 式推出

14) $$\sigma g = 2\beta g - g^2 - gh$$

15) $$\sigma h = 2\beta h - h^2 - gh$$

用 g 或 h 去乘 4) 式, 得到

16) $$\varepsilon g = g^2 + gh - \beta g = h^2 + gh - \beta h$$

再利用 7) 式或 8) 式, 就得到

17) $$\varepsilon g = gh - B$$

如果我们令条件 gh 中的两条给定直线无限靠近, 则上述公式可以很容易地用个数守恒原理来加以验证.

用 β 去乘 4) 式, 得到

18) $$\varepsilon\beta = \beta g + \beta h - \beta^2 = 2B - \beta^2 + g^2 + h^2$$

将 4) 式与 6) 式相乘, 得到

19) $$\varepsilon\sigma = 3\beta g + 3\beta h - 2\beta^2 - g^2 - h^2 - 2gh$$

再利用 7) 式和 8) 式, 就得到

20) $$\varepsilon\sigma = 6B - 2\beta^2 + 2g^2 + 2h^2 - 2gh$$

将 4) 式乘以 σ, 6) 式乘以 ε, 再利用 1) 式与 2) 式, 可得到形式更加简单的方程, 它们同样用含 σ 或 ε 的符号将 $\varepsilon\sigma$ 表达出来, 即有

21) $$\varepsilon\sigma = \sigma g + \sigma h - \sigma p - \sigma e$$

22) $$\varepsilon\sigma = 2\varepsilon\beta - 2\varepsilon g$$

应用直线对的公式时, 那些只含 β, 不含 σ 或 ε 的符号, 很多时候都非常容易确定. 因此, 我们再来建立一系列公式, 其中没有这样的符号, 但有多个与 σ 或 ε 有关的符号.

将 11) 式、16) 式与 18) 式相加, 得到

$$\begin{aligned} \sigma p + \varepsilon g + \varepsilon\beta = {}&\beta^2 - \beta g + g_p - h_e \\ &+ h^2 + gh - \beta h \\ &+ \beta g + \beta h - \beta^2 \end{aligned}$$

即有

23) $$\sigma p + \varepsilon g + \varepsilon\beta = g_p + gh + h_p$$

由此通过对偶变换, 得到

24) $$\sigma e + \varepsilon g + \varepsilon\beta = g_e + gh + h_e$$

将 23) 式乘以 g_p, 得到

$$\sigma p g_p + \varepsilon g_s + \varepsilon\beta g_p = G + g_s h + g_p h_p$$

而根据 §7 中的关联公式 II, 有

$$\sigma p g_p = \sigma g_s + \sigma p^3$$

故得

25) $$\sigma p^3 + \sigma g_s + \varepsilon g_s + \varepsilon\beta g_p = G + g_s h + g_p h_p$$

现在将 g 和 h 互换, 并将所得方程变换为它的对偶方程, 就得到

26) $$\sigma e^3 + \sigma h_s + \varepsilon g_s + \varepsilon\beta g_e = H + g h_s + g_e h_e$$

另一方面, 将 5) 式乘以 g_s 和 h_s, 分别得到

27) $$\sigma g_s + 2\varepsilon g_s = G + g_s h$$

及

28) $$\sigma h_s + 2\varepsilon g_s = H + g h_s$$

现在, 用 25) 式减 27) 式, 用 26) 式减 28) 式, 则分别得到

29) $$\sigma p^3 + \varepsilon\beta g_p - \varepsilon g_s = g_p h_p$$

及

30) $$\sigma e^3 + \varepsilon\beta g_e - \varepsilon g_s = g_e h_e$$

但是, 将 25) 式与 26) 式相加, 则得

31) $$\sigma p^3 + \sigma e^3 + \sigma g_s + \sigma h_s + 2\varepsilon g_s + \varepsilon\beta g^2$$
$$= G + g_s h + g_p h_p + g_e h_e + g h_s + H$$

如果引入条件 $\varepsilon\sigma pe$, 就可将此公式化简, 方法如下: 用 pe 去乘 21) 式, 得到

$$\varepsilon\sigma pe = \sigma peg + \sigma peh - \sigma p^2 e - \sigma pe^2$$

再利用 §11 的例 5 中的 c) 式, 就得到

32) $$\varepsilon\sigma pe = \sigma p^3 + \sigma e^3 + \sigma g_s + \sigma h_s$$

现在, 将 31) 式与 32 式) 相加, 得到

$$\varepsilon\sigma pe + 2\varepsilon g_s + \varepsilon\beta g^2 = G + g_s h + g_p h_p + g_e h_e + g h_s + H$$

根据 7) 式, 它也可写成

33) $$\varepsilon\sigma pe + \varepsilon B g + 4\varepsilon g_s = G + g_s h + g_p h_p + g_e h_e + g h_s + H$$

利用这个刚刚导出的四维公式, 可以很容易地求出一个直线对的四级系统中完全叠合体的数目. 与点对的完全叠合体相类似, 直线对的完全叠合体是指两条叠合的直线, 它们无限靠近, 且叠合直线上的每个点都可看成它们的交点, 而通过叠合直线的每个平面都可看成它们决定的平面. 要求直线对完全叠合是一个四重的条

件, 我们用 η 来表示这个条件. 一个完全叠合体满足条件 $\varepsilon\sigma pe$, 但是并不满足条件 εBg 和 εg_s. 因此, 如果我们假设直线对的系统中只含有完全叠合体, 则由公式 33) 就得到

$$34) \qquad \eta = G + g_s h + g_p h_p + g_e h_e + g h_s + H$$

再通过符号乘法, 即可由此得到五维与七维的公式:

$$35) \qquad \eta g = Gh + g_s h_p + g_s h_e + g_p h_s + g_e h_s + gH$$

$$36) \qquad \eta g_p = Gh_p + g_s h_s + g_p H$$

$$37) \qquad \eta g_e = Gh_e + g_s h_s + g_e H$$

$$38) \qquad \eta g_s = Gh_s + g_s H$$

由这些公式可以直接得出直线几何(liniengeometrie) 中的 Bezout 定理, 也就是两个直线系统中公共元素个数的公式. 例如, 给定一个 n 次直纹面及一个 m 次复形, 将分属直纹面与复形的每两条直线组成一个直线对, 由此得到一个直线对的四级系统, 对它应用公式 34). 那么, 等式右边 gh_s 这一项等于 nm, 而其余各项都等于 0. 因此, 一个 n 次直纹面与一个 m 次复形有 nm 条交线. 完全类似地, 公式 34) 中的项

$$g_p h_p + g_e h_e$$

给出了由 Halphen 首先证明的如下定理 (**Lit.21**): 给定两个线汇, 设 b 与 b' 分别是它们通过一个给定点的直线条数, 而 a 与 a' 分别是它们在一个给定平面中的直线条数. 那么, 这两个线汇公共直线的条数等于

$$bb' + aa'$$

同样地, 公式 35) 中的项

$$g_p h_s + g_e h_s$$

给出了一个线汇与一个复形所含公共直纹面的次数. 最后, 由 36) 式及 37) 式可以得到: 次数分别为 n 与 m 的两个复形中, 通过一个给定点的公共直线有 nm 条, 位于同一个给定平面内的公共直线也是 nm 条.

经常要处理这样的直线对系统, 其中的直线对全都满足条件 σ. 因此, 我们再补充一些公式, 它们用含 σ 的符号将含 $\varepsilon\sigma$ 的符号表达出来. 从公式 21) 可以一步一步地推出下式:

$$\varepsilon\sigma p = \sigma pg + \sigma ph - \sigma p^2 - \sigma pe$$

以及

39） $$\varepsilon\sigma p = \sigma g_e + \sigma h_e + \sigma p^2 - \sigma pe$$

40） $$\varepsilon\sigma e = \sigma g_p + \sigma h_p + \sigma e^2 - \sigma pe$$

41） $$\varepsilon\sigma p^2 = \sigma p g_e + \sigma p h_e - \sigma \widehat{pe}$$

42） $$\varepsilon\sigma e^2 = \sigma e g_p + \sigma e h_p - \sigma \widehat{pe}$$

43） $$\varepsilon\sigma pe = \sigma g_s + \sigma h_s + \sigma p^3 + \sigma e^3 \quad (\text{公式 } 32)$$

44） $$\varepsilon\sigma p^3 = \sigma p^2 g_e + \sigma p^2 h_e - \sigma p^3 e$$

45） $$\varepsilon\sigma e^3 = \sigma e^2 g_p + \sigma e^2 h_p - \sigma pe^3$$

46） $$\varepsilon\sigma \widehat{pe} = \sigma G + \sigma H + \sigma p^2 e^2$$

47） $$\varepsilon\sigma p^3 e = \sigma p G + \sigma p H + \sigma p^2 e^3$$

48） $$\varepsilon\sigma pe^3 = \sigma e G + \sigma e H + \sigma p^2 e^3$$

49） $$\varepsilon\sigma g = \sigma g h - \sigma p^2 - \sigma e^2$$

50）
$$\begin{aligned}
\varepsilon\sigma g_p &= \sigma g_p h - \sigma p^3 - \sigma e g_p \\
&= \sigma g h_p - \sigma p^3 - \sigma e h_p
\end{aligned}$$

51）
$$\begin{aligned}
\varepsilon\sigma g_e &= \sigma g_e h - \sigma e^3 - \sigma p g_e \\
&= \sigma g h_e - \sigma e^3 - \sigma p h_e
\end{aligned}$$

52） $$\varepsilon\sigma p g_e = \sigma g_e h_e - \sigma pe^3$$

53） $$\varepsilon\sigma e g_p = \sigma g_p h_p - \sigma p^3 e$$

54）
$$\begin{aligned}
\varepsilon\sigma g_s &= \sigma g_p h_e - \sigma p^2 h_e - \sigma e^2 g_p \\
&= \sigma g_e h_p - \sigma e^2 h_p - \sigma p^2 g_e \\
&= \sigma g_s h - \sigma p^2 g_e - \sigma e^2 g_p - \sigma G \\
&= \sigma g h_s - \sigma p^2 h_e - \sigma e^2 h_p - \sigma H
\end{aligned}$$

55）
$$\begin{aligned}
\varepsilon\sigma G &= \sigma g_s h_e - \sigma p g_e h_e - \sigma e G \\
&= \sigma g_s h_p - \sigma e g_p h_p - \sigma p G
\end{aligned}$$

56） $$\varepsilon\sigma p G = \sigma G h_e - \sigma pe G$$

57） $$\varepsilon\sigma e G = \sigma G h_p - \sigma pe G$$

在具体应用中, 总可通过符号乘法, 从下面的这些公式得出在所考虑的情况中最方便适用的公式:

4) $$\varepsilon = g + h - \beta$$

5) $$\sigma + 2\varepsilon = g + h$$

9) $$\beta^2 = B + g_e + h_e + \sigma p$$

17) $$\varepsilon g = gh - B$$

32) $$\varepsilon\sigma pe = \sigma g_s + \sigma h_s + \sigma p^3 + \sigma e^3$$

33) $$\varepsilon\sigma pe + \varepsilon Bg + 4\varepsilon g_s = G + g_s h + g_p h_p + g_e h_e + gh_s + H$$

用公式 5) 可以很容易地验证 §10 中的关联公式 IX, 即用

$$G - g_s h + g_p h_e + g_e h_p - gh_s + H$$

去乘 5) 式, 得到

$$\sigma(G - g_s h + g_p h_e + g_e h_p - gh_s + H)$$
$$+2\varepsilon(G - g_s g + g_p g_e + g_e g_p - gg_s + G)$$
$$= (G - g_s h + g_p h_e + g_e h_p - gh_s + H)(g + h)$$

等式左边的第二项为 0, 而右边在经过乘法运算后也为 0. 这就证明了两条相交直线的关联公式的正确性.

为了举几个例子, 说明如何应用本节所导出的叠合公式, 我们补充介绍一下直线几何中焦点的计数. 一个给定的线汇有 ∞^2 条直线, 我们将其中的每两条组成一个直线对, 就得到一个直线对的四级系统, 再对它应用 50) 式和 51) 式. 令 a 表示线汇的场秩, 即线汇含在每个平面中的直线条数; b 表示丛秩, 即线汇通过每个点的直线条数, 则应有

$$\sigma g_p h = b(a + b), \quad \sigma p^3 = b(b - 1), \quad \sigma e g_p = b(a - 1)$$
$$\sigma g_e h = a(a + b), \quad \sigma e^3 = a(a - 1), \quad \sigma p g_e = a(b - 1)$$

因而, 我们得到

$$\varepsilon\sigma g_p = b(a + b) - b(b - 1) - b(a - 1) = 2b$$
$$\varepsilon\sigma g_e = a(a + b) - a(a - 1) - a(b - 1) = 2a$$

这两个结果也就是下述著名的定理:

"在线汇的每条直线上都有两个焦点. 这里所谓的焦点是该直线与一条无限靠近直线的交点."

我们对上面的系统再应用 41) 式、42) 式和 43) 式. 那么, $\sigma\widehat{pe}$ 得用数 c 代入, 这个 c 是一条给定直线上那种点的个数, 这种点是线汇中两条直线的交点, 且这两条直线决定的平面含有该给定直线. 因此, 我们得到

$$\varepsilon\sigma p^2 = a(b-1) + a(b-1) - c = 2ab - 2a - c$$
$$\varepsilon\sigma e^2 = b(a-1) + b(a-1) - c = 2ab - 2b - c^*$$
$$\varepsilon\sigma pe = b(b-1) + a(a-1) = a^2 + b^2 - a - b$$

这些结果都很容易用文字来表述. 将上面 $\varepsilon\sigma p^2$ 的公式减去 $\varepsilon\sigma e^2$ 的公式, 就得到

$$\varepsilon\sigma p^2 - \varepsilon\sigma e^2 = 2(b-a)$$

这个公式也就是 Felix Klein 先生首先证明的如下定理 (**Lit.22**):

"对任意线汇, 其焦面的阶数与类数之差等于其丛秩与场秩之差的二倍."

§16
直线对的叠合公式
对二次曲面上两个直线族的应用 (Lit.23)

众所周知, 在每个二次曲面 F_2 上, 都有两个这样的一级直线系统, 其中一个系统的每条直线与另一个系统中的每条直线都相交. 因此, 若将一族直线中的每条直线 g 与另一族中的每条直线 h 组成直线对, 就得到一个 F_2 上直线对的二级系统, 其中的直线对全都满足上节用 σ 表示的那个条件. 因此, 每个由二次曲面构成的 i 级系统就生成一个由这种直线对构成的 $i+2$ 级系统. 对这样生成的系统, 我们来应用前节的叠合公式 39)—57), 而这需要将加在直线对上的条件转移到曲面本身上. 这里要用到 §3 的结果: 每个加在直线对上的 α 重条件, 对曲面本身来说是 $\alpha-2$ 重的. 因此, 我们首先来搞清楚, 直线对的基本条件会产生哪些曲面的条件. 利用关联公式, 所有这些曲面条件都可约化为以下十种条件:

1) μ, 要求 F_2 通过一个给定点;
2) ν, 要求 F_2 与一条给定直线相切;
3) ϱ, 要求 F_2 与一个给定平面相切;

---

* 这一行第一个等号后面的原文为 $b(a-1) + b(a-1)$, 有误.—— 校注

4) γ, 要求 F_2 与一个给定平面相切于该平面内的一条给定直线;

5) γ', 要求 F_2 与一条给定直线相切于该直线上的一个给定点;

6) δ, 要求 F_2 含有一个给定直线束中的某条直线;

7) x, 要求 F_2 含有一条给定直线;

8) w, 要求 F_2 与一个给定平面相切于该平面上的一个给定点;

9) y, 要求 F_2 含有一条给定直线, 并与通过该直线的一个给定平面相切于该直线上的一个给定点;

10) z, 要求 F_2 含有两条给定的相交直线.

为了说明上述的约化, 我们先将关于直线对的下列三到七重基本条件转移到曲面上, 这些条件是

$$g_s, eg_p, pg_e, g_p h, g_e h, p^3, e^3, \widehat{pe}$$
$$pg_s, eg_s, g_s h, g_p h_p, g_e h_e, g_p h_e, pe^3, p^3 e$$
$$pG, eG, Gh, g_s h_p, g_s h_e, p^3 e^2$$
$$peG, Gh_p, Gh_e$$
$$Gh_s$$

举例说来, $g_e h_e$ 转移到 F_2 上是如下的二重条件: F_2 含有一个给定平面中的两条相交直线; 又如, pG 转移到 F_2 上是如下的三重条件: F_2 含有一条给定的直线, 同时还含有另一条直线, 这条直线与前面的给定直线相交于一个给定的点.

现在, 我们用前面的十个曲面条件, 将直线对基本条件所产生的这些曲面条件表达出来. 为此, 我们假定, 在本节中只考虑相交直线组成的直线对, 而不考虑一般的直线对. 因此, 我们可将条件 σ 省略不写, 前面已经这样做了, 以后也还会这样做. 此外, 以下方程左端出现的符号都应理解为关于曲面的条件. 为了更加清楚, 我们还会对一些方程作出补充说明.

1) $g_s = 0$, 因为在二次曲面组成的一级系统中, 每个曲面都有两个由 ∞^1 条直线构成的族, 哪一族都不能含在一个直线束中, 这是因为虽然此系统有 ∞^3 个直线对, 但却只有 ∞^2 条直线.

2) $eg_p = 2\mu$, 因为一级系统中有 μ 个曲面通过条件 g_p 决定的点, 每个这样的曲面上有两条直线通过这一点, 而每条这样的直线, 再加上 g_p 决定的点与 e 决定的点之连线, 都给出一个满足条件 eg_p 的直线对.

3) $pg_e = 2\rho$

4) $g_p h = 4\mu$, 因为有 μ 个曲面通过条件 g_p 决定的点, 而每个这样的曲面上有两条直线通过这一点; 此外, 每个曲面还与条件 h 决定的直线相交于两个点, 对于

每个交点以及前述两条直线中的每一条, 曲面上都存在唯一的一条直线通过该交点并与该直线相交.

5) $g_e h = 4\varrho$

6) $p^3 = 2\mu$

7) $e^3 = 2\varrho$

8) $\widehat{pe} = 2\nu$

9) $G = 0$

10) $pg_s = \delta$

11) $eg_s = \delta$

12) $g_s h = 2\delta$

13) $g_p h_p = 2\mu^2$

14) $g_e h_e = 2\varrho^2$

15) $g_p h_e = 2\mu\varrho$

16) $pe^3 = 2\gamma$

17) $p^3 e = 2\gamma'$

18) $pG = x$, 因为条件 G 决定的直线含于三级系统中的 x 个曲面上, 而在每个这样的曲面上, 条件 p 决定的平面确定了那个点, 在该点所求直线对中的第二条直线与 G 决定的直线相交.

19) $eG = x$

20) $Gh = 2x$

21) $g_s h_p = \mu\delta$

22) $g_s h_e = \rho\delta$

23) $p^2 e^3 = 2w$, 因为系统中有 w 个曲面与条件 e^3 所决定的平面相切, 切点正好是该平面与条件 p^2 所决定直线的交点, 而每个曲面上有两条直线通过此交点, 两条中的每一条都可看成直线 g 或直线 h.

24) $peG = y$

25) $Gh_p = \mu x$

26) $Gh_e = \rho x$

27) $Gh_s = z$

当然, 在这 27 个方程中, 可以将 g 与 h 互换, 而方程的右边则保持不变.

如何利用关联公式, 用下列十个条件:

$$\mu, \nu, \varrho, \gamma, \gamma', \delta, x, w, y, z$$

来表达由直线对基本条件所产生的所有其他的曲面条件, 可以通过以下的例子加以说明:

58

28) $\qquad pgh = g_e h + p^2 h = g_e h + p h_e + p^3 = 4\varrho + 2\varrho + 2\mu$

29) $\qquad p^2 eg = p^2 e^2 + p^2 g_p = p^3 e + p e^3 + p g_s = 2\gamma' + 2\gamma + \delta$

30) $\qquad pegh_e = pgh_s + pge^3 = g_e h_s + p^2 h_s + p^2 e^3 + g_e e^3$

$\qquad\qquad = g_e h_s + pH + p^3 e^2 + eG = \varrho\delta + x + 2w + x$

31) $\qquad g_s h_s = g_p H + G h_e$ (即 § 10 中的公式 XI) $= \mu x + \varrho x$

32) $\qquad pg^2 h^4 = 2 g_s H = 2z$

现在, 如果直线对的叠合条件也能用所列出的十个曲面条件表达出来, 那么, 从上一节的叠合公式 39)—57) 的每一个都可以得出这十个曲面条件之间的一个方程. 实际上, 大多数叠合条件只要用

$$\mu, \nu, \varrho$$

就可以表达出来. 由此推知, 下列各个条件:

$$\gamma, \gamma', \delta, x, w, y, z$$

最后都可表成为 μ, ν, ϱ 的函数. 所以, 我们现在想办法用 μ, ν, ϱ 将叠合条件表出来, 最好能对以下的条件做到这一点:

$$\varepsilon p^2, \varepsilon e^2, \varepsilon pe, \varepsilon g_p, \varepsilon g_e, \varepsilon p^3, \varepsilon e^3, \widehat{\varepsilon pe}$$

$$\varepsilon e g_p, \varepsilon p g_e, \varepsilon g_s, \varepsilon p^2 e^2, \varepsilon p g_s, \varepsilon e g_s, \varepsilon G$$

$$\varepsilon p^3 e^2, \varepsilon pG, \varepsilon eG, \varepsilon peG$$

像上面一样, 在这些符号中, 我们都省略了因子 σ. 然而, 如果 F_2 没有奇点, 则 F_2 上的那 ∞^2 个直线对根本就没有叠合体. 不过, 在每个单重退化的二次曲面上都有一个叠合体的二级系统, 这里的单重退化是指它满足下述三个一维不变条件中的一个:

1. 条件 φ: 曲面上的所有点构成两个重合的平面;

2. 条件 χ: 曲面的所有切平面构成两个重合的平面丛;

3. 条件 ψ: 曲面的所有切线构成两个重合的直线轴(也叫特殊线性复形, 参见 §2 中关于基本几何形体的术语).

满足这三个条件之一的二次曲面称为退化曲面. 根据退化曲面满足的条件是 φ, χ 或 ψ, 也将它本身就记为 φ, χ 或 ψ.

要了解退化曲面的几何性质, 最好的办法是通过一般几何形体的某种同形投影映射 (homographische abbildung)(**Lit.24**). 假设给定了点 S 作为投影中心, 平面 r 作为投影的参考平面, 以及实数 λ 作为投影的交比. 那么, 空间中一点 A 在同形投影下的像点 A' 就是按如下方式来确定的: 首先, 作直线 SA 与平面 r 交于点 R_a, 再

在这条直线上确定点 A', 使其满足下面的交比关系:

$$\frac{SA}{R_aA} : \frac{SA'}{R_aA'} = \lambda$$

由此推知, 一条空间直线 a 在同形投影下的像 a', 可按如下方式得到: 首先, 通过 S 与 a 作一个平面与 r 交于直线 r_a, 记 r_a 与 a 的交点为 U_a, 再作直线 SU_a; 然后, 在 S 与 a 决定的平面上作第四条直线, 使其与 SU_a, a, r_a 这三条直线通过交比 λ 产生联系, 就如同 A' 与 S, A, R_a 的关系一样. 那么, 这第四条直线就是 a'. 进一步可以得到, 一个平面的像仍为平面, 一个二次曲面的像仍为二次曲面, 且像曲面的切线与切平面就是原来曲面切线与切平面的像. 现在, 设二次曲面 F_2 不通过 S, 我们取 λ 的值为零来作同形投影变换, 那么 F_2 的像就是上面用 φ 表示的退化曲面, 因为像集的点就是将平面 r 的点计数了两次. 一般来说, 只有平面 r 可以作为每个点的切平面. 然而, 若通过 S 对 F_2 作 ∞^1 个切平面, 它们与平面 r 交于 ∞^1 条直线. 这些直线构成了一条圆锥曲线的包络. 而由于 $\lambda = 0$, 通过这种直线的每个平面, 都可看成为圆锥曲线的一个切平面, 切点就是该直线与圆锥曲线的交点. 圆锥曲线的这些切线同时也是 F_2 上 ∞^1 条直线的像. 因此, 在 F_2 上的 ∞^2 个直线对 (依照前面定义的意义), 在退化曲面 φ 上就分解为如下两组, 每组都有 ∞^2 个:

第一组: 直线对决定的平面 e 就是 φ 的平面, 直线对中两条直线 g 与 h 的交点 p 是 e 上的任意一点, 而 g 与 h 就是从点 p 向圆锥曲线所作的两条切线.

第二组: 直线对决定的平面 e 是与圆锥曲线相切的任意一个平面, 切点 p 就是直线对中两条直线 g 与 h 的交点, 并且 g 与 h 都与圆锥曲线在 p 点的切线**重合**.

上面第二组中的 ∞^2 个直线对, 每个都是叠合体, 它的直线 g 就是圆锥曲线的切线, 交点 p 就是切点, 而它所决定的平面 e 则可以是通过 g 的任意一个平面.

将上面生成退化曲面 φ 的方法, 利用对偶原理进行变换, 就可生成与 φ 对偶的退化曲面 χ, 它的点构成了一个二次圆锥面.

第三种退化曲面 ψ 在对偶下变换为自己, 它也可以像 φ 那样, 通过同形投影来生成, 只不过投影中心 S 必须放在 F_2 本身上. 这样, 参考平面 r 上的每个点就只是 F_2 上单个点的像点. 但是, 在 S 处的切平面上的每个点都必须看成为 S 的像点. 因此, ψ 的点就由两个不同的平面组成, 我们称之为主平面, 主平面的交线则称为退化曲面 ψ 的主直线. 在 F_2 上有两条通过 S 的直线, 它们与主直线交于两个点, 我们称之为主点. 主点具有如下特殊的性质: 通过它们的每个平面都必须看成为切平面. 总而言之, 同形投影变换对退化曲面 ψ 给出了如下的描述:

退化曲面 ψ 是一个二次曲面, 其切线构成了两个直线轴, 这两个直线轴有唯一一条公共直线, 即主直线. 对每条这样的切线, 一般说来, 它与主直线的交点就是其切点, 它与主直线决定的平面就是其所属的切平面. 但是, 通过主直线也有 ∞^2 条例外切线, 它们构成两个直线场, 即两个主平面, 并具有以下性质: 主平面上的每个点都是直线场的切点. 此外, 通过主直线还有另外 ∞^2 条例外切线, 它们构成两个直线丛, 即两个主点, 并具有以下性质: 通过两个主点的每个平面都可看成为每个直线丛的切平面. 因此, 两个主平面上的每个点都应看作曲面 ψ 的点, 而通过任一主点的每个平面都应看作曲面 ψ 的切平面. 二次曲面 F_2 上的 ∞^1 条直线, 在退化曲面 ψ 上成为了四个直线束中的 ∞^1 条直线. 这四个直线束位于两个主平面内, 并以两个主点为它们的束心. 最后, 在 F_2 上的 ∞^2 个直线对 (依照前面定义的意义), 在退化曲面 ψ 上就分解为如下三组, 每组都有 ∞^2 个:

第一组: 直线对决定的平面 e 是一个主平面, 直线对中两条直线的交点 p 是 e 上的任意一点, 而两条直线 g 和 h 就是 p 与两个主点的连线.

第二组: 直线对中两条直线的交点 p 是一个主点, 它们决定的平面 e 是通过 p 的任意一个平面, 而两条直线 g 和 h 就是 e 与两个主平面的交线.

第三组: 直线对中两条直线 g 和 h 都与主直线重合, 它们的交点 p 是主直线上的任意一点, 它们决定的平面是通过主直线的任意平面.

上面第三组中的 ∞^2 个直线对, 每个都是叠合体, 它的直线 g 就是主直线, 其交点 p 可以是主直线上的任意一点, 而它所决定的平面 e 则可以是通过主直线的任意一个平面. 在一个直线对系统中, 每个这样的叠合体都要按两次来计数.

现在, 首先要做的就是用 μ, ν, ρ 将退化条件 φ, χ, ψ 表达出来. 因为满足 φ, χ, ψ 的二次曲面的参数个数为 8, 比一般二次曲面的参数个数小 1, 从而, 一个二次曲面的一级系统中, 一般仅含有有限个退化曲面 φ, χ, ψ, 也就是说, 退化条件 φ, χ, ψ 都是一维的. 对于一个二次曲面组成的一级系统, 如果利用最初的 Chasles 对应原理 (§13) 来确定以下各数:

1. 一条直线上那种点的个数, 使得对每个这样的点, 系统中某个曲面上有两点与之叠合.

2. 一个平面束中那种平面的个数, 使得对每个这样的平面, 系统中某个曲面上有两个切平面与之叠合.

3. 一个直线束中那种直线的条数, 使得对每条这样的直线, 系统中某个曲面上有两条切线与之叠合.

则可得到以下公式:

Ⅰ) $\qquad\qquad\qquad 2\mu - \nu = \varphi$

Ⅱ) $\qquad\qquad\qquad 2\rho - \nu = \chi$

Ⅲ) $\qquad\qquad 2\nu - \mu - \rho = \psi \quad$ (**Lit.25**) (参见 §22)

现在, 对于三种退化曲面, 我们不仅要写出它们作为二次曲面必须满足的所有条件, 比如 μ, ν, ϱ, 还要写出那些与它们定义的几何形体的基本条件相关的条件. 这里, 所谓退化曲面定义的几何形体指的分别是:

对于 φ, 指的是圆锥曲线;

对于 χ, 指的是圆锥面;

对于 ψ, 指的是由主直线, 两个主点及两个主平面构成的几何形体.

给定一个基本条件, 其符号为 z. 那么, $\varphi z, \chi z, \psi z$ 就分别表示: F_2 满足 φ, χ 或 ψ, 而 φ, χ 或 ψ 定义的几何形体则满足条件 z. 要注意, 条件 z 与 φ, χ, ψ 并非无关的. 因此, 按照 §2 中的规则, $\varphi z, \chi z, \psi z$ 这样的条件不能当成复合条件来处理. 现在, 我们引入以下记号:

Ⅰ) 对 φ 定义的圆锥曲线:

m 表示条件: 它所在的平面通过一个给定点;

n 表示条件: 它与一条给定直线相交;

r 表示条件: 它与一个给定平面相切.

Ⅱ) 对 χ 定义的圆锥面:

m 表示条件: 它通过一个给定点;

n 表示条件: 它与一条给定直线相切;

r 表示条件: 它的顶点位于一个给定平面.

Ⅲ) 对 ψ 定义的几何形体:

m 表示条件: 它的两个主平面之一通过一个给定点;

n 表示条件: 它的主直线与一条给定直线相交;

r 表示条件: 它的两个主点之一位于一个给定平面.

利用这些符号, 可以写出关于曲面的如下一些二重条件:

$$\varphi m, \ \varphi n, \ \varphi r$$
$$\chi m, \ \chi n, \ \chi r$$
$$\psi m, \ \psi n, \ \psi r$$

根据前面所作的规定, 这些符号都有确切的意义. 例如, 符号 φr 表示: F_2 是 φ 型的退化曲面, 并且它的圆锥曲线与一个给定的平面相切. 将刚才定义的符号 m, n, r 与曲面条件 μ, ν, ρ 作比较, 并仔细思考上面对于退化曲面 φ, χ, ψ 的描述, 就会发现以下的关系:

$$\mu\varphi = 2m\varphi, \quad \nu\varphi = n\varphi, \quad \varrho\varphi = r\varphi$$
$$\mu\chi = m\chi, \quad \nu\chi = n\chi, \quad \varrho\chi = 2r\chi$$
$$\mu\psi = m\psi, \quad \nu\chi = 2n\chi, \quad \varrho\chi = r\chi$$

公式中出现了系数 2, 原因如下: 在 φ 的平面上的每个点处都有两个点叠合; 通过 χ 的圆锥曲面顶点的每个平面上都有两个切平面叠合; 与 ψ 的主直线相交的每条直线上都有某个二次曲面的两条切线叠合.

上述九个方程的左边都是复合条件, 其中一个因子是 φ, χ 或 ψ. 将这些方程中的 φ, χ, ψ 用上面导出的含有 μ, ν, ϱ 的表达式来代入, 就得到下述九个方程:

$$m\varphi = \frac{1}{2}\mu(2\mu - \nu), \qquad n\varphi = \nu(2\mu - \nu), \qquad r\varphi = \varrho(2\mu - \nu)$$

$$m\chi = \mu(2\varrho - \nu), \qquad n\chi = \nu(2\varrho - \nu), \qquad r\chi = \frac{1}{2}\varrho(2\varrho - \nu)$$

$$m\psi = \mu(2\nu - \mu - \varrho), \quad n\psi = \frac{1}{2}\nu(2\nu - \mu - \varrho), \quad r\psi = \varrho(2\nu - \mu - \varrho)$$

完全类似地, 还可得到其他一些方程, 例如:

$$m^3\varphi = \frac{1}{8}\mu^3(2\mu - \nu), \qquad mnr\varphi = \frac{1}{2}\mu\nu\varrho(2\mu - \nu)$$

$$mr^2\chi = \frac{1}{4}\mu\varrho^2(2\varrho - \nu), \qquad mr^3n\chi = \frac{1}{8}\mu\nu\varrho^3(2\varrho - \nu)$$

$$mn\psi = \frac{1}{2}\mu\nu(2\nu - \mu - \varrho), \qquad n^4r\psi = \frac{1}{16}\nu^4\varrho(2\nu - \mu - \varrho)$$

这些公式就将关于 φ, χ, ψ 的条件用 μ, ν, ϱ 表达出来了.

我们在描述退化曲面之前, 列举了 19 个叠合条件. 现在还要做的是, 将这些叠合条件用关于 φ, χ, ψ 的条件表达出来. 为此, 我们必须先讲一下关于圆锥曲线条件的下面七个关系. 这些关系部分是从关联公式导出的, 部分是直接从个数守恒原理导出的, 其中用到了符号 m, n, r.

1. 要求圆锥曲线与一个给定平面相交, 并且某个交点处的切线与一条给定直线相交, 这一条件, 根据 §7 的关联公式 I (参见 §8), 等于

$$n + r$$

2. 要求圆锥曲线通过一个给定点, 这一条件, 根据 §10 的关联公式 VII (参见 §12 的第 9 款), 等于

$$mn - 2m^2$$

3. 要求圆锥曲线与一个给定直线束中的某条直线相切, 这一条件, 根据关联公式 V, 等于

$$mr$$

4. 要求圆锥曲线与一条给定直线相切, 这一条件, 根据关联公式 Ⅵ (参见 §12 的第 8 款), 等于

$$m^2r - 2m^3$$

5. 我们将条件 n 决定的直线置于条件 r 决定的平面中, 然后应用个数守恒原理来研究复合条件 nr. 那么, 圆锥曲线满足条件 nr 的方式只有唯一一种, 即圆锥曲线与平面的切点就在所给的直线上. 但是这样一来, 圆锥曲线就会满足 nr 这个条件两次, 因为它与 n 决定的直线有两个公共点, 而不是一个. 因此, 要求圆锥曲线与一个给定平面相切于该平面的一条给定直线上, 这一条件等于

$$\frac{1}{2}nr$$

6. 同样可以得到, 要求圆锥曲线与一个给定平面切于一个给定点, 这一条件等于下面条件的一半, 即要求圆锥曲线通过一个给定点并与一个给定平面相切, 因此也就是等于

$$\frac{1}{2}(mn - 2m^2)r$$

7. 要求圆锥曲线与一条给定直线相切是一个三重条件, 而要求它与一条给定直线相交, 则就是单重条件 n. 如果我们将这两个条件相乘, 并令两条给定直线相交, 则由此产生了一个四重条件. 那么, 以下两种圆锥曲线都会满足这个四重条件两次: 第一种是与第一条直线在两条直线交点处相切的圆锥曲线; 第二种是位于两条直线所决定的平面中并与第一条直线相切的圆锥曲线, 也就是满足条件 m^3r 的圆锥曲线. 因此, 要求圆锥曲线与一条给定直线相切于一个给定点, 这一条件等于

$$\frac{1}{2}m^2nr - m^3n - m^3r$$

与这 7 个方程相对偶, 有 7 个关于圆锥面的方程.

利用这样得到的 14 个方程, 就可解决将叠合条件表达出来的问题. 我们首先将它们用关于 $\varphi, \chi, \psi, m, n, r$ 的条件表达出来, 从而最终就可以通过 μ, ν, ϱ 表达出来. 结果列于下面的表中. 至于证明, 必须注意, 根据对退化曲面 φ, χ, ψ 的描述, 每个符号 εz 只有在下列情形才能被 φ, χ 或 ψ 满足:

Ⅰ. 对于 φ, 条件 z 中必须含有因子 e, 因为对于 φ 上的一个叠合体, 即使 φ 本身、叠合体的交点 p 以及叠合体的直线 g 都完全确定时, 仍然有无穷多个平面可以作为它决定的平面;

Ⅱ. 对于 χ, 条件 z 中必须含有因子 p;

Ⅲ. 对于 ψ, 条件 z 中必须含有因子 p 与 e.

用关于 φ, χ, ψ 的条件表达叠合条件的公式列表

I)		
1)	εp^2	$= 2\chi$
2)	εe^2	$= 2\varphi$
3)	εpe	$= 2\varphi + 2\chi + 2\psi$
4)	εg_p	$= 0$
5)	εg_e	$= 0$
II)		
6)	εp^3	$= m\chi$
7)	εe^3	$= r\varphi$
8)	$\varepsilon \widehat{pe}$	$= n\varphi + n\chi + 2n\psi$
9)	$\varepsilon e g_p$	$= 2m\varphi$
10)	$\varepsilon p g_e$	$= 2r\chi$
11)	εg_s	$= 0$
III)		
12)	$\varepsilon p^2 e^2$	$= \varepsilon p^3 e + \varepsilon pe^3$
		$= (mn - 2m^2 + \frac{1}{2}nr)\varphi + (rn - 2r^2 + \frac{1}{2}mn)\chi + 2n^2\psi$
13)	$\varepsilon p g_s$	$= mr\chi$
14)	$\varepsilon e g_s$	$= mr\varphi$
15)	εG	$= 0$
IV)		
16)	$\varepsilon p^3 e^2$	$= (\frac{1}{2}mnr - m^2r)\varphi + (\frac{1}{2}mnr - mr^2)\chi + 2 \cdot (\frac{1}{2}n^3)\psi$
17)	εpG	$= (r^2m - 2r^3)\chi$
18)	εeG	$= (m^2r - 2m^3)\varphi$
V)		
19)	εGpe	$= (\frac{1}{2}m^2nr - m^3n - m^3r)\varphi + (\frac{1}{2}r^2nm - r^3n - r^3m)\chi + 2 \cdot (\frac{1}{2}n^4)\psi$

列于公式之前的罗马数字, 表示的是所考虑曲面系统的级数. 现在, 如果像前面说的那样, 将这 19 个方程右边的符号用 μ, ν, ϱ 的表达式代入, 就可将叠合条件用 μ, ν, ϱ 表达出来了. 因此, 一个直线对的叠合公式, 如果只含有上面这些叠合条件以及先前用

$$\mu, \nu, \varrho, \gamma, \gamma', \delta, x, w, y, z$$

这十个曲面条件表出的基本条件, 那么, 由该公式就可得到这十个曲面条件之间的一个方程. 这样总共可以得到 19 个方程. 现在, 我们把它们汇总在一起, 同时也把导出这些方程的叠合公式一并列出. 在叠合公式中仍省略了 σ 这个公共因子. 为了清晰起见, 我们在所得的方程中, 将由 φ, χ 或 ψ 产生的式子

$$2\mu - \nu, \quad 2\varrho - \nu, \quad 2\nu - \mu - \varrho$$

都放在了括号内.

十个曲面条件之间的方程列表

1. 由公式 $pg_e + ph_e - \widehat{pe} = \varepsilon p^2$ 推出
$$4\varrho - 2\nu = 2(2\varrho - \nu)$$

2. 由公式 $eg_p + eh_p - \widehat{pe} = \varepsilon e^2$ 推出
$$4\mu - 2\nu = 2(2\mu - \nu)$$

3. 由公式 $g_s + h_s + p^3 + e^3 = \varepsilon pe$ 推出
$$2\mu + 2\varrho = 2(2\mu - \nu) + 2(2\varrho - \nu) + 2(2\nu - \mu - \varrho)$$

4. 由公式 $g_p h - eg_p - p^3 = \varepsilon g_p$ 推出
$$4\mu - 2\mu - 2\mu = 0$$

5. 由公式 $g_e h - pg_e - e^3 = \varepsilon g_e$ 推出
$$4\varrho - 2\varrho - 2\varrho = 0$$

6. 由公式 $pg_s + ph_s - G - H - p^3 e = \varepsilon p^3$ 推出
$$2\delta - 2\gamma' = (2\varrho - \nu)\mu$$

7. 由公式 $eg_s + eh_s - G - H - pe^3 = \varepsilon e^3$ 推出
$$2\delta - 2\gamma = (2\mu - \nu)\varrho$$

8. 由公式 $G + H + p^3 e + pe^3 = \varepsilon \widehat{pe}$ 推出
$$2\gamma + 2\gamma' = (2\mu - \nu)\nu + (2\varrho - \nu)\nu + (2\nu - \mu - \varrho)\nu$$

9. 由公式 $g_p h_p - p^3 e = \varepsilon eg_p$ 推出
$$2\mu^2 - 2\gamma' = (2\mu - \nu)\mu$$

10. 由公式 $g_e h_e - pe^3 = \varepsilon pg_e$ 推出
$$2\varrho^2 - 2\gamma = (2\varrho - \nu)\varrho$$

11. 由公式 $G + g_s h - pg_s - eg_s = \varepsilon g_s$ 推出
$$2\delta - \delta - \delta = 0$$

12. 由公式 $pG + pH + eG + eH + 2p^3 e^2 = \varepsilon p^2 e^2$ 推出
$$4x + 4w = (2\mu - \nu)\left(\frac{1}{2}\mu\nu - \frac{1}{2}\mu^2 + \frac{1}{2}\nu\varrho\right)$$
$$+ (2\varrho - \nu)\left(\frac{1}{2}\varrho\nu - \frac{1}{2}\varrho^2 + \frac{1}{2}\nu\mu\right)$$
$$+ (2\nu - \mu - \varrho) \cdot 2 \cdot \frac{1}{4}\nu^2$$

13. 由公式 $g_s h_e - eG - e^3 p^2 = \varepsilon pg_s$ 推出
$$\varrho\delta - x - 2w = (2\varrho - \nu) \cdot \frac{1}{2}\mu\varrho$$

14. 由公式 $g_s h_p - pG - e^3 p^2 = \varepsilon e g_s$ 推出

$$\mu\delta - x - 2w = (2\mu - \nu) \cdot \frac{1}{2}\mu\varrho$$

15. 由公式 $Gh - pG - eG = \varepsilon G$ 推出

$$2x - x - x = 0$$

16. 由公式 $peG + peH = \varepsilon p^3 e^2$ 推出

$$2y = (2\mu - \nu)\left(\frac{1}{4}\mu\nu\varrho - \frac{1}{4}\mu^2\varrho\right)$$

$$+(2\varrho - \nu)\left(\frac{1}{4}\mu\nu\varrho - \frac{1}{4}\mu\varrho^2\right)$$

$$+(2\nu - \mu - \varrho)\cdot 2 \cdot \frac{1}{2} \cdot \frac{1}{8}\nu^3$$

17. 由公式 $Gh_e - peG = \varepsilon pG$ 推出

$$\varrho x - y = (2\varrho - \nu)\left(\frac{1}{4}\mu\varrho^2 - \frac{1}{4}\varrho^3\right)$$

18. 由公式 $Gh_p - peG = \varepsilon eG$ 推出

$$\mu x - y = (2\mu - \nu)\left(\frac{1}{4}\mu^2\varrho - \frac{1}{4}\mu^3\right)$$

19. 由公式 $Gh_s = \varepsilon Gpe$ 推出

$$z = (2\mu - \nu)\left(\frac{1}{8}\mu^2\nu\varrho - \frac{1}{8}\mu^3\nu - \frac{1}{8}\mu^3\varrho\right)$$

$$+(2\varrho - \nu)\left(\frac{1}{8}\mu\nu\varrho^2 - \frac{1}{8}\nu\varrho^3 - \frac{1}{8}\mu\varrho^3\right)$$

$$+(2\nu - \mu - \varrho)\cdot 2 \cdot \frac{1}{2} \cdot \frac{1}{16}\nu^4$$

上面 19 个方程中, 有 7 个是恒等式, 其余 12 个方程则通过多种方式将以下 7 个条件:

$$\gamma, \gamma', \delta, x, w, y, z$$

表成为 μ, ν, ϱ 的函数. 首先有

IV) $\quad \gamma = \frac{1}{2}\nu\varrho$

V) $\quad \gamma' = \frac{1}{2}\nu\mu$

VI) $\delta = \mu\varrho$

VII) $x = \dfrac{1}{4}(2\nu^3 - 3\nu^2\mu - 3\nu^2\varrho + 3\nu\mu^2 + 2\nu\mu\varrho + 3\nu\varrho^2 - 2\mu^3 - 2\varrho^3)$ (**Lit.26**)

VIII) $w = \dfrac{1}{8}(-2\nu^3 + 3\nu^2\mu + 3\nu^2\varrho - 3\nu\mu^2 - 3\nu\varrho^2 + 2\mu^3 + 2\varrho^3)$

对于四重条件 y, 从 16)—18) 三个方程可得到 μ, ν, ϱ 的三个不同的函数, 即

IX a) $y = \dfrac{1}{16}(2\nu^4 - \nu^3\mu - \nu^3\varrho - 4\nu^2\mu\varrho + 6\nu\mu^2\varrho + 6\nu\mu\varrho^2 - 4\mu^3\varrho - 4\mu\varrho^3)$

IX b) $y = \dfrac{1}{4}(2\nu^3\varrho - 3\nu^2\mu\varrho - 3\nu^2\varrho^2 + 3\nu\mu^2\varrho + 3\nu\mu\varrho^2 + 2\nu\varrho^3 - 2\mu^3\varrho - 2\mu\varrho^3)$

IX c) $y = \dfrac{1}{4}(2\nu^3\mu - 3\nu^2\mu\varrho - 3\nu^2\mu^2 + 3\nu\mu\varrho^2 + 3\nu\mu^2\varrho + 2\nu\mu^3 - 2\mu\varrho^3 - 2\mu^3\varrho)$

最后, 对于五重条件 z, 我们有

X) $z = \dfrac{1}{16}(2\nu^5 - \nu^4\mu - \nu^4\varrho + 2\nu^2\mu^3 - 2\nu^2\mu^2\varrho - 2\nu^2\mu\varrho^2 + 2\nu^2\varrho^3$

$\qquad\qquad -4\nu\mu^4 + 6\nu\mu^3\varrho + 6\nu\mu\varrho^3 - 4\nu\varrho^4 - 4\mu^4\varrho - 4\mu\varrho^4)$

本节一开始我们就指出了, 对于二次曲面上的直线对, 加上任意一个基本条件, 都会对曲面本身产生一个相应的条件; 而借助于关联公式, 所有这样产生的条件都可通过 μ, ν, ϱ 以及上述 7 个曲面条件表达出来. 现在, 既然这 7 个曲面条件都能表成为 μ, ν, ϱ 的函数, 因而所有这样的曲面条件, 就可以仅用三个单重条件 μ, ν, ρ 表示出来. 例如, 从 p^2eg 得到的曲面条件是

$$2\gamma' + 2\gamma + \delta$$

根据IV), V), VI) 三个式子, 它就是

$$\mu\nu + \varrho\nu + \mu\varrho$$

用文字来表述就是

"在每个由二次曲面组成的二级系统中, 有 ∞^1 个这样的曲面, 它们每个都与一条给定直线相交, 且其中一个交点处的切平面通过一个给定点. 在每个这样的曲面上有两条直线, 它们位于上述切平面中并相交于上述交点处. 这样得出的 ∞^1 条直线构成了一个直纹面, 其次数等于下述三个数之和, 这三个数分别是该二级曲面系统中三种曲面的个数, 第一种是通过一个给定点并与一条给定直线相切的曲面,

第二种是与一个给定平面及一条给定直线都相切的曲面, 第三种是通过一个给定点并与一个给定平面相切的曲面."

此外, $g_s h_s = g_p H + G h_e$ 表明, 从 $g_s h_s$ 产生的曲面条件是

$$\mu x + \varrho x$$

再应用Ⅶ) 式, 就得到

"在每个由二次曲面组成的四级系统中, 有 ∞^2 个这样的曲面, 它们每个都含有一个给定直线束中的某条直线. 每个这样的曲面都含有两个直线族, 从中选出与直线束中上述直线相交的那个. 这样选出来的 ∞^2 个直线族, 共含有 ∞^3 条直线, 它们构成了一个复形, 其次数可以用 μ, ν, ϱ 复合而成的四重条件来表示, 具体表达式是

$$\frac{1}{4}(2\nu^3\mu + 2\nu^3\varrho - 3\nu^2\mu^2 - 6\nu^2\mu\varrho - 3\nu^2\varrho^2 + 3\nu\mu^3 + 5\nu\mu^2\varrho$$
$$+ 5\nu\mu\varrho^2 + 3\nu\varrho^3 - 2\mu^4 - 2\mu^3\varrho - 2\mu\varrho^3 - 2\varrho^4)$$

对于本节所讨论的问题, 作者在题为《二阶曲面的模数》的论文中 (*Math. Ann.*, Bd.10, p.318) 有更加深入的研究. 在该文中说明了如何用个数守恒原理来验证前面得到的结果, 同时也指出了, y 有三个不同形式的函数 (Ⅸ a, Ⅸ b, Ⅸ c) 这个事实, 对于二次曲面的特征理论(参见本书第六章的 §38) 具有重要的意义. 该文还确定了在二次曲面的由 μ, ν, ρ 复合而成的条件之间, 有多少个相互独立且普遍成立的方程, 结果如下:

1) 小于四重的条件之间没有;

2) 15 个四重条件之间有 2 个;

3) 21 个五重条件之间有 8 个;

4) 28 个六重条件之间有 18 个;

5) 36 个七重条件之间有 30 个;

6) 45 个八重条件之间有 42 个.

要在 μ, ν, ρ 复合产生的 15 个四重条件之间, 得到两个独立的方程, 只须令 y 的三个表达式两两相等即可. 此外, 我们也可以得到两个独立的方程, 使它们在对偶变换下都保持不变, 方法如下: 首先我们令Ⅸ b 与Ⅸ c 中的函数相等, 其次令Ⅸ a 中的函数等于Ⅸ b 与Ⅸ c 中两个函数之和的一半. 于是得到

Ⅺ) $\quad 2\nu^3\mu - 2\nu^3\varrho - 3\nu^2\mu^2 + 3\nu^2\varrho^2 + 2\nu\mu^3 - 2\nu\varrho^3 = 0$

Ⅻ) $\quad 2\nu^4 - 5\nu^3\mu - 5\nu^3\varrho + 6\nu^2\mu^2 + 8\nu^2\mu\varrho + 6\nu^2\varrho^2 - 4\nu\mu^3$
$\qquad -6\nu\mu^2\varrho - 6\nu\mu\varrho^2 - 4\nu\varrho^3 + 4\mu^3\varrho + 4\mu\varrho^3 = 0$

在作者前面引用的论文中, 还将所得的结果推到了圆锥曲线上. 因为我们得到的公式对每个二次曲面都成立, 因此对于退化曲面 φ 也必然成立, 这等价于说, 这些 公式都可乘以条件 φ. 那么, 正如上面所讲过的, 对于符号 $\frac{1}{2}\varphi\mu, \varphi\nu, \varphi\rho$ 就可引入条 件 m, n, r. 对于 φ 上的圆锥曲线, 这三个条件分别要求: 圆锥曲线所在的平面通过一个给定点、圆锥曲线与一条给定直线相交、圆锥曲线与一个给定平面相切. 通过这种方式, 从二次曲面条件之间的每个方程, 都可以得到圆锥曲线条件之间的一个方程. 例如, 公式Ⅶ 对于圆锥曲线给出以下的方程:

$$\text{XⅢ }) \quad x = \frac{1}{2}n^3 - \frac{3}{4}n^2r + \frac{3}{4}nr^2 - \frac{1}{2}r^3 - \frac{3}{2}n^2m + nrm + 3nm^2 - 4m^3$$

其中等号左边的 x 是曲面条件, 它要求曲面含有一条给定直线. 下面, 我们要将 x 用圆锥曲线的条件表示出来. 由于当 φ 上的圆锥曲线与条件 x 决定的直线相切时, 曲面 φ 会满足条件 x 两次, 而根据 §12 第 8 款中的关联公式, 圆锥曲线与 x 决定的直线相切这一条件等于

$$m^2r - 2m^3$$

所以, x 就等于这个式子的两倍, 将其代入公式XⅢ , 就得到

$$\text{XⅣ}) \quad 2n^3 - 3n^2r + 3nr^2 - 2r^3 - 6mn^2 + 4mnr + 12m^2n - 8m^2r = 0$$

这是圆锥曲线的三重条件之间的一个方程, 这些条件全都由 m, n, r 复合而成. 考虑此方程的一个特殊情形, 即圆锥曲线所在的平面是一个给定的平面, 这相当于将方程乘以 m^3, 由此得到的公式, 最初是 Cremona 和 Halphen 在研究圆锥曲线的特征数时发现的, Lindemann 在他整理的 Clebsch 的讲义中也推得了这个公式 (见该书第 406 页的公式 11)(**Lit.27**). 此外, 作者还确定了, 在圆锥曲线的由 m, n, r 复合而成的条件之间, 有多少个相互独立且普遍成立的方程 (*Math.Ann.*, Bd.10, p.306), 结果如下:

1) 小于三重的条件之间没有;
2) 10 个三重条件之间有 1 个;
3) 14 个四重条件之间有 4 个;
4) 18 个五重条件之间有 9 个;
5) 22 个六重条件之间有 16 个;
6) 26 个七重条件之间有 23 个.

§17

不同种类主元素组成的对
及其叠合条件

我们首先来研究由一个点 p 与一个平面 e 组成的对. 这个对的参数个数为 6, 可以对它加上一个单重的叠合条件 ε, 即要求点 p 位于平面 e 中, 或者用第二章的术语来讲, 就是要求 p 与 e 关联. 为了在 p, e 及 ε 之间建立一个一般的关系, 我们假设给定了一个由这种对组成的一级系统. 对于此系统中的每个对, 我们将它的点 p 与它的平面 e 中的每个点 q 组成一个点对 p, q, 总共可得 ∞^2 个点对. 从而, 所给的一级系统就含有一个由这样定义的点对组成的三级系统, 我们对它来应用 §13 的公式 3). 那么, 符号 p^3 应置为 0; 而 q^3 则要用 e 代入, 因为有 e 个平面通过条件 q^3 决定的点, 其中每个平面上都有一个与该点配对的点 p. 为了确定 g_s, 我们注意, 条件 g_s 的平面含有 p 个点, 每个点与条件 g_s 决定的点所连直线, 都会与对应平面交于一个点 q, 而 p 与 q 一起就确定了一个点对. 由此得知, g_s 得用 p 代入. 最后, 所应用公式中的条件 εg_p, 能被每个 p 在 e 中的对满足, 因为此时通过 p 的每条直线, 都可作为两个叠合点的连接直线. 从而, 所求的关系为

$$1) \qquad\qquad p + e = \varepsilon$$

将关于 p 与 e 的基本条件对此式作符号乘法, 就得到

$$2) \qquad\qquad p^2 + pe = p\varepsilon$$

$$3) \qquad\qquad pe + e^2 = e\varepsilon$$

$$4) \qquad\qquad p^3 + p^2 e = p^2 \varepsilon$$

$$5) \qquad\qquad p^2 e + pe^2 = pe\varepsilon$$

$$6) \qquad\qquad pe^2 + e^3 = e^2 \varepsilon$$

$$7) \qquad\qquad p^3 e = p^3 \varepsilon$$

$$8) \qquad\qquad p^3 e + p^2 e^2 = p^2 e\varepsilon$$

$$9) \qquad\qquad p^2 e^2 + pe^3 = pe^2 \varepsilon$$

$$10) \qquad\qquad pe^3 = e^3 \varepsilon$$

注意, 7) 式与 9) 式左边之和, 等于 8) 式与 10) 式左边之和, 从而它们右边之和也必须相等, 故有

$$p^3 \varepsilon + pe^2 \varepsilon = p^2 e\varepsilon + e^3 \varepsilon$$

但这不过就是 §10 的关联公式Ⅶ. 如果使用 §10 的公式ⅩⅢ 与 ⅩⅣ中的符号 $\widehat{pe}$, 就得到

11) $$p^2 e^2 = \widehat{pe\varepsilon}$$

最后我们得到五维的公式:

12) $$p^3 e^2 = p^3 e \varepsilon$$

13) $$p^2 e^3 = p e^3 \varepsilon$$

作为例子, 我们将这些公式应用于一个 n 次曲面. 首先, 将曲面上的每个点与通过该点的切平面组成一个满足叠合条件的对, 得到一个二级系统. 此时, $p^2\varepsilon$, $pe\varepsilon$, $e^2\varepsilon$ 就分别等于曲面的次数 n, 秩数 $n(n-1)$, 类数 $n(n-1)^2$. 于是, $p^3, p^2 e, pe^2, e^3$ 这四个数, 只要知道了其中的一个, 就可从 4)—6) 式将它们都算出来. 因此, 如果把 n 次曲面上的点与该点处的切平面组成的对看成为那样一种对的叠合体, 这种对由一个点与一个平面组成, 并且对于一个给定点只有唯一一个平面与之配对, 则由于

$$p^3 = 1$$

于是, 从 4)—6) 式就推出

$$p^2 e = n - 1,$$
$$pe^2 = n(n-1) - (n-1) = (n-1)^2$$
$$e^3 = n(n-1)^2 - (n-1)^2 = (n-1)^3$$

众所周知, 相对于一个曲面, 对于空间中的每个点, 都可以指派一个平面, 称为这个点的极平面(polarebene). 因此, 将 7) 式, 10) 式与 11) 式应用到由曲面组成的一级系统, 立即得到了配极理论(polarentheorie) 中以下的著名定理:

"给定一个一级曲面系统, 那么, 一个点相对于系统中曲面的极平面构成了一个一级轨迹, 其次数等于系统中通过一个给定点的曲面个数."

"给定一个一级曲面系统, 那么, 相对于系统中所有曲面都具有同一个极平面的点构成了一条曲线, 其次数等于系统中与一个给定平面相切的曲面个数."

"给定一个一级曲面系统, 对于一条直线上所有的点, 确定它们相对于系统中所有曲面的极平面, 那么, 这些极平面构成了一个二级轨迹, 其次数等于系统中与一条给定直线相切的曲面个数."

现在, 我们转而讨论这样一种对, 它由一个点 p、一条直线 g 以及它们的连接平面 e 组成. 这种对的参数个数为 7, 可以对它附加如下的单重叠合条件 ε, 即要求 p 与 g 关联, 并且它们有完全确定的连接平面 e. 但是, 如果要求 p 与 g 关联, 而每个通过 g 的平面都可作为它们的连接平面, 那就在 p 与 g 组成的对上附加了一个二重的条件, 我们称这个条件为完全叠合(类似于 §13). 从而, 每个完全叠合的对都满足复合条件 $e\varepsilon$. 为了找到 p, g, e, ε 之间的关系, 我们考虑一个由这种对组成的一

级系统, 对系统中的每个对, 将它的点 p 与它的直线 g 上的每个点 q 组成一个点对, 得到一个点对的二级系统, 对它来应用 §13 的公式 2). 那么, p^2 等于 0; 而 q^2 等于 g, 因为条件 q^2 决定的直线与 g 条直线 g 相交, 其中每条直线上配对的点 p 都确定了一个点对. 对于 g_e 得用 p 代入, 因为条件 g_e 决定的平面含有系统中的 p 个点, 从而有 p 条与之配对的直线 g, 其中的每条直线都与 g_e 决定的平面交于一个点 q. 此外, 对于 g_p 得用 e 代入, 因为有 e 个平面通过 g_p 决定的点, 其中的每个平面上都有一个点 p 及与之配对的直线 g, 而每个这样的点 p 与 g_p 所决定点的连接直线都与配对直线 g 交于一个点 q. 还有, 所应用公式中的 εg 要代以条件 ε, 即 p 在 g 上且它们有一个确定的连接平面 e. 最后, 考虑条件 εg 决定的直线与平面 e 的交点, 此交点与 p 的连线, 就可看作是 p 与 q 的连接直线. 从而, 所求的关系就是

$$14) \qquad\qquad p + g - e = \varepsilon$$

由此可进一步推得以下各式:

$$15) \qquad\qquad p^2 + pg - pe = p\varepsilon$$
$$pg + g^2 - eg = g\varepsilon$$
$$16) \qquad\qquad pg + g_e - e^2 = g\varepsilon$$
$$pe + eg - e^2 = e\varepsilon$$
$$17) \qquad\qquad pe + g_p = e\varepsilon$$
$$p^3 + p^2 g - p^2 e = p^2 \varepsilon$$
$$18) \qquad\qquad p^2 g - \widehat{pe} = p^2 \varepsilon$$
$$pg_e + g_s - eg_e = g_e \varepsilon$$
$$19) \qquad\qquad pg_e - e^3 = g_e \varepsilon$$
$$20) \qquad\qquad pg_p + g_s - eg_p = g_p \varepsilon$$
$$pe^2 + e^2 g - e^3 = e^2 \varepsilon$$
$$21) \qquad\qquad pe^2 + eg_p = e^2 \varepsilon$$
$$p^2 e + peg - pe^2 = pe\varepsilon$$
$$22) \qquad\qquad p^2 e + pg_p = pe\varepsilon$$
$$23) \qquad\qquad p^3 g - p^3 e = p^3 \varepsilon$$
$$pg_s + G - eg_s = g_s \varepsilon$$
$$24) \qquad\qquad pg_s - e^3 g = g_s \varepsilon$$
$$25) \qquad\qquad p^2 g_e - pe^3 = pg_e \varepsilon$$
$$26) \qquad\qquad pe^3 + e^3 g = e^3 \varepsilon$$
$$27) \qquad\qquad p^3 e + \widehat{peg} - pe^3 = \widehat{pe}\varepsilon$$
$$28) \qquad\qquad pg_s + pe^3 = eg_e \varepsilon$$

$$等等$$

从这些公式出发, 通过对偶变换, 对于由一条直线 g、一个平面 e 以及两者交

点 p 所组成的几何形体, 可以得到类似的公式.

作为上述公式的一个例子, 我们来讨论一个关于个数的关系, 该关系涉及一个点轨迹中的点与一个直线轨迹中的直线之间的对应, 其中的两个轨迹具有相同的级数. 此时必须注意, 对于给定的点轨迹与直线轨迹, 若点轨迹中的一个点与直线轨迹中的一条直线相关联, 则这两个主元素组成的对不仅满足条件 ε, 而且还满足条件 $e\varepsilon$, 因为通过该直线的任何一个平面, 都可看成该点与该直线的连接平面. 因此, 如果一条 m 次空间曲线与一个 a 次直纹面之间有如下的关系: 空间曲线的每个点对应于直纹面的 γ 条直线, 而直纹面的每条直线对应于空间曲线的 π 个点, 那么, 我们就可应用公式 14), 在其中令 ε 等于 0, p 等于 $m\gamma$, g 等于 $a\pi$; 不过, 这里的 e 则是由那种平面组成的一级轨迹的次数, 这种平面都是空间曲线上某个点与其在直纹面中对应直线的连接平面. 因此, 有下述定理 (参见 Brill 的文章, *Math.Ann.*, Bd. Ⅶ, p.621):

"假设一条 m 次空间曲线与一个 a 次直纹面之间有如下对应关系: 空间曲线的每个点对应于直纹面的 γ 条直线, 而直纹面的每条直线对应于空间曲线的 π 个点. 那么, 这些相互对应的点与直线总共生成 ∞^1 个连接平面, 对于空间中的每个点, 都有

$$m\gamma + a\pi$$

个这样的连接平面通过."

同样地, 对于一个曲面上的点与一个线汇中直线的对应关系, 从公式 15)—17) 可得出类似的结果. 在这种情况下, 要令 $p\varepsilon$ 及 $g\varepsilon$ 等于 0, 而 $e\varepsilon$ 则是曲面上那种点的数目, 这种点位于其对应的直线上. 从这三个方程中消去符号 pe, 就可以得到个数之间的两个关系, 它们可用文字表述如下:

"假设一个 m 次曲面与一个场秩为 a、丛秩为 b 的线汇之间有如下对应关系: 曲面的每个点对应于线汇中的 γ 条直线, 而线汇的每条直线对应于曲面上的 π 个点. 此外, 假定这个对应还满足以下条件: 对于任一平面, 曲面与该平面交线上的 ∞^1 个点所对应的 ∞^1 条直线构成了一个 δ 次的直纹面. 那么, 这些相互对应的点与平面总共生成 ∞^2 个连接平面, 它们所形成轨迹的次数, 即它们所包络的曲面的类数, 等于

$$a\pi + \delta$$

而线汇中那些通过其对应点的直线的条数, 等于

$$m\gamma + \delta + b\pi$$

对于空间中的 ∞^3 个点与一个复形的 ∞^3 条直线之间的对应关系, 我们来建

立类似的公式. 为此, 在 18)—22) 式中消去下述条件:

$$\widehat{pe}, e^3, eg_p$$

那么, 当 $p^2\varepsilon, g_e\varepsilon, g_p\varepsilon$ 都等于 0 时, 就得到公式:

$$pe\varepsilon = p^3 + p^2g + pg_p$$

以及

$$ge\varepsilon = e^2\varepsilon = p^2g + pg_e + pg_p + g_s$$

由此得出下面的定理:

"假设空间中的点与一个 a 次直线复形之间有如下的对应关系: 空间中的每个点对应于复形的 γ 条直线, 而复形的每条直线对应于空间中的 π 个点. 此外, 假定这个对应还满足以下两个条件: 第一, 任一给定直线上的 ∞^1 个点所对应的 ∞^1 条直线构成了一个 δ 次的直纹面; 第二, 任一给定平面上的 ∞^2 个点所对应的 ∞^2 条直线构成了一个丛秩为 β、场秩为 φ 的线汇. 那么, 空间中所有那些位于其对应直线上的点构成了一条曲线, 其次数等于

$$\gamma + \delta + \beta$$

而与曲线上的点相对应的直线本身则构成了一个直纹面, 其次数等于

$$\delta + \beta + \varphi + a\pi$$

上面这些公式, 针对的都是点轨迹的元素与同级直线轨迹的元素之间的对应关系. 对于任意两个其他轨迹 (例如两个复形) 的元素之间的对应关系, 从叠合公式也可以得到类似的公式.

§18

由点对的一般叠合公式
推导 Cayley-Brill 的对应公式

好几位数学家都非常重视将关于直线的 Chasles 对应原理推到曲线上 (**Lit.29**), 并得到了下述结果:

"假设在一个固定平面上给定了一个代数对应, 使得每个点 x 对应于平面上一条 s 次的曲线; 反过来, 每个点 y 对应于平面上一条 r 次的曲线. 现在, 在该平面

内给定一条 m 次的平面曲线 b, 其亏格(geschlecht)为 p. 那么, 曲线 b 上的每个点 x 就对应于 ms 个同样位于 b 上的点 y; 反过来, b 上的每个点 y 就对应于 mr 个 b 上的点 x. 现在, 我们来作一个最一般的假设, 即在曲线 b 的**每个**点上, 都有两个相互对应的点 x 与 y 叠合了 γ 次, 只不过一般不要求这两个叠合点的连接直线与切线重合. 在此假设下, b 上每个点 x 所对应的点 y 中, 仅有 $ms - \gamma = \alpha$ 个与 x 不同; 反过来, b 上每个点 y 所对应的点 x 中, 仅有 $mr - \gamma = \beta$ 个与 y 不同. 那么, 在曲线 b 上, 两个**这样**相互对应的点 x 与 y 发生无限靠近的次数为

$$\tau = \alpha + \beta + 2p\gamma$$

我们的演算法使得对于对应原理有了更为一般的认识, 借助于此, 我们把将要用上述公式来解决的问题, 表述成以下的形式:

"在一个固定的平面内, 首先, 假设给定了一个由点对 p, q, g 组成的三级系统 Σ_3. 那么, 这个三级系统具有一个由叠合体 ε 构成的二级系统 Σ_2, 系统中的叠合体由叠合点 p 及两个叠合点的连接直线 g 组成. 其次, 又假设在该平面内给定了一条阶为 m、秩为 n 的平面曲线. 那么, 这条曲线的 ∞^1 条切线及其切点构成了一个一级系统 Σ_1, 系统中的几何形体由一条直线和该直线上的一个点组成. 现在的问题是, 确定这两个系统 Σ_2 与 Σ_1 中公共几何形体的个数 τ."

这个数在 §14 的末尾已经确定了, 它就是

1) $$\tau = m\nu + n\mu$$

其中, ν 是 Σ_2 的几何形体中其直线为给定直线 g 的个数, μ 是 Σ_2 的几何形体中其点为给定叠合点 p 的个数. 因此, ν 得用 εg_e 代入, μ 得用 εp^2 代入. 接下来要做的只是用数 α, β, γ 将 εg_e 和 εp^2 表达出来. 但是, 符号 εp^2 给出的是固定平面中的一个点作为叠合点的次数, 因而就等于 γ. 为了确定 εg_e, 我们应用 §13 中的点对公式 13), 即

$$\varepsilon g_p + \varepsilon g_e + 2\varepsilon p^2 = p^3 + p^2 q + pq^2 + q^3$$

这里, 因为平面是固定的, 故 εg_p, p^3 和 q^3 都等于 0; εp^2 已知等于 γ; 而 $p^2 q$ 就是点 x 所对应曲线的次数 s, pq^2 则是点 y 所对应曲线的次数 r. 因此, 由叠合公式推得

2) $$\varepsilon g_e = s + r - 2\gamma \quad 或者 \quad \nu = s + r - 2\gamma$$

从而由公式 1) 推得

3) $$\tau = ms + mr - 2m\gamma + n\gamma$$

但是, 我们上面将 $ms - \gamma$ 记成了 α, $mr - \gamma$ 记成了 β. 因此, 在上式中将 ms 用 $\alpha + \gamma$ 代入, mr 用 $\beta + \gamma$ 代入, 最后就得到

4) $$\tau = \alpha + \beta + \gamma(n - 2m + 2)$$

不过, Brill 所求得的这个数却等于

$$\alpha + \beta + \gamma \cdot 2p$$

其中 p 为曲线 b 的亏格. 因为根据 Plücker 公式有

$$2p = n - 2m + 2 + k$$

其中 k 是曲线 b 上回转点 (rückkehrpunkte) 的个数, 所以 Brill 算得的数比我们的结果要大了一个 γk. 这个矛盾可以这样来解决: 按照 Brill 对于亏格概念的看法 (参见 Lindemann 编辑的《Clebsch 讲义》, 第一部分, p.456, p.457, p.460), 在一个回转点处, 如果两个叠合点的连接直线与回转切线 (Rückkehrtangente) 不相重合的话, 则此回转点处发生的叠合要按 γ 次来计算. 由此可知, 如果与一个回转点相应的对应曲线上含有一个 α 重的点 *, 则 Brill 所得出的数就必须减少一个 γk.

至于如何应用公式 4), 作者就不打算详细讲了, 我们在以下的研究中也不会用到这个公式, 因为直接应用 §13 的叠合公式, 总能更快更好地达到我们的目的.

Brill 有一个公式, 给出了一条平面曲线上那种点对的个数, 这种点对在该曲线上的两个对应是一样的. 在 §42 中, 我们将从两个点对系统公共元素个数的一般公式出发, 来推出 Brill 的公式 (参见 §42 中的公式 29))(**Lit.54**).

---

* 原文如此, 但这里似乎应该是 "一个 k 重的点".—— 校注

第四章

通过退化形体进行计数

§19

有限个主元素所构成几何形体的计数

在前面几章中, 我们建立了个数之间最基本的关系, 本章中我们则来推求这些个数本身. 对于三个主元素, 它们最重要的个数是作为公理而加以设定的, 并在 §6 中用来建立基本公式. 通过个数守恒原理, 这些个数中有一些可由其余的推导出来. 例如, 对于直线, 我们将下面三个断言设为公理:

1. 如果两条直线有一个公共点, 则存在**一个平面**包含这两条直线, 反之亦然;

2. 对任给的两个点, 存在**一条直线**含有这两个点;

3. 对任给的两个平面, 存在**一条直线**含于这两个平面内.

那么, 利用个数守恒原理就可得到以下的结论:

"对任给的四条直线, 存在**两条直线**与这四条直线都相交."

但是, 对于由有限个主元素组合而成的几何形体, 它们的基本条件, 都可以利用个数守恒原理或者由此原理推出的关联公式 (第二章), 归结为主元素的基本条件. 因此, 也就很容易确定这种几何形体最重要的个数. 在 §9 中, 我们就已经算出了下述个数:

"存在三个空间 n 角形, 它们的 n 个顶点分别位于 n 个给定的平面上, 而它们的 n 条边分别通过 n 个给定点".

下面, 我们再补充一个计算个数的例子. 设几何形体 Γ 由 5 条直线 $g_1, g_2, g_3, g_4,$ g_5 组成, 这 5 条直线位于同一平面内并相交于同一点. 那么, 这个几何形体的参数个数为 10, 我们在它上面附加一个 10 重的条件, 要求这 5 条直线中的每条都与两条给定直线相交. 按照第一章中的规定, 这个条件可用下述符号表示:

$$g_1^2 g_2^2 g_3^2 g_4^2 g_5^2$$

根据 §6 中的公式 9), 上式也可写成

$$(g_{1e} + g_{1p})(g_{2e} + g_{2p})(g_{3e} + g_{3p})(g_{4e} + g_{4p})(g_{5e} + g_{5p})$$

将上面的乘法式子展开, 就得到 32 个数的一个和式, 其中不为零的只有那样的 20 个数, 在这些数的符号中, 或者指标 e 出现 3 次而指标 p 出现 2 次, 或者指标 e 出

现 2 次而指标 p 出现 3 次. 然而, 根据关于个数的公理, 这些数全都等于 1. 因此, 满足所给条件的几何形体共有20个.

§20
圆锥曲线的计数 (Lit.30)

那些本身虽然不是基本几何形体、但却是由无限多个主元素组成的几何形体中, 从计数问题的角度来看, 最容易处理的就是圆锥曲线. 我们将圆锥曲线既看成是由它的点组成的一级轨迹, 又看成是由它的切线组成的一级轨迹. 这两个轨迹的次数都是 2, 并且它们的 ∞^1 个元素全都位于同一个平面内. 于是, 我们对圆锥曲线首先加上以下的三个条件:

1. μ, 它要求圆锥曲线所在平面通过一个给定点;
2. ν, 它要求圆锥曲线与一条给定直线相交;
3. ϱ, 它要求圆锥曲线与一个给定平面相切.

所有可能附加在圆锥曲线上的条件, 都可以用这三个条件以及它们的复合条件表达出来, 这一点我们将在第六章加以证明 (还可参见 **Lit.51**). 因此, 首要的事情是确定, 有多少个圆锥曲线满足所有由 μ, ν, ϱ 复合而成的 8 重条件. 这个数目可以利用由 Chasles 奠定基础、而由 Zeuthen 建立的方法 (《平面曲线系统的一般研究》, *Vidensk. Selsk.*, 第 5 卷, 第 IV 期, p.287–393) 算得 (参见作者在 *Math. Ann.* 第 13 卷中发表的论文, 也参见 §31). 具体做法如下: 首先, 将计算这个数归结为计算有多少个圆锥曲线满足所有由 μ, ν, ϱ 复合而成的 7 重条件, 并同时满足某两个不变条件(§2) 中的一个; 然后, 将后面这个数直接用公理数目表达出来. 为了清楚理解这两个不变条件的意义, 我们按以下方式对一般的圆锥曲线作同形投影变换 (参见 §16)(**Lit.24**).

在一个固定的平面上, 取点 S 作为同形投影中心. 取直线 r 作为同形投影轴. 那么, 对于平面上的一个点 A, 我们通过以下方式来确定它的像点 A': 首先, 作直线 SA, 记它与 r 的交点为 R_a; 然后, 在直线 SAR_a 上确定第四个点 A', 使得下面的交比关系成立:

$$\frac{SA}{R_aA} : \frac{SA'}{R_aA'} = 0$$

如果 K 是该固定平面内不通过 S 的一条圆锥曲线, 则 K 在同形投影下的像就是直线 r 上的所有点, 并且每个点要按两次来计算. 一般来说, K 上一条切线的像, 与直线 r 只有唯一的一次对应. 但是, 从 S 出发对 K 所作的两条切线, 每条都有无穷多个像, 也就是一个直线束中的所有直线, 而直线束的束心就是该切线与 r 的交点. 因此, 圆锥曲线 K 的像是一条满足以下定义的圆锥曲线:

"圆锥曲线的点构成了两条重合的直线, 其切线则构成了两个直线束, 束心位于该二重直线上, 并且两个直线束一般不相重合."

通过上面这个定义, 我们给一般的圆锥曲线定义加上了一个限制, 并将它看成是附加在一般圆锥曲线上的一个单重的不变条件, 因为通过这个条件参数个数 8 减少了 1 个. 我们将这个单重条件记为 η, 并将每个满足此条件的圆锥曲线也记为 η. 每条这样的圆锥曲线 η, 在场对偶 (feld-dual) 下 *, 都对应于一条满足以下定义的圆锥曲线 δ:

"圆锥曲线 δ 的点构成了两条直线, 且两条直线一般互不相同, 而它的切线则构成了两个重合的直线束, 束心就是上述两条直线的交点."

要求一个圆锥曲线是上面定义的圆锥曲线 δ, 是附加在一般圆锥曲线上的一个单重的不变条件, 我们将这个条件也记为 δ. 满足不变条件 δ 或 η 这件事, 我们称之为退化, 而圆锥曲线 δ 或 η 本身则称为退化曲线. 如果一个条件含有 δ 或 η 作为因子, 就称为退化条件, 而它确定的个数则称为退化个数. 上面所求的圆锥曲线个数, 之所以能够通过退化个数来确定, 原因主要在于, 在下面三个条件

$$\mu, \nu, \varrho$$

与下面两个条件

$$\eta, \delta$$

之间成立两个方程, 它们很容易从 Chasles 对应原理或者关于点对与直线对的叠合公式直接推出来. 因为, 如果对于一个由圆锥曲线组成的一级系统来确定以下的两个数目:

第一个是, 在一个给定直线束中, 含有同一个圆锥曲线中两个点的直线条数;

第二个是, 在一个给定平面束中, 含有同一个圆锥曲线的两条切线的平面个数.

则根据对应原理可得

$$\nu + \nu = \varrho + 2\mu + \eta$$

以及

$$\varrho + \varrho = \nu + \delta$$

也就是

1) $$2\nu - \varrho - 2\mu = \eta$$

---

* 这里, 场对偶就是将平面曲线变为由其切线所构成曲线的变换.—— 校注

80

以及

2)
$$2\varrho - \nu = \delta$$

由此推出

3)
$$\nu = \frac{2}{3}\eta + \frac{1}{3}\delta + \frac{4}{3}\mu$$

4)
$$\varrho = \frac{1}{3}\eta + \frac{2}{3}\delta + \frac{2}{3}\mu$$

如果对于所有那样的 8 重条件, 这种条件的符号中含有因子 δ 或 η 以及一个由 μ, ν, ϱ 复合而成的 7 重条件, 我们都能确定它的个数, 那么, 通过上面的公式, 就可以算出所有的个数 $\mu^3\nu^n\varrho^r$, 其中的 $n + r = 5$; 然后, 可由此算出所有的个数 $\mu^2\nu^n\varrho^r$, 其中的 $n + r = 6$; 接着, 又可由此算出所有的个数 $\mu\nu^n\varrho^r$, 其中的 $n + r = 7$; 最后, 就可由此算出所有的个数 $\nu^n\varrho^r$, 其中的 $n + r = 8$. 但是, 前面提到的那种 8 重条件的个数, 很容易通过关于主元素的公理数目来确定 (§6 与 §19). 在此, 必须注意以下的事实:

"如果圆锥曲线 η 的二重直线与一条给定直线相交, 则 η 就给出两个满足条件 ν (它要求圆锥曲线与给定直线有一个公共点) 的圆锥曲线, 因为此时给定直线与 η 有两个相互叠合的公共点. 由此推知, 圆锥曲线条件 $\eta\nu^n$ 是下述条件的 2^n 倍, 这个条件要求圆锥曲线退化为这样的一个 η, 该 η 的二重直线与 n 条给定的直线相交. 类似地, 条件 $\delta\varrho^r$ 是下述条件的 2^r 倍, 这个条件要求圆锥曲线退化为这样的一个 δ, 该 δ 的二重束心位于 r 个给定的平面上."*

为了说明退化个数的计数方法, 我们下面讲一些例子.

首先来计算 $\eta\mu\nu^2\varrho^4$. 我们注意, 为了确定 η 上的两个束心 (参见上面对 η 的描述), 必须用到条件 ϱ^4 决定的四个平面, 并将这四个平面分作两组. 分组的方式有以下两种: 第一种方式是, 三个平面为一组, 第四个平面为另一组, 使得第一组的三个平面含有一个束心, 而第四个平面则含有另一个束心; 将四个平面这样分组的分法共有 4_3 种 **. 第二种方式是每组两个平面, 使得第一组中的两个平面含有一个束心, 另一组中的两个平面含有另一个束心; 将四个平面这样分组的分法共有 $\frac{1}{2} \cdot 4_2$ 种. 在第一种情形, 那个含于三个给定平面的束心是唯一确定的, 从而二重直线也是唯一确定的, 因为它必须含有该束心, 并与条件 ν^2 决定的两条给定直线相交. 此时, 第二个束心就是二重直线与第四个平面的交点, 而圆锥曲线 η 所在的平面就是

---

* 关于退化曲线的重数, 在 §21 有更详细的讨论.

** 这里及以后, n_p 都表示数 $\dfrac{n(n-1)(n-2)\cdots(n-p+1)}{1 \cdot 2 \cdot 3 \cdots p}$, 它是从 n 个东西中选取 p 个的所有不同取法的个数, 读成 "n 中取 p". (组合数 n_p 现在通常记为 $\dbinom{n}{p}$.—— 校注)

二重直线与条件 μ 决定的点之间的连接平面. 在第二种情形, η 的二重直线既要与条件 ν^2 决定的两条直线相交, 也要与两个平面对所形成的两条交线相交, 这两个平面对是由那四个平面分成的. 但是, 与四条给定直线相交的直线共有两条. 因此, 在第二种情形, 总会得到两个圆锥曲线 η. 然后, 在这两种情形所产生的几何形体, 每个都要按 2^2 次来计数, 因为这里涉及的是二重直线与两条给定直线的相交. 因此, 最后就得到

$$\eta\mu\nu^2\varrho^4 = 2^2 \cdot \left(4_3 \cdot 1 + \frac{1}{2} \cdot 4_2 \cdot 2\right) = 40$$

其次来计算 $\delta\mu^2\nu^3\varrho^2$. 我们将条件 ν^3 决定的三条直线分成如下两组: 第一组中有两条, 它们与 δ 中的一条直线相交; 另一组为第三条, 它与 δ 中的另一条直线相交. 与第一组中两条给定直线都相交的那 δ 中的直线, 还要与下面的两条直线相交, 一条是 μ^2 决定的两点之连线, 一条是 ϱ^2 决定的两个平面之交线. 前面已经指出, 这样的直线共有两条. 从而, 我们得到

$$\delta\mu^2\nu^3\varrho^2 = 2^2 \cdot 3_2 \cdot 2 = 24$$

最后来计算 $\delta\nu^6\varrho$. 首先注意, 条件 ν^6 决定的六条直线可按两种方式分作两组, 一种方式是分成四条与两条, 另一种方式是分成三条与三条; 其次注意, 一条直线与三条给定直线相交这一条件, 是它属于一个给定直线束这一条件的两倍. 于是, 我们得到

$$\delta\nu^6\varrho = 2^1 \cdot \left(6_4 \cdot 2 + \frac{1}{2} \cdot 6_3 \cdot 2 \cdot 2\right) = 140$$

现在, 我们将计算圆锥曲线个数 $\mu^m\nu^n\varrho^{8-m-n}$ 需要用到的所有退化曲线个数列表如下:

退化曲线个数 $\delta\mu^m\nu^n\varrho^{7-m-n}$ 与 $\eta\mu^m\nu^n\varrho^{7-m-n}$ 列表

$\delta\mu^3\nu^4 = 3$	$\eta\mu^3\nu^4 = 0$	$\delta\mu^2\nu^5 = 20$	$\eta\mu^2\nu^5 = 0$
$\delta\mu^3\nu^3\varrho = 6$	$\eta\mu^3\nu^3\varrho = 0$	$\delta\mu^2\nu^4\varrho = 34$	$\eta\mu^2\nu^4\varrho = 0$
$\delta\mu^3\nu^2\varrho^2 = 4$	$\eta\mu^3\nu^2\varrho^2 = 4$	$\delta\mu^2\nu^3\varrho^2 = 24$	$\eta\mu^2\nu^3\varrho^2 = 16$
$\delta\mu^3\nu\varrho^3 = 0$	$\eta\mu^3\nu\varrho^3 = 6$	$\delta\mu^2\nu^2\varrho^3 = 8$	$\eta\mu^2\nu^2\varrho^3 = 24$
$\delta\mu^3\varrho^4 = 0$	$\eta\mu^3\varrho^4 = 3$	$\delta\mu^2\nu\varrho^4 = 0$	$\eta\mu^2\nu\varrho^4 = 20$
		$\delta\mu^2\varrho^5 = 0$	$\eta\mu^2\varrho^5 = 10$
$\delta\mu\nu^6 = 70$	$\eta\mu\nu^6 = 0$	$\delta\nu^7 = 140$	$\eta\nu^7 = 0$
$\delta\mu\nu^5\varrho = 100$	$\eta\mu\nu^5\varrho = 0$	$\delta\nu^6\varrho = 140$	$\eta\nu^6\varrho = 0$
$\delta\mu\nu^4\varrho^2 = 68$	$\eta\mu\nu^4\varrho^2 = 32$	$\delta\nu^5\varrho^2 = 80$	$\eta\nu^5\varrho^2 = 0$
$\delta\mu\nu^3\varrho^3 = 24$	$\eta\mu\nu^3\varrho^3 = 48$	$\delta\nu^4\varrho^3 = 24$	$\eta\nu^4\varrho^3 = 0$
$\delta\mu\nu^2\varrho^4 = 0$	$\eta\mu\nu^2\varrho^4 = 40$	$\delta\nu^3\varrho^4 = 0$	$\eta\nu^3\varrho^4 = 0$
$\delta\mu\nu\varrho^5 = 0$	$\eta\mu\nu\varrho^5 = 20$	$\delta\nu^2\varrho^5 = 0$	$\eta\nu^2\varrho^5 = 0$
$\delta\mu\varrho^6 = 0$	$\eta\mu\varrho^6 = 10$	$\delta\nu\varrho^6 = 0$	$\eta\nu\varrho^6 = 0$
		$\delta\varrho^7 = 0$	$\eta\varrho^7 = 0$

要从这些退化曲线个数算出圆锥曲线个数, 就得用 μ, ν, ϱ 复合而成的所有七重条件去乘公式 3) 与公式 4), 并且按以下步骤进行: 首先用含 μ^3 的所有符号去乘, 再用含 μ^2 的所有符号去乘, 依此类推. 那样的话, 所得等式右边的个数就总是已知的. 于是, 一步接一步地, 就可得到下表列出的个数, 而且在此过程中, 那些因子中既有 ν 又有 ϱ 的个数, 还可以两次算得.

圆锥曲线个数 $\mu^m \nu^n \rho^{8-m-n}$ 列表

$\mu^3 \nu^5 = 1$	$\mu^2 \nu^6 = 8$	$\mu \nu^7 = 34$	$\nu^8 = 92$
$\mu^3 \nu^4 \varrho = 2$	$\mu^2 \nu^5 \varrho = 14$	$\mu \nu^6 \varrho = 52$	$\nu^7 \varrho = 116$
$\mu^3 \nu^3 \varrho^2 = 4$	$\mu^2 \nu^4 \varrho^2 = 24$	$\mu \nu^5 \varrho^2 = 76$	$\nu^6 \varrho^2 = 128$
$\mu^3 \nu^2 \varrho^3 = 4$	$\mu^2 \nu^3 \varrho^3 = 24$	$\mu \nu^4 \varrho^3 = 72$	$\nu^5 \varrho^3 = 104$
$\mu^3 \nu \varrho^4 = 2$	$\mu^2 \nu^2 \varrho^4 = 16$	$\mu \nu^3 \varrho^4 = 48$	$\nu^4 \varrho^4 = 64$
$\mu^3 \varrho^5 = 1$	$\mu^2 \nu \varrho^5 = 8$	$\mu \nu^2 \varrho^5 = 24$	$\nu^3 \varrho^5 = 32$
	$\mu^2 \varrho^6 = 4$	$\mu \nu \varrho^6 = 12$	$\nu^2 \varrho^6 = 16$
		$\mu \varrho^7 = 6$	$\nu \varrho^7 = 8$
			$\varrho^8 = 4$

利用第二章中的关联公式, 只需通过简单的代换, 即可从上面这些个数得到大量其他的圆锥曲线个数. 例如, 对那些含有条件 P(它要求圆锥曲线通过一个给定点) 的个数, 可以利用 §12 的第 9 款中的公式:

$$P = \mu\nu - 2\mu^2$$

而对那些含有条件 T(它要求圆锥曲线与一条给定直线相切) 的个数, 则可以利用 §12 的第 8 款中的公式:

$$T = \mu^2 \varrho - 2\mu^3$$

利用个数守恒原理, 在 §16 中还将其他一些条件也用 μ, ν, ϱ 表达出来了. 在那里, 我们首先对条件 x(它要求圆锥曲线与一个给定平面相切于该平面的一条给定直线上) 得到

$$x = \frac{1}{2}\nu\varrho$$

其次, 对条件 y(它要求圆锥曲线与一个给定平面相切于一个给定点) 得到

$$y = \frac{1}{2}\mu\nu\varrho - \mu^2\varrho$$

然后, 对条件 z(它要求圆锥曲线与一条给定直线相切于一个给定点) 得到

$$z = \frac{1}{2}\mu^2\nu\varrho - \mu^3\nu - \mu^3\varrho$$

此外, 利用关联公式还可将很多条件用 x, y, z 表示出来, 从而也就能用 μ, ν, ϱ 表示出来. 例如, 考虑如下的二重条件: 这个条件要求圆锥曲线与一条直线相交, 且交点处的切线与一条给定直线相交. 那么, 该条件等于

$$P + x$$

从而也就等于

$$\frac{1}{2}\nu\varrho + \mu\nu - 2\mu^2$$

通过上面引用的方程, 很容易从前面列表中的个数, 算出其他一些圆锥曲线个数. 我们将其中的一些列于下表, 表中使用了刚才讲到的条件符号.

其他圆锥曲线个数列表

$P\nu^6 = 18$	$P\mu\nu^5 = 6$	$P^2\nu^4 = 4$	$T\nu^5 = 12$	
$P\nu^5\varrho = 24$	$P\mu\nu^4\varrho = 10$	$P^2\nu^3\varrho = 6$	$T\nu^4\varrho = 20$	
$P\nu^4\varrho^2 = 28$	$P\mu\nu^3\varrho^2 = 16$	$P^2\nu^2\varrho^2 = 8$	$T\nu^3\varrho^2 = 16$	
$P\nu^3\varrho^3 = 24$	$P\mu\nu^2\varrho^3 = 16$	$P^2\nu\varrho^3 = 8$	$T\nu^2\varrho^3 = 8$	
$P\nu^2\varrho^4 = 16$	$P\mu\nu\varrho^4 = 12$	$P^2\varrho^4 = 8$	$T\nu\varrho^4 = 4$	
$P\nu\varrho^5 = 8$	$P\mu\varrho^5 = 6$		$T\varrho^5 = 2$	
$P\varrho^6 = 4$				
$x\nu^6 = 58$	$x^2\nu^4 = 32$	$x^3\nu^2 = 13$	$x^4 = 4$	$z\nu^4 = 4$
$x\nu^5\varrho = 64$	$x^2\nu^3\varrho = 26$	$x^3\nu\varrho = 8$		$z\nu^3\varrho = 6$
$x\nu^4\varrho^2 = 52$	$x^2\nu^2\varrho^2 = 16$	$x^3\varrho^2 = 4$		$z\nu^2\varrho^2 = 4$
$x\nu^3\varrho^3 = 32$	$x^2\nu\varrho^3 = 8$			$z\nu\varrho^3 = 2$
$x\nu^2\varrho^4 = 16$	$x^2\varrho^4 = 4$			$z\varrho^4 = 1$
$x\nu\varrho^5 = 8$				
$x\varrho^6 = 4$				

我们将在 §38 中证明, 关于圆锥曲线的所有个数, 都可用上面形如 $\mu^m\nu^n\varrho^{8-m-n}$ 的圆锥曲线个数表达出来 (**Lit.51**). 例如, 我们来求一个固定平面内那种圆锥曲线的个数 N, 这种圆锥曲线与该固定平面中的 5 条给定圆锥曲线都相切. 这个数可用 §14 的第 1 款中的公式算出, 结果如下:

$$\mu^3(2\nu + 2\varrho)^5 = 2^5(1 + 5_1 \cdot 2 + 5_2 \cdot 4 + 5_3 \cdot 4 + 5_4 \cdot 2 + 1)$$

$$= 32 \cdot 102 = 3264 \quad (\textbf{Lit.31})$$

通过对本节中的所有结果作对偶变换, 都可得到对于二次圆锥面的类似结果.

§21

Chasles-Zeuthen 约化 (Lit.32)

在上一节研究圆锥曲线时, 为了确定满足给定条件的几何形体的个数, 我们使用了 Chasles-Zeuthen 方法. 这个方法的要点在于建立一些公式, 这些公式将计算几何形体 Γ 的个数, 通过几何形体 Γ 的退化, 归结为计算另一些参数个数更少、更简单的几何形体的个数. 而在系统的研究过程中, 后者总可以假设是已知的. 通过叠合公式或者个数守恒原理, 总可容易地得到这样的公式, 使得公式的一边是退化条件 (即关于退化几何形体的条件), 另一边是其余的条件. 要搞清楚退化几何形体的形状, 说明它们为何满足给定的条件, 有三种途径: 第一, 仔细探究几何形体的解析与几何的描述; 第二, 像 §20 中那样, 通过某种同形投影变换, 由一般几何形体来生成退化几何形体; 第三, 对于同一个数目, 用不同的方法加以确定, 从中找到办法, 推知所考虑的退化几何形体的性质.

现在, 假定对于由几何形体 Γ 组成的一级系统, 我们已经导得了足够多的方程, 使得条件 z 只要通过退化条件

$$\alpha_1, \alpha_2, \alpha_3, \cdots$$

就可以表示出来. 那么, 对于定义在该系统上的条件 y, 如果能算出下述退化形体

$$y\alpha_1, y\alpha_2, y\alpha_3, \cdots$$

的个数, 那也就可以算出满足复合条件 yz 的几何形体的个数. 因此, 我们首先必须讨论, 在计算退化形体的个数时, 一般应该注意些什么. 由几何形体 Γ 产生的退化形体, 一方面完全满足 Γ 的定义, 只不过在 Γ 的定义上还要加上一个限制, 它使得参数个数会减少 1 个. 但是另一方面, 由于退化形体上常常会出现新的叠合体, 或者其轨迹会发生分解, 从而它可以看成是由一些参数个数更少、更简单的几何形体组合而成的. 这些更简单的几何形体, 或者它们中的一部分所组成的集合, 我们都称之为部分形体. 例如, 在 §20 中我们已经看到, 三个主元素都是退化圆锥曲线的部分形体. 在以后的各节中, 我们还能见到下面这些例子:

1. 带尖点的三次平面曲线, 其退化形体的部分形体有主元素与圆锥曲线 (§23).

2. 带二重点的三次平面曲线, 其退化形体的部分形体包括例 1 中的那些, 再加上带尖点的三次平面曲线 (§24).

3. 秩为 6 的三次平面曲线, 其退化形体的部分形体包括例 2 中的那些, 再加上带二重点的三次平面曲线.

4. 三次空间曲线, 其退化形体的部分形体包括例 3 中的那些, 再加上与平面曲线对偶的圆锥面 (§25).

5. 二次曲面, 其退化形体的部分形体有主元素, 圆锥曲线, 二次圆锥面 (§22).

6. 线性线汇 (即场秩与丛秩都为 1 的线汇), 其退化形体的部分形体有三个主元素以及具有两个无限靠近生成轴的线汇 (§27).

要想让一个退化形体 α 满足某个条件 z, 一般来说必须作如下假定: 如果 α 有某个部分形体满足条件 z_1, 或者满足条件 z_2, 等等, 则 α 就满足条件 z. 于是, 就成立以下的关系:

$$\alpha z = \alpha z_1 + \alpha z_2 + \alpha z_3 + \cdots$$

设 y 是附加在 α 上的一个条件, 如果对 y 中所含的每个单独条件, 都来考虑上述关系, 则最终可将 αy 表示成为一些数的和式, 其中的每个数都依赖于某个部分形体的个数, 而后者则可假设为已知. 如此一来, 退化形体个数的计算, 就约化为该退化形体所含的某些部分形体个数的计算. 为了说明这种约化, 我们来考虑下面的例子.

在 §25 中将证明, 三次空间曲线有一个退化形体 ω, 它具有以下的性质: ω 的点由一条圆锥曲线和一条直线 N 组成, 且 N 与圆锥曲线交于点 R; ω 的切线轨迹由该圆锥曲线的切线以及两个互相重合的直线束中的直线组成, 这两个直线束的束心为 R, 而它们的束平面含有 N 并与该圆锥曲线相切. 从这个描述可以推知, 加在空间曲线上的条件 ν (它要求空间曲线与一条给定直线相交), 对于 ω 就分解为两个条件 n 与 N, 其中条件 n 要求 ω 中的圆锥曲线与给定直线相交, 而条件 N 要求 ω 中的直线 N 与给定直线相交. 因此有

$$\nu\omega = n\omega + N\omega$$

此外, 从上面的描述还可推知, 加在空间曲线上的条件 ϱ (它要求空间曲线与一个给定平面相切), 对于 ω 就分解为三个条件 r, S 和 S', 其中的条件 r 要求 ω 中的圆锥曲线与给定平面相切; 条件 S 要求上面提到的两个相互重合的直线束中, 有一个含有给定平面中的一条直线; 而条件 S' 则要求两个相互重合的直线束中的另一个含有给定平面中的一条直线. 然而, S 和 S' 这两个条件都可以换成条件 R, 它要求点 R 位于给定的平面上.

因此有

$$\varrho\omega = r\omega + R\omega + R\omega = r\omega + 2R\omega$$

从上面两个公式出发, 通过符号乘法, 可以将所有形如 $\omega\nu^a\varrho^{11-a}$ 的退化条件符号表示成为符号 $\omega n^b r^c N^d R^{11-b-c-d}$ 的函数, 从而将计算退化形体个数 ω 归结为计算与 ω 的部分形体、圆锥曲线以及三个主元素有关的个数. 举例说来, 有

$$\omega\nu^{10}\varrho = \omega(n+N)^{10}(r+2R)$$

86

将此式用二项式定理展开, 并去掉所有等于零的符号, 就得到

$$\omega\nu^{10}\varrho = \omega \cdot 10_2 \cdot N^2 n^8 (2R)$$
$$+ \omega \cdot 10_3 \cdot N^3 n^7 (r + 2R)$$
$$+ \omega \cdot 10_4 \cdot N^4 n^6 (r + 2R)$$

这里出现的五个符号, 都可以用 §20 中算得的圆锥曲线个数与直线个数很容易地表示出来. 结果如下:

$$\omega n^8 N^2 R = \mathbf{92} \cdot 2$$
$$\omega n^7 r N^3 = 2 \cdot \mathbf{116} \cdot 2$$
$$\omega n^7 R N^3 = 2 \cdot \mathbf{92}$$
$$\omega n^6 r N^4 = 2 \cdot \mathbf{116}$$
$$\omega n^6 R N^4 = 2 \cdot \mathbf{18}$$

其中用黑体表示的几个数 92, 116, 18, 分别给出了满足下述条件的圆锥曲线的数目:

圆锥曲线与 8 条给定直线相交;
圆锥曲线与 7 条给定直线相交, 并与一个给定平面相切;
圆锥曲线与 6 条给定直线相交, 并通过一个给定点.

将这些数值代入上面的公式, 最后就得到

$$\omega\nu^{10}\varrho = 180240$$

在上例中, 之所以能用 $2R\omega$ 来代换 $S\omega + S'\omega$, 是由于我们考虑的两个直线束相互叠合, 因而对于 ω 而言, 条件 S 与条件 S' 是恒等的. 对于所有这样的叠合, 我们都可以类似地处理, 于是有下述的定理:

"设 α 是几何形体 Γ 的退化形体, $e_1, e_2, e_3, \cdots, e_n$ 是 α 的 n 个部分形体, 将它们作为一个整体来考虑, 即将它们看成为一个几何形体 e. 考虑附加在 Γ 上的如下条件, 该条件要求这 n 个部分形体中有某一个满足某个条件 z. 那么, 对于退化形体 α 来说, 这一条件就等于如下条件的 n 倍, 该条件要求几何形体 e 满足条件 z."

例如, 设 n 次平面曲线的退化形体 α 由 n 条相互重合的直线组成. 对平面曲线加上条件 ν, 它要求平面曲线与一条给定直线相交; 对 α 加上条件 g, 它要求与 α 的 n 条直线叠合的那条直线与一条给定直线相交. 那么, 就有

$$\nu\alpha = n \cdot g\alpha$$

从而也就有

$$\nu^2\alpha = n^2 \cdot g^2\alpha$$
$$\nu^3\alpha = n^3 \cdot g^3\alpha$$
$$\nu^4\alpha = n^4 \cdot g^4\alpha$$
$$\nu^5\alpha = 0$$

等等

为了在描述平面曲线、空间曲线及曲面的退化形体时, 能够简洁地进行表述, 我们仿照 §4 中关于

阶 (ordnung), 秩 (rang), 类 (klasse)

这三个名词用法的一些规定, 在下面引进几个术语: 对于退化平面曲线与退化空间曲线, 我们将点轨迹的部分形体称为阶曲线, 将切线轨迹的部分形体称为秩曲线; 对于曲面, 将点轨迹的部分形体称为阶曲面, 切线轨迹的部分形体称为秩曲面, 切平面轨迹的部分形体称为类曲面; 最后, 对于退化空间曲线, 称其密切平面轨迹的部分形体为类曲线. 对于一次曲线, 我们分别使用以下的术语:

阶直线, 秩束, 类轴

对于一次曲面, 则分别使用以下的术语:

阶平面, 秩轴, 类点

一个秩束的束心称为秩点, 而它所在的平面称为秩平面. 对于平面曲线, 每个秩平面都自然重合于曲线本身所在的平面. 因此, 如果只谈秩点, 而不提秩束, 并不会产生误解. 例如, 利用这些术语, 在 §20 中所生成的两条退化圆锥曲线 η 与 δ, 就可以简洁地描述如下:

"圆锥曲线 η 由一条二重的阶直线组成, 该直线上有两个单重的秩点."

"圆锥曲线 δ 由两条单重的阶直线组成, 两条直线相交于一个单重的秩点."

从上面关于退化形体重数的定理, 可以得到一些在具体计算时特别有用的结果. 它们可以简洁地表述如下:

在下列 8 种情形, 每个退化形体都要按 r^s 次计数:

a) 如果它有一条 r 重的阶直线, 并且该阶直线与 s 条给定直线相交或者通过 s 个给定点;

b) 如果它有一个 r 重的类轴, 并且该类轴与 s 条给定直线相交或者位于 s 个给定平面内;

c) 如果它有一个 r 重的秩点, 并且该秩点位于 s 个给定平面上;

88

d) 如果它有一个 r 重的秩平面, 并且该秩平面上有 s 个给定点;

e) 如果它有一个 r 重的秩束, 并且该秩束中含有 s 条给定切线;

f) 如果它有一个 r 重的阶平面, 并且该阶平面上有 s 个给定点;

g) 如果它有一个 r 重的类点, 并且该类点位于 s 个给定切平面上;

h) 如果它有一个 s 重的秩轴, 并且该秩轴与 s 条给定切线相交.

§22
二次曲面的计数 (Lit.33)

在 §16 中, 我们处理了二次曲面 F_2 以及关于该曲面上两个直线族的条件; 在那里, 我们还通过同形投影变换生成了二次曲面的三个退化曲面 φ, χ, ψ. 利用 §21 中引进的术语, 这些退化曲面可以简洁地描述如下:

"退化曲面 φ 由一个二重的阶平面组成, 在该阶平面上有一条单重的秩圆锥曲线, 它同时也是一条单重的类圆锥曲线."

"退化曲面 χ 由一个单重的二次阶圆锥面组成, 该阶圆锥面同时也是一个单重的秩圆锥面, 而它的顶点是一个二重的类点."

"退化曲面 ψ 由两个单重的阶平面组成, 两个阶平面的交线是一个二重的秩轴并含有两个单重的类点."

要求一个 F_2 是退化曲面 φ, χ 或 ψ, 这些都是单重的条件, 我们分别用相同的符号 φ, χ 或 ψ 来加以表示. 考虑三个条件 φ, χ, ψ 以及下面的三个条件:

μ, 它要求 F_2 含有一个给定点;

ϱ, 它要求 F_2 与一个给定平面相切;

ν, 它要求 F_2 与一条给定直线相切.

在 §16 中, 已经从 Chasles 对应原理推出了, 这两组条件之间存在三个方程 *, 它们是

1) $$2\mu - \nu = \varphi$$

2) $$2\varrho - \nu = \chi$$

3) $$2\nu - \mu - \varrho = \psi$$

---

* 其实, 作者在本书中并没有给出这三个方程的推导过程. 这三个方程最初是由 Zeuthen 证明的, 参见本书文献注释之 (**Lit.25**).—— 校注

由这三个方程又可推得

4)
$$\mu = \frac{1}{4}(3\varphi + \chi + 2\psi)$$

5)
$$\varrho = \frac{1}{4}(\varphi + 3\chi + 2\psi)$$

6)
$$\nu = \frac{1}{4}(2\varphi + 2\chi + 4\psi)$$

由此推出, 如果我们知道了所有那种条件的数值, 这种条件的符号因子中含有 φ, χ, ψ 三者之一以及一个由 μ, ν, ϱ 复合而成的 8 重条件, 那么, 对于所有由 μ, ν, ϱ 复合而成的 9 重条件, 就有很多办法来计算它的数值. 但是, 数 $\varphi \mu^m \nu^n \varrho^{8-m-n}$ 可以看成是已知的, 因为退化曲面 φ 的部分形体只有圆锥曲线和主元素(参见 §21), 而与之相关的个数可由 §19 与 §20 得出. 根据对偶原理, 数 $\chi \mu^m \nu^n \varrho^{8-m-n}$ 与数 $\varphi \mu^{8-m-n} \nu^n \varrho^m$ 相等, 因而也可以看成是已知的. 最后, 由于退化曲面 ψ 的部分形体只有主元素, 因而数 $\psi \mu^m \nu^n \varrho^{8-m-n}$ 也很容易算出来. 下面举几个例子, 就足以说明退化个数是如何计算的.

1. 先来计算数 $\varphi \mu \nu^6 \varrho$. 我们注意, 根据对于 φ 的描述可知, φ 的圆锥曲线所在的平面必须通过条件 μ 决定的点, 圆锥曲线本身则必须与条件 ν^6 决定的 6 条直线相交, 并同时与条件 ϱ 决定的平面相切. 但是, 根据 §20 中的第二个列表, 共有**52条**这样的圆锥曲线, 其所在平面通过一个给定点, 其本身则与 6 条给定直线相交, 并同时与一个给定平面相切. 然后, 这个数还要乘以 2^1, 因为这里涉及的是一个二重的阶平面通过一个给定点 (参见 §21 末尾处的结果). 从而有

$$\varphi \mu \nu^6 \varrho = 104$$

2. 类似地可以推知, 数 $\varphi \mu^2 \nu^3 \varrho^3$ 是那种圆锥曲线个数的 2^2 倍, 这种圆锥曲线所在平面通过两个给定点, 其本身则与三条给定直线相交, 并同时与三个给定平面相切. 从而有

$$\varphi \mu^2 \nu^3 \varrho^3 = 2^2 \cdot 24 = 96$$

3. 最后来计算 $\psi \mu^4 \nu^2 \varrho^2$. 我们将条件 μ^4 决定的四个点, 按如下两种方式分作两组: 第一种方式是 ψ 的两个阶平面各含两个点; 第二种方式是一个阶平面含有三个点, 另一个阶平面含有一个点. 在第一种情况下, ψ 的二重秩轴必须与下面四条直线相交, 首先是条件 ν^2 决定的两条直线, 另外两条则是两个阶平面中各自所含两点之连线. 在第二种情况下, 有一个阶平面由它所含的那三个点唯一确定了, 在这个阶平面上, 条件 ν^2 决定的两条直线则确定了二重秩轴. 最后, 在这两种情况下, 条件 ϱ^2 决定的两个平面与二重秩轴都交于两个类点. 从而有

89

$$\psi\mu^4\nu^2\varrho^2 = 2^2\cdot(\frac{1}{2}\cdot4_2\cdot2+4_1\cdot1) = 40$$

下表列出了所有具有下述形式

$$\varphi\mu^m\nu^n\varrho^{8-m-n},\quad \chi\mu^m\nu^n\varrho^{8-m-n},\quad \psi\mu^m\nu^n\varrho^{8-m-n}$$

的退化条件符号的数值. 在该表中, 我们将两个相互对偶的符号置于它们相应数值的两边.

退化二次曲面个数列表

$\varphi\mu^8$	$=0=\chi\varrho^8$	$\varphi\varrho^8$	$=4=\chi\mu^8$	$\psi\mu^8$	$=0=\psi\varrho^8$
$\varphi\mu^7\varrho$	$=0=\chi\mu\varrho^7$	$\varphi\mu\varrho^7$	$=12=\chi\mu^7\varrho$	$\psi\mu^7\varrho$	$=0=\psi\mu\varrho^7$
$\varphi\mu^6\varrho^2$	$=0=\chi\mu^2\varrho^6$	$\varphi\mu^2\varrho^6$	$=16=\chi\mu^6\varrho^2$	$\psi\mu^6\varrho^2$	$=10=\psi\mu^2\varrho^6$
$\varphi\mu^5\varrho^3$	$=0=\chi\mu^3\varrho^5$	$\varphi\mu^3\varrho^5$	$=8=\chi\mu^5\varrho^3$	$\psi\mu^5\varrho^3$	$=30=\psi\mu^3\varrho^5$
$\varphi\mu^4\varrho^4$	$=0=\chi\mu^4\varrho^4$			$\psi\mu^4\varrho^4$	$=42=\psi\mu^4\varrho^4$
$\varphi\nu\mu^7$	$=0=\chi\nu\varrho^7$	$\varphi\nu\varrho^7$	$=8=\chi\nu\mu^7$	$\psi\nu\mu^7$	$=0=\psi\nu\varrho^7$
$\varphi\nu\mu^6\varrho$	$=0=\chi\nu\mu\varrho^6$	$\varphi\nu\mu\varrho^6$	$=24=\chi\nu\mu^6\varrho$	$\psi\nu\mu^6\varrho$	$=0=\psi\nu\mu\varrho^6$
$\varphi\nu\mu^5\varrho^2$	$=0=\chi\nu\mu^2\varrho^5$	$\varphi\nu\mu^2\varrho^5$	$=32=\chi\nu\mu^5\varrho^2$	$\psi\nu\mu^5\varrho^2$	$=20=\psi\nu\mu^2\varrho^5$
$\varphi\nu\mu^4\varrho^3$	$=0=\chi\nu\mu^3\varrho^4$	$\varphi\nu\mu^3\varrho^4$	$=16=\chi\nu\mu^4\varrho^3$	$\psi\nu\mu^4\varrho^3$	$=60=\psi\nu\mu^3\varrho^4$
$\varphi\nu^2\mu^6$	$=0=\chi\nu^2\varrho^6$	$\varphi\nu^2\varrho^6$	$=16=\chi\nu^2\mu^6$	$\psi\nu^2\mu^6$	$=0=\psi\nu^2\varrho^6$
$\varphi\nu^2\mu^5\varrho$	$=0=\chi\nu^2\mu\varrho^5$	$\varphi\nu^2\mu\varrho^5$	$=48=\chi\nu^2\mu^5\varrho$	$\psi\nu^2\mu^5\varrho$	$=0=\psi\nu^2\mu\varrho^5$
$\varphi\nu^2\mu^4\varrho^2$	$=0=\chi\nu^2\mu^2\varrho^4$	$\varphi\nu^2\mu^2\varrho^4$	$=64=\chi\nu^2\mu^4\varrho^2$	$\psi\nu^2\mu^4\varrho^2$	$=40=\psi\nu^2\mu^2\varrho^4$
$\varphi\nu^2\mu^3\varrho^3$	$=32=\chi\nu^2\mu^3\varrho^3$			$\psi\nu^2\mu^3\varrho^3$	$=72=\psi\nu^2\mu^3\varrho^3$
$\varphi\nu^3\mu^5$	$=0=\chi\nu^3\varrho^5$	$\varphi\nu^3\varrho^5$	$=32=\chi\nu^3\mu^5$	$\psi\nu^3\mu^5$	$=0=\psi\nu^3\varrho^5$
$\varphi\nu^3\mu^4\varrho$	$=0=\chi\nu^3\mu\varrho^4$	$\varphi\nu^3\mu\varrho^4$	$=96=\chi\nu^3\mu^4\varrho$	$\psi\nu^3\mu^4\varrho$	$=0=\psi\nu^3\mu\varrho^4$
$\varphi\nu^3\mu^3\varrho^2$	$=32=\chi\nu^3\mu^2\varrho^3$	$\varphi\nu^3\mu^2\varrho^3$	$=96=\chi\nu^3\mu^3\varrho^2$	$\psi\nu^3\mu^3\varrho^2$	$=48=\psi\nu^3\mu^2\varrho^3$
$\varphi\nu^4\mu^4$	$=0=\chi\nu^4\varrho^4$	$\varphi\nu^4\varrho^4$	$=64=\chi\nu^4\mu^4$	$\psi\nu^4\mu^4$	$=0=\psi\nu^4\varrho^4$
$\varphi\nu^4\mu^3\varrho$	$=16=\chi\nu^4\mu\varrho^3$	$\varphi\nu^4\mu\varrho^3$	$=144=\chi\nu^4\mu^3\varrho$	$\psi\nu^4\mu^3\varrho$	$=0=\psi\nu^4\mu\varrho^3$
$\varphi\nu^4\mu^2\varrho^2$	$=96=\chi\nu^4\mu^2\varrho^2$			$\psi\nu^4\mu^2\varrho^2$	$=32=\psi\nu^4\mu^2\varrho^2$
$\varphi\nu^5\mu^3$	$=8=\chi\nu^5\varrho^3$	$\varphi\nu^5\varrho^3$	$=104=\chi\nu^5\mu^3$	$\psi\nu^5\mu^3$	$=0=\psi\nu^5\varrho^3$
$\varphi\nu^5\mu^2\varrho$	$=56=\chi\nu^5\mu\varrho^2$	$\varphi\nu^5\mu\varrho^2$	$=152=\chi\nu^5\mu^2\varrho$	$\psi\nu^5\mu^2\varrho$	$=0=\psi\nu^5\mu\varrho^2$
$\varphi\nu^6\mu^2$	$=32=\chi\nu^6\varrho^2$	$\varphi\nu^6\varrho^2$	$=128=\chi\nu^6\mu^2$	$\psi\nu^6\mu^2$	$=0=\psi\nu^6\varrho^2$
$\varphi\nu^6\mu\varrho$	$=104=\chi\nu^6\mu\varrho$			$\psi\nu^6\mu\varrho$	$=0=\psi\nu^6\mu\varrho$
$\varphi\nu^7\mu$	$=68=\chi\nu^7\varrho$	$\varphi\nu^7\varrho$	$=116=\chi\nu^7\mu$	$\psi\nu^7\mu$	$=0=\psi\nu^7\varrho$
$\varphi\nu^8$	$=92=\chi\nu^8$			$\psi\nu^8$	$=0=\psi\nu^8$

利用公式 4)—6), 从上面这些退化形体个数可以得到 55 个形如 $\mu^m\nu^n\varrho^{9-m-n}$ 的个数. 并且, 对每个这样的数, 将它算出来的方式, 与三个指数 $m,n,9-m-n$ 中不为零的个数一样多. 我们称这 55 个数为 F_2 的基本个数, 并将它们列于下表.

$\mu^m\nu^n\varrho^{9-m-n}$ 形的二次曲面个数列表

μ^9	$=\varrho^9$	$=1$	$\nu^2\mu^7$	$=\nu^2\varrho^7$	$=4$	$\nu^5\mu^4$	$=\nu^5\varrho^4$	$=32$
$\mu^8\varrho$	$=\mu\varrho^8$	$=3$	$\nu^2\mu^6\varrho$	$=\nu^2\mu\varrho^6$	$=12$	$\nu^5\mu^3\varrho$	$=\nu^5\mu\varrho^3$	$=80$
$\mu^7\varrho^2$	$=\mu^2\varrho^7$	$=9$	$\nu^2\mu^5\varrho^2$	$=\nu^2\mu^2\varrho^5$	$=36$	$\nu^5\mu^2\varrho^2$	$=\nu^5\mu^2\varrho^2$	$=128$
$\mu^6\varrho^3$	$=\mu^3\varrho^6$	$=17$	$\nu^2\mu^4\varrho^3$	$=\nu^2\mu^3\varrho^4$	$=68$			
$\mu^5\varrho^4$	$=\mu^4\varrho^5$	$=21$				$\nu^6\mu^3$	$=\nu^6\varrho^3$	$=56$
			$\nu^3\mu^6$	$=\nu^3\varrho^6$	$=8$ *	$\nu^6\mu^2\varrho$	$=\nu^6\mu\varrho^2$	$=104$
$\nu\mu^8$	$=\nu\varrho^8$	$=2$	$\nu^3\mu^5\varrho$	$=\nu^3\mu\varrho^5$	$=24$			
$\nu\mu^7\varrho$	$=\nu\mu\varrho^7$	$=6$	$\nu^3\mu^4\varrho^2$	$=\nu^3\mu^2\varrho^4$	$=72$	$\nu^7\mu^2$	$=\nu^7\varrho^2$	$=80$
$\nu\mu^6\varrho^2$	$=\nu\mu^2\varrho^6$	$=18$	$\nu^3\mu^3\varrho^3$	$=\nu^3\mu^3\varrho^3$	$=104$	$\nu^7\mu\varrho$	$=\nu^7\mu\varrho$	$=104$
$\nu\mu^5\varrho^3$	$=\nu\mu^3\varrho^5$	$=34$						
$\nu\mu^4\varrho^4$	$=\nu\mu^4\varrho^4$	$=42$	$\nu^4\mu^5$	$=\nu^4\varrho^5$	$=16$	$\nu^8\mu$	$=\nu^8\varrho$	$=92$
			$\nu^4\mu^4\varrho$	$=\nu^4\mu\varrho^4$	$=48$			
			$\nu^4\mu^3\varrho^2$	$=\nu^4\mu^2\varrho^3$	$=112$	ν^9	$=\nu^9$	$=92$

利用这些数值, 对于所有可以表成为 μ, ν, ϱ 的函数的 9 重条件, 我们都能算出它们的数值. 例如, 我们来计算含有一条给定直线, 并同时与 6 条给定直线相切的二次曲面的个数. 根据 §16 的公式Ⅶ, 有

$$x = \frac{1}{4}(2\nu^3 - 3\nu^2\mu - 3\nu^2\varrho + 3\nu\mu^2 + 3\nu\varrho^2 + 2\nu\mu\varrho - 2\mu^3 - 2\varrho^3)$$

从而, 所求的数等于

$$x\nu^6 = \frac{1}{4}(2\cdot\mathbf{92} - 3\cdot\mathbf{92} - 3\cdot\mathbf{92} + 3\cdot\mathbf{80} + 3\cdot\mathbf{80} + 2\cdot\mathbf{104} - 2\cdot\mathbf{56} - 2\cdot\mathbf{56}) = \mathbf{24}$$

作为第二个例子, 我们从上表的数值来计算同时与 9 个给定的二次曲面相切的二次曲面的个数 N. 在 §14 的第 3 款中, 我们证明了一般的公式:

$$x = k\mu + r\nu + m\varrho$$

在这里, 由于 $k=r=m=2$, 故有

$$N = (2\mu + 2\nu + 2\varrho)^9 = 2^9(\mu+\nu+\varrho)^9$$
$$= 2^9 \cdot [(\mu^9 + 9_1\cdot\mu^8\varrho + 9_2\cdot\mu^7\varrho^2 + \cdots) + 9_1\cdot\nu(\mu^8 + 8_1\cdot\mu^7\varrho + \cdots) + \cdots + (\nu^9)]$$

将等式右边出现的符号, 用上面算得的数值代入, 最后就得到

$$N = 666841088$$

---

* 这一行中的 $\nu^3\varrho^6$, 原文为 $\nu^2\varrho^6$, 有误.—— 校注

§23
带尖点的三次平面曲线的计数 (Lit.34)

设 C_3^3 是带尖点的三次平面曲线, 其参数个数为 $3+7$. 类似于 §20 中对于圆锥曲线的讨论, 我们对曲线 C_3^3 考虑以下的条件:

μ, 它要求曲线所在平面通过一个给定点;

ν, 它要求曲线与一条给定直线相交;

ϱ, 它要求曲线与一个给定平面相切.

对曲线 C_3^3, 我们引进下面的记号:

c, 表示它的尖点(spitze);

v, 表示它的拐点(wendepunkt);

y, 表示它的拐切线与回转切线之交点;

w, 表示它的拐切线(wendetangente);

q, 表示它的回转切线(rückkehrtangente);

z, 表示尖点与拐点的连接直线.

那么, 利用这些记号, 就可根据 §2 中制定的关于记号的规则, 得到有关奇点与切线的基本条件的符号了. 上面提到的三个点与三条直线构成了一个三角形的三个顶点与三条边, 我们将这个三角形称为奇点三角形.

利用关联公式, 许多关于点轨迹与切线轨迹的条件, 都可以用 μ, ν, ϱ 表示出来. 比如说, 条件 P(它要求曲线 C_3^3 通过一个给定点) 与条件 T(它要求曲线 C_3^3 与一条给定直线相切), 因为根据 §12 的第 8 款与第 9 款, 我们有

$$P = \mu\nu - 3\mu^2$$
$$T = \mu^2\varrho - 3\mu^3$$

此外, 奇点三角形的所有其他基本条件, 都可以用

$$\mu, c, c^2, v, v^2, y, y^2, w, w_e, q, q_e, z, z_e$$

表示出来. 例如 (参见 §12):

$$c^3 = \mu c^2 - \mu^2 c + \mu^3$$
$$w_p = \mu w - \mu^2$$
$$q_s = \mu q_e - \mu^3$$
$$W = \mu^2 w_e - \mu^3 w$$

于是, 我们提出以下的问题: 对于所有由 μ, ν, ϱ 的乘幂以及下述条件

$$c, c^2, v, v^2, y, y^2, w, w_e, q, q_e, z, z_e$$

复合而成的 10 重条件, 确定它们的数值. 因此, 我们假定, 在本节中所讨论的系统, 加于其上的定义条件全都是这样的复合条件. 此外, 我们要求的这些数, 相互之间通过一些方程产生联系. 这些方程可由 §7 的关联公式 I 导出, 即有

$$cq = c^2 + q_e$$
$$cz = c^2 + z_e$$
$$vz = v^2 + z_e$$
$$vw = v^2 + w_e$$
$$yw = y^2 + w_e$$
$$yq = y^2 + q_e$$

为了得到一维的公式, 用退化曲线个数将要求的个数表示出来, 我们假设给定了一个由曲线 C_3^3 组成的一级系统. 然后, 在此系统中的每条曲线上, 考虑下面的 25 种主元素对. 那么, 给定的一级曲线系统就生成一个由相应主元素对构成的系统. 我们将这 25 种主元素对列表如下, 表中每个对后面的罗马数字表示的是相应主元素对系统的级数.

25 种主元素对列表

1) 点 c 与点 v,   I
2) 直线 w 与直线 q, I
3) v 与 y,   I
4) q 与 z,   I
5) y 与 c,   I
6) z 与 w,   I
7) c 与曲线上一点,   II
8) w 与一条切线,   II
9) v 与曲线上一点,   II
10) q 与一条切线,   II
11) y 与曲线上一点, II
12) z 与一条切线,   II

13) 曲线上一点与通过该点的切线和曲线的单重交点, II

14) 一条切线与通过其切点的另一条切线,   II

15) 曲线上的两个点, III

16) 两条切线,   III

17) c 与一条切线,   II

18) w 与曲线上一点, II

19) v 与一条切线,   II

20) q 与曲线上一点, II

21) y 与一条切线,   II

22) z 与曲线上一点, II

23) c 与 w, I

24) v 与 q, I

25) y 与 z , I

上表所列出的前 22 个主元素对具有如下的性质: 每个偶数编号的主元素对在场对偶下都对应于它前面的那个主元素对. 最后三个主元素对在场对偶下则对应于自身. 按照 §2 中对于基本几何形体引入的术语, 所谓场对偶是指一个平面中点场与直线场之间的对偶关系.

对于每个由上表所列主元素对生成的系统, 我们来将第三章中导出的某个叠合公式应用于其上, 确切地说, 就是:

将 §13 的公式 1) 应用于: 1), 3), 5);

将 §13 的公式 2) 应用于: 7), 9), 11), 13);

将 §13 的公式 4) 应用于: 15);

将 §15 的公式 21) 应用于: 2), 4), 6);

将 §15 的公式 39) 应用于: 8), 10), 12), 14);

将 §15 的公式 41) 应用于: 16);

将 §17 的公式 14) 应用于: 23), 24), 25);

将 §17 的公式 16) 应用于: 17), 19), 21);

将 §17 的公式 15) 应用于: 18), 20), 22).

当然, 在上面的每种情形, 一次或多次应用最初的Chasles 对应原理也能达到我们的目的. 只不过那样的话, 就需要在每种情形都做几何的思考. 而在第三章中, 通过推出一般的叠合公式, 我们已经一劳永逸地将其做完了. 因此, 按以上所述来应用叠合公式, 我们就可以得到 25 个公式. 在这些公式中, 叠合体的数目总是写在等号的右边. 至于这些公式中出现的退化条件, 我们从 Maillard 先生的博士论文 (1871) 与 Zeuthen 先生的文章 (*Comptes Rendu*, 74 卷 (**Lit.34**)) 得知, 该条件就是要求 C_3^3 分解为一条圆锥曲线及一条与之相切的直线. 我们用 σ 来记这样的一条 C_3^3, 同时也用这个符号来表示要求 C_3^3 退化成曲线 σ 这个单重的条件. 利用 §20 中引进的术语, 可以将退化曲线 σ 简洁地描述如下:

"σ 由位于平面 μ 内的阶圆锥曲线 k 及单重阶直线 a 组成, 其中 k 同时也是秩圆锥曲线, 并与 a 相切于一个单重的秩点 d. 尖点、拐点、拐切线与回转切线之交点, 此三者均重合于秩点 d; 而拐切线、回转切线、尖点与拐点之连线, 此三者均重合于阶直线 a. "

在 C_3^3 的退化曲线中, σ 是唯一可以仅仅通过 μ, ν, ϱ 复合而成的 9 重条件就加以确定的. 我们将条件 σ 直接写入 25 个公式中. 对于各个公式中出现的其他退化条件, 我们则暂时将其记作 α_i, 其中 i 为公式的编号, 并称数 α_i 为该公式的奇异亏数 (singuläre defect). 对于所考虑的一级系统, 如果附加于其上的定义条件中只含有 μ, ν, δ, 则每个奇异亏数都等于 0.

25 个公式列表

1)	$c + v - z = \sigma + \alpha_1$
2)	$w + q - y - \mu = \sigma + \alpha_2$
3)	$v + y - w = \sigma + \alpha_3$
4)	$q + z - c - \mu = \sigma + \alpha_4$
5)	$y + c - q = \sigma + \alpha_5$
6)	$z + w - v - \mu = \sigma + \alpha_6$
7)	$\nu + c - \mu = 2q + \alpha_7$
8)	$\varrho + w - \mu = 2v + \alpha_8$
9)	$\nu + 2v - 2\mu = w + 2\sigma + \alpha_9$
10)	$\varrho + 2q - 2\mu = c + 2\sigma + \alpha_{10}$
11)	$\nu + 3y - 3\mu = 4\sigma + \alpha_{11}$
12)	$\varrho + 3z - 3\mu = 4\sigma + \alpha_{12}$
13)	$2\nu + \varrho - 3\mu = 2q + w + \alpha_{13}$
14)	$2\varrho + \nu - 3\mu = 2v + c + \alpha_{14}$
15)	$2\nu + 2\nu - 6\mu = \varrho + 3c + \alpha_{15}$
16)	$2\varrho + 2\varrho = \nu + 3w + \alpha_{16}$
17)	$3c + \varrho = 3q + \sigma + \alpha_{17}$

$$18) \qquad 3w + \nu - 3\mu = 3v + \sigma + \alpha_{18}$$

$$19) \qquad 3v + \varrho = 3w + \sigma + \alpha_{19}$$

$$20) \qquad 3q + \nu - 3\mu = 3c + \sigma + \alpha_{20}$$

$$21) \qquad 3y + \varrho = 2w + q + \sigma + \alpha_{21}$$

$$22) \qquad 3z + \nu - 3\mu = 2c + v + \sigma + \alpha_{22}$$

$$23) \qquad c + w - \mu = 2\sigma + \alpha_{23}$$

$$24) \qquad v + q - \mu = 2\sigma + \alpha_{24}$$

$$25) \qquad y + z - \mu = 2\sigma + \alpha_{25}$$

对于上表中符号 α_i 的意义, 我们举例说明如下. 比如说, α_1 表示在给定的一级系统中, 除 σ 之外还经常出现的一种退化曲线的个数, 即尖点与拐点重合的退化曲线. 又比如说, α_{13} 表示那种退化曲线的个数, 这种退化曲线有一条切线与一条给定直线相交, 且它们的单重交点正好就是切线的切点.

从上表中的 25 个公式出发, 可以将下述七个数:

$$2\sigma, \ 3c, \ 6v, \ 3y, \ 3w, \ 6q, \ 3z$$

用多种方式表成为一个 μ, ν, ϱ 的函数减去一个 α 的函数. 其中, 七个主要公式是:

26) 关于 σ 的公式: $\quad 2\sigma = \nu + \varrho - 3\mu - \alpha_\sigma,$

27) 关于 c 的公式: $\quad 3c = 4\nu - \varrho - 6\mu - \alpha_c,$

28) 关于 w 的公式: $\quad 3w = 4\varrho - \nu - \alpha_w,$

29) 关于 v 的公式: $\quad 6v = 7\varrho - \nu - 3\mu - \alpha_v,$

30) 关于 q 的公式: $\quad 6q = 7\nu - \varrho - 9\mu - \alpha_q,$

31) 关于 y 的公式: $\quad 3y = 2\varrho + \nu - 3\mu - \alpha_y,$

32) 关于 z 的公式: $\quad 3z = 2\nu + \varrho - 3\mu - \alpha_z,$

式子中的

$$\alpha_\sigma, \ \alpha_c, \ \alpha_w, \ \alpha_v, \ \alpha_q, \ \alpha_y, \ \alpha_z$$

是 $\alpha_1, \alpha_2, \cdots, \alpha_{25}$ 这些数的某个函数.

每个这样的数 α 都是一些数目之和, 而这些数目分别给出了, 在一个给定的一级系统中, 符合某种定义的退化曲线的个数. 这样的定义共有十二种, 换句话说, 如果在我们对所给系统附加的条件中, 除了 μ, ν, ϱ 以外, 还有关于奇点与切线的条件, 则除了 σ 以外, C_3^3 还有其他十二种退化曲线. 与 §20 中讨论圆锥曲线类似, 通过对一般的 C_3^3 作同形投影变换, 就可很容易地得到这 12 种退化曲线的确切描述.

其中, 在作同形投影变换时, 要令其交比为 0, 并要考虑投影中心 S 相对于一般 C_3^3 的所有可能位置, 最后再将所得的退化曲线作对偶变换 (**Lit.24**).

1. 如果 S 既不在 C_3^3 上, 也不在 w, q, z 这三条直线上, 则我们将得到退化曲线 ε_2, 它由平面 μ 中一条三重阶直线 b 以及 b 上三个单重秩点 d 组成. 三条直线 w, q, z 都与 b 重合. 而三个点 c, v, y 都在 b 上, 它们互不相同, 也都不同于秩点.

2. 如果 S 在 w 上, 但不等于 v 或者 y, 则得到退化曲线 η_2, 它由平面 μ 中一条三重阶直线 b 组成. b 与 q 和 z 都重合. 在 b 上有一个单重秩点 d, 尖点 c, 以及一个与 v 和 y 都重合的二重秩点 e. 拐切线 w 通过点 e.

3. 如果 S 在 q 上, 但不等于 c 或者 y, 则得到退化曲线 ε_1, 它由平面 μ 中一条三重阶直线 b 组成. b 与 w 和 z 都重合. 在 b 上有两个单重秩点 d, 拐点 v, 以及另一个与 c 和 y 都重合的单重秩点. 回转切线 q 通过点 c, 但不与 b 重合.

4. 如果 S 在 z 上, 但不等于 c 或者 v, 则得到退化曲线 ε_3, 它由平面 μ 中的一条三重阶直线 b 组成. b 与 w 和 q 都重合. 在 b 上有三个单重秩点 d, 点 y, 以及另一个与 c 和 v 都重合的点. 上述五个点互不相同. 直线 z 通过 c 与 v 的叠合点, 但不与 b 重合.

5. 如果 S 为点 y, 则得到退化曲线 η_1, 它由平面 μ 中的一条三重阶直线 b 组成. b 与 z 重合. 在 b 上有一个与 c 重合的二重秩点 e, 以及一个与 v 重合的单重秩点 d. 拐切线 w 通过 e, 回转切线 q 通过 d, 二者交于点 y. 因此, 在 η_1 中奇点三角形并不退化, 而是具有一般的形状.

6. 如果 S 是曲线上的一个点, 但不等于 c 或者 v, 则得到退化曲线 δ_2, 它由一条二重阶直线 b 及一条单重阶直线 a 组成. 两条阶直线交于一个二重秩点 e, 而且在 b 上还有另一个单重秩点 d. 三条直线 w, q, z 都与 b 重合, 三个点 c, v, y 都在 b 上, 并且一般都不等于 d 或者 e.

7. 如果 S 为点 c, 则得到与 η_1 场对偶的退化曲线 ϑ_1.

8. 如果 S 为点 v, 则得到上款中同一种退化曲线 ϑ_1.

从上面前六款中描述的退化曲线

$$\varepsilon_2, \eta_2, \varepsilon_1, \varepsilon_3, \eta_1, \delta_2$$

通过场对偶变换, 可以得到六种新的退化曲线, 即

$$\tau_2, \vartheta_2, \tau_1, \tau_3, \vartheta_1, \delta_1$$

对这些新退化曲线的描述, 可以从上面的描述推出来. 至于这里使用的记号, 只要记住, 我们总是用

$$a \text{ 表示单重阶直线}$$
$$b \text{ 表示多重阶直线}$$
$$d \text{ 表示单重秩点}$$
$$e \text{ 表示多重秩点}$$

因此, 在作对偶变换时, 总是将

$$a \text{ 与 } d \text{ 互换}$$
$$b \text{ 与 } e \text{ 互换}$$
$$w \text{ 与 } c \text{ 互换}$$
$$q \text{ 与 } v \text{ 互换}$$
$$z \text{ 与 } y \text{ 互换}$$

对于上面通过同形投影变换生成的十二种退化曲线, 我们是这样来选取它们的符号的: 如果两种退化曲线, 它们点轨迹与切线轨迹的描述都相同, 我们就用同一个字母, 但带有不同的下标来表示. 于是有

1. δ_1 与 δ_2 都是由一条二重阶直线与一条单重阶直线组成, 两条阶直线交于一个二重秩点, 而且在二重阶直线上还有一个单重秩点;

2. τ_1, τ_2, τ_3 都是由三条单重阶直线组成, 三条阶直线交于一个三重秩点;

3. ε_1, ε_1, ε_3 都是由一条三重阶直线组成, 在阶直线上有三个单重秩点;

4. ϑ_1 与 ϑ_2 都是由一条二重阶直线与一条单重阶直线组成, 两条阶直线交于一个三重秩点;

5. η_1 与 η_2 都是由一条三重阶直线组成, 在阶直线上有一个单重秩点和一个二重秩点.

像 σ 一样, 这 12 种退化曲线, 在一个所考虑的一级系统中, 每一种都有可能出现. 但除此之外, 就不再有其他的退化曲线了. 这个结果是作者通过归纳逐渐得到的. 现在, 我们来把这 12 个退化条件

$$\delta_1, \ \delta_2, \ \tau_1, \ \tau_2, \ \tau_3, \ \varepsilon_1, \ \varepsilon_2, \ \varepsilon_3, \ \vartheta_1, \ \vartheta_2, \ \eta_1, \ \eta_2$$

引入到前面所列的 25 个公式中. 每个公式中所含的数目 α, 自然都是这 12 个退化符号乘以某些系数的一个和式. 从对于退化曲线的描述, 很容易看出, 在这 $25 \cdot 12$ 个系数中, 哪些为零, 哪些不为零. 那些不为零的系数, 或者可以利用代数方法来确定, 或者可以利用下述事实来确定: 这 25 个方程中, 相互独立的方程只有 7 个. 我们将这 $25 \cdot 12$ 个系数列于下表中. 利用这张表, 就可将那 25 个公式中的数目 α 代换为 12 个退化条件, 代换的规则如下:

"表中最左边一列 (最右边一列) 的每个数 α 等于十二个乘积之和, 其中的每个乘积都是 α 同行中的一个系数, 乘上该系数同列中最上端 (最下端) 的退化曲线个数."

25 个公式中退化曲线个数的系数表

	δ_1	δ_2	τ_1	τ_2	τ_3	ε_1	ε_2	ε_3	ϑ_1	ϑ_2	η_1	η_2	
α_1	1	0	0	1	1	0	0	1	0	0	0	0	α_2
α_3	1	0	0	1	0	0	0	0	0	1	0	1	α_4
α_5	1	0	1	1	0	1	0	0	0	0	0	0	α_6
α_7	1	0	1	1	1	3	1	1	0	0	1	1	α_8
α_9	2	1	0	2	2	2	2	2	0	2	1	3	α_{10}
α_{11}	3	2	3	3	0	3	3	3	1	3	0	3	α_{12}
α_{13}	2	1	3	3	3	5	3	3	1	3	2	4	α_{14}
α_{15}	1	2	0	0	0	6	6	6	1	3	2	6	α_{16}
α_{17}	2	0	3	3	3	3	0	0	0	0	1	0	α_{18}
α_{19}	2	0	0	3	3	0	0	0	0	3	1	3	α_{20}
α_{21}	2	0	3	3	0	1	0	0	1	3	0	2	α_{22}
α_{23}	1	1	1	1	1	1	1	1	0	0	0	0	α_{23}
α_{24}	1	1	0	1	1	0	1	1	0	1	0	1	α_{24}
α_{25}	1	1	1	1	0	1	1	0	0	1	0	1	α_{25}
	δ_2	δ_1	ε_1	ε_2	ε_3	τ_1	τ_2	τ_3	η_1	η_2	ϑ_1	ϑ_2	

利用此表, 可以通过多种方式得到前面七个主要公式中奇异亏数的值, 结果如下:

$$\alpha_\sigma = 2\delta_1 + 2\delta_2 + 3\tau_1 + 3\tau_2 + 3\tau_3 + 3\varepsilon_1 + 3\varepsilon_2 + 3\varepsilon_3 + \vartheta_1 + 3\vartheta_2 + \eta_1 + 3\eta_2$$

$$\alpha_c = \delta_1 + 2\delta_2 + 6\varepsilon_1 + 6\varepsilon_2 + 6\varepsilon_3 + \vartheta_1 + 3\vartheta_2 + 2\eta_1 + 6\eta_2$$

$$\alpha_w = 2\delta_1 + \delta_2 + 6\tau_1 + 6\tau_2 + 6\tau_3 + 2\vartheta_1 + 6\vartheta_2 + \eta_1 + 3\eta_2$$

$$\alpha_v = 2\delta_1 + 4\delta_2 + 15\tau_1 + 9\tau_2 + 9\tau_3 + 3\varepsilon_1 + 3\varepsilon_2 + 3\varepsilon_3 + 5\vartheta_1 + 9\vartheta_2 + \eta_1 + 3\eta_2$$

$$\alpha_q = 4\delta_1 + 2\delta_2 + 3\tau_1 + 3\tau_2 + 3\tau_3 + 15\varepsilon_1 + 9\varepsilon_2 + 9\varepsilon_3 + \vartheta_1 + 3\vartheta_2 + 5\eta_1 + 9\eta_2$$

$$\alpha_y = \delta_1 + 2\delta_2 + 3\tau_1 + 3\tau_2 + 6\tau_3 + 3\varepsilon_1 + 3\varepsilon_2 + 3\varepsilon_3 + \vartheta_1 + 3\vartheta_2 + 2\eta_1 + 3\eta_2$$

$$\alpha_z = 2\delta_1 + \delta_2 + 3\tau_1 + 3\tau_2 + 3\tau_3 + 3\varepsilon_1 + 3\varepsilon_2 + 6\varepsilon_3 + 2\vartheta_1 + 3\vartheta_2 + \eta_1 + 3\eta_2$$

将这些值代入那七个主要公式, 就产生了很多办法, 来计算我们对于 C_3^3 所想求的个数; 而且由于同时产生了多种的验证方式, 从而也可以由此推知退化曲线的性质以及表中那些系数的正确性. 当然, 这些都需要一个前提, 那就是, 我们已经计算出了所有那样的 10 重符号, 这种符号的一个因子为下列退化条件之一:

$$\sigma, \ \delta_1, \ \delta_2, \ \tau_1, \ \tau_2, \ \tau_3, \ \varepsilon_1, \ \varepsilon_2, \ \varepsilon_3, \ \vartheta_1, \ \vartheta_2, \ \eta_1, \ \eta_2$$

而另一个因子则是由

$$\mu, \ \nu, \ \varrho, \ c, \ v, \ y, \ w, \ q, \ z$$

复合而成的 9 重条件. 因此, 计算这样的退化符号, 就是我们的下一个目标.

由于退化曲线 σ 的部分形体只有主元素及一条圆锥曲线, 从而所有 σ 的退化曲线个数都是由 §19 和 §20 中计算过的个数组合而成的. 在此只须注意, 退化曲线 σ 应该怎样才能满足所给的条件. 然而, 这可由上面刚刚给出的描述直接推出来. 在上面的描述中, 已经用 a 来表示阶直线, 用 d 来表示秩点. 此外, 我们再用 n 来表示要求 σ 的圆锥曲线与一条给定直线相交的条件, 用 r 来表示要求 σ 的圆锥曲线与一个给定平面相切的条件. 那么, 以下的关系成立:

$$\sigma\nu = \sigma a + \sigma n$$
$$\sigma\nu^{\alpha} = \sigma(a+n)^{\alpha}$$
$$\sigma\varrho^{\alpha} = \sigma(d+r)^{\alpha}$$
$$\sigma c = \sigma v = \sigma y = \sigma d$$
$$\sigma w = \sigma q = \sigma z = \sigma a$$
$$\sigma w_e = \sigma q_e = \sigma z_e = \sigma a_e$$

此外还有

$$\sigma ad = \sigma a_e + \sigma d^2$$
$$\sigma a^3 d = 2\sigma a_s d = 2\sigma A + 2\sigma d^2 a_e$$

这样一来, 利用在 §20 中算得的圆锥曲线个数, 即可毫无困难地计算所有含 σ 的符号了. 下面我们举四个例子加以说明.

1. 计算 $\sigma\nu^5\varrho^4$

$$
\begin{aligned}
\sigma\nu^5\varrho^4 =\ & \sigma(r+d)^4(n+a)^5 \\
=\ & 4_0 \cdot \sigma r^4 \cdot [\, 5_1 \cdot n^4 a + 5_2 \cdot n^3(a_p + a_e) + 5_3 \cdot 2 \cdot n^2 a_s + 5_4 \cdot 2 \cdot nA\,] \\
& + 4_1 \cdot \sigma r^3 \cdot [\, 5_0 \cdot n^5 d + 5_1 \cdot n^4(d^2 + a_e) + 5_2 \cdot n^3(a_s + d^3 + da_e) \\
& + 5_3 \cdot 2 \cdot n^2(A + d^2 a_e) + 5_4 \cdot 2 \cdot nAd\,] \\
& + 4_2 \cdot \sigma r^2 \cdot [\, 5_0 \cdot n^5 d^2 + 5_1 \cdot n^4(da_e + d^3) + 5_2 \cdot n^3(A + 2d^2 a_e) \\
& + 5_3 \cdot 2 \cdot n^2 dA\,] \\
& + 4_3 \cdot \sigma r \cdot [\, 5_0 \cdot n^5 d^3 + 5_1 \cdot n^4 d^2 a_e + 5_2 \cdot n^3 Ad\,] \\
=\ & 4_0 \cdot [\, 5_1 \cdot 64 \cdot 2 + 5_2 \cdot (48 \cdot 2 + 32) + 5_3 \cdot 2 \cdot 24 + 5_4 \cdot 2 \cdot 4\,] \\
& + 4_1 \cdot \left[\, 5_0 \cdot 104 \cdot 2 + 5_1 \cdot (104 + 64) + 5_2 \cdot \left(24 + 48 + \frac{1}{2} \cdot 64\right) \right. \\
& \left. + 5_3 \cdot 2 \cdot \left(\frac{1}{2} \cdot 48 - 4 \cdot 2\right) + 5_4 \cdot 2 \cdot 2\,\right]
\end{aligned}
$$

$$+ 4_2 \cdot \left[5_0 \cdot 128 + 5_1 \cdot \left(\frac{1}{2} \cdot 104 + 28 \right) + 5_2 \cdot \left(\frac{1}{2} \cdot 72 - 4 \cdot 2 + \frac{1}{2} \cdot 24 \right) \right.$$

$$\left. + 5_3 \cdot 2 \cdot 4 \right] + 4_3 \cdot \left[5_0 \cdot 24 + 5_1 \cdot \frac{1}{2} \cdot 28 + 5_2 \cdot 6 \right]$$

$$= \mathbf{18816}$$

2. 计算 $\sigma q_e \mu^2 \varrho^5$

$$\sigma q_e \mu^2 \varrho^5 = \sigma a_e \mu^2 (r+d)^5$$

$$= 5_0 \cdot \sigma a_e \mu^2 r^5 + 5_1 \cdot \sigma a_e d \mu^2 r^4 + 5_2 \cdot \sigma a_e d^2 \mu^2 r^3$$

$$= 5_0 \cdot 4 + 5_1 \cdot \frac{1}{2} \cdot 8 + 5_2 \cdot \frac{1}{2} \cdot 2$$

$$= \mathbf{34}$$

3. 计算 $\sigma w q z_e \varrho^5$

$$\sigma w q z_e \varrho^5 = \sigma a a a_e (r+d)^5 = \sigma A (r+d)^5$$

$$= 5_0 \cdot \sigma A r^5 + 5_1 \cdot \sigma A d r^4$$

$$= 5_0 \cdot 2 + 5_1 \cdot 1$$

$$= \mathbf{7}$$

4. 计算 $\sigma w y v^2 \mu \nu^3 \varrho$

$$\sigma w y v^2 \mu \nu^3 \varrho = \sigma a d d^2 \mu (n+a)^3 (r+d)$$

$$= \sigma a d^3 \mu (n+a)^3 r$$

$$= 3_0 \cdot \sigma a_e d^2 \mu n^3 r + 3_1 \cdot \sigma A d \mu n^2 r$$

$$= 3_0 \cdot \frac{1}{2} \cdot 16 + 3_1 \cdot 2$$

$$= \mathbf{14}$$

此外, 我们将所有那种含 σ 的条件符号个数列于下表, 这种符号中只含有基本条件, 或者除基本条件外, 只含有一个单重的奇异条件, 也就是 a 或者 d. 必须注意, 表中数目的排列顺序表示了以下的事实: 如果某行中最左边的符号是 σ 乘以一个 α 重的条件, 则对于此符号之后的第 i 个数, 其相应的符号中就含有条件 $\nu^{10-\alpha-i} \varrho^{i-1}$ *.

---

* 举例说明来, 表中 $\sigma a \mu$ 之后的第 4 个数是 3037, 故有 $i = 4$; 而 $a\mu$ 是 2 重条件, 故有 $\alpha = 2$. 因此, 3037 就是条件 $\sigma a \mu \nu^4 \varrho^3$ 决定的个数. 请比较作者在下一段中所作的说明.—— 校注

$$\sigma \text{ 的数表}$$

$\sigma\mu^3 \quad = 42, 87, 141, 168, 141, 87, 42$

$\sigma\mu^2 \quad = 588, 1086, 1584, 1767, 1518, 1053, 606, 294$

$\sigma\mu \quad = 4296, 7068, 9222, 9393, 7626, 5136, 3003, 1587, 768$

$\sigma \quad = 20040, 28344, 31356, 26994, 18816, 11190, 6054, 3051, 1464, 696$

$\sigma a\mu^3 = 12, 27, 45, 54, 45, 27$

$\sigma a\mu^2 = 172, 340, 508, 571, 490, 337, 190$

$\sigma a\mu \quad = 1272, 2220, 2960, 3037, 2466, 1652, 955, 495$

$\sigma a \quad = 5912, 8840, 9980, 8640, 6008, 3542, 1890, 935, 440$

$\sigma d\mu^3 = 27, 45, 54, 45, 27, 12$

$\sigma d\mu^2 = 338, 506, 569, 488, 335, 188, 86$

$\sigma d\mu \quad = 2196, 2938, 3017, 2448, 1636, 941, 483, 222$

$\sigma d \quad = 8680, 9844, 8526, 5914, 3466, 1830, 889, 406, 184$

例如, 表中 $\sigma a\mu$ 之后的第 4 个数, 即 3037, 它表示的是在带尖点的三次平面曲线所生成的退化曲线 σ 中, 共有 3037 条满足下面的条件: 它们的阶直线与一条给定直线相交, 它们所在的平面通过一个给定点, 此外, 它们还与四条给定直线相交, 并同时与三个给定平面相切.

利用关联公式, 下面四种退化曲线

$$\vartheta_1, \quad \vartheta_2, \quad \eta_1, \quad \eta_2$$

个数的计算, 最终可以归结为一些取值显然为 0 的符号, 以及下列取值全都为 1 的符号:

$$\vartheta_1\mu^3e^2abcv, \quad \vartheta_1\mu^3e^2abvz, \quad \vartheta_1\mu^3e^2abcz, \quad \vartheta_1\mu^3e^3abz_e$$
$$\eta_1\mu Bdewq, \quad \eta_1\mu Bdeqy, \quad \eta_1\mu Bdewy, \quad \eta_1\mu Bdey^2$$
$$\vartheta_2\mu^3e^2abcw, \quad \eta_2\mu^3e^2abcw$$

在此只要注意, 根据上面对于退化曲线性质的描述, 我们必须作以下的代换:

$$\vartheta_1\nu^\alpha\varrho^\beta = \vartheta_1(a+2b)^\alpha(3e)^\beta$$
$$\vartheta_2\nu^\alpha\varrho^\beta = \vartheta_2(a+2b)^\alpha(3e)^\beta$$

$$\eta_1 \nu^\alpha \varrho^\beta = \eta_1 (3b)^\alpha (d + 2e)^\beta$$

$$\eta_2 \nu^\alpha \varrho^\beta = \eta_2 (3b)^\alpha (d + 2e)^\beta$$

$$\vartheta_1 w = \delta_1 a, \quad \vartheta_1 q = \vartheta_1 b, \quad \vartheta_1 y = \vartheta_1 e$$

$$\vartheta_2 q = \vartheta_2 z = \vartheta_2 b, \quad \vartheta_2 v = \vartheta_2 y = \vartheta_2 e$$

$$\eta_1 c = \eta_1 d, \quad \eta_1 v = \eta_1 e, \quad \eta_1 z = \eta_1 b$$

$$\eta_2 v = \eta_2 y = \eta_2 e, \quad \eta_2 q = \eta_2 z = \eta_2 b$$

此外还有其他一些, 例如:

$$\begin{aligned}
\vartheta_1 a^3 b^2 &= 2\vartheta_1 a_s b_p + 2\vartheta_1 a_s b_e \\
&= 2\vartheta_1 (\mu e a - \mu^2 e - e^3)(\mu b - \mu^2) \\
&\quad + 2\vartheta_1 (\mu e a - \mu^2 e - e^3)(e b - e^2) \\
\eta_2 d^2 c^2 &= \eta_2 (db - b_e)(eb - b_e) \\
&= \eta_2 b^2 de - \eta_2 b_s e - \eta_2 b_s d + \eta_s B
\end{aligned}$$

至于具体的数值计算, 我们通过下面几个例子加以说明:

1. 计算 $\vartheta_1 \mu^2 \nu^4 cwv$

$$\begin{aligned}
\vartheta_1 \mu^2 \nu^4 cwv &= \vartheta_1 \mu^2 (a + 2b)^4 bcv \\
&= \vartheta_1 \mu^2 cv(4_1 \cdot a^4 \cdot 2^1 b + 4_2 \cdot a^3 \cdot 2^2 b^2 + 4_3 \cdot a^2 \cdot 2^3 b^3 + 4_4 \cdot a \cdot 2^4 b^4) \\
&= 4_2 \cdot 2^2 \cdot 2 + 4_3 \cdot 2^3 \cdot 2 \\
&= \mathbf{112}
\end{aligned}$$

2. 计算 $\vartheta_2 \mu^2 cw_e \nu^3 \varrho$

$$\begin{aligned}
\vartheta_2 \mu^2 cw_e \nu^3 \varrho &= \vartheta_2 \mu^2 c(ew - e^2)(a + 2b)^3 \cdot 3^1 e \\
&= 3^1 \vartheta_2 \mu^2 e^2 cw(a + 2b)^3 \\
&= 3^1 \vartheta_2 \mu^2 e^2 cw(3_1 \cdot 2^1 \cdot a^2 b + 3_2 \cdot 2^2 \cdot ab^2) \\
&= 3^1 \cdot (3_1 \cdot 2^1 \cdot 2 + 3_2 \cdot 2^2 \cdot 2) \\
&= \mathbf{108}
\end{aligned}$$

3. 计算 $\eta_1 \mu \nu^4 \varrho^2 y^2$

$$\begin{aligned}
\eta_1 \mu \nu^4 \varrho^2 y^2 &= \eta_1 \mu (3b)^4 (d + 2e)^2 y^2 \\
&= 3^4 \cdot \eta_1 \cdot 2\mu B(2_1 \cdot 2^1 \cdot de) y^2 \\
&= \mathbf{648}
\end{aligned}$$

4. 计算 $\eta_2 w_p q z v c \nu \varrho^2$

$$\eta_2 w_p q z v c \nu \varrho^2 = \eta_2(\mu w - \mu^2)b^2 ec(3^1 e)(d + 2e)^2$$
$$= 3^1 \eta_2 \mu w c b^2 e^2 (d^2 + 2_1 \cdot 2^1 \cdot de)$$
$$= 3_1 \cdot (2 + 2_1 \cdot 2^1 \cdot 1)$$
$$= \mathbf{18}$$

此外, 我们还将几个含有 ϑ 与 η 的条件符号个数列于下表. 表中个数的排列顺序仍然表示了以下的事实: 如果一个数目列于某个 α 重条件之后的第 i 位 *, 则与此数目相应的符号中就含有条件 $\nu^{10-\alpha-i}\varrho^{i-1}$.

ϑ 和 η 的数表

$\vartheta_1 \mu^3 ecv$	$= \vartheta_1 \mu^3 ez_e$	$= \vartheta_2 \mu^3 ecw = 18, 12, 0, 0$
$\vartheta_1 \mu^2 ecv$	$= \vartheta_2 \mu^2 ecw$	$= 152, 108, 36, 0, 0$
$\vartheta_1 \mu ecv$	$= \vartheta_2 \mu ecw$	$= 660, 456, 162, 0, 0, 0$
$\vartheta_1 ecv$	$= \vartheta_2 ecw$	$= 1240, 720, 216, 0, 0, 0, 0$
$\vartheta_1 \mu^3 ebcv$	$= \vartheta_2 \mu^3 ebcw$	$= 5, 3, 0$
$\vartheta_1 \mu^2 ebcv$	$= \vartheta_2 \mu^2 ebcw$	$= 44, 30, 9, 0$
$\vartheta_1 \mu ebcv$	$= \vartheta_2 \mu ebcw$	$= 194, 132, 45, 0, 0$
$\vartheta_1 ebcv$	$= \vartheta_2 ebcw$	$= 340, 192, 54, 0, 0, 0$
$\vartheta_1 \mu^2 cv$	$= \vartheta_2 \mu^2 cw$	$= 240, 456, 324, 108, 0, 0$
$\vartheta_1 \mu^2 acv$	$= \vartheta_2 \mu^2 acw$	$= 112, 192, 144, 54, 0$
$\vartheta_1 \mu^2 aecv$	$= \vartheta_2 \mu^2 aecw$	$= 64, 48, 18, 0$ **
$\vartheta_1 \mu e^3 cv$	$= \vartheta_2 \mu e^3 cw$	$= 18, 0, 0, 0$
$\eta_1 \mu^3 ewq$	$= \eta_1 \mu^3 ey^2$	$= \eta_2 \mu^3 ecw = 0, 9, 15, 6$
$\eta_1 \mu^2 ewq$	$= \eta_2 \mu^2 ecw$	$= 0, 54, 90, 75, 32$
$\eta_1 \mu ewq$	$= \eta_2 \mu ecw$	$= 0, 162, 270, 225, 96, 40$
$\eta_1 ewq$	$= \eta_2 ecw$	$= 0, 0, 0, 0, 0, 0, 0$ ***
$\eta_1 \mu^3 bewq$	$= \eta_2 \mu^3 becw$	$= 0, 3, 5$
$\eta_1 \mu^2 bewq$	$= \eta_2 \mu^2 becw$	$= 0, 18, 30, 25$

* 这里说的 α 重条件应该是除 ϑ 或 η 之外的条件. 参见前一个校注.—— 校注

** 这一行中的 $\vartheta_2 \mu^2 aecw$, 原文为 $\vartheta_2 aecw$, 有误.—— 校注

*** 推出每个数 η 都必须等于零, 并不需要确定平面 μ 的条件.

$$\eta_1\mu bewq \quad = \eta_2\mu becw \quad = 0,\ 54,\ 90,\ 75,\ 32$$

$$\eta_1 bewq \quad\ \ = \eta_2 becw \quad\ \ = 0,\ 0,\ 0,\ 0,\ 0,\ 0$$

$$\eta_1\mu^2 wq \quad\ \ = \eta_2\mu^2 cw \quad\ \ = 0,\ 0,\ 216,\ 324,\ 264,\ 120$$

$$\eta_1\mu^2 dewq = \eta_2\mu^2 decw = 54,\ 54,\ 39,\ 18$$

$$\eta_1\mu^2 e^2 wq = \eta_2\mu^2 e^2 cw = 0,\ 18,\ 18,\ 7$$

$$\eta_1\mu^2 dwq \quad = \eta_2\mu^2 dcw \quad = 0,\ 108,\ 144,\ 114,\ 56$$

$$\eta_1\mu d^3 wq \quad = \eta_2\mu d^3 cw \quad = 0,\ 18,\ 12,\ 8$$

同样地, 由于以下的关系成立:

$$\delta_1 \nu^\alpha = \delta_1(a+2b)^\alpha$$
$$\delta_1 \varrho^\alpha = \delta_1(d+2e)^\alpha$$
$$\delta_1 c = \delta_1 v = \delta_1 y = \delta_1 e$$

利用关联公式, 就可将所有含 δ_1 的符号表成为那样的符号, 这些符号中除了 μ 和 e 以外, 只含有 w, q, z, a, b, d 的一次幂. 因此, 所有含 δ_1 的数目最终都可归结为 24 个主干数 (stammzahlen). 我们把这些数列于下表. 表中所列的数值是作者通过经验逐渐得到的, 它们刻画了 δ_1 中经过点 e 的五条直线 a, b, w, q, z 之间的位置关系.

δ_1 的主干数表

$$\delta_1\mu^3 e^2 dabw \quad\ = \delta_1\mu^3 e^2 dabq = \delta_1\mu^3 e^2 dabz = 1$$

$$\delta_1\mu^3 e^2 dawq \quad = \delta_1\mu^3 e^2 dawz = \delta_1\mu^3 e^2 daqz = 1$$

$$\delta_1\mu^3 e^2 dbwq \quad = \delta_1\mu^3 e^2 dbwz = \delta_1\mu^3 e^2 dbqz = 1$$

$$\delta_1\mu^3 e^2 dwqz \quad = 1$$

$$\delta_1\mu^3 edabwq \quad = \delta_1\mu^3 edabwz = \delta_1\mu^3 edabqz = 2$$

$$\delta_1\mu^3 edawqz \quad = \delta_1\mu^3 edbwqz = 2$$

$$\delta_1\mu e^3 dabwq \quad = \delta_1\mu e^3 dabwz = \delta_1\mu e^3 dabqz = 2$$

$$\delta_1\mu e^3 dawqz \quad = \delta_1\mu e^3 dbwqz = 2$$

$$\delta_1\mu^3 dabwqz \quad = 1$$

$$\delta_1 e^3 dabwqz \quad = 1$$

$$\delta_1\mu^2 edabwqz = 7$$

$$\delta_1\mu e^2 dabwqz = 7$$

通过类似的方式, 所有含 δ_2 的数目也都可以归结为主干数. 由于 δ_2 和 δ_1 相

106

互之间是场对偶的, 所以这些主干数中含有因子 μ^3 的那些, 与上表中的某些主干数是相同的, 例如

$$\delta_2\mu^3 badecv = \delta_1\mu^3 edabwq$$

我们将含有 δ_2 的主干数的数值列于下表.

δ_2 的主干数表

$$
\begin{aligned}
\delta_2\mu^3 b_e adec &= \delta_2\mu^3 b_e adev = \delta_2\mu^3 b_e adey = 1\\
\delta_2\mu^3 b_e adcv &= \delta_2\mu^3 b_e adcy = \delta_2\mu^3 b_e advy = 1\\
\delta_2\mu^3 b_e aecv &= \delta_2\mu^3 b_e aecy = \delta_2\mu^3 b_e aevy = 1\\
\delta_2\mu^3 b_e acvy &= 1\\[6pt]
\delta_2\mu^3 badecv &= \delta_2\mu^3 badecy = \delta_2\mu^3 badevy = 2\\
\delta_2\mu^3 badcvy &= \delta_2\mu^3 baecvy = 2\\
\delta_2\mu^3 adecvy &= 1\\[6pt]
\delta_2\mu b_p adecvy &= 3
\end{aligned}
$$

此外必须注意, 一个关于 δ_2 的符号, 如果其中不含有确定平面 μ 的条件, 则它就等于零. 例如

$$\delta_2 Badecv = 0, \quad \delta_2 b_s adecvy = 0$$

利用上面的两张表, 所有含 δ_1 与 δ_2 的数目的计算, 理论上就全部完成了.

计算含有 δ_1 与 δ_2 的数目时, 可以利用以下的事实: 在 δ_1 的 (或 δ_2 的) 主干数表中, 符号 w, q, z(或符号 c, v, y) 相互之间可以任意互换. 因而, 在 δ_1 的情况下, 如果我们用

$$g_1, \; g_2, \; g_3$$

来分别表示下列条件: 在 w, q, z 这三条直线中, 有一条、两条、三条全部与一条给定直线相交. 那么, 含有 δ_1 的所有符号中, 需要确定其数值的就只有那样一些符号, 这种符号除了基本条件 μ, ν, ϱ 以外, 只含有下面这些条件:

$$
\begin{array}{lll}
g_1, & g_2, & g_3\\
eg_1, & eg_2, & eg_3\\
e^2 g_1, & e^2 g_2, & e^2 g_3\\
e^3 g_1, & e^3 g_2, & e^3 g_3
\end{array}
$$

而在 δ_2 的情况下, 如果我们用

$$p_1, \; p_2, \; p_3$$

来分别表示下列条件: 在 c, v, y 这三个奇点中, 有一个、两个、三个全部位于一个给定平面上, 那么, 类似的结果也成立.

下面举几个例子, 说明如何计算含有 δ_1 与 δ_2 的数目.

1. 计算 $\delta_1 \mu \nu^5 \varrho^2 w$

$$\begin{aligned}
\delta_1 \mu \nu^5 \varrho^2 w &= \delta_1 \mu \nu^5 \varrho^2 g_1 \\
&= \delta_1 \mu (a + 2b)^5 (d + 2e)^2 g_1 \\
&= \delta_1 \mu d^2 g_1 (5_1 \cdot 2^1 \cdot a^4 b + 5_3 \cdot 2^2 \cdot a^3 b^2 + 5_3 \cdot 2^3 \cdot a^2 b^3) \\
&\quad + 2_1 \cdot 2^1 \cdot \delta_1 \mu d e g_1 (5_1 \cdot 2^1 \cdot a^4 b + 5_2 \cdot 2^2 \cdot a^3 b^2 + 5_3 \cdot 2^3 \cdot a^2 b^3 + 5_4 \cdot 2^4 \cdot a b^4) \\
&= 5_1 \cdot 2^1 \cdot 2 + 5_2 \cdot 2^2 \cdot 4 + 5_3 \cdot 2^3 \cdot 2 \\
&\quad + 2_1 \cdot 2^1 \cdot (5_1 \cdot 2^1 \cdot 2 + 5_2 \cdot 2^2 \cdot 4 + 5_3 \cdot 2^3 \cdot 4 + 5_4 \cdot 2^4 \cdot 2) \\
&= \mathbf{2980}
\end{aligned}$$

这个数同时也是下列符号的值: $\delta_1 \mu \nu^5 \varrho^2 q$, $\delta_1 \mu \nu^5 \varrho^2 z$, $\delta_2 \mu \nu^5 \varrho^2 c$, $\delta_2 \mu \nu^5 \varrho^2 v$, $\delta_2 \mu \nu^5 \varrho^2 y$.

2. 计算 $\delta_2 \nu^2 \varrho^4 c q_e$

$$\begin{aligned}
\delta_2 \nu^2 \varrho^4 c q_e &= \delta_2 (a + 2b)^2 (d + 2e)^4 p_1 b_e \\
&= \delta_2 a^2 p_1 b_e (4_2 \cdot 2^2 \cdot d^2 e^2) \\
&= 4_2 \cdot 2^2 \cdot 1 \\
&= \mathbf{24}
\end{aligned}$$

3. 计算 $\delta_2 \mu^2 \nu^4 c w v$

$$\begin{aligned}
\delta_2 \mu^2 \nu^4 c w v &= \delta_2 \mu^2 (a + 2b)^4 p_2 b \\
&= \delta_2 \mu^2 p_2 b (4_1 \cdot 2^1 \cdot a^3 b + 4_2 \cdot 2^2 \cdot a^2 b^2) \\
&= 4_1 \cdot 2^1 \cdot 2 \cdot \delta_2 \mu^3 b_e a e p_2 + 4_2 \cdot 2^2 \cdot 2 \cdot \delta_2 \mu^3 b_e a e p_2 \\
&= 4_1 \cdot 2^1 \cdot 2 \cdot 1 + 4_2 \cdot 2^2 \cdot 2 \cdot 1 \\
&= \mathbf{64}
\end{aligned}$$

4. 计算 $\delta_1 \nu^4 \varrho w_e q z$

$$\begin{aligned}
\delta_1 \nu^4 \varrho w_e q z &= \delta_1 (a + 2b)^4 (d + 2e)(e w - e^2) q z \\
&= \delta_1 (a + 2b)^4 d (e g_3 - e^2 g_2) \\
&= \delta_1 \cdot [\, 4_0 \cdot 2^0 \cdot 2A + 4_1 \cdot 2^1 \cdot 2 \cdot a_s b + 4_2 \cdot 2^2 \cdot (a_p + a_e)(b_p + b_e) \\
&\quad + 4_3 \cdot 2^3 \cdot 2 \cdot a b_s + 4_4 \cdot 2^4 \cdot 2 \cdot B \,] d (e g_3 - e^2 g_2)
\end{aligned}$$

$$= 4_0 \cdot 2^0 \cdot 2 \cdot (\mu e^3 a - \mu^2 e^3) d(g_3 - eg_2)\delta_1$$
$$+ 4_1 \cdot 2^1 \cdot 2 \cdot (\mu e^2 ab - \mu^2 e^2 b) d(g_3 - eg_2)\delta_1$$
$$+ 4_2 \cdot 2^2 \cdot [\mu^2 eab + 2\mu e^2 ab + e^3 ab - (\mu^3 e + \mu^2 e^2 + \mu e^3)(a+b)$$
$$+ 2\mu^2 e^3] d(g_3 - eg_2)\delta_1$$
$$+ 4_3 \cdot 2^3 \cdot 2 \cdot (\mu e^2 ab - \mu^2 e^2 a) d(g_3 - eg_2)\delta_1$$
$$+ 4_4 \cdot 2^4 \cdot 2 \cdot (\mu e^3 b - \mu^2 e^3) d(g_3 - eg_2)\delta_1$$
$$= 4_0 \cdot 2^0 \cdot 2 \cdot (2-1)$$
$$+ 4_1 \cdot 2^1 \cdot 2 \cdot (7-4) - 4_1 \cdot 2^1 \cdot 2 \cdot (2-1)$$
$$+ 4_2 \cdot 2^2 \cdot [7 + 2 \cdot 7 + 1 - (2+4+2)(1+1) + 2 \cdot 1]$$
$$- 4_2 \cdot 2^2 \cdot [4 + 2 \cdot 2 - (1+1)(1+1)]$$
$$+ 4_3 \cdot 2^3 \cdot 2 \cdot (7-4) - 4_3 \cdot 2^3 \cdot 2 \cdot (2-1)$$
$$+ 4_4 \cdot 2^4 \cdot 2 \cdot (2-1)$$
$$= 2 \cdot 1 + 16 \cdot (3-1) + 24 \cdot (8-4) + 64 \cdot (3-1) + 32 \cdot 1$$
$$= \mathbf{290}$$

5. 计算 $\delta_2 \mu^2 \nu \varrho^2 ycvw$

$$\delta_2 \mu^2 \nu \varrho^2 cvyw = \delta_2 \mu^2 (a+2b)(d+2e)^2 p_3 b$$
$$= \mu^2 a p_3 (2_0 \cdot 2^0 \cdot d^2 b + 2_1 \cdot 2^1 \cdot deb + 2_2 \cdot 2^2 \cdot e^2 b)\delta_2$$
$$= \mu^2 a p_3 [\, 2_0 \cdot 2^0 \cdot (bd - b_e)b + 2_1 \cdot 2^1 \cdot deb + 2_2 \cdot 2^2 \cdot (be - b_e)b\,]\delta_2$$
$$= 2_0 \cdot 2^0 \cdot a p_3 (\mu^3 bd + \mu^3 bd + Bd - \mu B)$$
$$+ 2_1 \cdot 2^1 \cdot a p_3 (\mu^3 de + \mu b_p de)$$
$$+ 2_2 \cdot 2^2 \cdot a p_3 (\mu^3 be + \mu^3 be + Be - \mu B)$$
$$= 2_0 \cdot 2^0 \cdot (2 + 2 + 0 - 1)$$
$$+ 2_1 \cdot 2^1 \cdot (1 + 3)$$
$$+ 2_2 \cdot 2^2 \cdot (2 + 2 + 0 - 1)$$
$$= \mathbf{31}$$

此外, 我们再来补充几个含有 δ_1 与 δ_2 的数值, 并将它们列于下表. 请注意, 此表中一个 α 重条件之后的第 i 个数同样含有条件 $\nu^{10-\alpha-i}\varrho^{i-1}$.

δ 的数表

$$\delta_1\mu^3g_1 \quad = \delta_2\mu^3p_1 \quad = 0,\ 24,\ 78,\ 78,\ 24,\ 0$$
$$\delta_1\mu^2g_1 \quad = \delta_2\mu^2p_1 \quad = 0,\ 240,\ 672,\ 702,\ 408,\ 120,\ 0$$
$$\delta_1\mu g_1 \quad = \delta_2\mu p_1 \quad = 0,\ 1240,\ 2980,\ 3028,\ 1840,\ 640,\ 160,\ 0$$
$$\delta_1 g_1 \quad = \delta_2 p_1 \quad = 0,\ 3360,\ 5840,\ 5020,\ 2640,\ 800,\ 160,\ 0,\ 0$$
$$\delta_1\mu^3eg_1 \quad = \delta_2\mu^3ep_1 \quad = 0,\ 18,\ 21,\ 6,\ 0$$
$$\delta_1\mu^2eg_1 \quad = \delta_2\mu^2ep_1 \quad = 0,\ 152,\ 188,\ 113,\ 32,\ 0$$
$$\delta_1\mu eg_1 \quad = \delta_2\mu ep_1 \quad = 0,\ 660,\ 802,\ 506,\ 168,\ 40,\ 0$$
$$\delta_1 eg_1 \quad = \delta_2 ep_1 \quad = 0,\ 1240,\ 1300,\ 714,\ 208,\ 40,\ 0,\ 0$$
$$\delta_1\mu^3bg_1 \quad = \delta_2\mu^3bp_1 \quad = 0,\ 6,\ 21,\ 18,\ 0$$
$$\delta_1\mu^2bg_1 \quad = \delta_2\mu^2bp_1 \quad = 0,\ 64,\ 190,\ 187,\ 88,\ 0$$
$$\delta_1\mu bg_1 \quad = \delta_2\mu bp_1 \quad = 0,\ 340,\ 858,\ 848,\ 472,\ 120,\ 0$$
$$\delta_1 bg_1 \quad = \delta_2 bp_1 \quad = 0,\ 880,\ 1560,\ 1278,\ 592,\ 120,\ 0,\ 0$$
$$\delta_1\mu^3e^2g_1 = 0,\ 4,\ 1,\ 0$$
$$\delta_1\mu^2e^2g_1 = 0,\ 36,\ 26,\ 7,\ 0$$
$$\delta_1\mu e^2g_1 \quad = 0,\ 152,\ 116,\ 36,\ 8,\ 0$$
$$\delta_1 e^2g_1 \quad = 0,\ 240,\ 160,\ 44,\ 8,\ 0,\ 0$$
$$\delta_2\mu^3b_ep_1 = 0,\ 1,\ 4,\ 0$$
$$\delta_2\mu^2b_ep_1 = 0,\ 8,\ 25,\ 18,\ 0$$
$$\delta_2\mu b_ep_1 \quad = 0,\ 42,\ 112,\ 96,\ 24,\ 0$$
$$\delta_2 b_ep_1 \quad = 0,\ 100,\ 178,\ 120,\ 24,\ 0,\ 0$$
$$\delta_1\mu^2w_eq = 0,\ 72,\ 111,\ 81,\ 32$$
$$\delta_1\mu^2w_eqz = 0,\ 27,\ 45,\ 31$$
$$\delta_1\mu w_eq \quad = 0,\ 314,\ 458,\ 338,\ 128,\ 40$$
$$\delta_1\mu w_eqz \quad = 0,\ 126,\ 201,\ 156,\ 64$$
$$\delta_1 w_eq \quad = 0,\ 660,\ 802,\ 506,\ 168,\ 40,\ 0$$
$$\delta_1 w_eqz \quad = 0,\ 290,\ 380,\ 260,\ 104,\ 40$$
$$\delta_1\mu^2wqz = 0,\ 90,\ 240,\ 249,\ 144$$
$$\delta_1\mu^2wq \quad = 0,\ 176,\ 482,\ 515,\ 320,\ 120$$
$$\delta_1\mu wq \quad = 0,\ 900,\ 2122,\ 2180,\ 1368,\ 520,\ 160$$
$$\delta_1 wqz \quad = 0,\ 1320,\ 2252,\ 1984,\ 1128,\ 440,\ 160$$
$$\delta_2\mu^2cw_e = 0,\ 8,\ 25,\ 18,\ 0$$
$$\delta_2\mu^2cw_ev = 8,\ 19,\ 13,\ 0$$
$$\delta_2\mu^2cw \quad = 0,\ 64,\ 190,\ 187,\ 88,\ 0$$
$$\delta_2\mu^2cvw = 64,\ 146,\ 136,\ 63,\ 0$$
$$\delta_2\mu^2ycvw = 58,\ 64,\ 31,\ 0$$
$$\delta_2\mu^2cwyz = 14,\ 35,\ 26,\ 0$$

在对含有 τ_1, τ_2, τ_3 的数作约化时, 我们引进三个条件 a_1, a_2, a_3, 它们分别要求三条阶直线中:

有一条与一条给定直线相交;

有两条与一条给定直线相交;

三条全部与一条给定直线相交.

那么, 举例说来, 利用关联公式就可以用

$$\tau a_3 \mu^2 e, \quad \tau a_3 \mu e^2, \quad \tau a_2 \mu^2 e^2, \quad \tau a_1 \mu^3 e^2$$

将 $\tau \nu^6$ 表示出来, 即有

$$\tau \nu^6 = 180\, \tau a_3(\mu^2 e + \mu e^2) - 500\, \tau a_2 \mu^2 e^2 + 560\, \tau a_1 \mu^3 e^2$$

在 τ_1 的情形必须注意, 有一条阶直线是与 w 和 z 都重合的, 所以它比另外两条阶直线更特别. 从而, 在 τ_1 的情形, a_1 是要求这另外两条阶直线中有一条与给定直线相交, 而 a_2 则是要求这另外两条阶直线都与给定直线相交. 像通常一样, 关于奇点的多重条件都可以通过相应的单重条件以及 μ 和 e 来表达. 例如:

$$\tau_2 w_e = \tau_2 e w - \tau_2 e^2$$
$$\tau_1 v^3 = \tau_1(\mu v w - \mu^2 v - \mu e w + \mu^3 + \mu e^2)$$
$$\tau_3 c v z_s = \tau_3 e^2(\mu e z - \mu^3 - \mu e^2)$$
$$= \tau_3 \mu e^3 z - \tau_3 \mu^3 e^2$$

因此, 三种退化曲线 τ_1, τ_2, τ_3 的所有基本个数最终都归结为下面三个表中的主干数. 表中所列的数值是作者通过经验逐渐得到的, 它们分别刻画了 τ_1 的四条直线、τ_2 的六条直线、τ_3 的五条直线之间的位置关系.

τ_1 的主干数表

$$\tau_1 \mu^3 e^2 v a_2 w = 1, \quad \tau_1 \mu^3 e^2 v a_2 q = 1, \quad \tau_1 \mu^3 e^2 v a_1 w q = 1$$
$$\tau_1 \mu^3 e v a_2 w q = 2, \quad \tau_1 \mu e^3 v a_2 w q = 2$$

注: 一个含有 τ_1 的符号, 只有当它同时含有因子 v 时, 才有可能不等于零.

τ_2 的主干数表

$$
\begin{array}{lll}
\tau_2\mu^3e^2a_3w &= 4 & \tau_2\mu^3e^2a_3q = 1 & \tau_2\mu^3e^2a_3z = 2 \\
\tau_2\mu^3e^2a_2wq &= 3 & \tau_2\mu^3e^2a_2wz = 2 & \tau_2\mu^3e^2a_2qz = 1 \\
\tau_2\mu^3e^2a_1wqz &= 1 \\
\tau_2\mu^3ea_3wq &= \tau_2\mu e^3a_3wq = 7 \\
\tau_2\mu^3ea_3wz &= \tau_2\mu e^3a_3wz = 6 \\
\tau_2\mu^3ea_3qz &= \tau_2\mu e^3a_3qz = 3 \\
\tau_2\mu^3ea_2wqz &= \tau_2\mu e^3a_2wqz = 5 \\
\tau_2\mu^3a_3wqz &= \tau_2e^3a_3wqz = 4 \\
\tau_2\mu^2ea_3wqz &= \tau_2\mu e^2a_3wqz = 22
\end{array}
$$

τ_3 的主干数表

$$
\begin{array}{lll}
\tau_3\mu^3e^2ya_3 &= 2 & \tau_3\mu^3e^3ya_2z = 2 & \tau_3\mu^3e^2ya_2w = 2 \\
\tau_3\mu^3e^2ya_1wz &= 1 \\
\tau_3\mu^3eya_3z &= \tau_3\mu e^3ya_3z = 6 \\
\tau_3\mu^3eya_3w &= \tau_3\mu e^3ya_3w = 4 \\
\tau_3\mu^3eya_2wz &= \tau_3\mu e^3ya_2wz = 4 \\
\tau_3\mu^3ya_3wz &= \tau_3e^3ya_3wz = 2 \\
\tau_3\mu^2eya_3wz &= \tau_3\mu e^2ya_3wz = 14
\end{array}
$$

通过这些主干数, 作者算得了下表所列的数值. 表中列于一个 α 重条件之后的第 i 个数, 还是表示那种曲线 τ 的条数, 它们满足这个 α 重的条件, 同时还 $10-\alpha-i$ 次地满足条件 ν(它要求与一条给定直线相交), $i-1$ 次地满足条件 ϱ (它要求与一个给定平面相切).

τ 的数表

$$
\tau_1\mu^3v = \tau_2\mu^3q = \frac{1}{4}\tau_2\mu^3w = \frac{1}{2}\tau_2\mu^3z = \frac{1}{2}\tau_3\mu^3y
$$
$$
= 15,\ 18,\ 9,\ 0,\ 0,\ 0
$$
$$
\tau_1\mu^2v = \tau_2\mu^2q = \frac{1}{4}\tau_2\mu^2w = \frac{1}{2}\tau_2\mu^2z = \frac{1}{2}\tau_3\mu^2y
$$
$$
= 180,\ 195,\ 108,\ 27,\ 0,\ 0,\ 0
$$
$$
\tau_1\mu v = \tau_2\mu q = \frac{1}{4}\tau_2\mu w = \frac{1}{2}\tau_2\mu z = \frac{1}{2}\tau_3\mu y
$$
$$
= 1120,\ 1080,\ 585,\ 162,\ 0,\ 0,\ 0,\ 0
$$
$$
\tau_1v = \tau_2q = \frac{1}{4}\tau_2w = \frac{1}{2}\tau_2z = \frac{1}{2}\tau_3y
$$
$$
= 4200,\ 3360,\ 1620,\ 405,\ 0,\ 0,\ 0,\ 0,\ 0
$$

$$\tau_1 \mu^2 c w_e v \ = 9,\ 3,\ 0,\ 0$$
$$\tau_1 \mu^2 c w v \ = 65,\ 36,\ 9,\ 0,\ 0$$
$$\tau_1 \mu^2 c w v y = 12,\ 3,\ 0,\ 0$$
$$\tau_3 \mu^2 c y v w = 20,\ 6,\ 0,\ 0$$
$$\tau_3 \mu^2 c w y \ = 48,\ 12,\ 0,\ 0,\ 0$$
$$\tau_3 \mu^2 c w y z = 24,\ 6,\ 0,\ 0$$
$$\tau_3 \mu^3 y z w \ = 8,\ 15,\ 9,\ 0$$
$$\tau_2 \mu^2 c w_e v = 4,\ 0,\ 0,\ 0$$
$$\tau_2 \mu^2 c w \ = 260,\ 144,\ 36,\ 0,\ 0,\ 0$$
$$\tau_2 \mu^2 c w v \ = 48,\ 12,\ 0,\ 0,\ 0$$
$$\tau_2 \mu^2 y c v w = 4,\ 0,\ 0,\ 0$$
$$\tau_2 \mu^2 c w y \ = 48,\ 12,\ 0,\ 0,\ 0$$
$$\tau_2 \mu^2 c w z \ = 130,\ 72,\ 18,\ 0,\ 0$$
$$\tau_2 \mu^2 c w y z = 24,\ 6,\ 0,\ 0$$
$$\tau_2 \mu^3 y z w \ = 12,\ 6,\ 0,\ 0$$

$$\tau_2 \mu^3 w_e q_e = 3,\ 0,\ 0$$
$$\tau_2 \mu^2 w_e q_e = 27,\ 9,\ 0,\ 0$$
$$\tau_2 \mu w_e q_e \ = 129,\ 48,\ 0,\ 0,\ 0$$
$$\tau_2 w_e q_e \ = 305,\ 99,\ 0,\ 0,\ 0,\ 0$$
$$\tau_2 \mu^3 w_e q \ = 15,\ 9,\ 0,\ 0$$
$$\tau_2 \mu^2 w_e q \ = 147,\ 93,\ 27,\ 0,\ 0$$
$$\tau_2 \mu w_e q \ = 755,\ 459,\ 144,\ 0,\ 0,\ 0$$
$$\tau_2 w_e q \ = 2100,\ 1095,\ 297,\ 0,\ 0,\ 0,\ 0$$

$$\tau_2 \mu^3 w q \ = 33,\ 48,\ 27,\ 0,\ 0$$
$$\tau_2 \mu^2 w q \ = 380,\ 477,\ 288,\ 81,\ 0,\ 0$$
$$\tau_2 \mu w q \ = 2280,\ 2460,\ 1431,\ 432,\ 0,\ 0,\ 0$$
$$\tau_2 w q \ = 8120,\ 6840,\ 3420,\ 891,\ 0,\ 0,\ 0,\ 0$$

$$\tau_2 \mu^3 w_e q_e z = 1,\ 0$$
$$\tau_2 \mu^2 w_e q_e z = 9,\ 3,\ 0$$
$$\tau_2 \mu w_e q_e z \ = 45,\ 18,\ 0,\ 0$$
$$\tau_2 \mu^3 w_e q z = 5,\ 1,\ 0$$
$$\tau_2 \mu^2 w_e q z = 51,\ 33,\ 9,\ 0$$
$$\tau_2 \mu w_e q z \ = 271,\ 171,\ 54,\ 0,\ 0$$
$$\tau_2 w_e q z \ = 780,\ 423,\ 117,\ 0,\ 0,\ 0$$
$$\tau_2 \mu^3 w q z \ = 13,\ 18,\ 9,\ 0$$
$$\tau_2 \mu^2 w q z \ = 156,\ 189,\ 108,\ 27,\ 0$$
$$\tau_2 \mu w q z \ = 960,\ 1008,\ 567,\ 162,\ 0,\ 0$$
$$\tau_2 w q z \ = 3480,\ 2880,\ 1404,\ 351,\ 0,\ 0,\ 0$$

在对含有 $\varepsilon_1,\varepsilon_2,\varepsilon_3$ 的数作约化时, 我们引进下面的三个条件 $*d_1,d_2,d_3$, 它们分别要求三个秩点中:

有一个点位于一个给定平面上;

有两个点位于一个给定平面上;

三个点全部位于一个给定平面上.

不过, 在 ε_1 的情形, 有一个秩点是与 c 和 y 都重合的. 因此, d_1 是要求另外的两个秩点中有一个在给定平面上, 而 d_2 则是要求这另外的两个秩点都在给定平面上.

最后, 利用关于 μ 与 b 的基本条件, 又可将多重条件约化为相应的单重条件. 于是, 对于三种退化曲线 $\varepsilon_1,\varepsilon_2,\varepsilon_3$, 我们想求的所有个数都可以归结为下面三个表中的主干数. 表中省略了所有等于零的符号, 主要是那些不含 μ (即确定曲线所在平面的条件) 的符号, 例如

$$\varepsilon_2 Bcvd_3$$

由于有场对偶关系, 表中所列的数, 有一部分与前段对于退化曲线 τ 给出的主干数是相同的, 其余的则是作者通过经验确定的. 它们分别刻画了 ε_1 的四个点、ε_2 的六个点、ε_3 的五个点之间的位置关系.

ε_1 的主干数表

$$\varepsilon_1\mu^3 b_e qd_2 c = 1, \quad \varepsilon_1\mu^3 b_e qd_2 v = 1, \quad \varepsilon_1\mu^3 b_e qd_1 cv = 1$$
$$\varepsilon_1\mu^3 bqd_2 cv = 2$$

注: 如果一个 ε_1 符号中不含关于直线 q 的位置的条件, 则它必为零.

ε_2 的主干数表

$$\varepsilon_2\mu^3 b_e d_3 c = 4, \quad \varepsilon_2\mu^2 b_e d_3 v = 1, \quad \varepsilon_2\mu^3 b_e d_3 y = 2$$
$$\varepsilon_2\mu^3 b_e d_2 cv = 3, \quad \varepsilon_2\mu^3 b_e d_2 cy = 2, \quad \varepsilon_2\mu^3 b_e d_2 vy = 1$$
$$\varepsilon_2\mu^3 b_e d_1 cvy = 1$$

$$\varepsilon_2\mu^3 bd_3 cv = 7, \quad \varepsilon_2\mu^3 bd_3 cy = 6, \quad \varepsilon_2\mu^3 bd_3 vy = 3$$
$$\varepsilon_2\mu^3 bd_2 cvy = 5$$
$$\varepsilon_2\mu^3 d_3 cvy = 4$$
$$\varepsilon_2\mu b_p d_3 cvy = 9$$

* 这里的原文为 "两个条件", 有误.—— 译注

114

ε_3 的主干数表

$$\varepsilon_3\mu^3 b_e z d_3 = 2, \quad \varepsilon_3\mu^3 b_e z d_2 y = 2, \quad \varepsilon_3\mu^3 b_e z d_2 c = 2$$
$$\varepsilon_3\mu^3 b_e z d_1 cy = 1$$
$$\varepsilon_3\mu^3 bz d_3 y = 4, \quad \varepsilon_3\mu^3 bz d_3 c = 4, \quad \varepsilon_3\mu^3 bz d_2 cy = 4$$
$$\varepsilon_3\mu^3 z d_3 cy = 2$$
$$\varepsilon_3\mu b_p z d_3 cy = 6^*$$

注: 如果一个 ε_3 的符号中不含确定直线 z 的位置的条件, 则它必为零.

既然我们已经给出了退化曲线 ε 的主干数, 从而, 所有关于 ε 的个数的计算, 在理论上就全部完成了.

由于退化曲线 ε 与退化曲线 τ 是场对偶的, 而对于 τ 我们已作了详细的讨论, 因此, 对于 ε 就不举具体的个数计算例子了. 我们仅将几个 ε 符号的数值列于下表. 表中位于一个 α 重条件之后的第 i 个数, 仍然表示那种曲线 ε 的条数, 它们满足这个 α 重的条件, 同时还与 $10-\alpha-i$ 条直线相交, 并与 $i-1$ 个给定平面相切.

ε 的数表

$$\varepsilon_1\mu^3 q = \varepsilon_2\mu^3 v = \frac{1}{4}\varepsilon_2\mu^3 c = \frac{1}{2}\varepsilon_2\mu^3 y = \frac{1}{2}\varepsilon_3\mu^3 z$$
$$= 0,\ 0,\ 0,\ 9,\ 18,\ 15$$
$$\varepsilon_1\mu^2 q = \varepsilon_2\mu^2 v = \frac{1}{4}\varepsilon_2\mu^2 c = \frac{1}{2}\varepsilon_2\mu^2 y = \frac{1}{2}\varepsilon_3\mu^2 z$$
$$= 0,\ 0,\ 0,\ 54,\ 108,\ 120,\ 90$$
$$\varepsilon_1\mu q = \varepsilon_2\mu v = \frac{1}{4}\varepsilon_2\mu c = \frac{1}{2}\varepsilon_2\mu y = \frac{1}{2}\varepsilon_3\mu z$$
$$= 0,\ 0,\ 0,\ 162,\ 324,\ 360,\ 270,\ 175$$
$$\varepsilon_1 q = \varepsilon_2 v = \frac{1}{4}\varepsilon_2 c = \frac{1}{2}\varepsilon_2 y = \frac{1}{2}\varepsilon_3 z$$
$$= 0,\ 0,\ 0,\ 0,\ 0,\ 0,\ 0,\ 0,\ 0$$
$$\varepsilon_1\mu^3 w_e q_e = 0,\ 0,\ 1$$
$$\varepsilon_1\mu^2 w_e q_e = 0,\ 0,\ 3,\ 6$$
$$\varepsilon_1\mu w_e q_e = 0,\ 0,\ 9,\ 18,\ 15$$
$$\varepsilon_1 w_e q_e = 0,\ 0,\ 0,\ 0,\ 0,\ 0$$
$$\varepsilon_1\mu^3 wq = 0,\ 0,\ 0,\ 3,\ 6$$
$$\varepsilon_1\mu^2 wq = 0,\ 0,\ 0,\ 54,\ 108,\ 120$$

* 这个等式左边的原文为 $\varepsilon_3\mu b_p d_3 cy$, 有误.—— 校注

$$\varepsilon_1 \mu w q \quad\ = 0,\ 0,\ 0,\ 162,\ 324,\ 360,\ 270$$

$$\varepsilon_1 w q \quad\ = 0,\ 0,\ 0,\ 0,\ 0,\ 0,\ 0,\ 0$$

$$\varepsilon_1 \mu w_e q z = 0,\ 0,\ 0,\ 9,\ 18$$

$$\varepsilon_1 \mu^2 w q z = 0,\ 0,\ 0,\ 18,\ 36$$

$$\varepsilon_2 \mu^3 y z w = 0,\ 0,\ 0,\ 2$$

$$\varepsilon_2 \mu^2 c w \quad = 0,\ 0,\ 0,\ 72,\ 144,\ 160$$

$$\varepsilon_2 \mu^2 c w z = 0,\ 0,\ 0,\ 24,\ 48$$

$$\varepsilon_2 \mu^2 c w_e v = 0,\ 0,\ 9,\ 16$$

$$\varepsilon_2 \mu^2 c w v = 0,\ 0,\ 54,\ 96,\ 96$$

$$\varepsilon_2 \mu^2 c w y = 0,\ 0,\ 36,\ 72,\ 80$$

$$\varepsilon_2 \mu^2 c w y z = 0,\ 0,\ 12,\ 24$$

$$\varepsilon_2 \mu^2 c w v y = 0,\ 18,\ 36,\ 38$$

$$\varepsilon_3 \mu q_e w_e z = 0,\ 0,\ 0,\ 2$$

$$\varepsilon_3 \mu q w_e z = 0,\ 0,\ 0,\ 6,\ 12$$

$$\varepsilon_3 \mu^2 q w z = 0,\ 0,\ 0,\ 12,\ 24$$

$$\varepsilon_3 \mu^3 y z w = 0,\ 0,\ 6,\ 12$$

$$\varepsilon_3 \mu^2 y z c w = 0,\ 18,\ 30,\ 24$$

在我们用已经得到的退化曲线个数去计算 C_3^3 的个数之前, 先来从前面的结果推出关于带尖点三次曲线的几个有趣性质.

回忆一下 C_3^3 的退化曲线是如何定义的: 我们要将投影中心 S 选在不同的位置, 对一般的 C_3^3 作同形投影变换. 那么, 作为一般的 C_3^3 在同形投影下的像, 就分别得到退化曲线 δ_2, ε_1, ε_2, ε_3, ϑ_1, η_1, η_2. 此时, 同形投影轴总是一条阶直线; 而从 S 向一般的 C_3^3 所作的切线, 以及 S 与奇点三角形三个顶点的连线, 都是通过点 S 的直线, 并且它们与投影轴的交点都位于通过投影所生成的退化曲线上. 我们称这些交点为特异点(ausgezeichneter punkt). 不过, 对于 δ_2, ε_1, ε_2, ε_3, 前面给出的主干数说明, 这些特异点的位置之间是有相互联系的. 因此, 上面构造的那些从 S 到一般的 C_3^3 的直线之间也必定是有相互联系的. 于是, 从那四种退化曲线的主干数就可得出下面涉及位置关系的四个定理.

I. 如果同形投影中心 S 既不在曲线上, 也不在奇点三角形的三条边上, 则通过投影将生成退化曲线 ε_2. 此时有

$$\varepsilon_2 \mu^3 b_e d_3 c = 4, \quad \varepsilon_2 \mu^3 b_e d_3 v = 1, \quad \varepsilon_2 \mu^3 b_e d_3 y = 2$$

$$\varepsilon_2 \mu^3 b_e d_2 c v = 3, \quad \varepsilon_2 \mu^3 b_e d_2 c y = 2, \quad \varepsilon_2 \mu^3 b_e d_2 v y = 1$$

$$\varepsilon_2\mu^3 b_e d_1 cvy = 1$$

于是, 有下述定理:

"给定一条带尖点的三次平面曲线及曲线所在平面上的某个点 S^*, 从 S 对曲线作三条切线, 再分别作 S 与尖点、拐点、拐切线和回转切线之交点的连线. 那么, 这六条直线都通过 S, 并且它们的位置之间有以下的相互依赖关系: 如果在六条直线中有四条为给定时, 则六条直线作为一个整体就只有有限种可能性, 确切地说:

(1) 若三条切线及 S 与尖点的连线为给定, 则有四种可能;

(2) 若三条切线及 S 与拐点的连线为给定, 则只有一种可能;

(3) 若三条切线及 S 与拐切线和回转切线之交点的连线为给定, 则有两种可能;

(4) 若两条切线及 S 与尖点、拐点的两条连线为给定, 则有三种可能;

(5) 若两条切线及 S 与尖点、拐切线和回转切线之交点的两条连线为给定, 则有两种可能;

(6) 若两条切线及 S 与拐点、拐切线和回转切线之交点的两条连线为给定, 则只有一种可能;

(7) 若一条切线及 S 与奇点三角形的三个顶点的三条连线为给定, 则只有一种可能."

II. 如果投影中心 S 位于曲线上, 但不是奇点三角形的顶点, 则通过投影将生成退化曲线 δ_2. 但是, 如果 δ_2 所在的平面以及该平面上的二重阶直线均为给定时, 则 δ_2 的每个主干数都等于 1. 于是, 有下述定理:

"给定一条带尖点的三次平面曲线及曲线上的某个点 S, 作曲线在 S 点的切线及通过 S 的另一条切线, 再作 S 与奇点三角形之三个顶点的连线. 那么, 这五条直线都通过 S, 并且它们的位置之间有以下的相互依赖关系: 如果在五条直线中任意三条为给定时, 则五条直线就全部唯一确定了."

III. 如果投影中心 S 位于回转切线上, 但不是尖点, 则通过投影将生成退化曲线 ε_1. 但是, 如果 ε_1 所在的平面以及 ε_1 的三重阶直线均为给定时, 则 ε_1 的每个主干数都等于 1. 于是, 有下述定理:

"给定一条带尖点的三次平面曲线以及回转切线上的某个点 S, 通过 S 作曲线的两条切线, 再作 S 与拐点的连线. 那么, 这四条直线都通过 S, 并且它们的位置之间有以下的相互依赖关系: 如果在四条直线中任意三条为给定时, 则四条直线就全部唯一确定了."

---

* 这里的点 S 当然必须满足上面所说的条件, 即它 "既不在曲线上, 也不在奇点三角形的三条边上". 以下三个定理也是类似的, 请注意.—— 校注

Ⅳ. 如果投影中心 S 位于尖点和拐点的连线上, 但并不等于这两个点, 则通过投影将生成退化曲线 ε_3. 此时有

$$\varepsilon_3\mu^3 b_e z d_3 = 2, \quad \varepsilon_3\mu^3 b_e z d_2 y = 2, \quad \varepsilon_3\mu^3 b_e z d_2 c = 2, \quad \varepsilon_3\mu^3 b_e z d_1 c y = 1$$

于是, 有下述定理:

"给定一条带尖点的三次平面曲线以及尖点和拐点连线上的某个点 S, 从 S 对曲线作三条切线, 再作 S 与拐切线和回转切线之交点的连线. 那么, 这五条直线都通过 S, 并且它们的位置之间有以下的相互依赖关系: 如果在五条直线中有三条为给定时, 则五条直线作为一个整体就只有有限种可能性, 确切地说:

(1) 若三条切线均为给定, 则有两种可能;

(2) 若两条切线及 S 与拐切线和回转切线之交点的连线为给定, 则有两种可能;

(3) 若两条切线及尖点和拐点的连线为给定, 则有两种可能;

(4) 若一条切线、S 与拐切线和回转切线之交点的连线、尖点和拐点的连线这三条直线为给定, 则只有一种可能."

对于退化曲线 $\vartheta_1, \eta_1, \eta_2$, 它们特异点的位置之间没有什么关系. 因此, 对于一般的曲线, 当点 S 在拐切线上或者是奇点三角形的顶点时, 其相应的直线之间也不会有什么关系. 但是, 如果将上面的定理作场对偶变换, 则还可以得到四个新定理.

最后, 为了从已经算出的退化曲线个数得到对于 C_3^3 想求的个数, 我们用各种可能的九重条件去乘七个主要公式, 即方程 26)—32). 然后, 再将每个十重的退化条件代换成已经算出的数. 由此得到的等式, 多于确定 C_3^3 个数的实际需要. 这样一来, 我们不仅得到了这些数本身, 而且还得到了大量的方法来验证这些数的正确性. 在计算过程中, 最好是将那样的符号放在一起同时进行计算, 这些符号相互之间的差别仅在于 ν 和 ϱ 的幂次不同. 所有这样的符号中, 都有一个不含 ν 和 ϱ 的公共条件因子, 如果将它记作 B 的话, 则这些符号所对应数值的全体我们就称之为数列 B. 由 27)—32) 这六个公式可以知道, 在具体计算中, 一般说来, 每个 C_3^3 的个数都可以从多个系统算得, 这些系统的数目与相应符号中涉及奇点三角形顶点与边的条件数目是一样多的. 例如, 数列

$$\mu c^2 v w_s$$

既可通过关于 c 的主要公式, 由数列 $\mu c v w_s$ 与数列 $\mu^2 c v w_s$ 得到; 也可通过关于 v 的主要公式, 由数列 $\mu c^2 w_s$ 与数列 $\mu^2 c^2 w_s$ 得到; 还可通过关于 w 的主要公式, 由

数列 $\mu c^2 v w_e$ 得到. 此外, 一个数列中只要有一个数为已知, 则通过关于 σ 的主要公式, 我们即可将该数列中所有其余的数全部算出来.

我们用下面两个例子说明如何从已知的数列得出新的数列.

第一个例子

我们假设数列 $\mu^3 yzw$ 为已知, 即有

$$\mu^3 yzw = 22, 40, 55, 46, 22$$

为了从这个数列得出新的数列, 我们需要知道四个系统中退化曲线的个数, 这些系统分别通过下列四个条件来定义:

$$\mu^3 yzw\nu^3, \quad \mu^3 yzw\nu^2\varrho, \quad \mu^3 yzw\nu\varrho^2, \quad \mu^3 yzw\varrho^3$$

在这四个系统中, 以下这些退化曲线

$$\tau_1, \quad \varepsilon_1, \quad \eta_2, \quad \vartheta_1, \quad \vartheta_2$$

的个数都等于零; 其余八种退化曲线的个数则分别为

$$\sigma = 1,\ 2,\ 2,\ 1$$
$$\delta_1 = 0,\ 13,\ 16,\ 6$$
$$\delta_2 = 0,\ 1,\ 4,\ 0$$
$$\tau_2 = 12,\ 6,\ 0,\ 0$$
$$\tau_3 = 8,\ 15,\ 9,\ 0$$
$$\varepsilon_2 = 0,\ 0,\ 0,\ 2$$
$$\varepsilon_3 = 0,\ 0,\ 6,\ 10$$
$$\eta_1 = 0,\ 0,\ 12,\ 18$$

将这些值代入关于 σ 的主要公式:

$$\nu + \varrho - 3\mu = 2\sigma + 2\delta_1 + 2\delta_2 + 3\tau_1 + 3\tau_2 + 3\tau_3$$
$$+ 3\varepsilon_1 + 3\varepsilon_2 + 3\varepsilon_3 + \vartheta_1 + 3\vartheta_2 + \eta_1 + 3\eta_2$$

就得到四个恒等式, 它们验证了我们的结果:

$$22 + 40 = 2 \cdot 1 + 3 \cdot 12 + 3 \cdot 8$$
$$40 + 55 = 2 \cdot 2 + 2 \cdot 13 + 2 \cdot 1 + 3 \cdot 6 + 3 \cdot 15$$
$$55 + 46 = 2 \cdot 2 + 2 \cdot 16 + 2 \cdot 4 + 3 \cdot 9 + 3 \cdot 6 + 12$$
$$46 + 22 = 2 \cdot 1 + 2 \cdot 6 + 3 \cdot 2 + 3 \cdot 10 + 18$$

再对这四个系统应用关于 c 的主要公式:

$$3c = 4\nu - \varrho - 6\mu - \delta_1 - 2\delta_2 - 6\varepsilon_1 - 6\varepsilon_2 - 6\varepsilon_3 - \vartheta_1 - 3\vartheta_2 - 2\eta_1 - 6\eta_2$$

分别得到

$$
\begin{aligned}
3c &= 4 \cdot 22 - 40 & &= 48 \\
3c &= 4 \cdot 40 - 55 - 13 - 2 \cdot 1 & &= 90 \\
3c &= 4 \cdot 55 - 46 - 16 - 2 \cdot 4 - \quad 6 \cdot 6 - 2 \cdot 12 & &= 90 \\
3c &= 4 \cdot 46 - 22 - \quad 6 - 6 \cdot 2 - 6 \cdot 10 - 2 \cdot 18 & &= 48
\end{aligned}
$$

于是就有

$$
\begin{aligned}
\mu^3 yzwc\nu^3 &= 16, & \mu^3 yzwc\nu^2\varrho &= 30 \\
\mu^3 yzwc\nu\varrho^2 &= 30, & \mu^3 yzwc\varrho^3 &= 16
\end{aligned}
$$

这样, 我们就得到了 $\mu^3 yzwc$ 的数列, 即

$$16, \ 30, \ 30, \ 16$$

这个数列从左往右读与从右往左读是一样的, 这一点从对偶原理也可以推出来.

此外, 通过第一个关联公式, 这个数列可以与其他的数列联系起来. 根据这个关联公式有

$$
\begin{aligned}
ywzc &= (y^2 + w_e)(c^2 + z_e) \\
&= y^2 c^2 + c^2 w_e + y^2 z_e + w_e z_e
\end{aligned}
$$

因为有

$$
\begin{aligned}
\mu^3 y^2 c^2 &= 2, 6, 6, 4, & \mu^3 c^2 w_e &= 6, 9, 9, 6 \\
\mu^3 y^2 z_e &= 4, 9, 9, 4, & \mu^3 w_e z_e &= 4, 6, 6, 2
\end{aligned}
$$

于是, 通过相加就得到

$$\mu^3 yzwc = 16, \ 30, \ 30, \ 16$$

另外, 将关于 w 的主要公式应用于这四个系统, 分别得到

$$
\begin{aligned}
3w &= 4 \cdot 40 - 22 - 6 \cdot 12 - 6 \cdot 8 & &= 18 \\
3w &= 4 \cdot 55 - 40 - 2 \cdot 13 - 1 - 6 \cdot 6 - 6 \cdot 15 & &= 27 \\
3w &= 4 \cdot 46 - 55 - 2 \cdot 16 - 4 - 6 \cdot 9 - 12 & &= 27 \\
3w &= 4 \cdot 22 - 46 - 2 \cdot 6 \quad - 18 & &= 12
\end{aligned}
$$

由此, 我们就确定了数列

$$\mu^3 yzw^2 = \mu^3 yzw_e$$

120

即有

$$\mu^3 yzw_e = 6,\ 9,\ 9,\ 4$$

再将关于 v 的主要公式

$$6v = 7\varrho - \nu - 3\mu - 2\delta_1 - 4\delta_2 - 15\tau_1 - 9\tau_2 - 9\tau_3$$
$$- 3\varepsilon_1 - 3\varepsilon_2 - 3\varepsilon_3 - 5\vartheta_1 - 9\vartheta_2 - \eta_1 - 3\eta_2$$

应用于这四个系统, 分别给出四个方程:

$$\begin{aligned}
6v &= 7 \cdot 40 - 22 - 9 \cdot 12 - 9 \cdot 8 &&= 78\\
6v &= 7 \cdot 55 - 40 - 2 \cdot 13 - 4 \cdot 1 - 9 \cdot 6 - 9 \cdot 15 &&= 126\\
6v &= 7 \cdot 46 - 55 - 2 \cdot 16 - 4 \cdot 4 - 9 \cdot 9 - 3 \cdot 6 - 12 &&= 108\\
6v &= 7 \cdot 22 - 46 - 2 \cdot 6 \ - 3 \cdot 2 - 3 \cdot 10 - 18 &&= 42
\end{aligned}$$

于是, 数列 $\mu^3 yzwv$ 的值为

$$13,\ 21,\ 18,\ 7$$

通过第一个关联公式, 上面的数列又可与其他的数列联系起来, 因为我们可将 $yzwv$ 以两种方式进行分解, 一种是

$$yzwv = yz(w_e + v^2) = yzw_e + yzv^2$$

另一种是

$$yzwv = (y^2 + w_e)(v^2 + z_e) = y^2 v^2 + y^2 z_e + w_e z_e$$

将关于 y 的主要公式

$$3y = 2\varrho + \nu - 3\mu - \delta_1 - 2\delta_2 - 3\tau_1 - 3\tau_2 - 6\tau_3$$
$$- 3\varepsilon_1 - 3\varepsilon_2 - 3\varepsilon_3 - \vartheta_1 - 3\vartheta_2 - 2\eta_1 - 3\eta_2$$

应用于 $\mu^3 yzw$ 的四个系统, 得到四个方程:

$$\begin{aligned}
3y &= 2 \cdot 40 + 22 - 3 \cdot 12 - 6 \cdot 8 &&= 18\\
3y &= 2 \cdot 55 + 40 - 13 - 2 \cdot 1 - 3 \cdot 6 - 6 \cdot 15 &&= 27\\
3y &= 2 \cdot 46 + 55 - 16 - 2 \cdot 4 - 6 \cdot 9 - 3 \cdot 6 - 2 \cdot 12 &&= 27\\
3y &= 2 \cdot 22 + 46 - \ 6 - 3 \cdot 2 - 3 \cdot 10 - 2 \cdot 18 &&= 12
\end{aligned}$$

从而得到

$$\mu^2 y^2 zw = 6,\ 9,\ 9,\ 4$$

这个数列与已经确定的数列 $\mu^3 y z w_e$ 完全一样, 原因是点 y 位于直线 w 上, 从而总有

$$\mu^3 y^2 w = \mu^3 y w_e$$

最后, 我们将关于 z 的主要公式

$$3z = 2\nu + \varrho - 3\mu - 2\delta_1 - \delta_2 - 3\tau_1 - 3\tau_2 - 3\tau_3$$
$$- 3\varepsilon_1 - 3\varepsilon_2 - 6\varepsilon_3 - 2\vartheta_1 - 3\vartheta_2 - \eta_1 - 3\eta_2$$

应用于这四个系统, 就得到下述四个方程:

$$3z = 2 \cdot 22 + 40 - 3 \cdot 12 - 3 \cdot 8 \qquad\qquad = 24$$
$$3z = 2 \cdot 40 + 55 - 2 \cdot 13 - 1 - 3 \cdot 6 - 3 \cdot 15 \qquad = 45$$
$$3z = 2 \cdot 55 + 46 - 2 \cdot 16 - 4 - 3 \cdot 9 - 6 \cdot 6 - 12 = 45$$
$$3z = 2 \cdot 46 + 22 - 2 \cdot 6 \ \ - 3 \cdot 2 - 6 \cdot 10 - 18 \qquad = 18$$

由此推出

$$\mu^3 y z_e w = \mu^3 z_e y^2 + \mu^3 z_e w_e = 8,\ 15,\ 15,\ 6$$

第二个例子

我们从数列 $w_e q z$ 出发*来研究这样的系统, 这种系统的定义条件中, 除了 $w_e q z$ 以外, 就只有 ν 和 ϱ 的乘幂了.

在这种系统中, 除了 σ, τ_2 和 δ_1 以外, 其他退化曲线的个数全为零, 而这三者的数值则分别是

$$\sigma w_e q z = 12,\ 24,\ 28,\ 20,\ 12,\ 7$$
$$\tau_2 w_e q z = 780,\ 423,\ 117,\ 0,\ 0,\ 0$$
$$\delta_1 w_e q z = 0,\ 290,\ 380,\ 260,\ 104,\ 40$$

将这些数值代入关于 σ 的主要公式, 就可以验证我们假设为已知的数列 $w_e q z$ 与数列 $\mu w_e q z$, 即有

$$w_e q z \ \ = 1788,\ 1950,\ 1672,\ 1148,\ 660,\ 343,\ 165$$
$$\mu w_e q z = 458,\ 575,\ 551,\ 416,\ 257,\ 138$$

从这两个数列和上面的退化曲线个数, 可以得到六个新的数列. 例如, 由关于 c 的主要公式可得

$$c w_e q z = 818,\ 796,\ 618,\ 392,\ 217,\ 113$$

---

* 这句话意味着, 作者在这里假设数列 $w_e q z$ 是已知的; 且从下文来看, 数列 $\mu w_e q z$ 也应该假设为已知的. 然而, 这两个数列的值在下文中才会给出.—— 校注

而由关于 w 的主要公式可得

$$w_s q z = 444, \; 540, \; 486, \; 324, \; 168, \; 79$$

再由关于 q 的主要公式可得

$$w_e q^2 z = 684, \; 729, \; 621, \; 432, \; 258, \; 139$$

作者从个数守恒原理出发, 还得到了计算 C_3^3 个数的其他一些方法 (**Lit.34**). 不过, 这些在此就不讲了.

在本节的最后, 对于带尖点的三次平面曲线的个数, 我们给出三张表格. 其中第一张表所含的数目, 将用来对于带二重点的三次平面曲线 (§24) 和三次空间曲线 (§25), 计算其退化曲线的个数. 第二张表所含的数目, 是在平面曲线所在的平面为固定这一假设下, 所有我们想求的个数. 第三张表中含的那些数目, 作者在计算它们时, 能顺便推出上面给出的退化曲线的主干数. 至于那些没有列于这三张表中的数目, 它们的计算也并没有什么困难, 因为对于所有我们想求的数, 利用前面给出的计算方法, 都能将它们的计算归结到一些最简单的情况.

为清楚起见, 很多基本数既列入了第一表, 也列入了第二表.

注意, 列于一个 α 重条件后面的第 i 个数, 总是表示那种带尖点的三次平面曲线的个数, 这种曲线满足这个 α 重的条件, 并与 $11 - \alpha - i$ 条给定直线相交, 同时还与 $i - 1$ 个给定平面相切.

第一表

在 §24 和 §25 中要用到的个数

此表中数列的先后顺序是根据 §24 中计算数 γ 的需要来安排的.

$\mu^3 \quad = 24, \; 60, \; 114, \; 168, \; 168, \; 114, \; 60, \; 24$

$\mu^3 c = 12, \; 42, \; 96, \; 168, \; 186, \; 132, \; 72$

$\mu^3 c^2 = 2, \; 8, \; 20, \; 38, \; 44, \; 32$

$\mu^2 \quad = 384, \; 864, \; 1488, \; 2022, \; 2016, \; 1524, \; 924, \; 468, \; 192$

$\mu^2 c = 176, \; 536, \; 1082, \; 1688, \; 1844, \; 1496, \; 956, \; 512$

$\mu^2 c^2 = 32, \; 110, \; 240, \; 400, \; 452, \; 372, \; 240$

$\mu^2 c^3 = 2, \; 8, \; 20, \; 38, \; 44, \; 32$

$\mu \quad = 3216, \; 6528, \; 10200, \; 12708, \; 12144, \; 9156, \; 5688, \; 3090, \; 1488, \; 624$

$\mu c \quad = 1344, \; 3576, \; 6388, \; 8852, \; 9108, \; 7264, \; 4706, \; 2688, \; 1392$

$\mu c^2 = 248, \; 740, \; 1416, \; 2076, \; 2216, \; 1818, \; 1200, \; 696$

$\mu c^3 = 20, \; 68, \; 144, \; 232, \; 266, \; 240, \; 168$

$$\nu^{10},\ \nu^9\varrho,\ \cdots,\ \varrho^{10}\ \text{的数值是}$$

$$17760, 31968, 44304, 49008, 43104, 30960, 18888, 10284, 5088, 2304, 960$$

$$c\quad = 6592, 14800, 22336, 25560, 22864, 16672, 10380, 5836, 3040, 1504$$
$$c^2 = 1168, 2896, 4592, 5408, 4952, 3708, 2376, 1392, 768$$
$$c^3 = 96, 264, 448, 556, 540, 436, 304, 208$$

$$* * * * * * * * * *$$

$$\mu^3 q\quad = 18, 51, 105, 168, 177, 123, 66$$
$$\mu^3 qc\quad = 7, 25, 58, 85, 79, 52$$
$$\mu^3 qc^2 = 1, 4, 10, 13, 10$$

$$\mu^2 q\quad = 268, 670, 1228, 1771, 1846, 1453, 910, 478$$
$$\mu^2 qc\quad = 98, 302, 613, 852, 839, 628, 382$$
$$\mu^2 qc^2 = 16, 55, 120, 164, 154, 106$$
$$\mu^2 qc^3 = 1, 4, 10, 13, 10$$

$$\mu q\quad = 2088, 4620, 7550, 9769, 9618, 7448, 4735, 2655, 1344$$
$$\mu qc\quad = 708, 1890, 3361, 4296, 4092, 3073, 1935, 1086$$
$$\mu qc^2 = 118, 349, 660, 846, 799, 603, 384$$
$$\mu qc^3 = 9, 30, 62, 79, 75, 54$$

$$q\quad = 10568, 20120, 28220, 30930, 26912, 19238, 11790, 6515, 3320, 1592$$
$$qc\quad = 3208, 7060, 10270, 11058, 9354, 6558, 4025, 2270, 1208$$
$$qc^2 = 508, 1210, 1812, 1944, 1638, 1163, 740, 452$$
$$qc^2 = 38, 98, 152, 162, 137, 98, 68$$

$$* * * * * * * * * *$$

$$\mu^3 w\quad = 72, 132, 186, 168, 96, 42, 12$$
$$\mu^3 wc\quad = 52, 106, 166, 166, 106, 52$$
$$\mu^3 wc^2 = 10, 22, 37, 40, 28$$

$$\mu^2 w\quad = 1024, 1696, 2200, 2014, 1360, 724, 316, 100$$
$$\mu^2 wc\quad = 656, 1184, 1666, 1662, 1244, 736, 364$$
$$\mu^2 wc^2 = 136, 262, 390, 407, 316, 196$$
$$\mu^2 wc^3 = 10, 22, 37, 40, 28$$

$$\mu w\quad = 7632, 11424, 13544, 11956, 8160, 4532, 2224, 956, 336$$
$$\mu wc\quad = 4320, 6912, 8680, 8184, 6036, 3640, 1962, 960$$
$$\mu wc^2 = 904, 1528, 2010, 1980, 1528, 954, 528$$
$$\mu wc^3 = 84, 156, 224, 241, 210, 144$$

$$w\quad = 36704, 48416, 50576, 41136, 26912, 14864, 7416, 3356, 1376, 512$$

$$wc = 17536, 23728, 24688, 20292, 13728, 8016, 4268, 2108, 992$$
$$wc^2 = 3472, 4864, 5160, 4374, 3096, 1892, 1064, 560$$
$$wc^3 = 320, 476, 530, 486, 380, 260, 176$$

* * * * * * * * **

$$\mu^3 q_e = 5, 17, 38, 47, 35, 20$$
$$\mu^3 q_e c = 1, 4, 10, 13, 10$$

$$\mu^2 q_e = 66, 192, 373, 452, 387, 256, 142$$
$$\mu^2 q_e c = 14, 47, 100, 126, 110, 74$$
$$\mu^2 q_e c^2 = 1, 4, 10, 13, 10$$

$$\mu q_e = 460, 1150, 1945, 2220, 1876, 1255, 735, 390$$
$$\mu q_e c = 98, 281, 516, 614, 533, 363, 216$$
$$\mu q_e c^2 = 9, 30, 62, 79, 75, 54$$

$$q_e = 2040, 4164, 5678, 5650, 4402, 2850, 1649, 878, 440$$
$$q_e c = 412, 946, 1364, 1388, 1098, 727, 436, 244$$
$$q_e c^2 = 38, 98, 152, 162, 137, 98, 68$$

* * * * * * * * **

$$\mu^3 w_e = 32, 44, 38, 20, 8, 2$$
$$\mu^3 w_e c = 28, 40, 37, 22, 10$$
$$\mu^3 w_e c^2 = 6, 9, 9, 6$$

$$\mu^2 w_e = 408, 516, 454, 290, 144, 58, 16$$
$$\mu^2 w_e c = 308, 398, 370, 261, 146, 68$$
$$\mu^2 w_e c^2 = 70, 94, 91, 67, 40$$
$$\mu^2 w_e c^3 = 6, 9, 9, 6$$

$$\mu w_e = 2728, 3148, 2674, 1734, 904, 418, 168, 54$$
$$\mu w_e c = 1772, 2054, 1812, 1262, 722, 372, 174$$
$$\mu w_e c^2 = 402, 480, 440, 322, 192, 102$$
$$\mu w_e c^3 = 42, 54, 54, 45, 30$$

$$w_e = 11472, 11616, 9080, 5650, 2944, 1392, 596, 230, 80$$
$$w_e c = 5968, 5752, 4442, 2846, 1584, 808, 382, 172$$
$$w_e c^2 = 1256, 1214, 962, 648, 380, 206, 104$$
$$w_e c^3 = 126, 126, 108, 81, 54, 36$$

* * * * * * * * **

$$\mu^3 qw = 32, 71, 119, 128, 89, 47$$
$$\mu^3 qwc = 19, 49, 73, 67, 43$$

$\mu^3 qwc^2 = 3, 9, 12, 9$

$\mu^2 qw \quad = 444, 864, 1288, 1349, 1050, 649, 334$

$\mu^2 qwc \quad = 240, 522, 725, 697, 507, 300$

$\mu^2 qwc^2 = 44, 107, 146, 134, 90$

$\mu^2 qwc^3 = 3, 9, 12, 9$

$\mu qw \quad = 3224, 5540, 7352, 7225, 5498, 3404, 1855, 907$

$\mu qwc \quad = 1564, 2908, 3679, 3404, 2464, 1489, 803$

$\mu qwc^2 \quad = 296, 599, 756, 691, 503, 311$

$\mu qwc^3 \quad = 25, 58, 73, 67, 47$

$qw \quad = 14904, 21960, 24700, 21416, 14920, 8774, 4650, 2255, 1016$

$qwc \quad = 6104, 9140, 9664, 7884, 5290, 3114, 1685, 854$

$qwc^2 \quad = 1084, 1696, 1760, 1418, 970, 599, 356$

$qwc^3 \quad = 88, 148, 150, 122, 85, 58$

$* * * * * * * * * **$

$\mu^3 q_e w \quad = 9, 27, 36, 27, 15$

$\mu^3 q_e wc \quad = 3, 9, 12, 9$

$\mu^2 q_e w \quad = 104, 260, 335, 290, 191, 104$

$\mu^2 q_e wc = 34, 85, 109, 94, 62$

$\mu^2 q_e wc^2 = 3, 9, 12, 9$

$\mu q_e w \quad = 660, 1380, 1669, 1424, 936, 535, 275$

$\mu q_e wc \quad = 212, 443, 532, 450, 293, 167$

$\mu q_e wc^2 \quad = 25, 58, 73, 67, 47$

$q_e w \quad = 2632, 4276, 4504, 3510, 2194, 1222, 621, 294$

$q_e wc \quad = 764, 1220, 1230, 932, 590, 339, 180$

$q_e wc^2 \quad = 88, 148, 150, 122, 85, 58$

$* * * * * * **$

$\mu^3 qw_e \quad = 18, 27, 27, 18, 9$

$\mu^3 qw_e c \quad = 15, 18, 15, 9$

$\mu^3 qw_e c^2 = 3, 3, 2$

$\mu^2 qw_e \quad = 212, 287, 281, 209, 125, 62$

$\mu^2 qw_e c = 151, 175, 154, 106, 60$

$\mu^2 qw_e c^2 = 33, 36, 30, 19$

$$\mu^2 q w_e c^3 = 3,\ 3,\ 2$$

$$\mu q w_e = 1326,\ 1623,\ 1507,\ 1100,\ 657,\ 346,\ 163$$

$$\mu q w_e c = 803,\ 875,\ 748,\ 513,\ 296,\ 153$$

$$\mu q w_e c^2 = 175,\ 184,\ 154,\ 106,\ 63$$

$$\mu q w_e c^3 = 18,\ 18,\ 15,\ 10$$

$$q w_e = 5116,\ 5410,\ 4504,\ 3024,\ 1708,\ 871,\ 405,\ 174$$

$$q w_e c = 2366,\ 2246,\ 1716,\ 1094,\ 617,\ 321,\ 156$$

$$q w_e c^2 = 460,\ 418,\ 312,\ 203,\ 121,\ 70$$

$$q w_e c^3 = 42,\ 36,\ 27,\ 18,\ 12$$

$$* * * * * * * * * *$$

$$\mu^3 q_e w_e = 9,\ 9,\ 6,\ 3$$

$$\mu^3 q_e w_e c = 3,\ 3,\ 2$$

$$\mu^2 q_e w_e = 81,\ 81,\ 63,\ 39,\ 20$$

$$\mu^2 q_e w_e c = 27,\ 27,\ 21,\ 13$$

$$\mu^2 q_e w_e c^2 = 3,\ 3,\ 2$$

$$\mu q_e w_e = 401,\ 395,\ 308,\ 191,\ 104,\ 51$$

$$\mu q_e w_e c = 133,\ 130,\ 100,\ 61,\ 33$$

$$\mu q_e w_e c^2 = 18,\ 18,\ 15,\ 10$$

$$q_e w_e = 1110,\ 1032,\ 754,\ 446,\ 237,\ 115,\ 52$$

$$q_e w_e c = 334,\ 292,\ 204,\ 122,\ 67,\ 34$$

$$q_e w_e c^2 = 42,\ 36,\ 27,\ 18,\ 12$$

第一表完

第二表
在一个固定平面内带尖点的三次平面曲线的全部基本数

在此表中, 我们把对于奇点三角形有相同条件要求的那些符号归并在一起. 没有列出的只有那样一些数, 这些数可利用第一个关联公式, 也就是

$$vw = w_e + v^2$$

这一类的公式, 由表中列出的两个数相加而得到. 因为当直线 g 在平面 μ 中时, 有 $\mu^3 g_e = \mu^3 g^2$, 故 w_e, q_e, z_e 分别可用 w^2, q^2, z^2 来代换. 由于在固定平面中带尖点的三次平面曲线对偶于自身, 所以可将表中的数列做以下的排序:

列于一个 α 重条件之后的第 i 个数, 表示的是在固定平面中那种曲线的个数, 这种曲线满足此 α 重的条件, 并通过该平面中的 $8 - \alpha - i$ 个给定点, 同时还与该

平面中的 $i-1$ 条给定直线相切. 与之相对的是, 列于一个 α 重条件之前的第 i 个数, 表示的则是固定平面中那种曲线的条数, 这种曲线满足此 α 重的条件, 并通过该平面中的 $i-1$ 个给定点, 同时还与该平面中的 $8-\alpha-i$ 条给定直线相切.

下面的八个基本数是: $\mu^3\nu^7, \mu^3\nu^6\varrho, \cdots, \mu^3\varrho^7$. 这些数 Maillard 和 Zeuthen 先前已经确定出来了 (**Lit.34**).

$$24, 60, 114, 168, 168, 114, 60, 24$$

****

$$c = 12, 42, 96, 168, 186, 132, 72 \;= w$$
$$v = 66, 123, 177, 168, 105, 51, 18 = q$$
$$y = 48, 96, 150, 168, 132, 78, 36 \;= z$$

****

$$c^2 \;= 2,\, 8,\, 20,\, 38,\, 44,\, 32 \qquad\qquad = w^2$$
$$v^2 \;= 20,\, 35,\, 47,\, 38,\, 17,\, 5 \qquad\qquad = q^2$$
$$y^2 \;= 20,\, 44,\, 74,\, 74,\, 44,\, 20 \qquad\qquad = z^2$$
$$cv \;= 47,\, 89,\, 128,\, 119,\, 71,\, 32 \qquad = wq$$
$$cy \;= 32,\, 62,\, 92,\, 92,\, 62,\, 32 \qquad\quad = wz$$
$$vy \;= 59,\, 89,\, 92,\, 65,\, 35,\, 14 \qquad\quad = qz$$
$$cw = 52,\, 106,\, 166,\, 166,\, 106,\, 52 = wc$$
$$vq = 34,\, 79,\, 139,\, 139,\, 79,\, 34 \qquad = qv$$
$$yz = 34,\, 70,\, 112,\, 112,\, 70,\, 34 \qquad = zy$$

****

$$\left.\begin{array}{l} c^2z \\ cz^2 \end{array}\right\} = 4,\, 10,\, 19,\, 22,\, 16 = \left\{\begin{array}{l} w^2y \\ wy^2 \end{array}\right.$$

$$\left.\begin{array}{l} c^2q \\ cq^2 \end{array}\right\} = 1,\, 4,\, 10,\, 13,\, 10 \;= \left\{\begin{array}{l} w^2v \\ wv^2 \end{array}\right.$$

$$\left.\begin{array}{l} v^2z \\ vz^2 \end{array}\right\} = 10,\, 19,\, 28,\, 22,\, 7 = \left\{\begin{array}{l} q^2y \\ qy^2 \end{array}\right.$$

$$c^2w = 10,\, 22,\, 37,\, 40,\, 28 = w^2c$$
$$v^2q = 10,\, 22,\, 37,\, 31,\, 10 = q^2v$$
$$y^2z = 10,\, 22,\, 37,\, 34,\, 16 = z^2y$$
$$c^2v = \;\,9,\, 18,\, 27,\, 27,\, 18 = w^2q$$
$$c^2y = \;\,6,\, 12,\, 18,\, 18,\, 12 = w^2z$$

128

$$v^2y = 15,\ 21,\ 18,\ 9,\ 3 = q^2z$$
$$v^2c = 17,\ 27,\ 36,\ 27,\ 9 = q^2w$$
$$y^2c = 12,\ 30,\ 36,\ 24,\ 12 = z^2w$$
$$y^2v = 21,\ 30,\ 27,\ 15,\ 6 = z^2q$$
$$cvy = 33,\ 48,\ 45,\ 27,\ 12 = wqz$$

$$**********$$

$$\left.\begin{array}{l} c^2v^2 \\ c^2zv \\ czv^2 \\ cz^2v \end{array}\right\} = 3,\,6,\,9,\,9 = \left\{\begin{array}{l} w^2q^2 \\ w^2yq \\ wyq^2 \\ wy^2q \end{array}\right.$$

$$\left.\begin{array}{l} c^2y^2 \\ c^2qy \\ cqy^2 \\ cq^2y \end{array}\right\} = 2,\,6,\,6,\,4 = \left\{\begin{array}{l} w^2z^2 \\ w^2vz \\ wvz^2 \\ wv^2z \end{array}\right.$$

$$\left.\begin{array}{l} v^2y^2 \\ v^2wy \\ vwy^2 \\ vw^2y \end{array}\right\} = 5,\,6,\,3,\,1 = \left\{\begin{array}{l} q^2z^2 \\ q^2cz \\ qcz^2 \\ qc^2z \end{array}\right.$$

$$\left.\begin{array}{l} c^2zw \\ cz^2w \end{array}\right\} = 4,\,9,\,15,\,14 = \left\{\begin{array}{l} w^2yc \\ wy^2c \end{array}\right.$$

$$\left.\begin{array}{l} c^2qw \\ cq^2w \end{array}\right\} = 3,\,9,\,12,\,9 = \left\{\begin{array}{l} w^2vc \\ wv^2c \end{array}\right.$$

$$\left.\begin{array}{l} v^2zq \\ vz^2q \end{array}\right\} = 4,\,9,\,15,\,11 = \left\{\begin{array}{l} q^2yv \\ qy^2v \end{array}\right.$$

$$\left.\begin{array}{l} v^2wq \\ vw^2q \end{array}\right\} = 6,\,9,\,9,\,3 = \left\{\begin{array}{l} q^2cv \\ qc^2v \end{array}\right.$$

$$\left.\begin{array}{l} y^2wz \\ yw^2z \end{array}\right\} = 6,\,9,\,9,\,4 = \left\{\begin{array}{l} z^2cy \\ zc^2y \end{array}\right.$$

$$\left.\begin{array}{l} y^2qz \\ yq^2z \end{array}\right\} = 3,\,9,\,12,\,7 = \left\{\begin{array}{l} z^2vy \\ zv^2y \end{array}\right.$$

$$c^2w^2 = 6,\,9,\,9,\,6 = w^2c^2$$
$$v^2q^2 = 3,\,9,\,9,\,3 = q^2v^2$$

$$y^2 z^2 = 4, 9, 9, 4 \quad = z^2 y^2$$
$$c^2 vy = 6, 9, 9, 6 \quad = w^2 qz$$
$$v^2 cy = 9, 12, 9, 3 \quad = q^2 wz$$
$$y^2 cv = 14, 15, 9, 4 = z^2 wq$$

****

$$\left.\begin{array}{l} v^2 c^2 q \\ v^2 cq^2 \\ vzc^2 q \\ vzcq^2 \\ v^2 zq^2 \\ v^2 zcq \\ vz^2 q^2 \\ vz^2 cq \end{array}\right\} = 1, 3, 3 = \left\{\begin{array}{l} q^2 w^2 v \\ q^2 wy^2 \\ qyw^2 v \\ qywv^2 \\ q^2 yv^2 \\ q^2 ywv \\ qy^2 v^2 \\ qy^2 wv \end{array}\right.$$

$$\left.\begin{array}{l} c^2 v^2 w \\ c^2 vw^2 \\ czv^2 w \\ czvw^2 \\ c^2 zw^2 \\ c^2 zvw \\ cz^2 w^2 \\ cz^2 vw \end{array}\right\} = 2, 3, 3 = \left\{\begin{array}{l} w^2 q^2 c \\ w^2 qc^2 \\ wyq^2 c \\ wyqc^2 \\ w^2 yc^2 \\ w^2 yqc \\ wy^2 c^2 \\ wy^2 qc \end{array}\right.$$

$$\left.\begin{array}{l} y^2 v^2 z \\ y^2 vz^2 \\ ywv^2 z \\ ywvz^2 \\ y^2 wz^2 \\ y^2 wvz \\ yw^2 z^2 \\ yw^2 vz \end{array}\right\} = 2, 3, 1^* = \left\{\begin{array}{l} z^2 q^2 y \\ z^2 qy^2 \\ zcq^2 y \\ zcqy^2 \\ z^2 cy^2 \\ z^2 cqy \\ zc^2 y^2 \\ zc^2 qy \end{array}\right.$$

$$\left.\begin{array}{l} c^2 v^2 y \\ c^2 zvy \\ cz^2 vy \\ czv^2 y \end{array}\right\} = 2, 3, 3^* = \left\{\begin{array}{l} w^2 q^2 z \\ w^2 yqz \\ wyq^2 z \\ wy^2 qz \end{array}\right.$$

---

* 这个数在《哥廷根简报》（*Gött. Nachr.*）(1875 年, 五月号, p.386) 中排印错了.

$$\left.\begin{array}{l} v^2y^2c \\ v^2wyc \\ vwy^2c \\ vw^2yc \end{array}\right\} = 4, 3, 1 = \left\{\begin{array}{l} q^2z^2w \\ q^2czw \\ qcz^2w \\ qc^2zw \end{array}\right.$$

$$\left.\begin{array}{l} y^2c^2v \\ y^2qcv \\ yqc^2v \\ yq^2cv \end{array}\right\} = 3, 3, 2 = \left\{\begin{array}{l} z^2w^2q \\ z^2vwq \\ zvw^2q \\ zv^2wq \end{array}\right.$$

最后, 如果奇点三角形完全确定的话, 则存在唯一的一条曲线, 以这个三角形为它的奇点三角形, 并通过一个给定点或者与一条给定直线相切.

第二表完

第三表
其他的数

$\mu^2 v$	$= 932, 1562, 2054, 1931, 1358, 767, 362, 134$
μv	$= 6888, 10380, 12382, 11039, 7650, 4348, 2195, 987, 384$
v	$= 32728, 43096, 44692, 35766, 22864, 12298, 6006, 2677, 1096, 424$
$\mu^2 v^2$	$= 284, 452, 564, 481, 290, 129, 42$
μv^2	$= 2096, 3008, 3414, 2805, 1730, 846, 363, 129$
v^2	$= 9880, 12328, 12044, 8810, 4952, 2250, 918, 339, 120$
$P\mu$	$= 312, 684, 1146, 1518, 1512, 1182, 744, 396$
P	$= 2064, 3936, 5736, 6642, 6096, 4584, 2916, 1686, 912$
P^2	$= 240, 504, 804, 1014, 1008, 840, 564$

$$* * * * * * * * * *$$

$\mu^2 wqz$	$= 172, 340, 508, 535, 418, 257$
μwqz	$= 1272, 2220, 2960, 2929, 2250, 1412, 775$
wqz	$= 5912, 8840, 9980, 8640, 6008, 3542, 1890, 935$
$\mu^2 w_e qz$	$= 72, 99, 99, 75, 45$
$\mu w_e qz$	$= 458, 575, 551, 416, 257, 138$
$w_e qz$	$= 1788, 1950, 1672, 1148, 660, 343, 165$

$$\mu^2 w_e q_e z = 27,\ 27,\ 21,\ 13$$

$$\mu w_e q_e z\ = 135,\ 135,\ 108,\ 69,\ 38$$

$$w_e q_e z\quad = 378,\ 360,\ 270,\ 162,\ 87,\ 43$$

$$* * * * * * * * * *$$

$$\mu^2 c^3 q w v = 4,\ 6,\ 5$$

$$\mu c^3 q w v\ = 26,\ 36,\ 33,\ 25$$

$$\mu^2 c w_e v\ = 99,\ 121,\ 100,\ 58,\ 22$$

$$\mu^2 c w v\quad = 496,\ 700,\ 741,\ 569,\ 325,\ 136$$

$$\mu^2 c y v w\ = 244,\ 277,\ 217,\ 124,\ 52$$

$$\mu^2 c w z\quad = 280,\ 516,\ 734,\ 715,\ 510,\ 280$$

$$\mu^2 c w y\quad = 456,\ 706,\ 732,\ 551,\ 322,\ 156$$

$$\mu^2 c w y z\ = 184,\ 302,\ 308,\ 218,\ 214$$

第三表完

§24
带二重点的三次平面曲线的计数（Lit.34）

我们将秩为四的三次平面曲线记作 C_3^4. 计算这种曲线的个数, 可以用 §23 中计算 C_3^3 个数相同的方法. 因为具体方法在 §23 中已有详细的讨论, 所以这里只叙述计算结果就可以了. 在此, 我们仍然采用以下的条件符号:

μ, 它要求 C_3^4 所在平面通过一个给定点;

ν, 它要求 C_3^4 与一条给定直线相交;

ϱ, 它要求 C_3^4 与一个给定平面相切.

那么, 根据关联公式 (§12 的第 9 款与第 8 款), 要求曲线通过一个给定点的条件 P 及与一条给定直线相切的条件 T, 就可以分别表为

$$P = \mu\nu - 3\mu^2$$

和

$$T = \mu^2 \varrho - 4\mu^3$$

至于 C_3^4 的奇点, 则采用以下符号:

b, 表示它的二重点;

p, 表示二重点的两条切线之一;

f, 表示三条拐切线之一;

v, 表示三个拐点之一;

u, 表示三条拐切线两两相交形成的三个交点之一;

s, 表示拐点连线, 即通过三个拐点的直线.

那么, 举例说来, 由 §12 的关联公式可得到下面的一些公式:

$$b^3 = \mu b^2 - \mu^2 b + \mu^3$$
$$F = \mu^2 f_e - 3\mu^3$$
$$V = \mu v_g - \mu^2 v + 3\mu^3$$

对于 C_3^4 的退化曲线, 作者得到了以下的结果, 其中大部分是通过同形投影变换得到的, 小部分则是由算得的个数倒推而得出的.

1. **退化曲线 χ** 这种退化曲线 Maillard 与 Zeuthen 就已经知道了. 它由一条阶圆锥曲线 (ordnungskegelschnitt) k 与一条阶直线 a 组成, a 与 k 交于两个不同的点, 其中一个点 b 就是二重点, 另一个点 e 则是二重秩点. 自然, 圆锥曲线 k 同时也是秩圆锥曲线 (rangkegelschnitt). 圆锥曲线在 b 点的切线是二重点的一条切线, 但它不同于阶直线 a. 三条拐切线全都与圆锥曲线在点 e 的切线重合, 因而三个拐点都与 e 点叠合.

2. **退化曲线 γ** 这种退化曲线 Maillard 与 Zeuthen 也已经知道了. 它的阶曲线是一条阶与秩均为3 的曲线 k, 它的切线就是曲线 k 的切线以及一个直线束中的直线, 该直线束的束心为曲线 k 的尖点 c. γ 的二重点与 c 重合, 两条二重点切线都与 k 的回转切线 q 重合. γ 的三条拐切线中, 一条与 k 的拐切线 w 重合, 另两条则与 q 重合. 因而 γ 的一个拐点与 k 的拐点 v 重合, 另两个拐点则与 c 重合, 而拐点连线 s 就是 c 和 v 的连接直线. γ 的三个 u 点中, 一个与 c 点重合, 另两个则与 w 和 q 的交点 y 重合. 注意, 对于 γ 的部分形体 k, 我们使用的仍然是 §23 中的记号.

3. **退化曲线 τ** 它由三条阶直线 a 组成, 三者交于一个四重的秩点 e. 三条拐切线 f, 两条二重点切线 p, 拐点连线 s, 这六条直线都通过 e 点, 它们之间互不相同, 也都不同于阶直线. 因而, 二重点 b, 三个拐点 v, 三个点 u, 它们都与 e 点叠合. 在上述九条通过 e 点的直线中, 当任意五条为给定时, 则整个退化曲线就只有有限种可能了. 如果用 a_2 来表示有两条阶直线与两条给定直线相交的条件, 用 a_3 来表示三条阶直线与三条给定直线相交的条件, 再用 f_2 与 f_3 表示对于三条拐切线类似的条件, 则主干数就可表成为如下的形式:

$$\tau\mu^3 e^2 a_3 f_2 = 9, \quad \tau\mu^3 e^2 a_2 f_3 = 9$$
$$\tau\mu^3 e a_3 f_3 = 27, \quad \tau\mu e^3 a_3 f_3 = 54$$

4. **退化曲线 δ** 它由一条单重阶直线 a 与一条二重阶直线 g 组成, 二者相交于一个三重的秩点 e. 此外, g 上还有一个单重的秩点 d. 三条拐切线 f, 两条二重点切线 p, 拐点连线 s, 这六条直线都通过 e 点, 它们互不相同, 也都不同于 a 和 g. 因而, b 点, 三个 v 点, 三个 u 点, 它们都与 e 点叠合. 在上述八条通过 e 点的直线中, 当任意四条为给定时, 则整个八条直线就只有有限种可能了. 这种位置关系可通过主干数来描述. 这些数已经由作者得出了, 结果如下, 其中 f_2 和 f_3 的含义与 τ 的情形是一样的.

$$\delta\mu^3 e^2 agf_2 = 3, \quad \delta\mu^3 e^2 gf_3 = 1, \quad \delta\mu^3 e^2 af_3 = 4, \quad \delta\mu^3 eagf_3 = 7$$
$$\delta\mu e^3 agf_3 = 16$$

5. **退化曲线 ζ** 它由一条三重阶直线 g 组成, g 上有两个二重秩点, 其中一个就是二重点 b, 另一个则是秩点 e. 两条二重点切线 p 及两条拐切线 f 都通过 b 点, 这四条直线互不相同, 也都不同于 g. 从而, 两个 v 点和一个 u 点都与 b 点叠合. 第三条拐切线通过点 e, 且与 g 不同, 从而第三个 v 点与 e 点叠合. 这第三条拐切线与另两条拐切线的交点就是另外的两个 u 点. 直线 s 与直线 g 叠合. 在上述五条通过 b 点的直线中, 当任意三条为给定时, 则整个五条直线就只有有限种可能了. 特别, 当 g 与两条 f 为给定时, 五条直线就唯一决定了.

6. **退化曲线 κ** 它由一条二重阶直线 g 与一条单重阶直线 a 组成, 两者相交于一个四重的秩点 e. 二重点 b 位于 g 上, 且不同于点 e, 从而两条二重点切线 p 都与 g 重合. 三条拐切线 f 与拐点连线 s 都通过 e 点, 这四条直线互不相同, 也都不同于 a 和 g, 从而三个 v 点和三个 u 点都与 e 点叠合. 在上述六条通过 e 点的直线中, 当任意四条为给定时, 则整个六条直线就只有有限种可能了. 确切地说, 如果用 f_2, f_3 表示和 δ 的情形中同样的含义, 则六条直线可能方式的数目也和那里一模一样, 即有

$$\kappa\mu^3 e^2 agf_2 = 3, \quad \kappa\mu^3 e^2 gf_3 = 1, \quad \kappa\mu^3 e^2 af_3 = 4, \quad \kappa\mu^3 eagf_3 = 7$$

7. **退化曲线 ζ'** 它由一条三重阶直线 g 组成, g 上有两个二重的秩点 e 和 e'. 通过 e 与 e' 各有一条拐切线, 它们都不同于 g. 第三条拐切线则与 g 重合, 相应的拐点是 g 上一个不同于 e 和 e' 的点. 另两个拐点则必然与 e 和 e' 叠合, 三个 u 点中有两个也是如此. 二重点 b 位于 g 上, 并与其余的三个特异点都不相同, 所以两条二重点切线都与 g 重合. 在 g 上的四个点中, 当任意三个为给定时, 则四个点作为一个整体就只有有限种可能了. 特别, 当 e, e', b 或者 e, e', v 为给定时, 四个点就唯一决定了.

8. **退化曲线 ε** 它由一条三重阶直线 g 组成, g 上有四个单重的秩点 d. 三个拐点 v, 三个 u 点, 二重点 b, 这七个点互不相同, 且与四个秩点 d 都不相同. 从而

三条 f, 两条 p, 直线 s, 这六条直线都与 g 重合. g 上这十一个点的位置有以下的相互依赖关系: 当其中五个为给定时, 则十一个点作为一个整体就只有有限种可能了. 关于描述这种依赖关系的个数, 作者只得到了下面的结果:

$$\varepsilon\mu^3 g_e d_4 b = 12, \quad \varepsilon\mu^3 g_e d_4 v = 12, \quad \varepsilon\mu^3 g_e d_3 bv = 18, \quad \varepsilon\mu^3 g d_4 bv = 60$$

其中 d_3(或者 d_4) 表示四个秩点中有三个 (或者四个) 位于不同的给定平面上.

9. **退化曲线 ϑ** 它由一条单重阶直线 a 和一条二重阶直线 g 组成, 两者相交于一个二重的秩点 e. 在 g 上有两个单重秩点 d, 三个 v 点, 三个 u 点, 以及二重点 b, 所以三条 f, 两条 p, 直线 s, 这六条直线都与 g 重合. g 上这十个点的位置有以下的相互依赖关系: 当其中四个为给定时, 则十一个点作为一个整体就只有有限种可能了. 关于描述这种依赖关系的个数, 作者得到了下面的结果:

$$\vartheta\mu^3 g_e ed_2 b = 1, \quad \vartheta\mu^3 g_e ed_2 v = 2, \quad \vartheta\mu^3 g_e ed_1 bv = 2$$
$$\vartheta\mu^3 g_e d_2 bv = 1, \quad \theta\mu^3 g ed_2 bv = 5$$

其中 d_1(或者 d_2) 表示两个单重秩点中有一个 (或者两个) 位于给定平面上.

10. **退化曲线 η'** 它由一条三重阶直线 g 组成, g 上有一个二重秩点 e 和两个单重秩点 d. e 是一个拐点, 通过 e 的拐切线与 g 不重合. 另外两个拐点则是 g 上不同于秩点的两个点, 所以另外两条拐切线都与 g 重合. 从而, 在三个 u 点中, 有两个与 e 点叠合, 另一个也在 g 上, 但与其他特异点均不相同. 二重点也在 g 上, 并与上面所讲的那些点都不叠合. 因此, 直线 s 和两条直线 p 必定都与 g 重合. g 上的这七个特异点中, 如果有四个为给定时, 则七个点作为整体就只有有限种可能了. 例如, 如果二重秩点, 两个单重秩点及二重点为给定时, 这七个点就只有三种可能了.

11. **退化曲线 δ'** 它由一条单重阶直线 a 与一条二重阶直线 g 组成, 两者相交于一个三重的秩点 e. 此外, 在 g 上有下面一些互不相同的点: 单重秩点 d、二重点 b、三个 u 点之一, 以及点 v_2. 最后这个 v_2 是两个拐点的叠合点, 所以有两条拐切线与 g 重合. 第三条拐切线则与 a 重合, 相应的拐点 v 是 a 上一个不同于 e 的点. 两条直线 p 与 g 重合, 另两个 u 点与 e 点叠合, 直线 s 则是 v_2 与 v 的连线. g 上的这五个特异点中, 如果有三个为给定时, 则五个点作为整体就只有有限种可能了. 例如, 当 e, d, b, v 为给定时, 这五个点就唯一确定了 *.

12. **退化曲线 ψ** 它由三条单重阶直线组成, 三者两两相交于三个不同的点. 三个交点中, 有两个交点为二重秩点, 将它们记作 e 和 e'; 第三个交点则是二重点 b. 交于 b 的那两条阶直线就是两条二重点切线 p, 第三条阶直线 g 则是 e 与 e' 的连线. 在 g 上有三个 v 点和三个 u 点, 这八个点互不相同. 从而, 三条直线 f 及直

---

* 最后这个断言的条件中说的是三个点, 后面举的例子却是四个点, 明显矛盾. 但原文如此.—— 校注

线 s 都与 g 重合. g 上的这八个特异点中, 如果有三个为给定时, 则五个点作为整体就只有有限种可能了. 例如, 当 e, e' 及三个 v 点之一为给定时, 这五个点就唯一确定了.

13. **退化曲线 η** 它由一条三重阶直线 g 组成, g 上有一个二重秩点 e、两个单重秩点 d 及一个拐点 v. 从而, 有一条拐切线与 g 重合. 另外两条拐切线及两条二重点切线都通过 e 点, 故二重点、两个拐点及三个 u 点都在 e 点处合而为一了. 因此, 拐点连线 s 与 g 重合. 当阶直线的位置、秩点的位置及两条不同于 g 的拐切线的位置均为给定时, 则整个几何形体就唯一确定了.

对于上述 13 种退化曲线, 我们采用的每个符号, 同时也表示了一个单重的条件, 它要求一条 C_3^4 为该种类型的退化曲线. 如果两种退化曲线都是用同一个字母来表示, 区别只在字母上加撇与否, 则它们的点轨迹与切线轨迹是一模一样的. 如果一个系统的定义条件中, 除了 μ, ν, ϱ 以外, 只有关于拐切线的条件, 则此系统就只含有 13 种退化曲线中的如下 6 种:

$$\chi, \ \gamma, \ \tau, \ \delta, \ \eta, \ \zeta$$

此外, 在可以从中得出下面所汇总个数的那些一级系统中, 唯一可能出现的退化曲线, 就是我们上面讨论的 13 种退化曲线. 对于这种系统, 作者得到了 23 个公式, 它们建立了下述 9 个条件

$$\mu, \ \nu, \ \varrho, \ b, \ f, \ p, \ v, \ u, \ s$$

与 13 个退化条件之间的联系. 下面我们列出这 23 个公式. 但为了简短起见, 在这些公式中, 只写出了 13 个退化条件中的 χ 和 γ, 而其余 11 个退化条件则都用符号 α 来概括. 至于这些公式是如何得到的, 我们只想指出, 对于每个公式, 我们都是假设所考虑的一级曲线系统位于一个固定的平面上, 然后考虑想求的叠合体是什么.

C_3^4 的公式列表

1. 下面公式用来计算那种曲线的数目, 这种曲线的二重点 b 位于一条拐切线 f 上:

$$3b + f = 3\mu + 3\gamma + \alpha_1$$

2. 下面公式用来计算那种曲线的数目, 这种曲线有一个 v 点位于一条直线 p 上:

$$2v + 3p = 6\mu + \chi + 6\gamma + \alpha_2$$

3. 下面公式用来计算那种曲线的数目，这种曲线有一个 u 点位于一条直线 p 上：

$$2u + 3p = 6\mu + \chi + 5\gamma + \alpha_3$$

4. 下面公式用来计算那种曲线的数目，这种曲线的二重点 b 位于直线 s 上：

$$s + b = \mu + \gamma + \alpha_4$$

5. 下面公式用来计算那种曲线的数目，这种曲线有一个 u 点位于直线 s 上：

$$3s + u = 3\mu + 2\chi + \gamma + \alpha_5$$

$$* * * * * * * * * *$$

6. 下面公式用来计算那种曲线的数目，这种曲线与任意直线的交点中都有两个叠合：

$$4\nu = \varrho + 6\mu + 2b + \alpha_6$$

7. 下面公式用来计算那种曲线的数目，从任意一点向这种曲线所作的四条切线中都有两条重合：

$$6\varrho = \nu + 3f + \chi + \alpha_7$$

8. 下面公式用来计算那种曲线的数目，这种曲线有两条拐切线重合：

$$4f = 6\mu + 2u + 2\chi + \gamma + \alpha_8$$

9. 下面公式用来计算那种曲线的数目，这种曲线有两个拐点叠合：

$$4v = 6s + 2\chi + 3\gamma + \alpha_9$$

10. 下面公式用来计算那种曲线的数目，这种曲线的三条拐切线所构成的三角形中，有两个顶点叠合：

$$4u = 2f + 2\chi + \gamma + \alpha_{10}$$

11. 下面公式用来计算那种曲线的数目，这种曲线的两条二重点切线重合：

$$2p = 2\mu + 2b + \gamma + \alpha_{11}$$

$$* * * * * * * * * *$$

12. 下面公式用来计算那种曲线的数目，从任意一点向这种曲线所作的切线中，必有一条通过二重点：

$$\varrho + 4b = 2p + \gamma + \alpha_{12}$$

13. 下面公式用来计算那种曲线的数目, 这种曲线与任意直线的交点中, 都有一个位于一条拐切线上:

$$3\nu + 3f = 9\mu + 3v + \alpha_{13}$$

14. 下面公式用来计算那种曲线的数目, 这种曲线与任意直线的交点中, 都有一个位于一条二重点切线上:

$$2\nu + 3p = 6\mu + 6b + \chi + \alpha_{14}$$

15. 下面公式用来计算那种曲线的数目, 从任意一点对这种曲线所作的切线中, 都有一条含有一个 u 点:

$$3\varrho + 4u = 4\chi + 2f + \gamma + \alpha_{15}$$

16. 下面公式用来计算那种曲线的数目, 这种曲线与任意直线的交点中, 都有一个位于拐点连线 s 上:

$$\nu + 3s = 3\mu + v + \alpha_{16}$$

17. 下面公式用来计算那种曲线的数目, 这种曲线的直线 s 与一条直线 f 重合:

$$3s + f = 3\mu + v + \chi + \alpha_{17}$$

* * * * * * * * * *

18. 下面公式用来计算那种曲线的数目, 从任意一点出发, 都有一条对这种曲线所作的切线, 其切点与第三个交点重合:

$$\varrho + 3\nu = 4\mu + f + p + \alpha_{18}$$

19. 下面公式用来计算那种曲线的数目, 在这种曲线的二重点与任意一点的连线上, 二重点与该连线的第三个交点重合:

$$b + \nu = \mu + p + \alpha_{19}$$

20. 下面公式用来计算那种曲线的数目, 在这种曲线与任意直线的三个交点中, 曲线在某个交点处的切线与从该交点对曲线所作的另两条切线之一重合:

$$2\nu + 3\varrho = 6\mu + 2v + \alpha_{20}$$

21. 下面公式用来计算那种曲线的数目, 这种曲线有这样一条拐切线, 从任意直线与该拐切线的交点出发, 对曲线所作的另外两条切线中, 有一条与该拐切线重合:

$$2f + 3\varrho = 6\mu + 2v + 2\chi + \alpha_{21}$$

138

22. 下面公式用来计算那种曲线的数目, 在这种曲线与任意直线的交点中, 从某个交点出发, 对曲线所作的切于其他点的两条切线重合:

$$2\nu + 2\varrho = 6\mu + 2b + 2\chi + \alpha_{22}$$

23. 下面公式用来计算那种曲线的数目, 这种曲线有这样一条拐切线, 从任意直线与该拐切线的交点出发, 对曲线所作的不同于拐切线的两条切线重合:

$$2f + 6\varrho = 6\mu + 6u + \alpha_{23}$$

公式列表完

至于这 23 个 α 符号与上面所定义的退化条件之间的关系, 我们举以下三个例子加以说明:

$$\alpha_1 = 3 \cdot \tau + 3 \cdot \delta + 2 \cdot \zeta + 1 \cdot \zeta' + 3 \cdot \varepsilon + 3 \cdot \vartheta + 0 \cdot \psi + 1 \cdot \delta' + 2 \cdot \eta' + 0 \cdot \kappa$$
$$\alpha_7 = 12 \cdot \tau + 6 \cdot \delta + 3 \cdot \zeta + 6 \cdot \zeta' + 0 \cdot \varepsilon + 1 \cdot \vartheta + 2 \cdot \psi + 2 \cdot \delta' + 3 \cdot \eta' + 12 \cdot \kappa$$
$$\alpha_{12} = 4 \cdot \tau + 3 \cdot \delta + 2 \cdot \zeta + 0 \cdot \zeta' + 0 \cdot \varepsilon + 0 \cdot \vartheta + 0 \cdot \psi + 0 \cdot \delta' + 0 \cdot \eta' + 0 \cdot \kappa$$

由上面的 23 个公式, 我们可得到 8 个主要公式及 15 个用于验证的公式. 8 个主要公式将以下 8 个条件:

$$\chi, \gamma, b, f, p, v, u, s$$

表成为

$$\mu, \nu, \varrho \text{ 和 } \tau, \delta, \zeta, \zeta', \varepsilon, \vartheta, \psi, \delta', \eta', \kappa$$

的函数. 这 8 个主要公式是

1) $$3\varrho - 2\nu = 2\chi + 6\tau + 3\delta + 2\vartheta + 4\psi + 1\delta' + 6\kappa$$

2) $$2\nu - 4\mu = \gamma + 2\tau + 2\delta + 6\eta + 2\zeta + 4\zeta' + 4\varepsilon + 2\vartheta + 1\delta' + 4\eta' + 2\kappa$$

3) $$2\nu - \frac{1}{2}\varrho - 3\mu = b + \frac{1}{2}\delta + 3\eta + \zeta + 3\zeta' + 3\varepsilon + 1\vartheta + \frac{1}{2}\delta' + 3\eta' + 1\kappa$$

4) $$\frac{3}{2}\varrho = f + 3\tau + \frac{3}{2}\delta + 2\eta + 1\zeta + 2\zeta' + \frac{1}{2}\delta' + 1\eta' + 3\kappa$$

5) $$3\nu - \frac{1}{2}\varrho - 4\mu = p + 1\tau + \frac{3}{2}\delta + 6\eta + 2\zeta + 4\zeta' + 4\varepsilon + 1\vartheta + \frac{1}{2}\delta' + 4\eta' + 1\kappa$$

6) $$\nu + \frac{3}{2}\varrho - 3\mu = v + 3\tau + \frac{3}{2}\delta + 3\eta + 1\zeta + 3\zeta' + 3\varepsilon + 2\vartheta + 1\psi + \frac{3}{2}\delta' + 3\eta' + 3\kappa$$

7) $$\frac{3}{2}\varrho - \mu = u + 2\tau + \frac{1}{2}\delta + 1\eta + 1\zeta + 2\zeta' + 1\varepsilon + 1\vartheta + 1\psi + \frac{1}{2}\delta' + 1\eta' + 2\kappa$$

8) $$\frac{1}{2}\varrho = s + 1\tau + \frac{1}{2}\delta + \frac{1}{2}\delta' + 1\kappa$$

利用这些公式, 可得到许许多多关于 C_3^4 的个数, 前提假设是, 我们对许许多多的系统, 已经算得了 13 种退化曲线的个数. 而计算退化符号的方法, 与 §23 中对于 C_3^3 的情形所使用的方法是一样的. 此外, 计算含有 γ 的符号时, 要用到 §23 中的个数; 计算含有 χ 的符号时, 要用到 §20 中的个数. 举例说来, 我们有等式

$$\gamma\nu^6\varrho^4 = \gamma\nu^6(\varrho+c)^4$$

其中, 等号右边的符号 ν, ϱ, c 是关于带尖点三次平面曲线的条件, 因为这种曲线是退化曲线 γ 的部分形体. 因而有

$$\gamma\nu^6\varrho^4 = 43104 + 4_1 \cdot 25560 + 4_2 \cdot 4592 + 4_3 \cdot 264 = 173952$$

此外, 还有等式 $\chi\nu^6\varrho^4 = \chi(n+a)^6(r+2e)^4$, 其中 n, a, r, e 是关于 χ 中圆锥曲线的条件, n 是要求该圆锥曲线与一条给定直线相交, r 则是要求该圆锥曲线与一个给定平面相切. 于是, 由 §20 中的数值即可得到

$$\chi\nu^6\varrho^4 = 153984$$

下面给出关于退化曲线个数的几张表. 表中列出的主要是那样一些数, 作者从这些数出发, 可以算出关于 C_3^4 的个数. 在每一行中, 列于一个 α 重条件之后的第 i 个数是那种退化曲线的数目, 这种退化曲线满足此 α 重的条件, 并与 $i-1$ 个给定平面相切, 同时还与 $11-\alpha-i$ 条给定直线相交.

χ 的数表

$\chi\mu^3$ = 42, 114, 260, 480, 588, 422, 144, 0

$\chi\mu^2$ = 672, 1652, 3424, 5840, 7264, 6452, 3952, 1344, 0

$\chi\mu$ = 5640, 12568, 23632, 36864, 44040, 39820, 26968, 13452, 4224, 0

χ = 31320, 62160, 103328, 141792, 153984, 130960, 86560, 44088, 16072 3984, 0

$\chi\mu^3 f$ = 171, 390, 720, 882, 633, 216, 0

$\chi\mu^2 f$ = 2478, 5136, 8760, 10896, 9678, 5928, 2016, 0

$\chi\mu f$ = 18852, 35448, 55296, 66060, 59730, 40452, 20178, 6336, 0

χf = 93240, 160992, 212688, 230976, 196440, 129840, 66132, 24108, 5976, 0

$\chi\mu^3 f_e$ = 60, 108, 126, 87, 27, 0

$\chi\mu^2 f_e$ = 777, 1290, 1536, 1320, 783, 252, 0

$\chi\mu f_e$ $= 5292, 8034, 9240, 8118, 5364, 2592, 774, 0$

χf_e $= 22860, 30492, 32064, 26580, 17154, 8460, 2922, 684, 0$

$\chi\mu^3 e f_e = 12, 18, 12, 3, 0$

$\chi\mu^2 e f_e = 165, 240, 216, 126, 36, 0$

$\chi\mu e f_e$ $= 1128, 1500, 1368, 888, 405, 108, 0$

$\chi e f_e$ $= 4662, 5334, 4500, 2832, 1314, 402, 84, 0$

$\chi\mu^3 e b^2 = 6, 12, 20, 33, 36$

$\chi\mu^3 b v = 87, 168, 312, 420, 330, 132$

$\chi\mu^3 b^2 v = 18, 36, 72, 108, 108$

$\chi\mu^3 b v_g = 18, 30, 48, 36, 12$

$\chi\mu^3 b^2 v_g = 3, 6, 12, 12$

$\chi\mu^3 p$ $= 69, 212, 492, 894, 1115, 894, 432$

γ 的数表

$\gamma\mu^3$ $= 24, 72, 200, 480, 960, 1424, 1512, 1200$

$\gamma\mu^2$ $= 384, 1040, 2592, 5600, 10240, 14744, 17440, 16512, 12800$

$\gamma\mu$ $= 3216, 7872, 17600, 34112, 56320, 76896, 87152, 83520, 70032, 52320$

γ $= 17760, 38560, 75072, 124800, 173952, 203840, 204320, 179712, 142720$
$105312, 75520$

$\gamma\mu^3 f_e = 42, 108, 216, 312, 324, 252$

$\gamma\mu^2 f_e = 540, 1236, 2256, 3216, 3672, 3420, 2616$

$\gamma\mu f_e = 3648, 7416, 12216, 16368, 18216, 17208, 14256, 10536$

γf_e $= 15552, 26736, 37056, 42816, 42336, 36792, 28896, 21096, 14976$

$\gamma\mu^3 f^2 = 180, 504, 1188, 1962, 2214, 1800$

$\gamma\mu^2 f^2 = 2592, 6480, 13728, 22284, 27864, 27432, 21600$

$\gamma\mu f^2 = 19440, 43392, 82200, 124932, 152748, 153900, 132732, 100080$

γf^2 $= 93312, 180000, 289632, 383520, 420408, 390312, 317880, 236952, 169920$

$\gamma\mu^3 b f_e = 30, 54, 75, 75, 54$

$\gamma\mu^2 b f_e = 336, 564, 780, 873, 792, 576$

$\gamma\mu b f_e = 1968, 3036, 3966, 4344, 4032, 3258, 2316$

$\gamma b f_e$ $= 6792, 8976, 10116, 9798, 8316, 6342, 4476, 3096$

$\gamma\mu^3 f_e f_e = 36, 48, 48, 36$

$$\gamma\mu^3 f_e f \quad = 54,\ 144,\ 240,\ 270,\ 216$$
$$\gamma\mu^3 bf \quad = 66,\ 168,\ 342,\ 507,\ 528,\ 396$$
$$\gamma\mu^3 b^2 f_e = 6,\ 9,\ 9,\ 6$$
$$\gamma\mu^3 b f_e f_e = 12,\ 12,\ 8$$
$$\gamma\mu^3 b^2 f_e f = 6,\ 6,\ 4$$
$$\gamma\mu^3 bv \quad = 51,\ 114,\ 204,\ 276,\ 267,\ 186$$
$$\gamma\mu^3 b^2 v \quad = 9,\ 18,\ 27,\ 27,\ 18$$
$$\gamma\mu^3 bv_g \quad = 15,\ 30,\ 48,\ 54,\ 45$$
$$\gamma\mu^3 b^2 v_g = 3,\ 6,\ 9,\ 9$$
$$\gamma\mu f_e^3 \quad = 162,\ 216,\ 216,\ 162.$$
$$\gamma f_e^3 \quad = 1188,\ 1260,\ 1044,\ 756,\ 522$$

τ 的数表

$$\frac{1}{9}\tau\mu^3 f^2 = 15,\ 24,\ 16,\ 0,\ 0,\ 0$$
$$\frac{1}{9}\tau\mu^2 f^2 = 180,\ 260,\ 192,\ 64,\ 0,\ 0,\ 0$$
$$\frac{1}{9}\tau\mu f^2 = 1120,\ 1440,\ 1040,\ 384,\ 0,\ 0,\ 0,\ 0$$
$$\frac{1}{9}\tau f^2 = 4200,\ 4480,\ 2880,\ 960,\ 0,\ 0,\ 0,\ 0,\ 0$$
$$\tau\mu^2 f_e^3 = 9,\ 0,\ 0$$
$$\tau\mu f_e^3 = 81,\ 0,\ 0,\ 0$$
$$\tau f_e^3 = 297,\ 0,\ 0,\ 0,\ 0$$

如果用 f_3 表示要求 τ 的三条拐切线都与一条给定直线相交的条件, 则有

$$\tau\mu^3 f_3 = 135,\ 216,\ 144,\ 0,\ 0$$

此外还有

$$\tau\mu^3 f_e^2 = 9,\ 0,\ 0,\ 0$$
$$\tau\mu^3 f_e f = 54,\ 36,\ 0,\ 0,\ 0$$
$$\tau\mu^3 f_e^2 f = 9,\ 0,\ 0$$
$$\tau\mu^3 b^2 f^2 = 9,\ 0,\ 0,\ 0$$
$$\tau\mu^2 b^2 f^2 = 108,\ 36,\ 0,\ 0,\ 0$$

$$\tau \mu b^2 f^2 = 585, 216, 0, 0, 0, 0$$
$$\tau b^2 f^2 = 1620, 540, 0, 0, 0, 0, 0$$

$$\tau \mu^2 b^3 f^2 = 9, 0, 0, 0$$
$$\tau \mu b^3 f^2 = 54, 0, 0, 0, 0$$
$$\tau b^3 f^2 = 135, 0, 0, 0, 0, 0$$

$$\tau \mu^2 b^3 f^3 = 9, 0, 0$$
$$\tau \mu b^3 f^3 = 81, 0, 0, 0$$
$$\tau b^3 f^3 = 297, 0, 0, 0, 0$$

δ 的数表

$$\frac{1}{3} \delta \mu^3 f^2 = 0, 24, 114, 153, 54, 0$$

$$\frac{1}{3} \delta \mu^2 f^2 = 0, 240, 976, 1374, 1032, 360, 0$$

$$\frac{1}{3} \delta \mu f^2 = 0, 1240, 4300, 5890, 4632, 1890, 540, 0$$

$$\frac{1}{3} \delta f^2 = 0, 3360, 8320, 9640, 6552, 2340, 540, 0, 0$$

$$\frac{1}{3} \delta \mu^3 e f^2 = 0, 18, 29, 9, 0$$

$$\frac{1}{3} \delta \mu^2 e f^2 = 0, 152, 260, 203, 66, 0$$

$$\frac{1}{3} \delta \mu e f^2 = 0, 660, 1106, 908, 342, 90, 0$$

$$\frac{1}{3} \delta e f^2 = 0, 1240, 1780, 1266, 420, 90, 0, 0$$

$$\frac{1}{3} \delta \mu^3 e^2 f^2 = 0, 4, 1, 0$$

$$\frac{1}{3} \delta \mu^2 e^2 f^2 = 0, 36, 34, 10, 0$$

$$\frac{1}{3} \delta \mu e^2 f^2 = 0, 152, 152, 51, 12, 0$$

$$\frac{1}{3} \delta e^2 f^2 = 0, 240, 208, 62, 12, 0, 0$$

$$\delta \mu^2 f_e^3 = 0, 6, 1$$
$$\delta \mu f_e^3 = 0, 72, 18, 1$$
$$\delta f_e^3 = 0, 234, 63, 12, 0$$

$$\delta\mu^3 f_e f \quad = 0,\ 54,\ 87,\ 27,\ 0$$
$$\delta\mu^3 f_e f_e \quad = 0,\ 12,\ 3,\ 0$$
$$\delta\mu^3 f_e f_e f = 0,\ 6,\ 1$$
$$\delta\mu^3 f_3 \quad = 0,\ 72,\ 243,\ 243,\ 54$$

η 的数表

$$\eta\mu^3 f^2 \quad = 0,\ 0,\ 0,\ 54,\ 144,\ 150$$
$$\eta\mu^2 f^2 \quad = 0,\ 0,\ 0,\ 324,\ 864,\ 1260,\ 1200$$
$$\eta\mu f^2 \quad = 0,\ 0,\ 0,\ 972,\ 2592,\ 3780,\ 3600,\ 2940$$
$$\eta f^2 \quad = 0,\ 0,\ 0,\ 0,\ 0,\ 0,\ 0,\ 0,\ 0$$
$$\eta e\mu^3 f^2 = 0,\ 0,\ 9,\ 27,\ 27$$
$$\eta e\mu^2 f^2 = 0,\ 0,\ 54,\ 162,\ 246,\ 230$$
$$\eta e\mu f^2 \quad = 0,\ 0,\ 162,\ 486,\ 738,\ 690,\ 550$$
$$\eta e^2\mu^3 f^2 = 0,\ 0,\ 3,\ 3$$
$$\eta e^2\mu^2 f^2 = 0,\ 0,\ 18,\ 36,\ 34$$
$$\eta e^2\mu f^2 = 0,\ 0,\ 54,\ 108,\ 102,\ 80$$
$$\eta\mu^2 f_e^3 \quad = 0,\ 0,\ 3$$
$$\eta\mu f_e^3 \quad = 0,\ 0,\ 18,\ 18$$
$$\eta f_e^3 \quad = 0,\ 0,\ 27,\ 27,\ 21\ {}^*$$
$$\eta\mu^3 f_3 \quad = 0,\ 0,\ 0,\ 54,\ 144$$

ζ 的数表

$$\frac{1}{6}\zeta\mu^3 f^3 = 0,\ 0,\ 36,\ 72,\ 48$$
$$\frac{1}{6}\zeta\mu^2 f^3 = 0,\ 0,\ 216,\ 432,\ 480,\ 320$$
$$\frac{1}{6}\zeta\mu f^3 = 0,\ 0,\ 648,\ 1296,\ 1440,\ 960,\ 640$$
$$\frac{1}{6}\zeta f^3 \quad = 0,\ 0,\ 0,\ 0,\ 0,\ 0,\ 0,\ 0,\ 0$$
$$\frac{1}{3}\zeta\mu^3 f_e^3 = 3,\ 2$$

---

* 这一行中等号左边的原文为 ηf_e^2, 有误.—— 校注

144

$$\frac{1}{3}\zeta\mu^2 f_e^3 = 18,\ 18,\ 12$$

$$\frac{1}{3}\zeta\mu f_e^3 = 54,\ 54,\ 36,\ 24$$

$$\zeta\mu^3 f_e^2 f = 18,\ 30,\ 20$$
$$\zeta\mu^3 b f_e^2 f = 6,\ 4$$
$$\zeta\mu^3 f_e^3 s = 3$$
$$\zeta\mu^3 v f_e^3 = 3$$

其他退化曲线的数表

$$\frac{1}{12}\varepsilon\mu^3 b = 0,\ 0,\ 0,\ 0,\ 9,\ 30,\ 45$$
$$\varepsilon\mu^3 bv = 0,\ 0,\ 0,\ 162,\ 504,\ 690$$
$$\varepsilon\mu^2 b^2 v = 0,\ 0,\ 0,\ 54,\ 156$$
$$\varepsilon\mu^3 bv_g = 0,\ 0,\ 0,\ 54,\ 132$$
$$\varepsilon\mu^3 b^2 v_g = 0,\ 0,\ 0,\ 18$$
$$\varepsilon\mu^3 bf = 0,\ 0,\ 0,\ 0,\ 108,\ 360$$
$$\vartheta\mu^3 b = 0,\ 0,\ 24,\ 126,\ 219,\ 150,\ 0$$
$$\vartheta\mu^3 bv = 0,\ 48,\ 198,\ 321,\ 219,\ 0$$
$$\vartheta\mu^3 b^2 v = 0,\ 12,\ 49,\ 57,\ 0$$
$$\vartheta\mu^3 bv_g = 0,\ 12,\ 48,\ 51,\ 0$$
$$\vartheta\mu^3 bf = 0,\ 0,\ 18,\ 99,\ 144,\ 0$$
$$\delta'\mu^3 bv = 0,\ 24,\ 114,\ 153,\ 54,\ 0$$
$$\delta'\mu^3 bv_g = 0,\ 12,\ 52,\ 81,\ 54$$
$$\delta'\mu^3 b^2 v_g = 0,\ 4,\ 19,\ 36$$
$$\psi\mu^3 bv = 30,\ 84,\ 132,\ 168,\ 96,\ 0$$
$$\psi\mu^3 b^2 v = 6,\ 18,\ 36,\ 48,\ 48$$
$$\psi\mu^3 bv_g = 12,\ 30,\ 52,\ 48,\ 0$$
$$\psi\mu^3 b^2 v_g = 3,\ 8,\ 16,\ 24$$
$$\zeta'\mu^3 b f_e^3 = 3$$
$$\kappa\mu^3 f_e f_e f b = 6,\ 0$$

利用上面给出的退化曲线个数, 作者对于 C_3^4 定出了在 §25 中计算三次空间曲线个数时所有那些必须用到的个数. 至于 C_3^4 其他的个数, 作者只算了少数几个, 主要只是为了用它们来推断 C_3^4 的某些退化曲线 (例如 ε 和 ϑ) 的性质. 这些其他的数, 在计算三次空间曲线的基本数目时并不需要用到, 所以放在下面的第二张表中. 在那张表中出现的条件 ϱ_g, 是要求 C_3^4 与一个给定平面相切于该平面的一条给定直线上. 在这两张表中, 数目的排列顺序与前面各表是一样的, 也就是说, 列于一个 α 重条件之后的第 i 个数是那种曲线 C_3^4 的数目, 这种曲线满足此 α 重的条件, 并与 $i-1$ 个给定平面相切, 同时还与 $12-\alpha-i$ 条给定直线相交.

第一表

C_3^4 的基本数目和拐切线数目

$\mu^3 \quad = 12, 36, 100, 240, 480, 712, 756, 600, 400$

$\mu^2 \quad = 216, 592, 1496, 3280, 6080, 8896, 10232, 9456, 7200, 4800$

$\mu \quad = 2040, 5120, 11792, 23616, 40320, 56240, 64040, 60672, 49416, 35760, 23840$

$\quad\quad \nu^{11}, \nu^{10}\varrho, \nu^9\varrho^2, \cdots, \varrho^{11}$ 这十二个数是

$\quad\quad 12960, 29520, 61120, 109632, 167616, 214400, 230240, 211200, 170192$

$\quad\quad 124176, 85440, 56960$

* * * * * * * * * *

$\mu^3 f \quad = 54, 150, 360, 720, 1068, 1134, 900, 600$

$\mu^2 f \quad = 888, 2244, 4920, 9120, 13344, 15348, 14184, 10800, 7200$

$\mu f \quad = 7680, 17688, 35424, 60480, 84360, 96060, 91008, 74124, 53640, 35760$

$f \quad = 44280, 91680, 164448, 251424, 321600, 345360, 316800, 255288, 186264$

$\quad\quad 128160, 85440$

$\mu^3 f_e \quad = 21, 54, 108, 156, 162, 126, 84$

$\mu^2 f_e \quad = 312, 726, 1344, 1920, 2160, 1962, 1476, 984$

$\mu f_e \quad = 2448, 5160, 8796, 12024, 13428, 12528, 10080, 7236, 4824$

$f_e \quad = 12672, 23688, 36120, 45456, 48024, 43452, 34608, 25020, 17136, 11424$

* * * * * * * * * *

$\mu^3 f^2 = 225, 540, 1080, 1602, 1701, 1350, 900$

$\mu^2 f^2 = 3366, 7380, 13680, 20016, 23022, 21276, 16200, 10800$

$\mu f^2 = 26532, 53136, 90720, 126540, 144090, 136512, 111186, 80460, 53640$

$f^2 \quad = 137520, 246672, 377136, 482400, 518040, 475200, 382932, 279396$

$\quad\quad 192240, 128160$

$\mu^3 f f_e = 81, 162, 234, 243, 189, 126$

146

$\mu^2 f f_e = 1089, 2016, 2880, 3240, 2943, 2214, 1476$

$\mu f f_e = 7740, 13194, 18036, 20142, 18792, 15120, 10854, 7236$

$f f_e = 35532, 54180, 68184, 72036, 65178, 51912, 37530, 25704, 17136$

$\mu^3 f_e^2 = 27, 36, 36, 27, 18$

$\mu^2 f_e^2 = 324, 432, 468, 414, 306, 204$

$\mu f_e^2 = 2061, 2664, 2880, 2628, 2079, 1476, 984$

$f_e^2 = 8226, 9936, 10224, 9072, 7110, 5076, 3456, 2304$

$* * * * * * * * * **$

$\mu^3 f^3 = 405, 864, 1458, 1755, 1494, 1050$

$\mu^2 f^3 = 6210, 12420, 20448, 25974, 25542, 20160, 13800$

$\mu f^3 = 49464, 91620, 142380, 177318, 178740, 150714, 111060, 74580$

$f^3 = 256608, 429624, 608400, 707760, 683316, 563868, 416664, 288360$
        192240

$\mu^3 f^2 f_e = 81, 162, 216, 189, 135$

$\mu^2 f^2 f_e = 1269, 2340, 3150, 3177, 2532, 1754$

$\mu f^2 f_e = 10071, 17064, 22320, 23130, 19665, 14496, 9754$

$f^2 f_e = 51030, 77256, 93564, 92070, 75978, 55890, 38556, 27504$

$\mu^3 f f_e^2 = 27, 36, 30, 21$

$\mu^2 f f_e^2 = 324, 432, 432, 342, 238$

$\mu f f_e^2 = 2241, 2988, 3150, 2673, 1956, 1316$

$f f_e^2 = 10044, 12636, 12672, 10386, 7560, 5184, 3456$

$\mu^3 f_e^3 = 9, 6, 4$

$\mu^2 f_e^3 = 81, 72, 54, 37$

$\mu f_e^3 = 486, 486, 396, 282, 189$

$f_e^3 = 1863, 1836, 1458, 1035, 702, 468$

$* * * * * * * * * **$

$\mu^3 f^4 = 405, 864, 1188, 1053, 756$

$\mu^2 f^4 = 7290, 14364, 21096, 23004, 19080, 13440$

$\mu f^4 = 65450, 114840, 165168, 186498, 169398, 130230, 89520$

$f^4 = 349596, 568080, 760680, 822132, 732864, 565056, 401220, 281520$

$\mu^3 f^5 = 405, 540, 450, 315$

$\mu^2 f^5 = 7290, 12420, 15120, 12960, 9240$

$\mu f^5 = 66690, 114840, 149400, 149400, 120300, 84490$

$f^5 = 382320, 616680, 776880, 775800, 642240, 475320, 326780$

$$\mu^3 f^6 = 135,\ 90,\ 60$$

$$\mu^2 f^6 = 5670,\ 7020,\ 5760,\ 4020$$

$$\mu f^6 \quad = 61830,\ 90540,\ 99720,\ 82800,\ 58620$$

$$f^6 \quad = 382320,\ 568080,\ 647280,\ 583560,\ 450720,\ 314520$$

$$\mu^2 f^7 = 1890,\ 1260,\ 840$$

$$\mu f^7 \quad = 41580,\ 47880,\ 38640,\ 26880$$

$$f^7 \quad = 328860,\ 415800,\ 408240,\ 325080,\ 227920$$

$$\mu f^8 \quad = 13860,\ 9240,\ 6160$$

$$f^8 \quad = 196560,\ 206640,\ 162960,\ 112840$$

$$f^9 \quad = 65520,\ 43680,\ 29120$$

此外, $\mu P, P, P^2$ 这些数, 可以利用基本数目通过以下的公式得到

$$P = \mu\nu - 3\mu^2$$

在讨论三次空间曲线时, 我们要用到这些数, 所以将它们在下面一并列出:

$$\mu P = 180,\ 484,\ 1196,\ 2560,\ 4640,\ 6760,\ 7964,\ 7656,\ 6000$$

$$P = 1392,\ 3344,\ 7304,\ 13776,\ 22080,\ 29552,\ 33344,\ 32304,\ 27816,\ 21360$$

$$P^2 = 144,\ 376,\ 896,\ 1840,\ 3200,\ 4624,\ 5696,\ 5856$$

第一表完

第二表
C_3^4 的其他数目

$$\mu^3 b \quad = 6,\ 22,\ 80,\ 240,\ 604,\ 1046,\ 1212,\ 1000$$

$$\mu^3 p \quad = 18,\ 58,\ 180,\ 480,\ 1084,\ 1758,\ 1968,\ 1600$$

$$\mu^3 v \quad = 66,\ 186,\ 460,\ 960,\ 1548,\ 1846,\ 1656,\ 1200$$

$$\mu^3 u \quad = 54,\ 150,\ 360,\ 720,\ 1068,\ 1134,\ 900,\ 600$$

$$\mu^3 s \quad = 18,\ 50,\ 120,\ 240,\ 356,\ 378,\ 300,\ 200$$

$$\mu^3 b^2 = 1,\ 4,\ 16,\ 52,\ 142,\ 256,\ 304$$

$$\mu^3 v_g = 18,\ 50,\ 120,\ 240,\ 356,\ 378,\ 300$$

$$\mu^3 p_e = 5,\ 18,\ 64,\ 188,\ 354,\ 430,\ 368$$

$$\mu^3 s_e = 25,\ 60,\ 120,\ 178,\ 189,\ 150,\ 100$$

$$\mu^3 \varrho_g = 10,\ 28,\ 68,\ 136,\ 196,\ 200,\ 148$$

$$\mu^3 bv = 39,\ 142,\ 392,\ 894,\ 1411,\ 1484,\ 1092$$

$$\mu^3 b^2 v = 7,\ 28,\ 82,\ 199,\ 322,\ 352$$

148

$$\mu^3 b v_g = 11, 40, 108, 236, 319, 246$$
$$\mu^3 b^2 v_g = 2, 8, 24, 59, 92$$
$$\mu^3 b f = 33, 120, 360, 906, 1569, 1818, 1500$$
$$\mu^3 b^2 f = 6, 24, 78, 213, 384, 456$$
$$\mu^3 b f_e = 15, 54, 138, 231, 261, 210$$
$$\mu^3 b^2 f_e = 3, 12, 33, 57, 66$$
$$\mu^3 b f f_e = 81, 180, 276, 297, 234$$
$$\mu^3 b^2 f f_e = 18, 42, 66, 72$$
$$\mu^3 b f_e^2 = 36, 48, 48, 36$$
$$\mu^3 b^2 f_e^2 = 9, 12, 12$$
$$\mu^3 b f_e^3 = 6, 4$$
$$\mu^3 b^2 f_e^3 = 1$$
$$\mu^3 v f_e^3 = 9, 6$$
$$\mu^3 s f_e^3 = 3, 2$$
$$\mu^3 b v f_e^3 = 3$$
$$\mu^3 p_e f_e^3 = 2$$
$$\mu^3 b s f_e^3 = 2$$
$$\mu^3 v^2 f_e^3 = 6$$
$$\mu^3 p v f_e^3 = 6$$
$$\mu^3 s v f_e^3 = 3$$
$$\mu^3 s p f_e^3 = 2$$
$$\mu^3 s_e f_e^3 = 1$$

$$\mu^3 \varrho_g f_e = 15, 30, 42, 42, 30$$
$$\mu^3 \varrho_g b^2 = 1, 4, 13, 34, 70$$
$$\mu^3 \varrho_g^2 = 8, 20, 42, 68, 56$$

$$\mu^2 u = 876, 1908, 4820, 8880, 12864, 14636, 13428, 10200, 6800$$
$$\mu u = 7464, 17096, 33928, 57200, 78280, 87164, 80776, 64668, 46440, 30960$$
$$u = 42240, 86560, 152656, 227808, 281280, 289120, 252760, 194616$$
$$ 136848, 92400, 61600$$

$$\mu^3 u f_e = 81, 162, 234, 243, 189, 126$$
$$\mu^2 u f_e = 1068, 1962, 2772, 3084, 2781, 2088, 1392$$
$$\mu u f_e = 7428, 12468, 16692, 18222, 16632, 13158, 9378, 6252$$
$$u f_e = 33084, 49020, 59388, 60012, 51750, 39384, 27450, 18468, 12312$$

第二表完

我们知道, C_3^3 的特异点、切线以及奇点三角形的顶点和边, 它们的位置之间是有相互依赖关系的, 并可以用一些方程来加以刻画. 在 §23 中 *, 我们说明了如何从 C_3^3 的退化曲线的主干数以及生成这些退化曲线的具体方式, 来得出这些方程的次数. 同样地, 从上面给出的 C_3^4 的退化曲线的主干数, 我们也可以对这类曲线定出一些关系式的次数. 下面就是关于这些次数的几个定理.

1. 由退化曲线 τ 的主干数及生成方式推出下述定理:

"考虑一条秩为四的三次平面曲线以及它所在平面上的一条直线, 该直线与曲线有三个交点, 与曲线的三条拐切线也有三个交点. 该直线上这六个点的位置之间有以下的相互依赖关系: 当六个点中有五个为给定时, 则六个点作为一个整体就只有有限种可能性, 确切地说:

a) 当三个曲线交点与两个拐切线交点为给定时, 有九种可能;

b) 当两个曲线交点与三个拐切线交点为给定时, 也有九种可能."

2. 由退化曲线 δ 的主干数及生成方式推出下述定理:

"考虑曲线 C_3^4 的一条切线, 除了切点之外, 它与曲线还有第三个交点, 与三条拐切线有三个交点. 该切线上这五个点的位置之间有以下的相互依赖关系: 当五个点中有四个为给定时, 则六个点作为一个整体就只有有限种可能性, 确切地说:

a) 当切点、第三个曲线交点以及两个拐切线交点为给定时, 有三种可能;

b) 当切点和三个拐切线交点为给定时, 只有一种可能;

c) 当第三个曲线交点和三个拐切线交点为给定时, 有四种可能."

3. 由退化曲线 ε 的主干数及生成方式推出下述定理:

"从曲线 C_3^4 所在平面上的任意一点, 先对曲线作四条切线, 再作与二重点及三个拐点的连线, 得到八条直线, 它们的位置之间有以下的相互依赖关系: 当八条直线中有五条为给定时, 则八条直线作为一个整体就只有有限种可能性, 确切地说:

a) 当四条切线以及与二重点的连线为给定时, 有 12 种可能;

b) 当四条切线以及与一个拐点的连线为给定时, 有 12 种可能;

c) 当三条切线以及与二重点和一个拐点的两条连线为给定时, 有 18 种可能."

对于没有奇点的 (punkt-allgemein) 六秩三次平面曲线 C_3^6, 作者也定出了几个数目, 例如, Maillard 与 Zeuthen 也曾计算过的下面十个符号:

$$\mu^3 \nu^n \varrho^{9-n}$$

其中 μ, ν, ϱ 作为对于 C_3^6 的条件, 其含义与对于 C_3^3 和 C_3^4 是一样的. 所得的结果

---

* 这里的原文是 "在 §24 中", 有误.—— 译注

是

$$\mu^3\nu^9 = 1, \qquad \mu^3\nu^8\varrho = 4, \qquad \mu^3\nu^7\varrho^2 = 16, \qquad \mu^3\nu^6\varrho^3 = 64$$
$$\mu^3\nu^5\varrho^4 = 256, \qquad \mu^3\nu^4\varrho^5 = 976, \qquad \mu^3\nu^3\varrho^6 = 3424, \quad \mu^3\nu^2\varrho^7 = 9766$$
$$\mu^3\nu\varrho^8 = 21004, \quad \mu^3\varrho^9 = 33616$$

在 C_3^6 的退化曲线中, 有一种当然是由 C_3^4 组成的, 并且它的二重点与一个二重的秩点叠合. 对应于 C_3^3 的退化曲线 ε_2 及 C_3^4 的退化曲线 ε, C_3^6 有一种退化曲线是由一条三重阶直线组成的, 在该直线上有六个单重秩点和九个拐点. 由这种退化曲线的主干数推出下述定理:

"从秩为六的三次平面曲线 C_3^6 所在平面上的任意一点, 先对曲线作六条切线, 再作与九个拐点的连线, 得到 15 条直线, 它们的位置之间有以下的相互依赖关系: 当 15 条直线中有 6 条为给定时, 则 *15* 条直线作为一个整体就只有有限种可能性, 确切地说:

a) 当六条切线为给定时, 只有一种可能;

b) 当五条切线以及与一个拐点的连线为给定时, 有 120 种可能."

§25
三次空间曲线的计数 (Lit.35)

三次空间曲线 C_3 对偶于自身, 它的参数个数为 12, 阶为 3, 秩为 4, 类为 3, 也就是说, 它的点与它的密切平面所构成一级轨迹的次数都为 3, 而它的切线所构成一级轨迹的次数则为 4. 此外, 它的双割线 (doppelsecante)(即曲线上两个点的连线) 所构成线汇的场秩为 3, 丛秩为 1; 相应地, 它的双轴(doppelaxe)(即它的两个密切平面的交线) 所构成线汇的场秩为 1, 丛秩为 3. 最后, 对于曲线上的每个点, 我们在该点的密切平面上考虑以该点为束心的直线束, 这种直线束中的直线称为曲线的密切直线(schmiegungsstrahle). 那么, 全部密切直线所构成线汇的场秩与丛秩都为 3. 因此, 我们对 C_3 定义以下一些单重条件:

1. ν, 要求它与一条给定直线相交;

2. ϱ, 要求它与一个给定平面相切;

3. β, 要求它有一条双割线属于一个给定直线束;

4. σ, 要求它有一条密切直线属于一个给定直线束;

5. ν', 要求它有一个密切平面含有一条给定直线;

6. ϱ', 要求它有一条切线通过一个给定点;

7. β', 要求它有一个双轴属于一个给定直线束.

此外, 对 C_3 我们再加上下面三个多重条件:

8. P, 要求它通过一个给定点;

9. P', 要求它以一个给定平面为密切平面;

10. T, 要求它与一条给定直线相切.

现在, 对于所有那种十二重的条件符号, 这种符号的因子中仅含有以下条件:

$$\nu, \varrho, \nu', \varrho', P, P', T$$

再没有其他的条件, 我们来确定其数值.

因此, 对于下面出现的公式, 我们总是假设, 这些公式所适用的一级系统, 其定义条件中也只含有这些条件, 再没有其他的条件. 于是, 在这种系统中只可能出现下列 11 种退化曲线. 这些退化曲线, 除了 ϑ 与 ϑ' 外, 都可以通过同形投影变换来生成, 也就是我们在 §23 中对 C_3^3 以及在 §24 中对 C_3^4 所用过的方法. 描述这 11 种退化曲线时, 我们要用到 §21 中引进的那些术语: 阶直线, 类轴, 秩束, 秩点, 秩平面, 等等.

1. **退化曲线 λ** 它由一条三次的平面阶曲线 k 组成, k 同时也是一条四次的秩曲线, 因而有一个二重点. λ 的所有密切平面构成了三个平面束, 分别以曲线 k 的三条拐切线为它们的轴. 要计算含有 λ 的符号, 就必须知道带二重点的三次平面曲线的个数. 如果我们将考虑的对象限制到仅含有条件:

$$\nu, \varrho, \nu', \varrho', P, P', T$$

的符号, 则只要用在 §24 的第一表中列出的那些个数就行了.

2. **退化曲线 λ'** 它是 λ 的对偶曲线. 从而, 每个含 λ' 符号的数值都与某个含 λ 符号的数值是一样的. 而计算后者, §24 的第一表也够用了。

3. **退化曲线 κ** 它由一条带尖点的三次平面阶曲线 k 组成. k 的切线就是 κ 的切线, 故 κ 也是三次的秩曲线. 此外, κ 还有一个秩束 (rangbüschel), 其秩平面包含了 k 的回转切线, 但并不同于 k 所在的平面, 而秩束的束心就是 k 的尖点. 除此之外, κ 还有一个二重类轴和一个单重类轴, 前者与 k 的回转切线重合, 而后者与 k 的拐切线相同.

4. **退化曲线 κ'** 它是 κ 的对偶曲线. 含有 κ 或者 κ' 的符号, 其数值都可由 §23 中的个数推知.

5. **退化曲线 ω** 它由一条阶圆锥曲线 k 及一条阶直线 g 组成, 后者与圆锥曲线 k 相交, 但不含于 k 所在的平面内. k 同时也是秩圆锥曲线. 此外, ω 还有一个二重的秩束, 其束心就是 k 与 g 的交点 p, 而其秩平面既包含 g, 也包含圆锥曲线 k 在 p 点的切线 h. 切线 h 是一条三重的类轴.

6. 退化曲线 ω' 它是 ω 的对偶曲线. 含有 ω 或者 ω' 的符号, 其数值都可由 §20 中所列的圆锥曲线个数推知.

7. 退化曲线 ϑ 它由一条阶圆锥曲线 k 及一条与 k 相切的阶直线 g 组成. k 同时也是秩圆锥曲线. 此外, ϑ 还有两个单重的秩束, 它们的秩平面都包含 g. 但两个秩平面互不相同, 也都不同于圆锥曲线所在的平面. 两个秩束的束心是相同的, 它就是阶直线 g 与圆锥曲线 k 的切点. g 同时也是三重的类轴.

8. 退化曲线 ϑ' 它是 ϑ 的对偶曲线. 含有 ϑ 或者 ϑ' 的符号, 其数值都可以利用关联公式很容易地归结为 §20 中的个数.

9. 退化曲线 δ 它由一条二重阶直线 g 与一条单重阶直线 h 组成, 两者相交于点 p. δ 的切线轨迹分解为一个二重秩束和两个单重秩束. 该二重秩束的束心为点 p, 秩平面则为 g 与 h 决定的平面. 两个单重秩束的束心都位于 g 上, 而它们的秩平面都包含 g. 但这两个秩平面互不相同, 也都不同于二重秩束的秩平面. 二重阶直线 g 同时也是三重的类轴.

10. 退化曲线 δ' 它是 δ 的对偶曲线. 由于 δ 与 δ' 的部分形体都只有主元素, 所以, 含有 δ 与 δ' 的符号计算起来并不难, 特别是, 如果我们充分利用关联公式的话, 就不会有任何的困难.

11. 与自身对偶的退化曲线 η 它由一条三重的阶直线 g 组成, g 同时又是一个三重的类轴. η 的切线轨迹分解为四个单重的秩束, 它们的四个束心

$$p_1,\ p_2,\ p_3,\ p_4$$

都位于 g 上; 而四个秩束的秩平面

$$e_1,\ e_2,\ e_3,\ e_4$$

都包含 g. 注意, 上述记号中, 下标相同的点 p 和平面 e, 总是表示同一个秩束的束心和秩平面. 利用关联公式, 计算含有 η 符号的数值就可以归结到三个主干数. 这三个主干数的值, 作者已经从前面算得的数推出来了. 我能够将它们推出来, 得益于 Zeuthen 先生对作者一个报告的指点 (**Lit.36**). 该报告发表在《哥本哈根科学院院刊》(1875) 上, 是关于作者获得了大奖的论文的. 这三个主干数的结果如下:

$$\eta G p_1 e_1 p_2 e_2 p_3 e_3 p_4 = 4$$
$$\eta G p_1 e_1 p_2 e_2 p_3 e_3 e_4 = 4$$
$$\eta g_s p_1 e_1 p_2 e_2 p_3 e_3 p_4 e_4 = 16$$

因此, 在退化曲线 η 中, 阶直线上的四个秩点及通过这些点的四个秩平面, 它们的位置是相互关联的, 确切地说, 当这八个主元素中有七个为给定时, 第八个就

只有四种可能了. 由于通过同形投影可将一般的 C_3 变换成退化曲线 η, 故从上面的结果, 作者得到了下述定理:

"给定一条三次空间曲线及一条任意的直线, 在此曲线上作四条切线与该直线相交, 那么得到四个交点以及这些切线与该直线所决定的四个平面, 它们的位置之间有以下的依赖关系: 当八者之中有七个为给定时, 则第八个 (点或者平面) 就只有四种可能了."

现在给定条件 T^4, 我们来求满足此条件的空间曲线, 即找一条曲线与四条给定直线都相切. 那么, 与这四条给定直线都相交的那两条直线, 每条都必须含有所求曲线的四个切点和四个切平面. 但是, 对于这种情况, 上面定理中的位置关系一般并不满足. 因而有

$$T^4 = 0$$

就是说, 一般说来, 不存在这样的空间曲线, 它以四条任意给定的直线为其切线. 但是, 如果事先给定的是三条切线, 则可以找到 ∞^3 条直线, 使得其中的每条, 当与那三条给定切线合在一起时, 能够成为某条三次空间曲线的四条切线. 确切地说, 我们先构造与该三条给定切线都相交的 ∞^1 条直线, 将其中每条直线上的每个点看成是切点, 并根据上述定理构作属于此点的切平面, 再在此切平面上作通过此点的 ∞^1 条直线, 这样就得到了 ∞^3 条直线, 它们构成了 ∞^2 个直线束, 其中总是有四个直线束具有同一个束心. 由此推知:

"在空间中给定三条直线, 然后考虑那样的空间直线, 它与这三条给定直线一起能够成为某条三次空间曲线的四条切线. 那么, 所有这样的空间直线构成了一个四次的直线复形 (strahlencomplex)."

Voss 用另一种方法也得到了这个结果, 参见 *Math.Ann.*, Bd XIII, p.169 (**Lit.37**).

对 C_3 的十一种退化曲线, 我们上面引入了十一个符号. 这每个符号同时也表示了一个单重条件, 它要求一条曲线 C_3 是该种类型的退化曲线. 在这十一个退化条件

$$\lambda, \kappa, \omega, \vartheta, \delta, \eta, \delta', \vartheta', \omega', \kappa', \lambda'$$

与上面定义的单重条件

$$\nu, \varrho, \beta, \sigma, \beta', \varrho', \nu'$$

之间, 存在一系列方程. 它们适用于那种一级系统, 这种系统的定义条件中除了

$$\nu, \varrho, \nu', \varrho', P, P', T$$

之外, 不再含有其他的因子. 利用这些方程, 就可以将下面的条件

$$\nu, \varrho, \beta, \sigma, \beta', \varrho', \nu'$$

用十一个退化条件表示出来. 得到这些方程的方法, 与我们在 §23 和 §24 中求得方程的方法是类似的, 就是将一个一级曲线系统中的某两个主元素组成对, 例如, 两个点、两条切线、两个密切平面、一个点与一条切线、一条切线与一条双割线, 等等, 这样就构造了一个由主元素对组成的系统. 然后, 再对此系统应用第三章的叠合公式. 在得到的这些方程中, 对我们的目标来说, 最为重要的下面四个主要公式:

$$1) \quad \nu = \frac{3}{2}\lambda + \frac{3}{2}\kappa + \frac{1}{2}\omega + \frac{5}{2}\vartheta + 2\delta + 3\eta + 3\delta' + \frac{9}{2}\vartheta' + \frac{3}{2}\omega' + \frac{3}{2}\kappa' + \frac{3}{2}\lambda'$$

$$2) \quad \varrho = 1\lambda + 1\kappa + 1\omega + 3\vartheta + 2\delta + 2\eta + 2\delta' + 3\vartheta' + 1\omega' + 2\kappa' + 3\lambda'$$

$$3) \quad \nu' = \frac{3}{2}\lambda + \frac{3}{2}\kappa + \frac{3}{2}\omega + \frac{9}{2}\vartheta + 3\delta + 3\eta + 2\delta' + \frac{5}{2}\vartheta' + \frac{1}{2}\omega' + \frac{3}{2}\kappa' + \frac{3}{2}\lambda'$$

$$4) \quad \varrho' = 3\lambda + 2\kappa + 1\omega + 3\vartheta + 2\delta + 2\eta + 2\delta' + 3\vartheta' + 1\omega' + 1\kappa' + 1\lambda'$$

利用这四个主要公式, 可以定出大量关于 C_3 的个数. 当然, 前提是已经算得了退化符号的数值. 但是根据上面的叙述, 这些数值可以由主元素、圆锥曲线 (§20)、带尖点的三次平面曲线 (§23)、带二重点的三次平面曲线 (§24) 等几何形体的个数得出. 这些通过下面的例子即可清楚地看出, 其中*等号右边都是关于部分形体的符号*.

退化曲线个数计算举例

$$\lambda P^2 P'^2 \nu'^2 \varrho = (\mu\nu - 3\mu^2)^2 f_e^2 f^2 \varrho = (\mu^2\nu^2\varrho - 6\mu^3\nu\varrho)(f_e^3 + 5\mu f f_e^2)$$
$$= 72 + 5 \cdot 36 - 6 \cdot 6 = \mathbf{216}$$
$$\lambda P'^4 \nu^3 = \nu^3 f_e^4 = \nu^3(6\mu^2 f_e^3 - 6\mu^3 f f_e^2) = 6 \cdot 81 - 6 \cdot 27 = \mathbf{324}$$
$$\lambda \nu^{11} = \nu^{11} = \mathbf{12960}$$
$$\lambda \nu^{10} \nu' = \nu^{10} f = \mathbf{44280}$$
$$\lambda \nu^9 \nu'^2 = \nu^9 f^2 = \mathbf{137520}$$
$$\lambda \nu^8 \nu'^3 = \nu^8 f^3 = \mathbf{256608}$$
$$\lambda \nu^7 \nu'^4 = \nu^7 f^4$$
$$= \nu^7(6 f^2 f_e - 3 f_e^2 - 22\mu f f_e + 6\mu f^3 + 30\mu^2 f_e - 21\mu^2 f^2 + 54\mu^3 f)$$
$$= \mathbf{349596}$$
$$\lambda \nu^2 \nu'^9 = \nu^2 f^9 = \nu^2(7280\mu^3 f_e^3) = 7280 \cdot 9 = \mathbf{65520}$$
$$\lambda \varrho^{11} = \mathbf{56960}$$
$$\lambda \varrho^{10} \varrho' = 4\mu \varrho^{10} = 4 \cdot 23840 = \mathbf{95360}$$
$$\lambda \varrho^9 \varrho'^2 = 4^2 \mu^2 \varrho^9 = 16 \cdot 4800 = \mathbf{76800}$$
$$\lambda \varrho^8 \varrho'^3 = 4^3 \mu^3 \varrho^8 = 64 \cdot 400 = \mathbf{25600}$$
$$\lambda \nu^3 \varrho^3 \nu'^3 \varrho'^2 = 16\mu^2 \nu^3 \varrho^3 f^3 = 16 \cdot 25974 = \mathbf{415584}$$

* * * * * * * * * *

$$\kappa P^3 \varrho^3 \varrho'^2 = \mu^3 \nu^3 q(\varrho^3 + 3\varrho^2 c + 3\varrho c^2)$$
$$= 168 + 3 \cdot 58 + 3 \cdot 4 = \mathbf{354}$$
$$\kappa \nu^{10} \varrho' = \nu^{10} = \mathbf{17760}$$
$$\kappa \nu^9 \varrho \varrho' = \nu^9(\varrho + c) = 31968 + 6592 = \mathbf{38560}$$
$$\kappa \nu^8 \varrho^2 \varrho' = \nu^8(\varrho + c)^2 = 44304 + 2_1 \cdot 14800 + 1168 = \mathbf{75072}$$
$$\kappa \nu^7 \varrho^3 \varrho' = \nu^7(\varrho + c)^3 = 49008 + 3_1 \cdot 22336 + 3_2 \cdot 2896 + 96 = \mathbf{124800}$$
$$\kappa \nu^6 \varrho^4 \varrho' = \nu^6(\varrho + c)^4 = 43104 + 4_1 \cdot 25560 + 4_2 \cdot 4592 + 4_3 \cdot 264 = \mathbf{173952}$$
$$\kappa \varrho^{10} \varrho' = (\varrho + c)^{10} = 960 + 10_1 \cdot 1504 + 10_2 \cdot 768 + 10_3 \cdot 208 = \mathbf{75520}$$
$$\kappa P' \nu^4 \varrho^4 \varrho' = (2q_e + w_e)(\varrho + c)^4 \nu^4$$
$$= 2 \cdot (4402 + 4_1 \cdot 1388 + 4_2 \cdot 152)$$
$$+ (2944 + 4_1 \cdot 2846 + 4_2 \cdot 962 + 4_3 \cdot 126)$$
$$= 2 \cdot 10866 + 20604 = \mathbf{42336}$$
$$\kappa \nu' \varrho^4 \varrho'^6 = 6_3 \cdot 3^3 \cdot (\mu^3 \varrho^4 q_e w + 4_1 \cdot \mu^3 \varrho^3 c q_e w)$$
$$= 540 \cdot (15 + 4 \cdot 9) = \mathbf{27540}$$
$$\kappa T^2 \varrho^3 \varrho'^2 = 2_1 \cdot 2_1 \cdot 3^1 \cdot \mu^3 \varrho(\varrho + c)^3 c q_e = 12\mu^3 \varrho^4 c q_e = \mathbf{120}$$
$$\kappa \nu \nu' \varrho^5 \varrho'^4 = (324\mu^3 \nu q + 108\mu^3 \nu w + 132\mu^2 \nu q_e + 54\mu^2 \nu q w$$
$$+ 12\mu \nu q_e w)(\rho^5 + 5_1 \cdot \varrho^4 c + 5_2 \cdot \varrho^3 c^2 + 5_3 \cdot \varrho^2 c^3)$$
$$= \mathbf{721296}$$
$$\kappa \varrho^6 \varrho'^5 = (5_3 \cdot 3^3 \cdot \mu^3 q + 5_2 \cdot 3^2 \cdot \mu^2 q_e)(\varrho^6 + 6_1 \cdot \varrho^5 c + 6_2 \cdot \varrho^4 c^2)$$
$$= 270 \cdot (66 + 6_1 \cdot 52 + 6_2 \cdot 10) + 90 \cdot (142 + 6_1 \cdot 74 + 6_2 \cdot 10)$$
$$= \mathbf{208800}$$

$$* * * * * * * * * *$$

$$\omega P^5 \nu = 5_2 \cdot 1_0 \cdot 1 = \mathbf{10}$$
$$\omega P^5 \varrho = 5_2 \cdot 1_0 \cdot 2^0 \cdot 2 = \mathbf{20}$$
$$\omega P^5 \nu' = 1_1 \cdot 3^1 \cdot 5_2 \cdot \frac{1}{2} \cdot 2 = \mathbf{30}$$
$$\omega P^5 \varrho' = 1_0 \cdot 2^0 \cdot 2^1 \cdot 5_2 \cdot \frac{1}{2} \cdot 2 = \mathbf{20}$$
$$\omega T^2 \varrho^2 \varrho'^2 \nu = 1_1 \cdot 2_1 \cdot 2^1 \cdot 2_1 \cdot 2^1 \cdot 2^1 \cdot 2_0 \cdot 2^0 \cdot 1 = \mathbf{32}$$
$$\omega P^2 \rho^7 = 2_2 \cdot (7_0 \cdot 2^0 \cdot 8 + 7_1 \cdot 2^1 \cdot 4)$$
$$+ 2_1 \cdot (7_1 \cdot 2^1 \cdot 4 \cdot 2 + 7_2 \cdot 2^2 \cdot 8 + 7_3 \cdot 2^3 \cdot 8)$$
$$= \mathbf{6112}$$
$$\omega P \varrho^4 \varrho'^5 = 1_1 \cdot 5_3 \cdot 2^3 \cdot 2^2 \cdot (4_0 \cdot 2^0 \cdot 1 + 4_1 \cdot 2^1 \cdot 1) = \mathbf{2880}$$
$$\omega \nu^{11} = 11_4 \cdot 2 \cdot 92 + 11_3 \cdot 2 \cdot 92 \cdot 2 = \mathbf{121440}$$
$$\omega \nu^{10} \varrho = 1_0 \cdot 2^0 \cdot (10_4 \cdot 2 \cdot 116 + 10_3 \cdot 2 \cdot 116 \cdot 2)$$
$$+ 1_1 \cdot 2^1 \cdot (10_4 \cdot 2 \cdot 18 + 10_3 \cdot 2 \cdot 92 + 10_2 \cdot 92 \cdot 2)$$

$$= 180240 \ (\text{参见 §21 中的计算})$$

$$* * * * * * * * * *$$

$$\vartheta P^3 \nu \varrho'^4 = 4_0 \cdot 2^0 \cdot (4_1 + \frac{1}{2} \cdot 4^2) \cdot 3_0 \cdot 1_0 \cdot 2 = \mathbf{14}$$

$$\vartheta P' \varrho^7 \varrho'^2 = 1_1 \cdot 3^1 \cdot 2_0 \cdot 2^0 \cdot (7_0 \cdot 2^0 \cdot 4 + 7_1 \cdot 2^1 \cdot \frac{1}{2} \cdot 8 + 7_2 \cdot 2^2 \cdot \frac{1}{2} \cdot 4)$$
$$= \mathbf{684}$$

$$\vartheta T^2 \varrho^4 \varrho' = 2_1 \cdot 1_0 \cdot 2^0 \cdot (4_0 \cdot 2^0 \cdot 4 + 4_1 \cdot 2^1 \cdot 2) = \mathbf{40}$$

$$\vartheta P' \nu' \varrho^4 \varrho'^4 = 1_1 \cdot 3^1 \cdot 1_1 \cdot 3^1 \cdot (4_2 \cdot 2^2 + 4_1 \cdot 2^1 \cdot 3) \cdot (4_0 \cdot 2^0 \cdot 1 + 4_1 \cdot 2^1 \cdot 1)$$
$$= \mathbf{3888}$$

$$\vartheta \varrho^8 \varrho'^3 = 3_1 \cdot 2^1 \cdot (8_1 \cdot 2^1 \cdot 6 \cdot 2 + 8_2 \cdot 2^2 \cdot 12 + 8_3 \cdot 2^3 \cdot 6)$$
$$+ 3_0 \cdot 2^0 \cdot 3 \cdot [8_0 \cdot 2^0 \cdot 4 \cdot 2 + 8_1 \cdot 2^1 \cdot (8+4)$$
$$+ 8_2 \cdot 2^2 \cdot (\frac{1}{2} \cdot 8 + 4) + 8_3 \cdot 2^3 \cdot \frac{1}{2} \cdot 4]$$
$$= \mathbf{31320}$$

$$* * * * * * * * * *$$

$$\delta T^3 \nu^2 = 3_1 \cdot 2^1 \cdot (2_1 \cdot 2^1 \cdot + 2_0 \cdot 2^0) \cdot 2 = \mathbf{60}$$

$$\delta T^3 \nu \varrho = 3_1 \cdot 2^1 \cdot 1_0 \cdot 2^0 \cdot (1_1 \cdot 2^1 + 1_0 \cdot 2^0 \cdot 2) = \mathbf{24}$$

$$\delta P^3 \nu' \varrho^2 \varrho'^2 = 2_0 \cdot 2^0 \cdot 2_0 \cdot 2^0 \cdot 2 \cdot 1_1 \cdot 3^1 \cdot 3_1 \cdot 2^1 = \mathbf{36}$$

$$\delta \nu \nu' \varrho^5 \varrho'^4 = 1_0 \cdot 2^0 \cdot 1_1 \cdot 3^1 \cdot 2 \cdot (4_2 \cdot 2^2 + 4_1 \cdot 2^1 \cdot 3) \cdot [5_3 \cdot 2^3 + 5_2 \cdot 2^2 \cdot 3 \cdot 2$$
$$+ 5_1 \cdot 2^1 \cdot (4 + 3 \cdot 2)]$$
$$= \mathbf{120960}$$

$$* * * * * * * * * *$$

$$\eta T^2 \varrho^3 \varrho' \nu = 1_1 \cdot 3^1 \cdot 2 \cdot (3 \cdot 2 + 3 \cdot 2) \cdot 4 = \mathbf{288}$$

$$\eta P \nu \varrho^4 \varrho'^4 = 1_1 \cdot 3^1 \cdot 1_1 \cdot 3^1 \cdot 4! \cdot (6 \cdot 4 + 6 \cdot 4 + 16) = \mathbf{13824}$$

$$\eta P \varrho^3 \varrho'^6 = 1_1 \cdot 3^1 \cdot 4! \cdot \frac{6!}{2! \, 2! \, 2! \, 2!} \cdot 4 = \mathbf{13680}$$

$$\eta P \varrho^5 \varrho'^4 = 1_1 \cdot 3^1 \cdot 4! \cdot [(10 + 15) \cdot 4 + 10 \cdot 6 \cdot 4 + 10 \cdot 16] = \mathbf{36000}$$

$$\eta \nu^2 \varrho^5 \varrho'^4 = 2_2 \cdot 3^2 \cdot 4! \cdot [(10 + 15 \cdot 2) \cdot 4 + 6 \cdot 10 \cdot 2 \cdot 4 + 10 \cdot (12 + 16)]$$
$$= \mathbf{198720}$$

要计算含有 $\delta', \vartheta', \omega', \kappa', \lambda'$ 的符号, 最方便的办法是, 先用对偶变换将它们变为含有 $\delta, \vartheta, \omega, \kappa, \lambda$ 的符号, 再对后者进行计算.

有大量退化符号的值都等于零. 例如, 所有那样的符号, 它们除了

$$\kappa, \ \vartheta, \ \delta, \ \eta, \ \delta', \ \vartheta', \ \omega', \ \kappa', \ \lambda'$$

之外, 只含有条件

$$P, \ \nu, \ \varrho$$

其次, 是所有那样的符号, 它们除了

$$\kappa, \ \vartheta, \ \delta, \ \eta, \ \delta', \ \vartheta', \ \kappa'$$

之外, 只含有条件

$$P, \ P', \ \nu, \ \nu'$$

此外, 还有所有那样的符号, 它们除了

$$\omega, \ \delta$$

之外, 只含有下述两个条件

$$P \text{ 和 } \nu$$

最后, 是所有那样的符号, 它们除了

$$\eta, \ \delta, \ \vartheta, \ \kappa$$

之外, 只含有下述两个条件

$$\varrho' \text{ 和 } T$$

此外, 从上面对于退化曲线的描述可以推知, 不存在那样的一级系统, 在其中所有退化曲线的个数都等于零; 也不存在那样的一级系统, 在其中 η, λ, λ' 这三个数都不为零. 在此, 还是请注意, 我们讨论的仅仅是那样的一级系统, 在这种系统的定义条件中, 除了

$$\nu, \ \nu', \ \varrho, \ \varrho', \ P, \ P', \ T$$

以外, 不再含有任何其他的因子.

下面, 我们要对一系列的一级系统, 列出该系统中退化曲线的个数. 我们将每个系统的定义条件写在前面, 并略去所有等于零的退化曲线个数. 这样一来, 从这些数出发, 利用主要公式 1)—4), 就可以得到很多关于三次空间曲线的个数, 其中大部分还可用多种方式加以验证.

I. 系统的定义条件中含有 P^5.

在这样的系统中, 不为零的只有 ω, 即有

$$\omega P^5 \nu = 10, \quad \omega P^5 \varrho = 20, \quad \omega P^5 \nu' = 30, \quad \omega P^5 \varrho' = 20$$

由此推出, 对于三次空间曲线有

$$P^5\nu^2 = 5, \quad P^5\nu\varrho = 10, \quad P^5\varrho^2 = 20, \quad P^5\nu\nu' = 15, \quad P^5\nu\varrho' = 10$$
$$P^5\varrho\nu' = 30, \quad P^5\varrho\varrho' = 20, \quad P^5\nu'^2 = 45, \quad P^5\nu'\varrho' = 30, \quad P^5\varrho'^2 = 20$$

II. 系统的定义条件中含有 P^4, 此外就只有 $\nu, \nu', \varrho, \varrho'$ 了.

这样的系统共有 20 个. 它们之中有 10 个系统, 在其中不为零的只有 ω; 又有 4 个系统, 在其中不为零的只有 λ'; 还有 6 个系统, 在其中不为零的只有 ω 和 λ', 即有

定义条件	ω	定义条件	ω	λ'
$P^4\nu^3$	60	$P^4\nu\nu'^2$	216	108
$P^4\nu^2\varrho$	120	$P^4\nu\nu'\varrho'$	144	72
$P^4\nu^2\nu'$	180	$P^4\nu\varrho'^2$	96	48
$P^4\nu^2\varrho'$	120	$P^4\varrho\nu'^2$	432	216
$P^4\nu\varrho^2$	240	$P^4\varrho\nu'\varrho'$	288	144
$P^4\nu\varrho\nu'$	360	$P^4\varrho\varrho'^2$	192	96
$P^4\nu\varrho\varrho'$	240	$P^4\nu'^3$	0	324
$P^4\varrho^3$	480	$P^4\nu'^2\varrho'$	0	216
$P^4\varrho^2\nu'$	720	$P^4\nu'\varrho'^2$	0	144
$P^4\varrho^2\varrho'$	480	$P^4\varrho'^3$	0	96

由此得出下列关于 C_3 的个数, 以及许多验证这些数值的方法:

$P^4\nu^3 = 30$	$P^4\nu\varrho^3 = 240$	$P^4\varrho^4 = 480$	$P^4\nu'^4 = 486$
$P^4\nu^3\varrho = 60$	$P^4\nu\varrho^2\nu' = 360$	$P^4\varrho^3\nu' = 720$	$P^4\nu'^3\varrho' = 324$
$P^4\nu^3\nu' = 90$	$P^4\nu\varrho^2\varrho' = 240$	$P^4\varrho^3\varrho' = 480$	$P^4\nu'^2\varrho'^2 = 216$
$P^4\nu^3\varrho' = 60$	$P^4\nu\varrho\nu'^2 = 540$	$P^4\varrho^2\nu'^2 = 1080$	$P^4\nu'\varrho'^3 = 144$
$P^4\nu^2\varrho^2 = 120$	$P^4\nu\varrho\nu'\varrho' = 360$	$P^4\varrho^2\nu'\varrho' = 720$	$P^4\varrho'^4 = 96$
$P^4\nu^2\varrho\nu' = 180$	$P^4\nu\varrho\varrho'^2 = 240$	$P^4\varrho^2\varrho'^2 = 480$	
$P^4\nu^2\varrho\varrho' = 120$	$P^4\nu\nu'^3 = 486$	$P^4\varrho\nu'^3 = 972$	
$P^4\nu^2\nu'^2 = 270$	$P^4\nu\nu'^2\varrho' = 324$	$P^4\varrho\nu'^2\varrho' = 648$	
$P^4\nu^2\nu'\varrho' = 180$	$P^4\nu\nu'\varrho'^2 = 216$	$P^4\varrho\nu'\varrho'^2 = 432$	
$P^4\nu^2\varrho'^2 = 120$	$P^4\nu\varrho'^3 = 144$	$P^4\varrho\varrho'^3 = 288$	

III. 系统的定义条件中含有 P^3, 此外就只有 ν, ϱ, ϱ' 了.

这样的系统共有 21 个. 在所有 21 个系统中全都等于零的只有 $\eta, \vartheta', \delta', \omega'$, 其余 7 个退化符号的数值则由下表给出:

定义条件	δ	ϑ	ω	κ	λ	κ'	λ'
$P^3\nu^5$	0	0	344	0	12	0	0
$P^3\nu^4\varrho$	0	0	604	0	36	0	0
$P^3\nu^4\varrho'$	0	0	688	24	0	0	0
$P^3\nu^3\varrho^2$	0	0	980	0	100	0	0
$P^3\nu^3\varrho\varrho'$	0	0	1208	72	0	0	0
$P^3\nu^3\varrho'^2$	0	42	740	18	0	0	156
$P^3\nu^2\varrho^3$	0	0	1440	0	240	0	0
$P^3\nu^2\varrho^2\varrho'$	0	0	1960	200	0	0	0
$P^3\nu^2\varrho\varrho'^2$	0	114	1384	58	0	0	192
$P^3\nu^2\varrho'^3$	0	36	400	5	0	0	507
$P^3\nu\varrho^4$	0	0	1920	0	480	0	0
$P^3\nu\varrho^3\varrho'$	0	0	2880	480	0	0	0
$P^3\nu\varrho^2\varrho'^2$	48	236	2304	156	0	0	192
$P^3\nu\varrho\varrho'^3$	0	102	768	18	0	216	696
$P^3\nu\varrho'^4$	0	14	0	0	0	0	660
$P^3\varrho^5$	0	0	2664	0	712	0	0
$P^3\varrho^4\varrho'$	0	0	3840	960	0	0	0
$P^3\varrho^3\varrho'^2$	252	354	3072	354	0	0	256
$P^3\varrho^2\varrho'^3$	36	216	1008	46	0	1026	592
$P^3\varrho\varrho'^4$	0	42	0	0	0	522	756
$P^3\varrho'^5$	0	0	0	0	0	0	468

由此得出下列关于 C_3 的个数, 以及许多验证这些数值的方法:

$P^3\nu^6 = 190$	$P^3\nu^2\varrho^4 = 1680$	$P^3\nu\varrho\varrho'^4 = 2022$
$P^3\nu^5\varrho = 356$	$P^3\nu^2\varrho^3\varrho' = 2160$	$P^3\nu\varrho'^5 = 702$
$P^3\nu^5\varrho' = 380$	$P^3\nu^2\varrho^2\varrho'^2 = 2360$	$P^3\varrho^6 = 3376$
$P^3\nu^4\varrho^2 = 640$	$P^3\nu^2\rho\rho'^3 = 2034$	$P^3\varrho^5\varrho' = 4800$
$P^3\nu^4\varrho\varrho' = 712$	$P^3\nu^2\varrho'^4 = 1025$	$P^3\varrho^4\varrho'^2 = 5760$
$P^3\nu^4\varrho'^2 = 736$	$P^3\nu\varrho^5 = 2400$	$P^3\varrho^3\varrho'^3 = 5602$
$P^3\nu^3\varrho^3 = 1080$	$P^3\nu\varrho^4\varrho' = 3360$	$P^3\varrho^2\varrho'^4 = 3438$
$P^3\nu^3\varrho^2\varrho' = 1280$	$P^3\nu\varrho^3\varrho'^2 = 3840$	$P^3\varrho\varrho'^5 = 1404$
$P^3\nu^3\varrho\varrho'^2 = 1352$	$P^3\nu\varrho^2\varrho'^3 = 3612$	$P^3\varrho'^6 = 468$
$P^3\nu^3\varrho'^3 = 1058$		

Ⅳ. 系统的定义条件中含有 P^3, 此外就只有 ν 和 ν' 这两个条件了.

这样的系统共有六个. 在六个系统中, $\kappa, \vartheta, \delta, \eta, \delta', \vartheta', \omega', \kappa'$ 的数值全都等于零, 而 $\omega, \lambda, \lambda'$ 的数值则由下表给出:

160

定义条件	ω	λ	λ'
$P^3\nu^5$	344	12	0
$P^3\nu^4\nu'$	906	54	0
$P^3\nu^3\nu'^2$	1152	225	351
$P^3\nu^2\nu'^3$	810	405	1053
$P^3\nu\nu'^4$	0	405	1863
$P^3\nu'^5$	0	405	1863

由此得出下列关于 C_3 的个数:

$P^3\nu^6 = 190,\quad P^3\nu^5\nu' = 534,\quad P^3\nu^4\nu'^2 = 1440$

$P^3\nu^3\nu'^3 = 2592,\quad P^3\nu^2\nu'^4 = 3402,\quad P^3\nu\nu'^5 = 3402,\quad P^3\nu'^6 = 3402$

V. 系统的定义条件中含有 P^3, 此外就只有 ν' 和 ϱ' 这两个条件了.

这样的系统共有六个. 在六个系统中, $\omega,\vartheta,\delta,\eta,\delta',\vartheta',\omega',\kappa'$ 的数值全都等于零, 而 λ,λ',κ 的数值则由下表给出:

定义条件	λ	λ'	κ
$P^3\nu'^5$	405	1863	0
$P^3\nu'^4\varrho'$	0	1836	216
$P^3\nu'^3\varrho'^2$	0	1458	54
$P^3\nu'^2\varrho'^3$	0	1035	9
$P^3\nu'\varrho'^4$	0	702	0
$P^3\varrho'^5$	0	468	0

由此得出下列关于 C_3 的个数:

$P^3\nu'^6 = 3402,\quad P^3\nu'^5\varrho' = 3078,\quad P^3\nu'^4\varrho'^2 = 2268$

$P^3\nu'^3\varrho'^3 = 1566,\quad P^3\nu'^2\varrho'^4 = 1053,\quad P^3\nu'\varrho'^5 = 702,\quad P^3\varrho'^6 = 468$

VI. 系统的定义条件中含有 P^4P'.

这样的系统共有四个. 它们之中有两个系统, 在其中只有 ω 不为零; 而在另外两个系统中, 只有 λ' 不为零; 即有

定义条件	ω	λ'
$P^4P'\nu$	54	0
$P^4P'\varrho$	108	0
$P^4P'\nu'$	0	54
$P^4P'\varrho'$	0	36

由此得出下面十个关于 C_3 的个数:

$$
\begin{array}{l|l|l}
P^4 P' \nu^2 = 27 & P^4 P' \varrho^2 = 108 & P^4 P' \nu'^2 = 81 \\
P^4 P' \nu \varrho = 54 & P^4 P' \varrho \nu' = 162 & P^4 P' \nu' \rho' = 54 \\
P^4 P' \nu \nu' = 81 & P^4 P' \varrho \varrho' = 108 & P^4 P' \varrho'^2 = 36 \\
P^4 P' \nu \varrho' = 54 & &
\end{array}
$$

Ⅶ. 系统的定义条件中含有 $P^3 P'^2$.

这样的系统共有四个. 在四个系统中, $\omega, \vartheta, \delta, \eta, \delta', \vartheta', \omega', \kappa'$ 的数值全都等于零. 其余的数值如下:

定义条件	λ	λ'	κ
$P^3 P'^2 \nu$	27	27	0
$P^3 P'^2 \varrho$	36	36	0
$P^3 P'^2 \nu'$	27	27	0
$P^3 P'^2 \varrho'$	0	36	36

由此得出下面十个关于 C_3 的个数:

$$
\begin{array}{l|l|l}
P^3 P'^2 \nu^2 = 81 & P^3 P'^2 \varrho^2 = 144 & P^3 P'^2 \nu'^2 = 81 \\
P^3 P'^2 \nu \varrho = 108 & P^3 P'^2 \varrho \nu' = 108 & P^3 P'^2 \nu' \varrho' = 108 \\
P^3 P'^2 \nu \nu' = 81 & P^3 P'^2 \varrho \varrho' = 144 & P^3 P'^2 \varrho'^2 = 108 \\
P^3 P'^2 \nu \varrho' = 108 & &
\end{array}
$$

Ⅷ. 系统的定义条件中含有 P 或者 P^2, 此外就只有 ν 和 ϱ 了.

在这样的系统中, 不为零的只有 ω 和 λ, 即有

定义条件	ω	λ	定义条件	ω	λ
$P^2 \nu^7$	2192	144	$P\nu^8 \varrho$	23856	3344
$P^2 \nu^6 \varrho$	3544	376	$P\nu^7 \varrho^2$	32488	7304
$P^2 \nu^5 \varrho^2$	5152	896	$P\nu^6 \varrho^3$	38256	13776
$P^2 \nu^4 \varrho^3$	6576	1840	$P\nu^5 \varrho^4$	37824	22080
$P^2 \nu^3 \varrho^4$	7232	3200	$P\nu^4 \varrho^5$	31152	29552
$P^2 \nu^2 \varrho^5$	6992	4624	$P\nu^3 \varrho^6$	21376	33344
$P^2 \nu \varrho^6$	6144	5696	$P\nu^2 \varrho^7$	12528	32304
$P^2 \varrho^7$	6112	5856	$P\nu \varrho^8$	6216	27816
$P\nu^9$	15552	1392	$P\varrho^9$	3984	21360

由此得出下面关于 C_3 的 $9+11$ 个个数:

$$
\begin{array}{ll}
P^2\nu^8 = 1312 & \quad P\nu^9\varrho = 16944 \\
P^2\nu^7\varrho = 2336 & \quad P\nu^8\varrho^2 = 27200 \\
P^2\nu^6\varrho^2 = 3920 & \quad P\nu^7\varrho^3 = 39792 \\
P^2\nu^5\varrho^3 = 6048 & \quad P\nu^6\varrho^4 = 52032 \\
P^2\nu^4\varrho^4 = 8416 & \quad P\nu^5\varrho^5 = 59904 \\
P^2\nu^3\varrho^5 = 10432 & \quad P\nu^4\varrho^6 = 60704 \\
P^2\nu^2\varrho^6 = 11616 & \quad P\nu^3\varrho^7 = 54720 \\
P^2\nu\varrho^7 = 11840 & \quad P\nu^2\varrho^8 = 44832 \\
P^2\varrho^8 = 11968 & \quad P\nu\varrho^9 = 34032 \\
P\nu^{10} = 9864 & \quad P\varrho^{10} = 25344
\end{array}
$$

IX. 系统的定义条件中含有 $P\varrho'^4$, 此外就只有 ϱ, ϱ' 或者 $\nu\varrho^4$ 了.

这样的系统共有七个. 在七个系统中, $\lambda, \delta', \omega'$ 的数值全都等于零. 其余 8 种退化曲线的数值如下:

定义条件	η	δ	ϑ	ϑ'	ω	κ	κ'	λ'
$P\varrho'^9$	0	0	0	0	0	0	0	11424
$P\varrho'^8\varrho$	0	0	0	0	0	0	14976	19296
$P\varrho'^7\varrho^2$	0	0	0	684	0	0	70044	15744
$P\varrho'^6\varrho^3$	12960	6600	7700	5670	0	0	104766	5376
$P\varrho'^5\varrho^4$	30240	22080	24510	12348	2880	7830	71136	0
$P\varrho'^4\varrho^5$	36000	31080	29712	7290	12672	43704	22950	0
$P\varrho'^4\nu\varrho^4$	13824	30900	34776	3888	35904	39438	51390	0

由此得出下面关于 C_3 的个数, 以及一些验证这些数值的方法:

$$
\begin{array}{lll}
P\varrho'^{10} = 11424 & \quad P\varrho'^7\varrho^3 = 189372 & \quad P\varrho'^4\varrho^6 = 347442 \\
P\varrho'^9\varrho = 34272 & \quad P\varrho'^6\varrho^4 = 304890 & \quad P\nu\varrho'^5\varrho^4 = 383562 \\
P\varrho'^8\varrho^2 = 87840 & \quad P\varrho'^5\varrho^5 = 368196 & \quad P\nu\varrho'^4\varrho^5 = 395514
\end{array}
$$

X. 系统的定义条件是 P^4T.

这样的系统只有一个, 其中不等于零的只有 ω, 即有 $\omega = 8$. 由此得出四个关于 C_3 的个数:

$$
P^4T\nu = 4, \quad P^4T\varrho = 8, \quad P^4T\nu' = 12, \quad P^4T\varrho' = 8
$$

XI. 系统的定义条件是 PT^3.

这样的系统只有一个, 其中不等于零的只有 δ, 即有 $\delta = 6$. 由此得出四个关于 C_3 的个数:

$$PT^3\nu = 12, \quad PT^3\varrho = 12, \quad PT^3\nu' = 18, \quad PT^3\varrho' = 12$$

XII. 系统的定义条件中含有 T^3, 此外就只有 $\nu, \varrho, \nu', \varrho'$ 了.

这样的系统共有十个. 在十个系统中, $\lambda, \kappa, \omega, \vartheta, \vartheta', \omega', \kappa', \lambda'$ 的数值都等于零. 而 η, δ, δ' 的数值如下:

定义条件	η	δ	δ'	定义条件	η	δ	δ'
$T^3\nu^2$	0	60	0	$T^3\varrho\nu'$	24	0	24
$T^3\nu\varrho$	24	24	0	$T^3\varrho\varrho'$	32	0	0
$T^3\nu\nu'$	0	36	36	$T^3\nu'^2$	0	0	60
$T^3\nu\varrho'$	24	24	0	$T^3\nu'\varrho'$	24	0	24
$T^3\varrho^2$	32	0	0	$T^3\varrho'^2$	32	0	0

由此得出 20 个关于 C_3 的个数:

$$
\begin{array}{llll}
T^3\nu^3 = 120 & T^3\nu\varrho\nu' = 144 & T^3\varrho^3 = 64 & T^3\varrho\varrho'^2 = 64 \\
T^3\nu^2\varrho = 120 & T^3\nu\varrho\varrho' = 96 & T^3\varrho^2\nu' = 96 & T^3\nu'^3 = 120 \\
T^3\nu^2\nu' = 180 & T^3\nu\nu'^2 = 180 & T^3\varrho^2\varrho' = 64 & T^3\nu'^2\varrho' = 120 \\
T^3\nu^2\varrho' = 120 & T^3\nu\nu'\varrho' = 144 & T^3\varrho\nu'^2 = 120 & T^3\nu'\varrho'^2 = 96 \\
T^3\nu\varrho^2 = 96 & T^3\nu\varrho'^2 = 96 & T^3\varrho\nu'\varrho' = 96 & T^3\rho'^3 = 64
\end{array}
$$

XIII. 系统的定义条件中含有 T^2, 此外就只有 $\varrho, \varrho', \nu\varrho^3\varrho'$ 或者 $\nu\varrho^2\varrho'^2$ 了.

在所有这样的系统中, $\lambda, \delta', \omega', \lambda'$ 的数值都等于零. 其他的数值则为

定义条件	η	δ	ϑ	ϑ'	ω	κ	κ'
$T^2\varrho^5$	0	0	0	0	0	608	0
$T^2\varrho^4\varrho'$	368	0	40	0	0	360	0
$T^2\varrho^3\varrho'^2$	560	0	68	44	0	120	0
$T^2\varrho^2\varrho'^3$	560	0	44	68	0	0	120
$T^2\varrho\varrho'^4$	368	0	0	40	0	0	360
$T^2\varrho'^5$	0	0	0	0	0	0	608
$T^2\varrho^3\varrho'\nu$	288	176	84	0	80	484	0
$T^2\varrho^2\varrho'^2\nu$	384	264	128	48	32	156	108

由此得出关于 C_3 的个数如下:

$$
\begin{array}{l|l|l}
T^2\varrho^6 = 608 & T^2\varrho\varrho'^5 = 1216 & T^2\nu\varrho^3\varrho'^2 = 2228 \\
T^2\varrho^5\varrho' = 1216 & T^2\varrho'^6 = 608 & T^2\nu\varrho^2\varrho'^3 = 2276 \\
T^2\varrho^4\varrho'^2 = 1576 & T^2\nu\varrho^5 = 912 & T^2\nu\varrho\varrho'^4 = 1824 \\
T^2\varrho^3\varrho'^3 = 1696 & T^2\nu\varrho^4\varrho' = 1744 & T^2\nu\varrho'^5 = 912 \\
T^2\varrho^2\varrho'^4 = 1576 & &
\end{array}
$$

XIV. 系统的定义条件中只含有 ν 和 ϱ.

在所有这样的系统中, 除了 ω 与 λ 之外, 其他九种退化曲线的数值全都等于零. 而 ω 与 λ 的数值如下:

定义条件	ω	λ	定义条件	ω	λ
ν^{11}	121440	12960	$\nu^5\varrho^6$	113120	230240
$\nu^{10}\varrho$	180240	29520	$\nu^4\varrho^7$	53120	211200
$\nu^9\varrho^2$	236160	61120	$\nu^3\varrho^8$	18064	170192
$\nu^8\varrho^3$	265664	109632	$\nu^2\varrho^9$	3984	124176
$\nu^7\varrho^4$	247744	167616	$\nu\varrho^{10}$	0	85440
$\nu^6\varrho^5$	187520	214400	ϱ^{11}	0	56960

由此得出一些关于 C_3 的个数, 以及一些验证这些数值的方法:

$$
\begin{array}{l|l}
\nu^{12} = 80160 & \nu^5\varrho^7 = 343360 \\
\nu^{11}\varrho = 134400 & \nu^4\varrho^8 = 264320 \\
\nu^{10}\varrho^2 = 209760 & \nu^3\varrho^9 = 188256 \\
\nu^9\varrho^3 = 297280 & \nu^2\varrho^{10} = 128160 \\
\nu^8\varrho^4 = 375296 & \nu\varrho^{11} = 85440 \\
\nu^7\varrho^5 = 415360 & \varrho^{12} = 56960 \\
\nu^6\varrho^6 = 401920 &
\end{array}
$$

XV. 系统的定义条件中只含有 ν 和 ν'.

这样的系统共有 12 个, 其中有六个系统, 在作对偶变换之后, 可得出另外的六个系统. 在六个含有 ν^6 的系统中, $\omega, \lambda, \lambda'$ 的数值如下表所示, 其余八种退化曲线的数值则全都等于零.

定义条件	ω	λ	λ'
ν^{11}	121440	12960	0
$\nu^{10}\nu'$	270360	44280	0
$\nu^9\nu'^2$	334800	137520	65520
$\nu^8\nu'^3$	254016	256608	196560
$\nu^7\nu'^4$	86184	349596	328860
$\nu^6\nu'^5$	0	382320	382320

由此得出关于 C_3 的个数如下:

$$\begin{aligned}
\nu^{12} &= \nu'^{12} = 80160 & \nu^8\nu'^4 &= \nu^4\nu'^8 = 1060776 \\
\nu^{11}\nu' &= \nu\nu'^{11} = 201600 & \nu^7\nu'^5 &= \nu^5\nu'^7 = 1146960 \\
\nu^{10}\nu'^2 &= \nu^2\nu'^{10} = 471960 & \nu^6\nu'^6 & = 1146960 \\
\nu^9\nu'^3 &= \nu^3\nu'^9 = 806760 &
\end{aligned}$$

XVI. 系统的定义条件分别为 $\nu^{11}, \nu^{10}\varrho', \nu^9\varrho'^2, \nu^8\varrho'^3$.

在这些系统中, $\delta, \eta, \delta', \vartheta', \omega', \kappa'$ 的数值全都为零, 而 $\vartheta, \omega, \kappa, \lambda, \lambda'$ 的数值则列于下表:

定义条件	ϑ	ω	κ	λ	λ'
ν^{11}	0	121440	0	12960	0
$\nu^{10}\varrho'$	0	242880	17760	8160	0
$\nu^9\varrho'^2$	20040	318240	29864	3456	29120
$\nu^8\varrho'^3$	43512	303168	31200	768	112840

由此得出关于 C_3 的个数如下:

$$\begin{aligned}
\nu^{12} &= 80160, & \nu^{11}\varrho' &= 160320, & \nu^{10}\varrho'^2 &= 302880 \\
\nu^9\varrho'^3 &= 477576, & \nu^8\varrho'^4 &= 611248 &
\end{aligned}$$

XVII. 系统的定义条件分别为 $\nu^3\varrho'^8, \nu^2\varrho'^9, \nu\varrho'^{10}, \varrho'^{11}$.

在这些系统中, 不等于零的只有 λ' 的数值, 确切地说, 有

$$\begin{aligned}
\lambda'\nu^3\varrho'^8 &= 192240, & \lambda'\nu^2\varrho'^9 &= 128160 \\
\lambda'\nu\varrho'^{10} &= 85440, & \lambda'\varrho'^{11} &= 56960
\end{aligned}$$

由此得出关于 C_3 的个数如下:

$$\begin{aligned}
\varrho'^{12} &= 56960, & \nu\varrho'^{11} &= 85440, & \nu^2\varrho'^{10} &= 128160 \\
\nu^3\varrho'^9 &= 192240, & \nu^4\varrho'^8 &= 288360 &
\end{aligned}$$

XVIII. 系统的定义条件分别为 $\nu\varrho^{10}, \nu\varrho^9\varrho', \nu\varrho^8\varrho'^2, \nu\varrho^7\varrho'^3, \nu\varrho^6\varrho'^4$.

在这些系统中, $\delta', \omega', \lambda'$ 的数值都为零, 其余八种退化曲线的数值则列于下表:

定义条件	η	δ	ϑ	ϑ'	ω	κ	κ'	λ
$\nu\varrho^{10}$	0	0	0	0	0	0	0	85440
$\nu\varrho^9\varrho'$	0	0	0	0	7968	105312	0	143040
$\nu\varrho^8\varrho'^2$	0	0	7624	0	41760	467880	0	115200
$\nu\varrho^7\varrho'^3$	120960	35280	58380	0	84768	735204	0	38400
$\nu\varrho^6\varrho'^4$	311040	115200	153284	32400	90240	603144	27540	0

此外, 我们再补充一个系统, 其定义条件为 $\nu\nu'\varrho^5\varrho'^4$. 在这个系统中, λ 和 λ' 的数值等于零, 其余九种退化曲线的数值则是

$$\eta = 198720, \quad \delta = 120960, \quad \delta' = 120960, \quad \vartheta = 170256, \quad \vartheta' = 151140$$
$$\omega = 74880, \quad \omega' = 17280, \quad \kappa = 721296, \quad \kappa' = 235980$$

从上面考虑的六个系统, 可以得出关于 C_3 的个数如下:

$\nu\varrho^{11}$ $= \nu'\varrho'^{11}$ $= 85440$		$\nu\varrho'^{11}$ $= \nu'\varrho^{11}$ $= 85440$
$\nu\varrho^{10}\varrho'$ $= \nu'\varrho'^{10}\varrho$ $= 256320$		$\nu\varrho\varrho'^{10}$ $= \nu'\varrho'\varrho^{10}$ $= 256320$
$\nu\varrho^9\varrho'^2$ $= \nu'\varrho'^9\varrho^2$ $= 647712$		$\nu\varrho^2\varrho'^9$ $= \nu'\varrho'^2\varrho^9$ $= 655680$
$\nu\varrho^8\varrho'^3$ $= \nu'\varrho'^8\varrho^3$ $= 1345992$		$\nu\varrho^3\varrho'^8$ $= \nu'\varrho'^3\varrho^8$ $= 1408632$
$\nu\varrho^7\varrho'^4$ $= \nu'\varrho'^7\varrho^4$ $= 2157996$		$\nu\varrho^4\varrho'^7$ $= \nu'\varrho'^4\varrho^7$ $= 2278764$
$\nu\varrho^6\varrho'^5$ $= \nu\varrho'^6\varrho^5$ $= 2733600$		$\nu\varrho^5\varrho'^6$ $= \nu'\varrho'^5\varrho^6$ $= 2802000$
$\nu\nu'\varrho^6\varrho'^4 = \nu\nu'\varrho'^6\varrho^4 = 3082644$		$\nu\nu'\varrho^5\varrho'^5 = 3567960$

XIX. 系统的定义条件只含有 ϱ 和 ϱ'.

这样的系统共有 12 个, 其中 6 个与另外 6 个互为对偶. 在六个含有 ϱ^6 的系统中, $\omega, \delta, \delta', \omega', \lambda'$ 的数值都等于零, 而 $\eta, \vartheta, \vartheta', \kappa, \kappa', \lambda$ 的数值则如下表:

定义条件	η	ϑ	ϑ'	κ	κ'	λ
ϱ^{11}	0	0	0	0	0	56960
$\varrho^{10}\varrho'$	0	0	0	75520	0	95360
$\varrho^9\varrho'^2$	0	3984	0	348368	0	76800
$\varrho^8\varrho'^3$	127680	31320	0	564168	0	25600
$\varrho^7\varrho'^4$	369600	86844	26460	475344	0	0
$\varrho^6\varrho'^5$	542400	127200	93000	208800	37800	0

由此得出下列关于 C_3 的个数, 以及一些验证这些数值的方法:

$$\varrho^{12} = \varrho'^{12} = 56960 \qquad \varrho^8\varrho'^4 = \varrho^4\varrho'^8 = 1554456$$
$$\varrho^{11}\varrho' = \varrho\varrho'^{11} = 170880 \qquad \varrho^7\varrho'^5 = \varrho^5\varrho'^7 = 2029800$$
$$\varrho^{10}\varrho'^2 = \varrho^2\varrho'^{10} = 437120 \qquad \varrho^6\varrho'^6 = 2200800$$
$$\varrho^9\varrho'^3 = \varrho^3\varrho'^9 = 939088$$

到现在为止, 我们通过许多例子, 说明了计算三次空间曲线个数的方法. 但这些方法并不适用于计算那些完全由多重条件复合而成的符号, 例如 P^5P'. 不过, 个数守恒原理仍然提供了充分有效的工具, 使我们不仅能用这些工具来验证上面已经算出的数值, 而且能用它们来计算少数几个尚未算出的符号. 有鉴于此, 我们还想介绍两个重要的二维公式, 它们也是由个数守恒原理导出的. 为此, 我们先来在最初定义的十个条件之上, 再补充下面的两个条件:

11. B, 它要求曲线具有一条给定的双割线. 这是一个二重条件.

12. ϱ_g, 它要求曲线与一个给定平面相切于该平面中的一条给定直线上. 这也是一个二重条件.

如果令条件 ν^2 决定的两条给定直线无限靠近并且相交, 那么, 满足 ν^2 的情况就有以下几种: 其一, 通过两条给定直线交点的每条空间曲线都满足此条件一次; 其二, 以那条叠合直线为双割线的每条空间曲线都满足此条件两次; 其三, 与两条给定直线所决定平面相切于叠合直线上的每条空间曲线都满足此条件一次; 其四, 每条退化空间曲线, 如果它有一条多重阶直线与叠合直线相交的话, 都满足此条件. 于是, 我们得到下述公式:

$$\nu^2 = P + 2B + \varrho_g + 2\delta g + 6\eta g + 6\delta' g + 6\vartheta' g + 2\omega' g + \kappa' g$$

其中, 由 $\delta, \eta, \delta', \vartheta', \omega', \kappa'$ 与 g 分别组成的六个符号, 每个都表示一个二重条件, 它们分别要求 C_3 为 $\delta, \eta, \delta', \vartheta', \omega', \kappa'$ 型的退化曲线, 并且该退化曲线的多重阶直线与一条给定直线相交.

如果再令条件 ϱ^2 决定的两个平面无限靠近, 则可得到

$$\varrho^2 = 3P' + \varrho_g + \omega e + 2\vartheta e + \delta e + 3\delta' e + 6\vartheta' e + 3\omega' e + 6\kappa' e + 12\lambda' e$$

其中, 由退化符号与 e 分别组成的八个符号, 每个都表示一个二重条件, 它们分别要求 C_3 为 $\omega, \vartheta, \delta, \delta', \vartheta', \omega', \kappa', \lambda'$ 型的退化曲线, 并且该退化曲线有一个多重秩点位于一个给定的平面上.

通过应用第三章中的高维叠合公式, 也可以得到关于 C_3 的二维及高维的方程. 不过, 从这些高维公式来推导 C_3 个数的工作, 作者做得还不够深入.

在发表于 *Crelle* 的杂志*上的两篇文章中 (第 79 卷, p.99; 第 80 卷, p.128) (**Lit.38**), Sturm 先生用纯几何的方法也定出了关于三次空间曲线的一些个数. 为了介绍这些结果, 在至今已经引入了的 12 个条件之上, 我们还得再引入下面几个关于 C_3 的条件:

13. Q, 它要求 C_3 有一条切线属于一个给定的直线束.

14. ϱ_p, 它要求曲线与一个给定平面相切于一个给定点.

15. 这个条件要求曲线有一条切线通过一个给定点, 且其切点位于一个给定平面上. 根据 §7 中的关联公式 II, 这个条件就等于 $P + Q$(参见 §8).

16. P'_g, 它要求曲线以一个给定平面为密切平面, 并且密切点位于该平面中的一条给定直线上.

17. P'_p, 它要求曲线以一个给定平面为密切平面, 并且密切点是该平面上的一个给定点.

下面的一些数值, 可以和上面一样, 通过退化曲线的个数来确定, 它们也由 Sturm 先生定出来了:

$$P^5\nu^2 = 5,\ P^5\nu\varrho \quad = 10,\ P^5\nu\varrho' \quad = 10,\ P^5\varrho^2 \quad = 20,\ P^5\varrho\varrho' \quad = 20,\ P^5\varrho'^2 = 20,$$
$$P^4T\nu = 4,\ P^4T\varrho \quad = 8,\ P^4T\varrho' \quad = 8,$$
$$P^4\nu^4 \quad = 30,\ P^4\nu^3\varrho \quad = 60,\ P^4\nu^3\varrho' \quad = 60,\ P^4\nu^2\varrho^2 = 120,\ P^4\nu^2\varrho\varrho' = 120,$$
$$P^4\nu\varrho^3 = 240,\ P^4\nu\varrho^2\varrho' = 240,\ P^4P'\nu^2 = 27,\ P^4P'\nu\varrho = 54$$

在产生这些数目的所有系统中, 都只有 ω 的数值不等于零.

除了上面这些, 在 *Crelle* 的杂志, 第 79 卷上, Sturm 先生还确定了下述个数:

$$P^6 = 1,\ P^5P' = 6,\ P^5\varrho_g = 2,\ P^5Q = 6,\ P^5(P+Q) = 7,\ P^5B = 1$$
$$P^4\varrho_p\nu = 3,\ P^4\varrho_p\varrho = 6,\ P^4P'_p = 2$$
$$P^4B\nu^2 = 4,\ P^4B\nu\varrho = 8,\ P^4B\nu\varrho' = 8,\ P^4B\varrho^2 = 16$$
$$P^4B\varrho\varrho' = 16,\ P^4B\varrho'^2 = 16$$
$$P^4B^2 = 0,\ P^4BP' = 3,\ P^4B\varrho_g = 3,\ P^4BQ = 4^{**},\ P^4B(P+Q) = 5$$
$$P^4\nu^2\varrho_g = 17,\ P^4\nu\varrho\varrho_g = 34,\ P^4\varrho^2\varrho_g = 68,\ P^4\nu^2Q = 28$$
$$P^4\nu\varrho Q = 56,\ P^4\nu^2(P+Q) = 33,\ P^4\nu\rho(P+Q) = 66$$
$$P^4\nu P'_g = 9,\ P^4P'\varrho_g = 15,\ P^4P'_g\varrho = 18$$

---

* 1826 年, A. L. Crelle 创建了《纯数学与应用数学杂志》(*Journal für die Reine und Angewandte Mathematik*), 并且在他 1855 年去世之前, 一直担任该杂志的主编. 所以, 当时人们习惯地将这个杂志称作 "*Crelle* 的杂志". —— 校注

** 在 *Crelle* 的杂志第 79 卷, 139 页的表中, 这个 4 误印成了 2.

而在 *Crelle* 的杂志, 第 80 卷上, 他确定了下述个数:

$$
\begin{array}{llll}
P^3B^3 = 1, & P^2B^4 = 1, & PB^5 = 1, & B^6 = 6, \\
P^3B^2\nu^2 = 4, & P^2B^3\nu^2 = 6, & PB^4\nu^2 = 9, & B^5\nu^2 = 20, \\
P^3B^2\nu\varrho = 8, & P^2B^3\nu\varrho = 12, & PB^4\nu\varrho = 18, & B^5\nu\varrho = 40, \\
P^3B^2\varrho^2 = 16, & P^2B^3\varrho^2 = 24, & PB^4\varrho^2 = 36, & B^5\varrho^2 = 80, \\
P^3B^2P' = 3, & P^2B^3P' = 6, & PB^4P' = 6, & B^5P' = 21, \\
P^3B^2\varrho_g = 2, & P^2B^3\varrho_g = 3, & PB^4\varrho_g = 6, & B^5\varrho_g = 7
\end{array}
$$

在这些数中, 有一些会通过最后给出的两个二维公式产生联系. 例如, 将 Sturm 先生所得的数代入 ν^2 的公式, 就得到以下的关系:

1. 对于由 P^5 定义的二级系统有

$$5 = 1 + 2 \cdot 1 + 2$$

2. 对于由 P^4B 定义的系统有

$$4 = 1 + 2 \cdot 0 + 3$$

3. 对于由 P^3B^2 定义的系统有

$$4 = 0 + 2 \cdot 1 + 2$$

4. 对于由 P^2B^3 定义的系统有

$$6 = 1 + 2 \cdot 1 + 3$$

5. 对于由 PB^4 定义的系统有

$$9 = 1 + 2 \cdot 1 + 6$$

6. 对于由 B^5 定义的系统有

$$20 = 1 + 2 \cdot 6 + 7$$

对于这六个系统, ν^2 的公式中的所有退化符号全部取零值. 但是, 如果对这六个系统应用 ϱ^2 的公式, 则分别得到

$$
\begin{aligned}
20 &= 3 \cdot 6 + 2 + 0 \\
16 &= 3 \cdot 3 + 3 + 4 \\
16 &= 3 \cdot 3 + 2 + 5 \\
24 &= 3 \cdot 6 + 3 + 3 \\
36 &= 3 \cdot 6 + 6 + 12 \\
80 &= 3 \cdot 21 + 7 + 10
\end{aligned}
$$

其中, 等式右边的最后一个数是 we 在这六个系统中的取值.

关于三次空间曲线的许多其他条件, 都可以用本节所考虑的条件表达出来. 因此, 本节所算得的个数就成了许多其他个数的源泉. 例如, 利用 §14 的第一款末尾所给出的公式, 即可从本节第 XIV 款所列的数值, 定出与 12 个给定二次曲面都相切的三次空间曲线的数目 N, 方式如下:

$$N = (2\nu + 2\varrho)^{12} = 2^{12} \cdot (\nu^{12} + 12_1 \cdot \nu^{11}\varrho + 12_2 \cdot \nu^{10}\varrho^2 + \cdots + \varrho^{12})$$

$$= 2^{12} \cdot (80160 + 12_1 \cdot 134400 + 12_2 \cdot 209760 + 12_3 \cdot 297280$$

$$+ 12_4 \cdot 375296 + 12_5 \cdot 415360 + 12_6 \cdot 401920 + 12_7 \cdot 343360$$

$$+ 12_8 \cdot 264320 + 12_9 \cdot 188256 + 12_{10} \cdot 128160$$

$$+ 12_{11} \cdot 85440 + 56960)$$

$$= 5819539783680$$

§26
固定平面中四阶平面曲线的计数

Zeuthen 先生在《哥本哈根科学院报告》中 (*Naturw. og. Math. Afd.* 10, Bd.IV, 1873)(**Lit.39**), 对于固定平面中的 n 阶平面曲线, 讨论了一系列的退化曲线, 并在退化条件与其他条件之间建立了一些一维的公式. 随后, 作者把这些公式推广到空间中的平面曲线 (*Math. Ann.*, Bd.13, p.443). Zeuthen 先生在上面提到的那篇论文中, 对于固定平面中的四阶平面曲线, 还由它们退化曲线的个数计算了它们本身的个数. 他所计算的个数, 其符号几乎都是由两个基本条件 ν 和 ϱ 复合而成的, 其中

ν, 要求固定平面中的曲线通过该平面中一个给定点;

ϱ, 要求固定平面中的曲线与该平面中一条给定直线相切.

如果一个系统的定义条件中只含有 ν 和 ϱ, 这个系统就叫做初等系统(elementarsystem). 对于由四阶曲线组成的初等系统, Zeuthen 先生描述了其中所有可能出现的退化曲线. 举例说来, 在一个由无奇点的 (punkt-allegemein)十二秩四阶曲线组成的初等系统中, 所有可能出现的退化曲线, 可以列举如下:

1. **退化曲线 α**   它由一条带二重点的四次曲线组成, 且该二重点是一个二重秩点.

2. **退化曲线 ξ**   它由一条圆锥曲线与一条二重阶直线组成, 该阶直线含有六个单重秩点, 并与该圆锥曲线交于两个二重秩点.

3. **退化曲线 η**   它由一条圆锥曲线与一条二重阶直线组成, 该阶直线含有七个单重秩点, 并与该圆锥曲线相切于一个三重秩点.

4. 退化曲线 ζ　它由一条二重阶直线和两条单重阶直线组成, 三者交于一个四重秩点. 此外, 该二重阶直线还含有八个单重秩点.

5. 退化曲线 κ　它由两条二重阶直线组成, 两者交于一个三重秩点. 两条阶直线中, 一条含有六个单重秩点, 另一条含有三个单重秩点.

6. 退化曲线 λ　它由一条三重阶直线和一条单重阶直线组成, 两者交于一个二重秩点. 此外, 该三重阶直线还含有十个单重秩点. 三重阶直线上这十一个秩点的位置按以下方式相互关联: 当二重秩点和九个单重秩点为给定时, 则第十个单重秩点可取 1552 个值; 而当十个单重秩点为给定时, 则二重秩点可取 3280 个值.

7. 退化曲线 ν　它由一条四重阶直线组成, 在它上面有十二个单重秩点. 并且, 这十二个秩点的位置按以下方式相互关联: 当其中的十一个为给定时, 则第十二个可取 451440 个值.

8. 退化曲线 ϑ　它由一条二重阶圆锥曲线组成, 它同时也是一条二重秩圆锥曲线, 并且还含有八个单重秩点.

与 §23 和 §24 中生成三次平面曲线的退化曲线的方式一模一样, 上面的退化曲线 λ 和 ν 也可以通过对一般的曲线作同形投影变换来生成, 其中的投影中心一次要置于曲线上的任意一点, 另一次要置于曲线所在平面上的任意一点. 从而, 由 λ 和 ν 的主干数即可推出关于一般曲线的下述定理:

"在无奇点的十二秩四阶平面曲线 C_4^{12} 上任取一点, 首先作曲线在该点的切线, 再通过该点对曲线作另外的十条切线. 那么, 为了使这十一条直线以上述方式属于某个 C_4^{12}, 它们之间就必须按下述方式相互关联: 当先作的那条切线与后作的九条切线为给定时, 则后作的第十条切线可取 1552 个值; 而当后作的十条切线为给定时, 则最先作的那条切线可取 3280 个值."

"在无奇点的十二秩四阶平面曲线 C_4^{12} 所在的平面上任取一点, 对曲线作十二条切线. 那么, 为了使这十二条直线以上述方式属于某个 C_4^{12}, 它们之间就必须按下述方式相互关联: 当其中十一条为给定时, 则第十二条可取 451440 个值 *."

对于上面描述的八种退化曲线, 我们所采用的每个符号, 同时也表示了一个单重的条件, 它要求一条 C_4^{12} 是该种类型的退化曲线. 由此就得到了八个退化条件. 在这些退化条件与条件 ν 和 ϱ 之间成立许多的方程, 其中, Zeuthen 先生得到了下述两个公式及其验证方法, 它们是 **

$$6\nu - \varrho = 2\xi + 3\eta + 4\zeta + 3\kappa + 6\lambda + 12\nu + 2\vartheta$$

* 这个数是某个方程的次数. 用代数方法来推导这个次数, 正是丹麦皇家科学院悬赏征解的一个问题.

** 在下面的两个公式中, 等号左边的 ν 表示一个基本条件, 而右边的 ν 则表示上面第七种退化曲线所给出的退化条件. 两个 ν 的含义并不相同, 所以不能相互抵消. 作者的记号在这里有一点混乱. —— 校注

与

$$27\nu = \alpha + 20\xi + 32\eta + 46\zeta + 24\kappa + 45\lambda + 72\nu + 14\vartheta$$

现在, 对于 Zeuthen 先生所算得的几种四阶平面曲线的个数, 我们将其中之最重要者综述如下.

I. 曲线有一个三重点, 因而在一个固定平面内的参数个数为 10. 对于这种曲线有

$\nu^{10} = 60$	$\nu^7\varrho^3 = 5496$	$\nu^4\varrho^6 = 151008$	$\nu\varrho^9 = 560688$
$\nu^9\varrho = 288$	$\nu^6\varrho^4 = 19728$	$\nu^3\varrho^7 = 301032$	$\varrho^{10} = 546120$
$\nu^8\varrho^2 = 1332$	$\nu^5\varrho^5 = 59940$	$\nu^2\varrho^8 = 464976$	

II. 曲线有三个二重点, 因而在一个固定平面内的参数个数为 11. 对于这种曲线有

$\nu^{11} = 620$	$\nu^8\varrho^3 = 21776$	$\nu^5\varrho^6 = 295544$	$\nu^2\varrho^9 = 783584$
$\nu^{10}\varrho = 2184$	$\nu^7\varrho^4 = 59424$	$\nu^4\varrho^7 = 505320$	$\nu\varrho^{10} = 728160$
$\nu^9\varrho^2 = 7200$	$\nu^6\varrho^5 = 143040$	$\nu^3\varrho^8 = 699216$	$\varrho^{11} = 581904$

III. 曲线有两个二重点, 因而在一个固定平面内的参数个数为 12. 如果用 b 来表示两个二重点之一, 从而 b 也表示了如下的条件, 它要求曲线有一个二重点位于该固定平面中一条给定直线上; 而 b_g 则表示了下面的条件, 它要求曲线有一个二重点为给定点. 对于这种曲线有

$\nu^{12} = 225$	$b\nu^{11} = 170$	$b_g\nu^{10} = 20$
$\nu^{11}\varrho = 1010$	$b\nu^{10}\varrho = 832$	$b_g\nu^9\varrho = 102$
$\nu^{10}\varrho^2 = 4396$	$b\nu^9\varrho^2 = 3972$	$b_g\nu^8\varrho^2 = 508$
$\nu^9\varrho^3 = 18432$	$b\nu^8\varrho^3 = 18336$	$b_g\nu^7\varrho^3 = 2448$
$\nu^8\varrho^4 = 73920$	$b\nu^7\varrho^4 = 81312$	$b_g\nu^6\varrho^4 = 11328$
$\nu^7\varrho^5 = 280560$	$b\nu^6\varrho^5 = 342240$	$b_g\nu^5\varrho^5 = 49620$
$\nu^6\varrho^6 = 994320$	$b\nu^5\varrho^6 = 1350952$	$b_g\nu^4\varrho^6 = 203272$
$\nu^5\varrho^7 = 3230956$	$b\nu^4\varrho^7 = 4908332$	$b_g\nu^3\varrho^7 = 765288$
$\nu^4\varrho^8 = 9409052$	$b\nu^3\varrho^8 = 16076136$	$b_g\nu^2\varrho^8 = 2599328$
$\nu^3\varrho^9 = 23771160$	$b\nu^2\varrho^9 = 45412832$	$b_g\nu\varrho^9 = 7567088$
$\nu^2\varrho^{10} = 50569520$	$b\nu\varrho^{10} = 106132960$	$b_g\varrho^{10} = 18037920$
$\nu\varrho^{11} = 89120080$	$b\varrho^{11} = 201239472$	
$\varrho^{12} = 129996216$		

Ⅳ. 曲线有一个二重点, 将它记为 b, 它的参数个数为 13. 对于这种曲线有

$$b^2\nu^{11} = 1 \qquad b\nu^{12} = 9 \qquad \nu^{13} = 27$$
$$b^2\nu^{10}\varrho = 6 \qquad b\nu^{11}\varrho = 52 \qquad \nu^{12}\varrho = 144$$
$$b^2\nu^9\varrho^2 = 36 \qquad b\nu^{10}\varrho^2 = 300 \qquad \nu^{11}\varrho^2 = 760$$
$$b^2\nu^8\varrho^3 = 216 \qquad b\nu^9\varrho^3 = 1728 \qquad \nu^{10}\varrho^3 = 3960$$
$$b^2\nu^7\varrho^4 = 1296 \qquad b\nu^8\varrho^4 = 9936 \qquad \nu^9\varrho^4 = 20304$$
$$b^2\nu^6\varrho^5 = 7728 \qquad b\nu^7\varrho^5 = 56688 \qquad \nu^8\varrho^5 = 101952$$
$$b^2\nu^5\varrho^6 = 45382 \qquad b\nu^6\varrho^6 = 318000 \qquad \nu^7\varrho^6 = 498336$$
$$b^2\nu^4\varrho^7 = 258112 \qquad b\nu^5\varrho^7 = 1729898 \qquad \nu^6\varrho^7 = 2352720$$
$$b^2\nu^3\varrho^8 = 1379412 \qquad b\nu^4\varrho^8 = 8888960 \qquad \nu^5\varrho^8 = 10632444$$
$$b^2\nu^2\varrho^9 = 6732832 \qquad b\nu^3\varrho^9 = 41976108 \qquad \nu^4\varrho^9 = 45442800$$
$$b^2\nu\varrho^{10} = 27850500 \qquad b\nu^2\varrho^{10} = 172056352 \qquad \nu^3\varrho^{10} = 181059912$$
$$b^2\varrho^{11} = 91446048 \qquad b\nu\varrho^{11} = 580054968 \qquad \nu^2\varrho^{11} = 653188288$$
$$b\varrho^{12} = 1563293916 \qquad \nu\rho^{12} = 2054961360$$
$$\varrho^{13} = 5474784888$$

Ⅴ. 曲线没有二重点, 所以它没有奇点, 于是秩为 12, 而参数个数为 14. 对于这种曲线有

$$\nu^{14} = 1 \qquad \nu^6\varrho^8 = 1668096$$
$$\nu^{13}\varrho = 6 \qquad \nu^5\varrho^9 = 9840040$$
$$\nu^{12}\varrho^2 = 36 \qquad \nu^4\varrho^{10} = 56481396$$
$$\nu^{11}\varrho^3 = 216 \qquad \nu^3\varrho^{11} = 308389896$$
$$\nu^{10}\varrho^4 = 1296 \qquad \nu^2\varrho^{12} = 1530345504$$
$$\nu^9\varrho^5 = 7776 \qquad \nu\varrho^{13} = 6533946576$$
$$\nu^8\varrho^6 = 46656 \qquad \varrho^{14} = 23011191144$$
$$\nu^7\varrho^7 = 279600$$

§27

线性线汇的计数 (Lit.40)

给定两条直线 g 和 h, 与它们都相交的全部 ∞^2 条直线构成了一个几何形体, 我们将它称为线性线汇 C, 它的丛秩与场秩都等于 1, 并且有下面两个退化形体:

1. 退化形体 ε　它是令两条生成轴 g 和 h 无限靠近但不相交而得到的.

2. 退化形体 σ　它是令两条生成轴 g 和 h 相交但不无限靠近而得到的.

174

退化线汇 ε 的 ∞^2 条直线是按如下方式得到的: 首先, 在两条无限靠近的轴中取一条, 比如说 g, 再作含有 g 的平面 v. 由于 g 和 h 虽然无限靠近, 但是并不在同一个平面内, 所以 v 和 h 相交于唯一的一点 V. 这样一来, 含有叠合直线 g 的平面 v, 也就在这条直线 g 上指定了一个完全确定的点 V, 于是平面 v 中每条通过 V 的直线都同时与两条轴相交. 从而, 线汇 ε 的 ∞^2 条直线就构成了 ∞^1 个直线束, 每个直线束的束平面都含有叠合直线 g, 而束心都在 g 上. 由于这些束心都是一个平面束中的平面与一条给定直线的交点, 所以束心形成的点列与平面形成的序列是射影相关的 *. 另一方面, 退化线汇 σ 的 ∞^2 条直线则由两部分构成: 其一是一个直线丛中的所有直线, 该直线丛的中心就是两条直线 g 和 h 的交点 p; 其二是一个平面场中的所有直线, 该平面场所在的平面就是直线 g 和 h 共同决定的平面 e.

上面的两个符号 ε 和 σ, 同时也表示了两个条件, 它们分别要求一个线汇是 ε 型或者 σ 型的退化线汇. 对于线汇 C, 除了这两个条件以及关于 g 和 h 的条件之外, 我们还要定义下述两个条件:

单重条件 β, 它要求线汇 C 中有一条直线属于一个给定的直线束;

二重条件 B, 它要求线汇 C 含有一条给定的直线.

现在回想一下, 在 §15 中我们就已经在

$$\varepsilon, \ \sigma, \ g, \ h, \ \beta$$

之间导出了两个方程, 只不过当时这些条件所针对的并不是线性线汇, 而是由 g 和 h 组成的直线对. 因此, 我们从 §15 中提出下面的两个方程:

1) $\sigma + \varepsilon = \beta$
2) $\varepsilon = g + h - \beta$

由此推出

3) $g + h = \sigma + 2\varepsilon$
4) $2\beta - g - h = \sigma$

此外, 根据 ε 和 σ 的定义可得

5) $\varepsilon h = \varepsilon g$
6) $\sigma \beta = \sigma p + \sigma e$
7) $\sigma B = \sigma p^2 + \sigma e^2$

最后, 根据 §12 中第 13 款的关联公式有

8) $B = \beta g - g^2$
9) $B = \beta h - h^2$

---

* 这样的几何形体 ε 在那种五维几何中起着重要的作用, 这种几何中的空间元素既不是点, 也不是直线 (即直线几何), 而是直线束(参见 §3).

现在, 对于含有 σ 的退化符号, 我们就可以很容易地直接从公理个数来进行计算了, 例如:

$$\sigma(g+h)^7 = 35\sigma g^4 h^3 + 35\sigma g^3 h^4$$
$$= 140\sigma Gh_s + 140\sigma g_s H = \mathbf{280}$$
$$\sigma g_e h\beta^4 \quad = \sigma g_e h(p+e)^4 = 6\sigma g_e hp^2 e^2 + 4\sigma g_e hpe^3$$
$$= 10\sigma g_e hpe^3 = \mathbf{10}$$
$$\sigma gh\beta B^2 \quad = \sigma gh(p+e)(p^2+e^2)^2 = 2\sigma gh(p+e)p^2 e^2$$
$$= 2\sigma ghp^3 e^2 + 2\sigma ghp^2 e^3 = \mathbf{4}$$

而对于含有 ε 的退化符号, 由于在 ε 中直线 h 与直线 g 是无限靠近的, 所以我们知道, 当该符号中关于 g 和 h 的条件的重数大于 4 时, 它的值就必定等于零.

然而, 利用上面的公式, 从含有 σ 的符号和那些含有 ε 且取零值的符号, 可以很容易地算出线性线汇的个数. 在计算过程中, 对于两个互为对偶的符号, 也就是通过对换 g 和 h 即可互相转换的两个符号, 自然只需计算其中之一即可. 因此, 我们需要处理的, 仅有下面列举的这些一级系统. 为简明起见, 对于其中的每个系统, 我们都用定义它的七重条件来表示.

1. 对于系统 Gh_s, 我们已知 $\varepsilon=0$, $\sigma=1$, $g=0$, $h=1$. 所以, 既可以由公式 1), 也可以由公式 2), 即可以通过两种方式得到下面的数:

$$Gh_s\beta = 1$$

2. 对于系统 $Gh_e\beta$, 我们已知 $\varepsilon=0$, $\sigma=1$, $g=0$, $h=1$. 故有

$$Gh_e\beta^2 = 1 \quad \text{及} \quad Gh_p\beta^2 = 1$$

3. 对于系统 $Gh\beta^2$, 我们已知 $\varepsilon=0$, $\sigma=2$, $g=0$, $h=1+1$. 故有

$$Gh\beta^3 = 2$$

4. 对于系统 $G\beta^3$, 我们已知 $\sigma=0$, $g=0$, $h=2$. 故根据公式 4) 有

$$G\beta^4 = 1$$

5. 对于系统 $g_s h_s\beta$, 我们已知 $\varepsilon=0$, $\sigma=2$, $g=1$, $h=1$. 故有

$$g_s h_s\beta^2 = 2$$

6. 对于系统 $g_s h_e\beta^2$, 我们已知 $\varepsilon=0$, $\sigma=3$, $g=1$, $h=2$. 故有

$$g_s h_e\beta^3 = 3 \quad \text{及} \quad g_s h_p\beta^3 = 3$$

7. 对于系统 $g_s h\beta^3$, 我们已知 $\sigma=6$, $g=2$, $h=6$. 故有

$$g_s h\beta^4 = 7$$

176

8. 对于系统 $g_s\beta^4$, 我们已知 $\sigma = 0$, $g = 1$, $h = 7$. 故有

$$g_s\beta^5 = 4$$

9. 对于系统 $g_eh_e\beta^3$, 我们已知 $\sigma = 4$, $g = 3$, $h = 3$. 故有

$$g_eh_e\beta^4 = 5 \quad 及 \quad g_ph_p\beta^4 = 5$$

10. 对于系统 $g_eh_p\beta^3$, 我们已知 $\sigma = 6$, $g = 3$, $h = 3$. 故有

$$g_eh_p\beta^4 = 6$$

11. 对于系统 $g_eh\beta^4$, 我们已知 $\sigma = 10$, $g = 7$, $h = 5 + 6$. 故有

$$g_eh\beta^5 = 14 \quad 及 \quad g_ph\beta^5 = 14$$

12. 对于系统 $g_e\beta^5$, 我们已知 $\sigma = 0$, $g = 4$, $h = 14$. 故有

$$g_e\beta^6 = 9 \quad 及 \quad g_p\beta^6 = 9$$

13. 对于系统 $gh\beta^5$, 我们已知 $\sigma = 20$, $g = 28$, $h = 28$. 故有

$$gh\beta^6 = 38$$

14. 对于系统 $g\beta^6$, 我们已知 $\sigma = 0$, $g = 18$, $h = 38$. 故有

$$g\beta^7 = 28$$

15. 对于系统 β^7, 我们已知 $\sigma = 0$, $g = 28$, $h = 28$. 故有

$$\beta^8 = 28$$

对于那些定义条件中含有 B 的系统, 可以用同样的方法来处理. 除此之外, 这种系统所产生的个数, 也可以直接用公式 8) 和公式 9) 求得, 所得结果如下:

$$Bg_sh_s = 1, \quad BGh_e = BGh_p = 0, \quad B\beta Gh = 0, \quad B\beta g_sh_e = 1$$
$$B\beta^2 G = 0, \quad B\beta^2 g_sh = 2, \quad B\beta^2 g_ph_p = B\beta^2 g_eh_e = 2, \quad B\beta^2 g_eh_p = 2$$
$$B\beta^3 g_s = 1, \quad B\beta^3 g_eh = 5, \quad B\beta^4 g_p = 3, \quad B\beta^4 gh = 14$$
$$B\beta^5 g = 10, \quad B\beta^6 = 10$$
$$B^2 G = 0, \quad B^2 g_sh = 0, \quad B^2 g_eh_e = 1, \quad B^2 g_eh_p = 1$$
$$B^2\beta g_s = 0, \quad B^2\beta g_eh = 2, \quad B^2\beta^2 g_p = 1, \quad B^2\beta^2 gh = 6$$
$$B^2\beta^3 g = 4, \quad B^2\beta^4 = 4$$
$$B^3 g_p = 0, \quad B^3 gh = 4, \quad B^3\beta g = 2, B^3\beta^2 = 2, \quad B^4 = 2$$

如果线汇满足一个八重的条件, 而该条件中不含关于 g 或 h 的条件, 则每条生成轴既可看成是直线 g, 也可看成是直线 h. 因此, 假如我们在 g 和 h 之间不加区

别的话, 则对于这样的八重条件, 就必须将其数值除以2. 举例说来, 由 $\beta^8 = 28$ 和 $B\beta^6 = 10$ 这两个结果, 可以得出下面的定理:

"对任给的八个直线束, 存在 14 个线性线汇, 这些线汇含有每个给定直线束中的一条直线."

"对任给的一条直线及六个直线束, 存在 5 个线性线汇, 这些线汇含有该给定直线及每个给定直线束中的一条直线."

我们再引入条件 f, 它要求线性线汇的两条生成轴之一与一条给定直线相交. 那么, 必有

$$f = g + h$$

利用这个方程, 从上面所给出的数, 即可得到含有 f 符号的数值, 例如:

$$
\begin{aligned}
f^4\beta^4 &= (g+h)^4\beta^4 = g^4\beta^4 + 4g^3h\beta^4 + 6g^2h^2\beta^4 + 4gh^3\beta^4 + h^4\beta^4 \\
&= 2G\beta^4 + 8g_sh\beta^4 + 6g_eh_e\beta^4 + 6g_eh_p\beta^4 \\
&\quad + 6g_ph_e\beta^4 + 6g_ph_p\beta^4 + 8gh_s\beta^4 + 2H\beta^4 \\
&= 4\cdot 1 + 16\cdot 7 + 12\cdot 5 + 12\cdot 6 \\
&= \mathbf{248} \\
f^2B\beta^4 &= (g+h)^2B\beta^4 \\
&= g_eB\beta^4 + g_pB\beta^4 + 2ghB\beta^4 + h_eB\beta^4 + h_pB\beta^4 \\
&= 4\cdot 3 + 2\cdot 14 = \mathbf{40}
\end{aligned}
$$

用计算上面那些数同样的方法, 可以得到含有 ε 符号的数值, 其中不为零的如下:

$$
\begin{aligned}
&\varepsilon\beta^3G = 1,\ \varepsilon\beta^4g_s = 4,\ \varepsilon\beta^5g_e = \varepsilon\beta^5g_p = 9,\ \varepsilon\beta^6g = 28,\ \varepsilon\beta^7 = 28 \\
&\varepsilon B\beta^2g_s = 1,\ \varepsilon B\beta^3g_e = \varepsilon B\beta^3g_p = 3,\ \varepsilon B\beta^4g = 10,\ \varepsilon B\beta^5 = 10 \\
&\varepsilon B^2\beta g_e = \varepsilon B^2\beta g_p = 1,\ \varepsilon B^2\beta^2 g = 4,\ \varepsilon B^2\beta^3 = 4 \\
&\varepsilon B^3g = 2,\ \varepsilon B^3\beta = 2
\end{aligned}
$$

由于 ε 中含有 ∞^1 个直线束 (参见前面的定义), 从上面所列的每个数, 都可以得到一个定理, 它涉及一个直线点列, 以及与该点列有相同承载体并且射影相关的平面束. 比如说, 由上面列出的头一行数, 可分别得出以下五个定理:

"在空间中给定了三个平面, 并且在每个平面上给定了一个点. 那么, 每条直线都具有以下的性质: 它与三个给定平面产生三个交点, 这三个交点与该直线和三个给定点所作的三个连接平面射影相关."

"在空间中给定了四个平面, 并且在每个平面上给定了一个点. 那么, 存在一个四次的直线复形, 该复形中的每条直线都与四个给定平面产生四个交点, 这四个交点与该直线和四个给定点所作的四个连接平面射影相关."

"在空间中给定了五个平面, 并且在每个平面上给定了一个点. 那么, 存在一个场秩与丛秩都等于 9 的线汇, 该线汇中的每条直线都与五个给定平面产生五个交点, 这五个交点与该直线和五个给定点所作的五个连接平面射影相关."

"在空间中给定了六个平面, 并且在每个平面上给定了一个点. 那么, 存在一个28 次的直纹面, 该直纹面中的每条直线都与六个给定平面产生六个交点, 这六个交点与该直线和六个给定点所作的六个连接平面射影相关."

"在空间中给定了七个平面, 并且在每个平面上给定了一个点. 那么, 存在 28 条直线, 其中的每条直线都与七个给定平面产生七个交点, 这七个交点与该直线和七个给定点所作的七个连接平面射影相关."

如果我们将 ε 本身作为一个几何形体来看待, 就是说, 既不考虑它与线汇的联系, 也不考虑什么射影相关, 则从 ε 的退化形体 $\varepsilon\sigma$ 的个数, 也可以得出上面的个数 (参见 §15). 这里的 $\varepsilon\sigma$ 也可以按下面的方式来定义:

"退化形体 $\varepsilon\sigma$ 由一条直线组成, 该直线既是一个直线点列的承载体, 也是一个平面束的承载体, 而点列中的点与平面束中的平面是退化射影相关的, 就是说, 对于点列中的每个点都有同一个平面 (称为奇异平面) 与之对应, 而对于平面束中的每个平面都有同一个点 (称为奇异点) 与之对应 (参见 §28)."

现在, 用 ε 去乘前面的 4) 式, 就得到一个方程, 它将退化条件 $\varepsilon\sigma$ 与 $\varepsilon\beta$ 和 εg 这两个条件联系起来了, 即

$$2\beta\varepsilon - 2g\varepsilon = \varepsilon\sigma \quad (\text{§15 的 22) 式})$$

上面所给出的线性线汇的个数, 可以用来检验 §15 中所有的公式. 例如, 用 β^4 去乘 §15 中的 31) 式, 并将符号的数值代入, 即得

$$0+0+0+0+2\cdot4+18 = 1+7+5+5+7+1$$

另外, 对于线性线汇, 在由 β 和 g 组成的五重符号之间, 存在一些普遍成立的方程. 这些方程与 §16 中, 在二次曲面的由 μ, ν, ϱ 组成的条件之间, 所建立的普遍成立的方程, 具有类似的性质. 为了导出这种方程, 我们取 §15 的 33) 式:

$$\varepsilon\sigma pe + \varepsilon Bg + 4\varepsilon g_s = G + g_s h + g_p h_p + g_e h_e + gh_s + H$$

将它乘以本节中的 2) 式:

$$g + h - \beta = \varepsilon$$

就得出

$$\varepsilon\sigma pe(2g - \beta) + 2\varepsilon Bg^2 - \varepsilon B\beta + 8\varepsilon G - 4\varepsilon\beta g_s$$
$$= G\varepsilon + G\varepsilon + G\varepsilon + G\varepsilon + G\varepsilon + G\varepsilon$$

也就是

$$\varepsilon\sigma pe(2g - \beta) = \varepsilon B\beta - 2\varepsilon Bg^2 + 4\varepsilon\beta g_s - 2\varepsilon G$$

而由 6) 式和 7) 式可以推出

$$\varepsilon\sigma pe = \frac{1}{2}\varepsilon\sigma\beta^2 - \frac{1}{2}\varepsilon\sigma B$$

又由于上面已经给出了

$$\varepsilon\sigma = 2\beta\varepsilon - 2g\varepsilon$$

故有

$$\varepsilon\sigma pe = (\beta^2 - B)(\beta - g)\varepsilon$$

将此结果代入上面的式子, 得到

$$(2g - \beta)(\beta^2 - B)(\beta - g)\varepsilon = \varepsilon B\beta - 2\varepsilon Bg^2 + 4\varepsilon\beta g_s - 2\varepsilon G$$

也就是

$$\varepsilon(\beta^2 - B)(3\beta g - \beta^2 - 2g^2) = \varepsilon B\beta - 2\varepsilon Bg^2 + 4\varepsilon\beta g_s - 2\varepsilon G \,^*$$

利用 8) 式, 将上式中出现的 B 都用 $\beta g - g^2$ 来代, 整理以后就得

$$\varepsilon\beta^4 - 4\varepsilon\beta^3 g + 7\varepsilon\beta^2 g^2 - 6\varepsilon\beta g^3 + 3\varepsilon g^4 = 0$$

也就是

$$\varepsilon(\beta^2 - \beta g + g^2)(\beta^2 - 3\beta g + 3g^2) = 0$$

现在, 再将 $\beta g - g^2$ 用 B 代回去, 就得到

$$\varepsilon(\beta^2 - B)(\beta^2 - 3B) = 0$$

从这个关于几何形体 ε 的方程, 可以得到一个关于线性线汇的方程, 办法就是用 $(\beta^2 - B)(\beta^2 - 3B)$ 去乘 2) 式, 并应用上面所得的方程, 结果如下:

$$(g + h - \beta)(\beta^2 - B)(\beta^2 - 3B) = 0$$

---

* 原文中, 此式等号的左边没有因子 ε, 有误.—— 校注

但是, 如果用 $(\beta^2 - B)(\beta^2 - 3B)$ 去乘 1) 式, 则由于 $\sigma(\beta^2 - B)(\beta^2 - 3B)$ 等于零, 就得到

$$\beta(\beta^2 - B)(\beta^2 - 3B) = 0$$

也就是

$$\beta^5 - 4\beta^3 B + 3\beta B^2 = 0$$

这个公式很容易用我们算得的个数来验证. 例如, 将它乘以 β^3, 再代入各个符号的数值, 就得到

$$28 - 4 \cdot 10 + 3 \cdot 4 = 0$$

§28

由那样两条直线构成的几何形体的计数, 这两条直线上的点或者含有这两条直线的平面 相互之间是射影相关的 (Lit.41)

在上一节中我们知道了, 几何形体 ε 由一个直线点列以及与该点列射影相关的一个平面束组成, 两者具有相同的承载体. ε 的退化形体为几何形体 $\varepsilon\sigma$, 它由一条直线 g 以及与 g 关联的一个点 p 和一个平面 e 组成, 使得 g 上的每个点都与平面 e 射影相关, 而含有 g 的每个平面都与点 p 射影相关. 含有 $\varepsilon\sigma$ 的符号都很容易确定. 利用这些符号, 再利用方程

$$2\beta\varepsilon - 2g\varepsilon = \varepsilon\sigma$$

即可确定含有 ε 和 g 以及含有 ε 和 β 的符号. 完全同样的方法, 也可用来处理所有那样的几何形体, 它们由两个基本几何形体的一级轨迹组成, 两个轨迹射影相关, 并且具有相同但任意的承载体. 由此所得出的个数, 可以解决所谓射影相关问题(problem der projektivität). 对于这个问题, Sturm 先生在 *Math. Ann.* 的第 I 卷和第 VI 卷中, 已经用综合几何的方法解决了一部分. 如果我们将所研究的几何形体, 从由两个射影相关的一级基本几何形体轨迹所组成, 过渡到由两个射影相关的二级基本几何形体轨迹所组成, 则由此产生的问题将在 §31 与 §32 中处理. 对于这些问题, Sturm 先生在 *Math. Ann.* 的第 X 卷中已经解决了一小部分; 而另外的一大部分, 也就是所谓关联问题(problem der correlation), Hirst 先生在 *Proceed. London Math. Soc.* 的第 V 卷和第 VIII 卷中, 以及 Sturm 先生在 *Math. Ann.* 的第 XII 卷中, 已经从退化个数算出来了. 在类似地处理由点空间和它唯一决定的平面空间所组成的几何形体时, Hirst 先生打算采用的正是作者的符号系统.

这里, 我们首先要处理的是参数个数为 11 的几何形体 Γ, 它由两条直线 g 和 h 组成, 其中, 第一条直线 g 是一个直线点列的承载体, 第二条直线 h 是一个平面序列的承载体, 并且直线点列与平面序列射影相关. 为了弄清楚 Γ 的退化形体, 让我们在上面两条处于任意位置的直线 g 和 h 之外, 再取第三条直线 l, 让它与 g 和 h 都相交, 并记它与 h 的交点为 q. 那么, 含有 h 的平面束就会按下面的方式投影为直线 l 上的点列, 即: 每个含有 h 的平面都对应于 l 上的点 q, 但是由 h 和 l 决定的平面 e 却对应于 l 上的每个点. 因此, 如果在由 l 和 g 决定的平面上任取一个直线束, 并利用它再将 l 上的点列投影到直线 g 上, 则 l 上的点 q 就投影为 g 上一个确定的点 p. 这样一来, 通过直线 l, 每个含有 h 的平面都对应于 g 上确定的点 p, 但那个含有 h 的特殊平面 e 却对应于 g 上的每个点. 这样我们就得到了一个退化形体, 它由两个射影相关的一级基本几何形体轨迹组成, 其定义也可表述如下:

几何形体 Γ 的退化形体 η 由一条直线 g 和一条直线 h 组成, 此外还有一个位于 g 上的点 p(称为奇异点) 和一个含 h 的平面 e(称为奇异平面), 使得 g 上的每个点都对应于平面 e, 而含有 h 的每个平面都对应于点 p. 于是, 这个退化形体 η 的参数个数等于

$$(4+1)+(4+1)$$

从而比一般几何形体 Γ 的参数个数少 1 个. 因此, 要求 Γ 是退化形体 η, 对它来说就是一个单重条件. 我们将这个条件还记成 η.

除了单重条件

$$g, \ h, \ \eta$$

之外, 我们还要引入一个单重条件 ζ, 它要求 g 与一个给定平面相交, 且该交点与直线 h 和一个给定点的连接平面射影相关. 因此, 当提及条件 ζ 时, 就意味着有一个点和一个平面已经同时给定了. 在四个单重条件

$$g, \ h, \ \eta, \ \zeta$$

之间有一个普遍成立的方程, 现在我们就来推导它. 假设给定了由几何形体 Γ 组成的一级系统, 我们任取两个点 A 和 B, 并对于此系统所含的 ∞^1 个几何形体 Γ 中的每一个, 分别作其直线 h 与点 A 和点 B 的连接平面, 这两个平面在与 h 配套的直线 g 上交出两个点. 将每两个这样的交点构成点对, 就得到一个由点对组成的一级系统, 再对它应用 §13 中关于点对的一维叠合公式 *. 那么, 公式中的符号 p 和符号 q 都得用 ζ 来代, 而符号 g 则要用 g 来代. 至于满足叠合符号 ε 的 Γ, 则有以下两种: 其一是, 当点 A 和点 B 与 h 的连接平面重合时, 即当 Γ 满足条件 h 时;

---

* 即 §13 的公式 1): $\varepsilon = p + q - g$. —— 校注

182

其二是, 当两个含有 h 的不同平面对应于 g 上同一个点时, 即当 Γ 满足退化条件 η 时. 因而, 我们有

$$\zeta + \zeta - g = h + \eta$$

也就是

1) $$2\zeta = g + h + \eta$$

我们来考虑那样的符号, 它们含有条件 η, 此外还含有一个由 ζ 与基本条件 g 和 h 组成的条件. 如果对于所有这样的符号, 我们都能算出它们的值, 那么, 利用上面的公式, 对于所有由 g, h, ζ 组成的十一重符号, 就都可以得出它们的值. 我们需要做的只是, 首先考虑那些定义条件中含有因子 GH 的一级系统, 因为这种系统中 g 和 h 的值都等于零; 接着考虑含有 g_sH 和 Gh_s 的系统, 再考虑含有 g_eH, g_pH, g_sh_s 的系统, 等等. 这一步骤, 类似于我们在研究平面曲线时 (参见 §20, §23 和 §24), 先确定含有 μ^3 符号的值, 再确定含有 μ^2 符号的值, 等等.

至于退化形体 η 个数的计算, 我们只需注意, 退化形体 η 满足条件 ζ 的方式有两种, 第一种是使条件 ζ 决定的平面与直线 g 交于奇异点 p, 第二种是使条件 ζ 决定的点位于含有 h 的奇异平面 e 上. 因而有

2) $$\eta\zeta = \eta p + \eta e$$

这个关系将退化形体 η 的个数归结为空间的公理个数(die axiomatischen anzahlen). 由此很容易得出, 含有 η 的符号全部取值为零, 例外情形仅有下面的几个:

$$\eta GH\zeta^2 = \eta GH(p+e)^2 = \eta GHp^2 + 2\eta GHpe + \eta GHe^2$$
$$= 0 + 2 \cdot 1 + 0 = \mathbf{2}$$
$$\eta g_sH\zeta^3 = \eta g_sH(p+e)^3 = 3_1 \cdot \eta g_sHp^2e = \mathbf{3}$$
$$\eta g_pH\zeta^4 = 4_1 \cdot \eta g_pHp^3e = \mathbf{4}$$
$$\eta g_sh_s\zeta^4 = 4_2 = \mathbf{6}$$
$$\eta g_sh_e\zeta^5 = 5_2 = \mathbf{10}$$
$$\eta g_ph_e\zeta^6 = 6_3 = \mathbf{20}$$

利用 1) 式, 即可由此推出下表中所列 ζ 的数值. 该表中 g 和 h 的值, 则都可以由已经算出的个数得到. 表的左侧是定义系统的十重条件. 由于含有 h 的平面束和 g 上的直线点列成对偶关系, 因此, 如果两个符号通过对偶变换, 并互换 g 和 h, 就可以互相转换的话, 这两个符号的数值就总是相同的. 例如

$$g_ph_s\zeta^6 \quad \text{与} \quad g_sh_e\zeta^6$$

就是这样的两个符号. 这样一来, 有很多系统就可以省略不论了.

系统列表

	η	g	h	ζ
$GH\zeta^2$	2	0	0	1
$Gh_s\zeta^3$	3	0	1	2
$Gh_e\zeta^4$	4	0	2	3
$Gh_p\zeta^4$ *	0	0	2	1
$g_sh_s\zeta^4$	6	2	2	5
$Gh\zeta^5$	0	0	3+1	2
$g_sh_e\zeta^5$	10	3	5	9
$g_sh_p\zeta^5$	0	1	5	3
$G\zeta^6$	0	0	2	1
$g_sh\zeta^6$	0	2	9+3	7
$g_eh_e\zeta^6$	0	9	3	6
$g_eh_p\zeta^6$	0	3	3	3
$g_ph_e\zeta^6$	20	9	9	19
$g_s\zeta^7$	0	1	7	4
$g_eh\zeta^7$	0	7	6+3	8
$g_ph\zeta^7$	0	7	6+19	16
$g_e\zeta^8$	0	4	8	6
$g_p\zeta^8$	0	4	16	10
$gh\zeta^8$	0	8+16	16+8	24
$g\zeta^9$	0	6+10	24	20
ζ^{10}	0	20	20	20

　　利用关联公式, 可以很容易地将多重条件归结为由 g, h, ζ 复合而成的条件. 例如, 如果用 x 表示这样一个条件, 它要求 g 上有一个点位于一条给定直线上, 而与该点射影相关的平面则含有一个给定点, 那么, 根据关联公式 I, 就有

3) $$x = g\zeta - g_e$$

由此可得到许多推论, 例如

$$x\zeta^9 = g\zeta^{10} - g_e\zeta^9 = 20 - 6 = 14$$
$$x^2\zeta^7 = g^2\zeta^9 - 2g_s\zeta^8 + G\zeta^7 = (6+10) - 2\cdot 4 + 1 = 9$$

　　如果将 §15 中的叠合公式, 应用到由 g 和 h 这两条直线组成的直线对, 则由上表给出的 21 个数, 可以得到一系列新的数. 在此需要注意的是, 两条直线 g 和 h 只可能发生完全叠合, 就是说, 当 g 和 h 叠合时, 它们总是相交的, 然而它们的交点与它们决定的平面却都是不确定的. 因此, 作为例子, 由 §15 的 5) 式可以推出, 要

---

* 这个符号的原文是 $G_p\zeta^4$, 有误.—— 校注

求两条直线 g 和 h 相交这个条件就等于

$$g + h$$

此外, 由 §15 的公式 34)—38), 可推出下面的几个定理:

1. 在空间中给定四个平面, 再给定分别与这四个平面对应的四个点. 考虑那样的直线, 该直线与四个给定平面产生四个交点, 又与四个对应点确定四个连接平面, 并且这四个连接平面分别与那四个交点射影相关. 那么, 所有这样的直线构成了一个直线复形, 其次数为

$$Gh_s\zeta^4 + g_sH\zeta^4 = 2 + 2 = 4$$

2. 在空间中给定五个平面, 再给定分别与这五个平面对应的五个点. 考虑那样的直线, 该直线与五个给定平面产生五个交点, 又与五个对应点确定五个连接平面, 并且这五个连接平面分别与那五个交点射影相关. 那么, 所有这样的直线构成了一个线汇, 其场秩为

$$\zeta^5(Gh_e + g_sh_s + g_sH) = 3 + 5 + 1 = 9$$

其丛秩为

$$\zeta^5(Gh_p + g_sh_s + g_pH) = 1 + 5 + 3 = 9$$

3. 在空间中给定六个平面, 再给定分别与这六个平面对应的六个点. 考虑那样的直线, 该直线与六个给定平面产生六个交点, 又与六个对应点确定六个连接平面, 并且这六个连接平面分别与那六个交点射影相关. 那么, 所有这样的直线构成了一个直纹面, 其次数为

$$\zeta^6(Gh + g_sh_p + g_sh_e + g_ph_s + g_eh_s + gH) = 2 + 3 + 9 + 9 + 3 + 2 = 28$$

4.* 在空间中给定七个平面, 再给定分别与这七个平面对应的七个点. 考虑那样的直线, 该直线与七个给定平面产生七个交点, 又与七个对应点确定七个连接平面, 并且这七个连接平面分别与那七个交点射影相关. 那么, 这样的直线只有有限条, 其数目为

$$\zeta^7(G + g_sh + g_ph_p + g_eh_e + gh_s + H) = 1 + 7 + 6 + 6 + 7 + 1 = 28$$

上面算出的这些个数, 不过就是 §27 中计算过的下列个数:

$$\varepsilon\beta^4 g_s, \ \varepsilon\beta^5 g_e, \ \varepsilon\beta^5 g_p, \ \varepsilon\beta^6 g, \ \varepsilon\beta^7$$

---

* 原文这里没有 "4." 这个标号, 此系译者补加.—— 校注

接下来, 我们要考虑的是参数个数为 11 的几何形体 Γ', 它由两条直线 g 和 h 组成, 两者分别是射影相关的两个平面束的承载体. 取一条与 g 和 h 都相交的直线 l. 如果我们既用含有 g 的平面, 又用含有 h 的平面, 对 l 上的直线点列作投影, 则可以得到几何形体 Γ' 的一个退化形体, 其定义如下:

"退化形体 η 由两条直线 g 和 h 组成, 此外还有一个含有 g 的奇异平面 f, 一个含有 h 的奇异平面 e, 使得含有 g 的每个平面都对应于平面 e, 而含有 h 的每个平面都对应于平面 f. 要求 Γ' 是退化形体 η, 对它来说是一个单重条件. 这个条件我们也记作 η."

除了单重条件 g, h, η, 我们还要加上一个单重条件 ζ, 它要求含有 g 和一个给定点的平面, 与含有 h 和第二个给定点的平面射影相关. 因此, 当提及条件 ζ 时, 就意味着已经给定了两个点, 一个点与 g 有关, 另一个点与 h 有关.

为了在四个单重条件

$$g,\ h,\ \eta,\ \zeta$$

之间建立方程, 我们假设有一个由几何形体 Γ' 组成的一级系统, 并任取两个点 A 和 B. 对于 ∞^1 个几何形体 Γ' 中的每一个, 我们分别作其直线 h 与点 A 和点 B 的连接平面. 对于这两个连接平面, 有两个含有 g 的平面与之对应. 我们把每两个这样的平面组成一个平面对, 就得到一个由平面对构成的一级系统, 再对它应用关于平面对的一维叠合公式. 那么, 与前面关于 Γ 的情形类似, 我们得到

$$\zeta + \zeta - g = h + \eta$$

也就是

4) $$2\zeta = g + h + \eta$$

利用这个公式, 我们就能像前面一样, 确定所有由 g, h, ζ 组成的十一重符号的数值. 当然, 前提是所有含有 η 的符号都已经算出来了. 然而, 由于对偶变换将直线点列变为平面束, 对于一个关于 Γ' 的含有 η 的符号, 如果我们将其中与 g 有关的条件作对偶变换, 而保持其余条件不变, 就可得到一个关于 Γ 的符号, 它与前面关于 Γ' 的符号具有相同的数值. 另一方面, 如果在 1) 式中让其余的条件保持不变, 而只将 g 作对偶变换, 因而同样也保持不变, 我们得到的就是 4) 式. 所以, 对于每个关于 Γ' 的符号, 如果将其中与 g 有关的条件作对偶变换, 而让其余的条件保持不变, 则所得到的关于 Γ 的符号, 就与那个关于 Γ' 的符号有同样的数值. 于是, 从关于 Γ 的数表可以立即得出关于 Γ' 的数值, 结果如下:

186

$$GH\zeta^3 = 1, \quad Gh_s\zeta^4 = 2, \quad Gh_e\zeta^5 = 3, \quad Gh_p\zeta^5 = 1, \quad g_sh_s\zeta^5 = 5$$

$$Gh\zeta^6 = 2, \quad g_sh_e\zeta^6 = 9, \quad g_sh_p\zeta^6 = 3$$

$$G\zeta^7 = 1, \quad g_sh\zeta^7 = 7, \quad g_ph_e\zeta^7 = 6, \quad g_ph_p\zeta^7 = 3, \quad g_eh_e\zeta^7 = 19$$

$$g_s\zeta^8 = 4, \quad g_ph\zeta^8 = 8, \quad g_eh\zeta^8 = 16$$

$$g_p\zeta^9 = 6, \quad g_e\zeta^9 = 10, \quad gh\zeta^9 = 24, \quad g\zeta^{10} = 20, \quad \zeta^{11} = 20$$

对于上面列出的每个符号, 如果将其中的 g 和 h 互换, 则所得到的符号与原来的符号数值相同. 例如有: $g_eh_s\zeta^6 = 9$, $g_ph_s\zeta^6 = 3$. 上面算出的这些数, Sturm 先生用另外的方法也得到了, 参见他的论文《空间中的射影相关问题》(*Math. Ann.*, 第 VI 卷).

如果我们对于由 g 和 h 组成的直线对, 再次应用 §15 中的叠合公式 34)—38), 就得到下面的定理:

1. 在空间中给定四个点, 再给定分别与这四个点对应的另外四个点. 考虑那样的直线, 该直线和四个给定点的连接平面, 分别射影相关于它和另外四个对应点的连接平面. 那么, 所有这样的直线构成了一个复形, 其次数为

$$Gh_s + g_sH = 2 + 2 = 4$$

2. 在空间中给定五个点, 再给定分别与这五个点对应的另外五个点. 考虑那样的直线, 该直线和五个给定点的连接平面, 分别射影相关于它和另外五个对应点的连接平面. 那么, 所有这样的直线构成了一个线汇, 其场秩为

$$Gh_e + g_sh_s + g_eH = 3 + 5 + 3 = 11$$

其丛秩为

$$Gh_p + g_sh_s + g_pH = 1 + 5 + 1 = 7$$

3. 在空间中给定六个点, 再给定分别与这六个点对应的另外六个点. 考虑那样的直线, 该直线和六个给定点的连接平面, 分别射影相关于它和另外六个对应点的连接平面. 那么, 所有这样的直线构成了一个直纹面, 其次数为

$$Gh + g_sh_e + g_sh_p + g_eh_s + g_ph_s + gH = 2 + 9 + 3 + 9 + 3 + 2 = 28$$

4.* 在空间中给定七个点, 再给定分别与这七个点对应的另外七个点. 考虑那样的直线, 该直线和七个给定点的连接平面, 分别射影相关于它和另外七个对应点的连接平面. 那么, 所有这样的直线只有有限条, 其数目为

$$G + g_sh + g_eh_e + g_ph_p + gh_s + H = 1 + 7 + 19 + 3 + 7 + 1 = 38$$

最后这个数目, 作者在*Math.Ann.*, 第 10 卷, 第 89 页上, 已经从 Sturm 算得的个数推出来了.

---

* 原文这里没有 "4." 这个标号, 此系译者补加.—— 校注

§29

由一个平面束和一个与之射影相关的直线束
所构成几何形体的计数 (Lit.41)

我们下面来研究这样的几何形体 Γ, 它由一个平面束与一个直线束组成, 并且直线束中的直线与平面束中的平面是射影相关的. 我们记平面束的承载体为 g, 记直线束的束心为 p, 束平面为 e. 这种几何形体的参数个数为 $4+5+3=12$. 与 §28 中所用的方法类似, 通过在基本几何形体构成的一级系统之间作投影变换, 可以得到 Γ 的退化形体 δ^*, 其定义如下:

退化形体 δ 由一条直线 g 以及一个束心为 p, 束平面为 e 的直线束组成, 此外还有一条奇异直线 k 属于该直线束, 有一个奇异平面 f 含有该直线 g, 它们使得含有 g 的每个平面都对应于直线 k, 而直线束中的每条直线都对应于平面 f. 要求 Γ 为退化形体 δ, 对它来说是一个单重条件. 我们将这个条件也记作 δ.

在单重条件

$$g,\ p,\ e,\ \delta$$

之外, 我们再加上单重条件 ζ, 它要求含有直线 g 和一个给定点的那个平面射影相关于直线束 (p,e) 中与一条给定直线相交的那条直线. 因此, 当提及条件 ζ 时, 就总意味着已经给定了一个点和一条直线. 为了在五个条件

$$g,\ p,\ e,\ \delta,\ \zeta$$

之间建立方程, 我们假设有一个由几何形体 Γ 组成的一级系统, 并任取两个点 A 和 B. 现在, 对于 ∞^1 个几何形体 Γ 中的每一个, 分别作其直线 g 与点 A 和点 B 的连接平面. 那么, 在与 g 配套的直线束中, 有两条直线与这两个连接平面对应, 我们将这两条直线组成一个直线对, 由此就得到一个由直线对构成的一级系统. 然后, 再对该一级系统应用 §15 的叠合公式 21), 于是得到

$$\zeta + \zeta - p - e = g + \delta$$

也就是

$$2\zeta = p + e + g + \delta$$

利用这个公式, 并通过 §28 中同样的方法, 我们就能算出所有由 p, e, g, ζ 复合而成的十二重符号, 前提是事先已经算出了所有含有 δ 的退化符号. 但是, 这些退化符号很容易通过组合数来确定, 因为类似于 §28 中的 2) 式, 我们有

$$\delta\zeta = f\zeta + k\zeta$$

---

*这里的 δ 原文作 ζ, 有误.—— 译注

那么, 作为例子, 由此就可以推出

$$\delta peG\zeta^5 = \delta peG(f+k)^5 = 5_4 \cdot \delta peGfk^4 \ = 5_4 \cdot 2 = \mathbf{10}$$
$$\delta \widehat{peg}_e\zeta^6 = \delta \widehat{pe}_e(f+k)^6 = 6_3 \cdot \delta \widehat{pe}k^3 g_e f^3 = 6_3 \cdot 2 = \mathbf{40}$$

这样一步一步地算下去, 就可以得到下表中所列的数值. 表中列于 p, e, g 之下的数目, 都是我们已经算得的. 从这些数目和列于 δ 之下的退化形体个数, 即可推出列于 ζ 之下的数目. 我们所研究的一级系统, 其定义条件都排在了表的最左侧. 但是, 表中许多系统其实是可以省略的, 因为对每个关于 Γ 的十二重符号, 如果将其中涉及直线束的条件作对偶变换, 而让其余的条件都保持不变, 则所得十二重符号的数值与原先的十二重符号是一样的.

系统列表

	δ	p	e	g	ζ
$p^3e^2G\zeta^2$	2	0	0	0	1
$p^3eG\zeta^3$	3	0	1	0	2
$p^3e^2g_s\zeta^3$	3	0	0	1	2
$p^3G\zeta^4$	0	0	2	0	1
$\widehat{pe}G\zeta^4$	8	2	2	0	6
$p^3eg_s\zeta^4$	6	0	2	2	5
$p^3e^2g_e\zeta^4$	4	0	0	2	3
$p^3e^2g_p\zeta^4$	0	0	0	2	1
$p^2G\zeta^5$	0	1	1+6	0	4
$peG\zeta^5$	10	1+6	1+6	0	12
$p^3g_s\zeta^5$	0	0	5	1	3
$\widehat{pe}g_s\zeta^5$	20	5	5	6	18
$p^3eg_e\zeta^5$	10	0	3	5	9
$p^3eg_p\zeta^5$	0	0	1	5	3
$p^3e^2g\zeta^5$	0	0	0	3+1	2
$pG\zeta^6$	0	4	12	0	8
$p^2g_s\zeta^6$	0	3	21	4	14
$peg_s\zeta^6$	30	21	21	12	42
$p^3g_e\zeta^6$	0	0	9	3	6
$p^3g_p\zeta^6$	0	0	3	3	3
$\widehat{pe}g_e\zeta^6$	40	9	9	18	38
$\widehat{pe}g_p\zeta^6$	0	3	3	18	12
$p^3eg\zeta^6$	0	0	2	12	7
$p^3e^2\zeta^6$	0	0	0	2	1

续表

	δ	p	e	g	ζ
$G\zeta^7$	0	8	8	0	8
$pg_s\zeta^7$	0	14	42	8	32
$p^2g_e\zeta^7$	0	6	44	14	32
$p^2g_p\zeta^7$	0	3	15	14	16
$peg_e\zeta^7$	70	44	44	42	100
$peg_p\zeta^7$	0	15	15	42	36
$p^3g\zeta^7$	0	0	7	9	8
$\widehat{peg}\zeta^7$	0	7	7	50	32
$p^3e\zeta^7$	0	0	1	7	4
$g_s\zeta^8$	0	32	32	8	36
$pg_e\zeta^8$	0	32	100	32	82
$pg_p\zeta^8$	0	16	36	32	42
$p^2g\zeta^8$	0	8	40	48	48
$peg\zeta^8$	0	40	40	136	108
$p^3\zeta^8$	0	0	4	8	6
$\widehat{pe}\zeta^8$	0	4	4	32	20
$g_e\zeta^9$	0	82	82	36	100
$g_p\zeta^9$	0	42	42	36	60
$pg\zeta^9$	0	48	108	124	140
$p^2\zeta^9$	0	6	26	48	40
$pe\zeta^9$	0	26	26	108	80
$g\zeta^{10}$	0	140	140	160	220
$p\zeta^{10}$	0	40	80	140	130
ζ^{11}	0	130	130	220	240

    上面算出来的 48 个数目, 同时也是经过对偶变换所得的几何形体 Γ' 的数目, 这里的 Γ' 由一个承载体为 g 的直线点列与一个直线束组成, 且直线束中的直线与 g 上的点是射影相关的. 我们将关于 Γ' 的条件, 用关于 Γ 一样的记号来记. 那么, 对每个关于 Γ 的符号, 如果将其中涉及 g 的条件作对偶变换, 而让其余条件都保持不变, 则所得的关于 Γ' 的符号与原先关于 Γ 的符号具有相同的数值.

§30

由两个射影相关的直线束
所构成几何形体的计数 (Lit.41)

    下面要研究的几何形体 Γ 具有 13 个参数, 它由两个这样的直线束组成, 其中一个束的直线与另一个束的直线是射影相关的. 我们将这两个直线束的束心分别

记作 p 和 p', 而将直线束的束平面分别记作 e 和 e'. 正如在 §28 和 §29 所做的那样, 通过投影变换, 我们可以得到 Γ 的一个退化形体 γ, 其定义如下:

退化形体 γ 由两个这样的直线束组成: 第一个束的束心为 p, 束平面为 e, 且含有一条奇异直线 k; 第二个束的束心为 p', 束平面为 e', 且含有一条奇异直线 k'; 此外, 第一个束中的每条直线都与第二个束中的直线 k' 射影相关, 而第二个束中的每条直线都与第一个束中的直线 k 射影相关. 要求 Γ 为退化形体 γ, 对它来说是一个单重条件. 这个条件我们也用 γ 来表示.

此外, 我们再定义单重条件 ζ, 它要求两个直线束中有两条相互对应的直线分别与两条给定的直线相交. 为了在六个单重条件

$$\gamma,\ p,\ e,\ p',\ e',\ \zeta$$

之间建立方程, 我们假设给定了一个由几何形体 Γ 组成的一级系统, 并任取两条直线 a 和 b. 对于几何形体 Γ, 它的第一个直线束 (p,e) 中有两条直线分别与 a 和 b 相交, 从而在它的第二个直线束 (p',e') 中有两条直线与之对应, 我们将这两条对应直线组成一个直线对. 如果我们对一级系统中的 ∞^1 个 Γ 都这样做, 就可得到一个由直线对构成的一级系统, 然后对它来应用 §15 中的叠合公式 21). 此时要注意的是, 满足叠合符号的几何形体有两种: 第一种是满足退化条件 γ 的几何形体; 第二种是那样的几何形体, 它的直线束 (p,e) 中有一条直线与 a 和 b 同时相交, 因此它满足条件

$$p+e$$

这是由 $g^2 = g_e + g_p$ (参见 §6) 推出来的. 于是, 我们得到下面的方程:

$$\zeta + \zeta - p' - e' = \gamma + p + e$$

也就是

1) $$2\zeta = \gamma + p + e + p' + e'$$

利用这个公式以及 §28 和 §29 中同样的方法, 从含有 γ 的退化符号的数值, 我们就可以算出关于 Γ 的符号的数值. 而那些退化符号的数值, 大部分仍然等于零, 少数几个不为零的值, 则都是一个组合数乘上 1 或者 2. 这里之所以会出现 2, 是因为与 4 条给定直线都相交的直线共有两条. 这样就可以一步一步地得出下表中列于 ζ 之下的数目. 表中排在最左侧的, 仍然是所研究的一级系统的定义条件. 这些系统中关于 p, e, p', e' 的数目, 都已经从之前所考虑的系统中算得了. 表中有许多系统其实是可以略去的, 因为对于每个十三重的符号, 我们可以用三种方式对它进行变换, 所得符号的数值与原先的符号是一样的. 这三种方式分别是: 其一, 将涉及

p, e 的条件作对偶变换, 其余的不变; 其二, 将涉及 p', e' 的条件作对偶变换, 其余的不变; 其三, 将涉及 p, e, p', e' 的条件作对偶变换, 其余的不变.

系统列表

	γ	p	e	p'	e'	ζ
$p^3e^2p'^3e'^2\zeta^2$	2	0	0	0	0	1
$p^3e^2p'^3e'\zeta^3$	3	0	0	0	1	2
$p^3e^2p'^3\zeta^4$	0	0	0	0	2	1
$p^3e^2\,\widehat{p'e'}\,\zeta^4$	8	0	0	2	2	6
$p^3ep'^3e'\zeta^4$	6	0	2	0	2	5
$p^3e^2p'^2\zeta^5$	0	0	0	1	1+6	4
$p^3e^2p'e'\zeta^5$	10	0	0	7	7	12
$p^3ep'^3\zeta^5$	0	0	1	0	5	3
$p^3e\,\widehat{p'e'}\,\zeta^5$	20	0	6	5	5	18
$p^3e^2p'\zeta^6$	0	0	0	4	12	8
$p^3ep'^2\zeta^6$	0	0	4	3	21	14
$p^3ep'e'\zeta^6$	30	0	12	21	21	42
$p^3p'^3\zeta^6$	0	0	3	0	3	3
$p^3\,\widehat{p'e'}\,\zeta^6$	0	0	18	3	3	12
$\widehat{pe}\,\widehat{p'e'}\,\zeta^6$	80	18	18	18	18	76
$p^3e^2\zeta^7$	0	0	0	8	8	8
$p^3ep'\zeta^7$	0	0	8	14	42	32
$p^3p'^2\zeta^7$	0	0	14	3	15	16
$p^3p'e'\zeta^7$	0	0	42	15	15	36
$\widehat{pe}\,p'^2\zeta^7$	0	14	14	12	88	64
$\widehat{pe}\,p'e'\zeta^7$	140	42	42	88	88	200
$p^3e\zeta^8$	0	0	8	32	32	36
$p^3p'\zeta^8$	0	0	32	16	36	42
$\widehat{pe}\,p'\zeta^8$	0	32	32	64	200	164
$p^2p'^2\zeta^8$	0	16	80	16	80	96
$p^2p'e'\zeta^8$	0	36	236	80	80	216
$pep'e'\zeta^8$	280	236	236	236	236	612
$p^3\zeta^9$	0	0	36	42	42	60
$\widehat{pe}\,\zeta^9$	0	36	36	164	164	200
$p^2p'\zeta^9$	0	42	206	96	216	280
$pep'\zeta^9$	0	206	206	216	612	620
$p^2\zeta^{10}$	0	60	260	280	280	440
$pe\zeta^{10}$	0	260	260	620	620	880
$pp'\zeta^{10}$	0	280	620	280	620	900
$p\zeta^{11}$	0	440	880	900	900	1560
ζ^{12}	0	1560	1560	1560	1560	3120

为了更加清楚起见, 我们在所得到的 36 个数中, 选出几个用文字来加以表述.

1. 由 $p^3 e^2 \zeta^8 = 8$ 推出:

假设给定了两组直线, 每组八条, 并在两组直线之间固定了一个一一对应关系. 那么, 对于空间中任给的一个直线束, 都存在八个直线束具有以下的性质: 每个这样的直线束中与第一组中八条给定直线相交的那八条直线, 分别射影相关于前面给定直线束中与另一组中八条给定直线相交的那八条直线, 确切地说, 与相互对应的两条给定直线相交的那两条直线总是射影相关的.

2. 由 $p^2 p'^2 \zeta^9 = 96$ 推出:

假设给定了两组直线, 每组九条, 并在两组直线之间固定了一个一一对应关系. 此外, 假设还给定了另外一条直线 a. 那么, 束心位于 a 上的直线束共有 ∞^3 个. 我们来考虑其中的一个, 并从该直线束中取出与第一组中九条给定直线相交的那九条直线. 那么, 空间中存在 ∞^2 个直线束具有以下的性质: 每个这样的直线束中与第二组中九条给定直线相交的那九条直线, 分别射影相关于前面取出的那九条直线, 确切地说, 与相互对应的两条给定直线相交的那两条直线总是射影相关的. 而且, 这 ∞^2 个直线束的束心还构成了一个 96 阶的曲面.

3. 由 $\zeta^{13} = 3120$ 推出:

假设给定了两组直线, 每组十三条, 并在两组直线之间固定了一个一一对应关系. 那么, 空间中存在 3120 个由两个直线束构成的对, 其中每个直线束的对都具有以下的性质: 该对中的两个直线束各含有这样的十三条直线, 使得一个束中的那十三条直线与第一组中的十三条给定直线相交, 而另一个束中的那十三条直线与第二组中的十三条给定直线相交, 并且与相互对应的两条给定直线相交的那两条直线总是射影相关的.

§31

由两个共线直线丛
所构成几何形体的计数 (Lit.42)

对于由基本几何形体构成的两个射影相关的二级系统, 由它们退化形体的个数, 也可以算出它们本身的个数, 方法与前面几节中计算两个射影相关的一级系统的个数是类似的.

首先, 我们来处理参数个数为 14 的几何形体 Γ, 它由处于一般位置的两个共线直线丛(collineare bündel) B 和 B' 组成, 两者的丛心分别记作 p 和 p'. 设 C 和

C' 为任给的两个点, 以它们为丛心的两个共线直线丛可以按照下述方式来构造: 先取两个平面 e 和 e', 再取一个点 S, 对平面 e 上的每个点 A, 作连线 AS, 并记它与平面 e' 的交点为 A'; 然后, 再将这样对应的两个点 A 和 A' 分别与点 C 和 C' 作连线. 于是, 每条通过 C 的直线都对应于一条通过 C' 的确定的直线, 而每个通过 C 的平面也都对应于一个通过 C' 的确定的平面, 并且当一条通过 C 的直线含于某个通过 C 的平面内时, 则对应的直线也含于对应的平面内. 利用这个事实, 我们给出下面的定义: 如果有一条直线属于一个丛, 又有一个平面通过另一个丛的丛心, 并且该平面含有该直线的对应直线, 或者等价地说, 该直线含于该平面的对应平面内, 我们就称该直线与该平面是共轭的(conjugirt). 特别, 如果我们将点 S 取在平面 e 上, 则对 e 上的每个点 A, 对应点 A' 就都位于 e 和 e' 的交线 l 上. 因此, 对于每条通过 C 的直线, 通过 C' 的对应直线都会与 l 相交; 反过来, 对于每条通过 C' 的直线, 与之对应的则总是同一条通过 C 的直线, 也就是连接直线 CS. 每个通过 C 的平面与 e 有一条交线, 与之对应的就是 e' 上的直线 l, 因而与该平面对应的就是 C' 与 l 的连接平面. 但是反过来, 对于每个通过 C' 的平面, 通过 C 的对应平面则还要通过 S, 因而它含有直线 CS. 由于含有直线 CS 的平面与 l 上的点透视相关(perspectiv), 而 l 上的点又与那样一个直线束中的直线透视相关, 该直线束以 C' 为束心且位于 C' 和 l 的连接平面内. 因此, 该直线束中的直线就与含有直线 CS 的平面射影相关. 于是, 对于所考虑的几何形体 Γ, 我们就得到了它的一个退化形体, 其定义如下:

退化形体 κ 由两个共线直线丛组成, 丛心分别为 p 和 p', 此外还有一条通过 p 的奇异直线 g, 一个通过 p' 的奇异平面 e'. 一般说来, 每个通过 p 的平面都只对应于平面 e', 每条通过 p' 的直线都只对应于直线 g. 但是, 每个含有 g 的平面都确定了 e' 上的一条直线, 而该平面则对应于含有该直线的全部 ∞^1 个平面; 每条位于 e' 上的直线都确定了一个含有 g 的平面, 而该直线则对应于该平面内通过 p 的全部 ∞^1 条直线. 此外, 含有 g 的 ∞^1 个平面与平面 e' 内通过 p' 的 ∞^1 条直线是射影相关的.

因此, 退化形体 κ 具有 $3+3+2+2+3=13$ 个参数, 比 §29 中处理的几何形体多一个, 这是由于对于直线束及与之相关的平面束来说, 在确定了二者的承载体之后, 还需要一个单重条件, 才能在平面束的承载体 g 上确定束心 p. 于是, 要求几何形体 Γ 为退化形体 κ, 对它来说是一个单重条件. 我们将这个条件也记作 κ.

在生成 κ 时, 我们将点 S 放在了平面 e 上. 如果将点 S 放在平面 e' 上, 则得到的就是第二个退化形体 κ', 它与 κ 的区别仅在于以下两点: 其一, 奇异直线不是通过 p, 而是通过 p', 我们将之记作 g'; 其二, 奇异平面不是通过 p', 而是通过 p, 我们将之记作 e. 要求 Γ 为退化形体 κ' 的条件, 我们还记作 κ'.

至今为止, 我们已经引入了四个单重条件

$$p,\ p',\ \kappa,\ \kappa'$$

现在再加上两个单重条件 ζ 和 ζ'. 条件 ζ 要求, 在两条相互对应的直线中, 通过 p 的那条与一条给定直线相交, 而通过 p' 的那条则含有一个给定点, 或者等价地说, 在两个相互对应的平面中, 通过 p 的那个含有一条给定直线, 而通过 p' 的那个则含有一个给定点. 在上述定义中将 p 与 p' 的位置对换, 得到的就是条件 ζ'. 在六个条件

$$p,\ p',\ \kappa,\ \kappa',\ \zeta,\ \zeta'$$

之间存在两个方程, 我们现在来加以推导. 我们假设有一个由几何形体 Γ 构成的一级系统, 再取两个固定的点 A 和 B. 对于 ∞^1 个几何形体 Γ 中的每一个, 将它的丛心 p' 分别与点 A 和 B 作连线, 则在此几何形体 Γ 中, 与这两条连线对应的有两条通过 p 的直线. 我们把后面二者组成一个直线对, 于是就得到一个由这种直线对构成的一级系统, 然后再对它应用 §15 中的叠合公式 21). 那么, 该公式中的符号 σg 和 σh 都等于 ζ, 符号 σp 等于 p, 但符号 σe 则等于 ζ', 因为满足条件 σe 的每个几何形体 Γ 都具有以下的性质: 对于点 p 与条件 σe 所决定点的连接直线, 在 Γ 中与它对应的那条直线既通过点 p' 又与连线 AB 相交. 最后, 叠合符号 $\varepsilon\sigma$ 得用条件 κ 来代入, 因为对于每个退化形体 κ, 点 p' 与点 A 和 B 的两条连线对应于通过 p 的同一条直线, 也就是奇异直线 g. 于是, 我们得到

$$\zeta + \zeta - p - \zeta' = \kappa$$

也就是

1) $$2\zeta = \zeta' + p + \kappa$$

如果我们重复上述的推导, 但在此过程中, 将带撇的符号去掉撇, 不带撇的符号加上撇, 就会得到第二个公式, 即

2) $$2\zeta' = \zeta + p' + \kappa'$$

从 1) 式和 2) 式中分别消去 ζ' 和 ζ, 就得到

3) $$3\zeta = 2\kappa + \kappa' + 2p + p'$$

4) $$3\zeta' = 2\kappa' + \kappa + 2p' + p$$

如果我们已经知道了含有 κ 和 κ' 的退化符号的数值, 就可以利用这些公式, 求出所有由 p, p', ζ, ζ' 组成的关于 Γ 的十四重符号的数值. 具体办法是将含有关于 p 和 p' 的高维条件的符号, 过渡到含有低维条件的相应符号. 至于那些退化符号的数值, 根据 κ 和 κ' 的定义, 则可以由 §29 中算得的个数直接推出. 于是, 我们就得到了以下的规则:

1. 一个含有 κ 的退化符号, 如果其中不含关于 p 的条件, 则它的值等于零, 因为此时无法确定 κ 的丛心 p. 此外, 若 κ 的奇异直线 g 与一条给定直线相交 (或者含有一个给定点), 则 κ 满足条件 p^2(或者条件 p^3).

2. 如果 κ 满足条件 p', 则其丛心 p' 在一个给定平面上.

3. κ 满足条件 ζ 的方式有两种: 一种是它的奇异直线 g 与一条给定直线相交, 另一种是它的奇异平面 e' 含有一个给定点.

4. κ 满足条件 ζ' 的方式是: 有一个平面同时含有奇异直线和一个给定点, 并且奇异平面上与之射影对应的那条直线与一条给定直线相交 (比较 §29 的条件 ζ).

5. 对于每个含有 κ' 的符号, 如果将其中带撇的字母去掉撇, 而不带撇的字母加上撇, 则所得到的含有 κ 的符号与那个含有 κ' 的符号取值相同.

利用这些规则, 就很容易将退化符号的数值表成为 §29 中个数组成的和式. 例如:

$$\kappa p \zeta^4 \zeta'^8 = 4_1 \cdot 8 + 4_2 \cdot 48 + 4_3 \cdot 64 + 4_4 \cdot 16$$

其中的数字 $8, 48, 64$ 和 16 分别是 §29 中符号 $e^3 g \zeta^8$, $e^2 g^2 \zeta^8$, $eg^3 \zeta^8$ 和 $g^4 \zeta^8$ 的数值. 又例如:

$$\kappa p^2 p'^2 \zeta^5 \zeta'^4 = 5_2 \cdot 4 + 5_3 \cdot 8$$

其中的数字 4 和 8 分别是 §29 中符号 $gp^2 e^3 g^2 \zeta^4$ 和 $gp^2 e^2 g^3 \zeta^4$ 的数值.

在下列各表中, 排在最左边的都是所研究的一级系统的定义条件. 接下来的是退化形体 κ 和 κ' 的数目, 表中还简单说明了这些数目是如何组成的. 再接下来的是由前面研究过的系统就已经算得的 p 和 p' 的数目. 最后, 是由 3) 式和 4) 式得出的 ζ 和 ζ' 的数目. 这里需要注意的是, 如果一个符号同时含有 ζ 和 ζ', 则它的数值就可以用两种方式来求得.

系统列表

	κ	κ'	p	p'	ζ	ζ'
$p^3 p'^3 \zeta^7$	0	3	0	0	1	2
$p^3 p'^3 \zeta^6 \zeta'$	0	$3+3$	0	0	2	4
$p^3 p'^3 \zeta^5 \zeta'^2$	0	$1+2\cdot 5+1$	0	0	4	8
$p^3 p'^3 \zeta^4 \zeta'^3$	$6\cdot 1$	$3\cdot 2 + 3\cdot 2$	0	0	8	10

* * * * * * * * * *

	κ	κ'	p	p'	ζ	ζ'
$p^3p'^2\zeta^8$	0	8	0	1	3	6
$p^3p'^2\zeta^7\zeta'$	0	$7+9$	0	2	6	12
$p^3p'^2\zeta^6\zeta'^2$	0	$2+2\cdot12+6$	0	4	12	24
$p^3p'^2\zeta^5\zeta'^3$	$10\cdot1$	$3\cdot4+3\cdot10+2$	0	8	24	38
$p^3p'^2\zeta^4\zeta'^4$	$4\cdot2+6\cdot4$	$6\cdot4+4\cdot4$	0	10	38	44
$p^3p'^2\zeta^3\zeta'^5$	$1+3\cdot10+3\cdot7$	20	0	8	44	36
$p^3p'^2\zeta^2\zeta'^6$	$6+2\cdot21+4$	0	0	4	36	20
$p^3p'^2\zeta\zeta'^7$	$15+14$	0	0	2	20	11
$p^3p'^2\zeta'^8$	16	0	0	1	11	6

* * * * * * * * * *

	κ	κ'	p	p'	ζ	ζ'
$p^3p'\zeta^9$	0	6	0	3	3	6
$p^3p'\zeta^8\zeta'$	0	$4+8$	0	6	6	12
$p^3p'\zeta^7\zeta'^2$	0	$1+2\cdot7+9$	0	12	12	24
$p^3p'\zeta^6\zeta'^3$	0	$3\cdot2+3\cdot12+6$	0	24	24	48
$p^3p'\zeta^5\zeta'^4$	$10\cdot2$	$6\cdot4+4\cdot10+2$	0	38	48	76
$p^3p'\zeta^4\zeta'^5$	$4\cdot5+6\cdot7$	$10\cdot4+5\cdot4$	0	44	76	90
$p^3p'\zeta^3\zeta'^6$	$3+3\cdot21+3\cdot12$	$15\cdot2$	0	36	90	78
$p^3p'\zeta^2\zeta'^7$	$15+2\cdot42+8$	0	0	20	78	49
$p^3p'\zeta\zeta'^8$	$36+32$	0	0	11	49	30
$p^3p'\zeta'^9$	42	0	0	6	30	18

* * * * * * * * * *

	κ	κ'	p	p'	ζ	ζ'
$p^2p'^2\zeta^9$	0	48	3	6	20	37
$p^2p'^2\zeta^8\zeta'$	0	$40+48$	6	11	37	68
$p^2p'^2\zeta^7\zeta'^2$	0	$14+2\cdot59+28$	12	20	68	124
$p^2p'^2\zeta^6\zeta'^3$	$20\cdot2$	$2+3\cdot24+3\cdot42+8$	24	36	124	184
$p^2p'^2\zeta^5\zeta'^4$	$10\cdot4+10\cdot8$	$4\cdot4+6\cdot20+4\cdot14$	38	44	184	210

* * * * * * * * * *

	κ	κ'	p	p'	ζ	ζ'
$p^3\zeta^{10}$	0	0	0	3	1	2
$p^3\zeta^9\zeta'$	0	0	0	6	2	4
$p^3\zeta^8\zeta'^2$	0	0	0	12	4	8
$p^3\zeta^7\zeta'^3$	0	0	0	24	8	16
$p^3\zeta^6\zeta'^4$	0	0	0	48	16	32
$p^3\zeta^5\zeta'^5$	$10\cdot 1$	0	0	76	32	54
$p^3\zeta^4\zeta'^6$	$4\cdot 3+6\cdot 4$	0	0	90	54	72
$p^3\zeta^3\zeta'^7$	$3+3\cdot 14+3\cdot 8$	0	0	78	72	75
$p^3\zeta^2\zeta'^8$	$16+2\cdot 32+8$	0	0	49	75	62
$p^3\zeta\zeta'^9$	$42+36$	0	0	30	62	46
$p^3\zeta'^{10}$	60	0	0	18	46	32

* * * * * * * * * *

	κ	κ'	p	p'	ζ	ζ'
$p^2p'\zeta^{10}$	0	40	3	20	22	41
$p^2p'\zeta^9\zeta'$	0	$26+48$	6	37	41	76
$p^2p'\zeta^8\zeta'^2$	0	$8+2\cdot 40+48$	12	68	76	140
$p^2p'\zeta^7\zeta'^3$	0	$1+3\cdot 14+3\cdot 59+28$	24	124	140	256
$p^2p'\zeta^6\zeta'^4$	$20\cdot 4$	$4\cdot 2+6\cdot 24+4\cdot 42+8$	48	184	256	384
$p^2p'\zeta^5\zeta'^5$	$10\cdot 10+10\cdot 14$	$10\cdot 4+10\cdot 20+5\cdot 14$	76	210	384	452
$p^2p'\zeta^4\zeta'^6$	$4\cdot 12+6\cdot 42+4\cdot 24$	$20\cdot 4+15\cdot 8$	90	184	452	418
$p^2p'\zeta^3\zeta'^7$	$7+3\cdot 59+3\cdot 84+16$	$35\cdot 2$	78	124	418	306
$p^2p'\zeta^2\zeta'^8$	$40+2\cdot 136+64$	0	49	68	306	187
$p^2p'\zeta\zeta'^9$	$108+124$	0	30	37	187	112
$p^2p'\zeta'^{10}$	140	0	18	20	112	66

* * * * * * * * * *

	κ	κ'	p	p'	ζ	ζ'
$p^2\zeta^{11}$	0	0	1	22	8	15
$p^2\zeta^{10}\zeta'$	0	0	2	41	15	28
$p^2\zeta^9\zeta'^2$	0	0	4	76	28	52
$p^2\zeta^8\zeta'^3$	0	0	8	140	52	96
$p^2\zeta^7\zeta'^4$	0	0	16	256	96	176
$p^2\zeta^6\zeta'^5$	$20\cdot 2$	0	32	384	176	280
$p^2\zeta^5\zeta'^6$	$10\cdot 6+10\cdot 8$	0	54	452	280	366
$p^2\zeta^4\zeta'^7$	$4\cdot 9+6\cdot 28+4\cdot 16$	0	72	418	366	392
$p^2\zeta^3\zeta'^8$	$8+3\cdot 48+3\cdot 64+16$	0	75	306	392	349
$p^2\zeta^2\zeta'^9$	$48+2\cdot 124+72$	0	62	187	349	268
$p^2\zeta\zeta'^{10}$	$140+160$	0	46	112	268	190
$p^2\zeta'^{11}$	220	0	32	66	190	128

* * * * * * * * * *

	κ	κ'	p	p'	ζ	ζ'
$pp'\zeta^{11}$	0	130	22	66	80	138
$pp'\zeta^{10}\zeta'$	0	$80+140$	41	112	138	235
$pp'\zeta^{9}\zeta'^{2}$	0	$26+2\cdot108+124$	76	187	235	394
$pp'\zeta^{8}\zeta'^{3}$	0	$4+3\cdot40+3\cdot136+64$	140	306	394	648
$pp'\zeta^{7}\zeta'^{4}$	$35\cdot4$	$4\cdot7+6\cdot59+4\cdot84+16$	256	418	648	900
$pp'\zeta^{6}\zeta'^{5}$	$20\cdot10+15\cdot14$	$10\cdot12+10\cdot42+5\cdot24$	384	452	900	1006

$$* \quad * \quad * \quad * \quad * \quad * \quad * \quad * \quad * \quad *$$

	κ	κ'	p	p'	ζ	ζ'
$p\zeta^{12}$	0	0	8	80	32	56
$p\zeta^{11}\zeta'$	0	0	15	138	56	97
$p\zeta^{10}\zeta'^{2}$	0	0	28	235	97	166
$p\zeta^{9}\zeta'^{3}$	0	0	52	394	166	280
$p\zeta^{8}\zeta'^{4}$	0	0	96	648	280	464
$p\zeta^{7}\zeta'^{5}$	$35\cdot2$	0	176	900	464	682
$p\zeta^{6}\zeta'^{6}$	$20\cdot6+15\cdot8$	0	280	1006	682	844
$p\zeta^{5}\zeta'^{7}$	$10\cdot9+10\cdot28+5\cdot16$	0	366	900	844	872
$p\zeta^{4}\zeta'^{8}$	$4\cdot8+6\cdot48+4\cdot64+16$	0	392	648	872	760
$p\zeta^{3}\zeta'^{9}$	$6+3\cdot48+3\cdot124+72$	0	349	394	760	577
$p\zeta^{2}\zeta'^{10}$	$40+2\cdot140+160$	0	268	235	577	406
$p\zeta\zeta'^{11}$	$130+220$	0	190	138	406	272
$p\zeta'^{12}$	240	0	128	80	272	176

$$* \quad * \quad * \quad * \quad * \quad * \quad * \quad * \quad * \quad *$$

	κ	κ'	p	p'	ζ	ζ'
ζ^{13}	0	0	32	176	80	128
$\zeta^{12}\zeta'$	0	0	56	272	128	200
$\zeta^{11}\zeta'^{2}$	0	0	97	406	200	303
$\zeta^{10}\zeta'^{3}$	0	0	166	577	303	440
$\zeta^{9}\zeta'^{4}$	0	0	280	760	440	600
$\zeta^{8}\zeta'^{5}$	0	0	464	872	600	736
$\zeta^{7}\zeta'^{6}$	0	0	682	844	736	790

$$* \quad * \quad * \quad * \quad * \quad * \quad * \quad * \quad * \quad *$$

从上面列出的数目中, 我们选几个用文字来加以表述.

1. 从 $p^{3}\zeta^{11}=1$ 推出:

给定一个平面丛及该丛中的 11 个平面, 再给定分别与这 11 个平面对应的 11 个点, 则存在唯一的一个点, 它和这些对应点的 11 条连线共轭于那 11 个给定的平面.

2. 从 $p^3\zeta'^{11} = 32$ 推出:

给定一个直线丛及该丛中的 11 条直线, 再取定另外的 11 条直线, 并与前面 11 条给定直线建立一个一一对应. 那么, 存在 32 个与给定直线丛共线的直线丛, 在每个这样的丛中, 与前面 11 条给定直线共轭的 11 个平面分别含有后面取定的 11 条对应直线.

3. 从 $\zeta^7\zeta'^7 = 790$ 推出:

给定由七个点和七条直线构成的第一个组, 再给定由七条直线和七个点构成的第二个组, 在两个组之间建立一个一一对应, 使得一个组中的点总是对应于另一个组中的直线. 那么, 存在 790 个由直线丛构成的对, 每个丛对都具有以下的性质: 一个丛中通过第一组中给定点的七条直线与通过给定直线的七个平面, 分别共轭于另一个丛中通过第二组中对应直线的七个平面与通过对应点的七条直线.

用处理上面系统一样的方法, 可以处理那样的系统, 这种系统的定义条件中含有下面的两个二重条件: 其一要求两个共线丛中相互对应的两个平面分别含有给定的直线, 其二要求相互对应的两条直线分别通过给定的点. 如果一个符号中, 除了关于 p 和 p' 的条件以外, 就只含有这样的二重条件, 那么, 其数值是不能通过上面公式求出的. 不过, 对于这样的系统以及含有这种二重条件的所有系统, 它们的数值可以由上面算得的退化形体个数以及通过某些二维公式算得的一般几何形体 Γ 的个数求出来. 而这些二维的公式, 很容易从个数守恒原理推出, 参见 §32 中类似的公式 9)—12). 顺便提一下, Sturm 先生用其他的方法已经算出了几个这样的符号, 这些符号除了关于 p 和 p' 的条件以外, 就只含有这样的二重条件, 参见他的论文《论共线问题》(*Math. Ann.*, 第 10 卷, p. 117–136).

如果将 §13 的公式 15)—17) 应用于由 p 和 p' 构成的点对上, 则由上面的数目可以得到一系列的新结果, 我们从中举两个例子加以说明.

1. 从 $p^3p'^2\zeta^9 + p^2p'^3\zeta^9 = 3 + 6 = 9$ 推出:

给定 9 条直线和分别与之对应的 9 个点, 则存在 ∞^2 个直线丛具有以下的性质: 在每个这样的丛中, 通过给定直线的 9 个平面分别共线共轭于(collinear conjugirt)通过对应给定点的 9 条直线. 此外, 这些丛的丛心构成了一个 9 次的曲面.

2. 从 $p^3\zeta^{11} + p^2p'\zeta^{11} + pp'^2\zeta^{11} + p'^3\zeta^{11} = 1 + 22 + 66 + 32 = 121$ 推出:

给定 11 条直线和分别与之对应的 11 个点, 则在空间中存在 121 个点, 其中每个点与给定直线的 11 个连接平面分别共线共轭于它与对应给定点的 11 条连线.

§32

由两个关联直线丛
所构成几何形体的计数 (Lit.42)

这种几何形体的数目, Sturm 先生已经在一篇非常详尽的论文中 (*Math. Ann.*, 第 12 卷, p.254–368), 从退化形体的个数算出来了. 在此之前, 对于与这种几何形体对偶的、由两个关联平面构成的几何形体, Hirst 先生已经计算过那样的符号, 这些符号中的两个平面都是已经给定的平面. 尽管如此, 作者还是打算将那些仅含单重条件的符号在这里再算一次, 因为通过使用作者的符号系统, 相关的方法和结果会更加清楚明白.

我们考虑的几何形体 Γ, 由两个丛心分别为 p 和 p' 的直线丛 B 和 B' 组成, 使得一个丛中的直线总对应于另一个丛中的平面, 反之亦然. 这个几何形体也可以用透视对应来生成, 办法和 §31 中生成由两个共线丛组成的几何形体完全一样. 只不过这里, 我们必须在其中的一个辅助平面上, 建立其点场与直线场之间的一个一一对应, 比方说通过相对某条圆锥曲线的配极变换 (polare verwandtschaft). 然后, 就可以得到几何形体 Γ 的下面两个退化形体.

1. 退化形体 π 它由两个丛心分别为 p 和 p' 的直线丛 B 和 B' 组成, 两个丛各含有一条奇异直线, 分别记作 g 和 g'. 一般说来, B 中的平面只对应于 B' 中的直线 g', B' 中平面只对应于 B 中的直线 g. 但是, B 中含有 g 的每个平面却对应于 B' 中的 ∞^1 条直线, 这 ∞^1 条直线都位于与该平面对应的、含有 g' 的某个确定的平面上. 这样一来, B 中以 g 为承载体的平面束就与 B' 中以 g' 为承载体的平面束射影相关. 两个射影相关平面束构成的几何形体具有 $4+4+3$ 个参数 (参见 §28). 但是, 要确定两个丛心 p 和 p', 则还需要两个条件, 因此 π 的参数个数为 13. 要求 Γ 为退化形体 π, 对它来说是一个单重条件. 我们将这个条件还记作 π.

2. 退化形体 λ 它由两个丛心为 p 和 p' 的直线丛 B 和 B' 组成, 两个丛各含有一个奇异平面, 分别记作 e 和 e'. 一般说来, B 中的直线只对应于 B' 中的平面 e', B' 中直线只对应于 B 中的平面 e. 但是, B 中位于平面 e 上的每条直线却对应于 B' 中的 ∞^1 个平面, 这 ∞^1 个平面都含有对应于该直线的、位于 e' 上的某条确定的直线 g. 这样一来, B 中在平面 e 上的直线束就与 B' 中在平面 e' 上的直线束射影相关. 然而, 两个射影相关直线束构成的几何形体具有 $5+5+3$ 个参数 (参见 §30), 因此, λ 的参数个数也是这么多, 即为 13. 要求 Γ 为退化形体 λ, 对它来说是一个单重条件. 我们将这个条件还记作 λ.

现在我们要问, 还可以定义其他的单重条件吗? 因为在一个给定的直线丛中,确定一个平面或者一条直线需要一个二重条件, 所以要求一个丛中的某条给定直线对应于另一个丛中的某个给定平面, 或者说得更准确点, 要求一个丛中通过某个给定点的直线对应于另一个丛中含有一条给定直线的平面, 这就是一个二重条件. 当该直线属于丛 B 时, 我们将此条件记作 η; 而当该直线属于丛 B' 时, 则记作 η'. 于是, 如果要求一个丛中通过某个给定点的直线对应于另一个丛中含有某个给定点的平面, 我们就对所考虑的几何形体加上了一个单重的条件. 对于分属两个丛的两条直线, 如果与一条直线对应的那个平面含有另一条直线, 则称这两条直线共轭; 对于分属两个丛的两个平面, 如果与一个平面对应的那条直线位于另一个平面中, 则称这两个平面共轭; 用此术语, 上面所说的那个条件 (将它记为 μ), 也可以用下面的方式来表述:

条件 μ 要求分属两个丛的分别通过两个给定点的两条直线共轭.

类似地, 可以定义条件 ν, 它要求含有两条给定直线的两个平面共轭.

在六个单重条件

$$p,\ p',\ \pi,\ \lambda,\ \mu,\ \nu$$

之间成立两个方程, 我们现在就来加以推导. 假设给定了一个由几何形体 Γ 构成的一级系统. 任取两个点 C 和 D, 对于 ∞^1 个 Γ 中的每一个, 我们在它的丛 B' 中作通过点 C 和 D 的直线, 再将丛 B 中与这两条直线对应的两个平面组成平面对. 这样就得到一个由平面对构成的一级系统, 然后对此系统应用关于平面对的一维叠合公式 $e + f - h = \varepsilon$(参见 §13). 公式中的 e 和 f 得用 μ 来代, 但符号 h 则要用 ν 来代, 因为满足 h 的每个 Γ 都含有两个这样的共轭平面, 其中属于 B 的那个含有条件 h 决定的直线, 而属于 B' 的那个则含有连接直线 CD. 最后, 满足叠合符号 ε 的只有那种 Γ, 它的丛 B' 中有某个平面对应于 B 中两个不同的平面, 就是说, 这种 Γ 必须满足条件 λ. 于是, 我们得到

$$\mu + \mu - \nu = \lambda$$

也就是

1) $$2\mu - \nu = \lambda$$

为了推导第二个方程, 仍然假设给定了一个由几何形体 Γ 构成的一级系统. 任取两条相交的直线 c 与 d, 对于 ∞^1 个 Γ 中的每一个, 我们在它的丛 B' 中, 作含有 c 和 d 的平面, 再将丛 B 中与这两个平面对应的两条直线组成直线对. 这样就得到一个由这种直线对构成的一级系统, 然后对此系统应用 §15 中的叠合公式 21). 公式中的 σg 和 σh 得用 ν 代入, σp 得用 p 代入. 但是, 对于满足 σe 的每个 Γ, 它的丛 B 中通过条件 σe 决定的点的那条直线, 所对应的是丛 B' 中通过 c 和 d 的交点的直线, 所以, 这种 Γ 也满足条件 μ. 最后, 满足叠合符号 $\varepsilon\sigma$ 的 Γ 有两种: 第一种

是, 丛 B' 中有两个不同的平面对应于丛 B 中同一个平面, 即 Γ 满足条件 π; 第二种是, 直线 c 和 d 决定的平面是丛 B' 中的平面, 即 Γ 满足条件 p'. 于是, 我们得到

$$\nu + \nu - p - \mu = \pi + p'$$

也就是

2) $$\qquad\qquad 2\nu - \mu = p + p' + \pi$$

从 1) 式和 2) 式中分别消去 ν 和 μ, 得到

3) $$\qquad\qquad 3\mu = p + p' + \pi + 2\lambda$$

4) $$\qquad\qquad 3\nu = 2p + 2p' + 2\pi + \lambda$$

利用这些方程, 可以求出由 p, p', μ, ν 复合而成的所有 14 重符号的数值, 前提是我们已经知道了含有 π 或 λ 的退化符号的数值. 然而, 只要更仔细地研究 π 和 λ 的定义, 就可以将这些退化符号的数值, 利用 §28 和 §30 中算得的数目很容易地表示出来. 因为从 π 和 λ 的定义, 我们可以得出以下的关系:

5) $$\qquad\qquad \pi\mu = \pi\zeta$$

6) $$\qquad\qquad \pi\nu = \pi g + \pi g'$$

7) $$\qquad\qquad \lambda\mu = \lambda e + \lambda e'$$

8) $$\qquad\qquad \lambda\nu = \lambda\zeta$$

其中的条件 ζ, 当与 π 并列时, 要求存在分别含有奇异直线 g 和 g' 的两个射影相关的对应平面, 它们分别通过给定的点; 但与 λ 并列时, 则要求在两个奇异平面 e 和 e' 中存在两条射影相关的对应直线, 它们分别与两条给定的直线相交. 此外, 还要注意, 一个含有 π 的符号, 若不含 pp' 作为因子, 它的值就等于零. 下面举几个具体计算的例子, 其中, 等式右边的符号涉及的都是 §28 和 §30 中处理过的几何形体, 此外 §28 中的 h 在这里都写成了 g'.

1)
$$\pi p^2 {p'}^3 \mu^6 \nu^2 = g g'_p \zeta^6 (g + g')^2 = g^3 g'_p \zeta^6 + 2 g^2 g'_s \zeta^6 + g G' \zeta^6$$
$$= 2 g_s g'_p \zeta^6 + 2 g_e g'_s \zeta^6 + 2 g_p g'_s \zeta^6 + g G' \zeta^6$$
$$= 2 \cdot 3 + 2 \cdot 9 + 2 \cdot 3 + 2 = \mathbf{32}$$

2)
$$\pi p p' \mu^5 \nu^6 = \zeta^5 (g + g')^6 = 6_2 \cdot g^4 {g'}^2 \zeta^5 + 6_3 \cdot g^3 {g'}^3 \zeta^5 + 6_4 \cdot g^2 {g'}^4 \zeta^5$$
$$= 30\, G(g'_e + g'_p)\zeta^5 + 80\, g_s g'_s \zeta^5 + 30\, (g_e + g_p) G' \zeta^5$$
$$= 30 \cdot (3 + 1) + 80 \cdot 5 + 30 \cdot (3 + 1) = \mathbf{640}$$

3)
$$\lambda p^3 \mu^2 \nu^8 = p^3 (e + e')^2 \zeta^8 = 8 + 2 \cdot 32 + 16 = \mathbf{88}$$

4)
$$\lambda \mu^4 \nu^9 = (e + e')^4 \zeta^9 = 4_1 \cdot e^3 e' \zeta^9 + 4_2 \cdot e^2 {e'}^2 \zeta^9 + 4_3 \cdot e {e'}^3 \zeta^9$$

$$= 4_1 \cdot 42 + 4_2 \cdot 96 + 4_3 \cdot 42 = \mathbf{912}$$

在下表中, 排在最前面的是所研究系统的定义条件, 接着是我们算得的退化形体的数目, 然后是在前面处理过的系统中就已经求得的 p 和 p' 的数目, 最后两列则是从 3) 式和 4) 式算得的 μ 和 ν 的数目. 这里需要注意的是, 如果一个符号同时含有 μ 和 ν, 则它的数值就可以通过两种方式算出来.

	π	λ	p	p'	μ	ν
$p^3 p'^3 \mu^7$	3	0	0	0	1	2
$p^3 p'^3 \mu^6 \nu$	$3+3$	0	0	0	2	4
$p^3 p'^3 \mu^5 \nu^2$	$1 + 2 \cdot 5 + 1$	0	0	0	4	8
$p^3 p'^3 \mu^4 \nu^3$	$3 \cdot 2 + 3 \cdot 2$	$6 \cdot 1$	0	0	8	10

* * * * * * * * * *

	π	λ	p	p'	μ	ν
$p^3 p'^2 \mu^8$	8	0	0	1	3	6
$p^3 p'^2 \mu^7 \nu$	$7 + (6+3)$	0	0	2	6	12
$p^3 p'^2 \mu^6 \nu^2$	$2 + 2 \cdot 12 + 6$	0	0	4	12	24
$p^3 p'^2 \mu^5 \nu^3$	$3 \cdot 4 + 3 \cdot 10 + 2$	$10 \cdot 1$	0	8	24	38
$p^3 p'^2 \mu^4 \nu^4$	$6 \cdot 4 + 4 \cdot 4$	$6 \cdot 4 + 4 \cdot 2$	0	10	38	44
$p^3 p'^2 \mu^3 \nu^5$	$10 \cdot 2$	$3 \cdot 7 + 3 \cdot 10 + 1$	0	8	44	36
$p^3 p'^2 \mu^2 \nu^6$	0	$4 + 2 \cdot 21 + 6$	0	4	36	20
$p^3 p'^2 \mu \nu^7$	0	$14 + 15$	0	2	20	11
$p^3 p'^2 \nu^8$	0	16	0	1	11	6

* * * * * * * * * *

	π	λ	p	p'	μ	ν
$p^3 p' \mu^9$	6	0	0	3	3	6
$p^3 p' \mu^8 \nu$	$4+8$	0	0	6	6	12
$p^3 p' \mu^7 \nu^2$	$1 + 2 \cdot 7 + 9$	0	0	12	12	24
$p^3 p' \mu^6 \nu^3$	$3 \cdot 2 + 3 \cdot 12 + 6$	0	0	24	24	48
$p^3 p' \mu^5 \nu^4$	$6 \cdot 4 + 4 \cdot 10 + 2$	$10 \cdot 2$	0	38	48	76
$p^3 p' \mu^4 \nu^5$	$10 \cdot 4 + 5 \cdot 4$	$6 \cdot 7 + 4 \cdot 5$	0	44	76	90
$p^3 p' \mu^3 \nu^6$	$15 \cdot 2$	$3 \cdot 12 + 3 \cdot 21 + 3$	0	36	90	78
$p^3 p' \mu^2 \nu^7$	0	$8 + 2 \cdot 42 + 15$	0	20	78	49
$p^3 p' \mu \nu^8$	0	$32 + 36$	0	11	49	30
$p^3 p' \nu^9$	0	42	0	6	30	18

* * * * * * * * * *

	π	λ	p	p'	μ	ν
$p^2p'^2\mu^9$	24	0	3	3	10	20
$p^2p'^2\mu^8\nu$	$24+24$	0	6	6	20	40
$p^2p'^2\mu^7\nu^2$	$14+2\cdot34+14$	0	12	12	40	80
$p^2p'^2\mu^6\nu^3$	$4+3\cdot24+3\cdot24+4$	$20\cdot1$	24	24	80	140
$p^2p'^2\mu^5\nu^4$	$4\cdot8+6\cdot20+4\cdot8$	$10\cdot4+10\cdot4$	38	38	140	200
$p^2p'^2\mu^4\nu^5$	$10\cdot8+10\cdot8$	$4\cdot7+6\cdot20+4\cdot7$	44	44	200	224
$p^2p'^2\mu^3\nu^6$	$20\cdot4$	$4+3\cdot42+3\cdot42+4$	36	36	224	188
$p^2p'^2\mu^2\nu^7$	0	$28+2\cdot103+28$	20	20	188	114
$p^2p'^2\mu\nu^8$	0	$80+80$	11	11	114	68
$p^2p'^2\nu^9$	0	96	6	6	68	40

$*\ *\ *\ *\ *\ *\ *\ *\ *\ *$

	π	λ	p	p'	μ	ν
$p^3\mu^{10}$	0	0	0	3	1	2
$p^3\mu^9\nu$	0	0	0	6	2	4
$p^3\mu^8\nu^2$	0	0	0	12	4	8
$p^3\mu^7\nu^3$	0	0	0	24	8	16
$p^3\mu^6\nu^4$	0	0	0	48	16	32
$p^3\mu^5\nu^5$	0	$10\cdot1$	0	76	32	54
$p^3\mu^4\nu^6$	0	$6\cdot4+4\cdot3$	0	90	54	72
$p^3\mu^3\nu^7$	0	$3\cdot8+3\cdot14+3$	0	78	72	75
$p^3\mu^2\nu^8$	0	$8+2\cdot32+16$	0	49	75	62
$p^3\mu\nu^9$	0	$36+42$	0	30	62	46
$p^3\nu^{10}$	0	60	0	18	46	32

$*\ *\ *\ *\ *\ *\ *\ *\ *\ *$

	π	λ	p	p'	μ	ν
$p^2p'\mu^{10}$	20	0	3	10	11	22
$p^2p'\mu^9\nu$	$16+24$	0	6	20	22	44
$p^2p'\mu^8\nu^2$	$8+2\cdot24+24$	0	12	40	44	88
$p^2p'\mu^7\nu^3$	$2+3\cdot14+3\cdot34+14$	0	24	80	88	176
$p^2p'\mu^6\nu^4$	$4\cdot4+6\cdot24+4\cdot24+4$	$20\cdot2$	48	140	176	312
$p^2p'\mu^5\nu^5$	$10\cdot8+10\cdot20+5\cdot8$	$10\cdot7+10\cdot10$	76	200	312	454
$p^2p'\mu^4\nu^6$	$20\cdot8+15\cdot8$	$4\cdot12+6\cdot42+4\cdot21$	90	224	454	524
$p^2p'\mu^3\nu^7$	$35\cdot4$	$8+3\cdot84+3\cdot103+14$	78	188	524	465
$p^2p'\mu^2\nu^8$	0	$64+2\cdot236+80$	49	114	465	314
$p^2p'\mu\nu^9$	0	$206+216$	30	68	314	206
$p^2p'\nu^{10}$	0	280	18	40	206	132

$*\ *\ *\ *\ *\ *\ *\ *\ *\ *$

	π	λ	p	p'	μ	ν
$p^2\mu^{11}$	0	0	1	11	4	8
$p^2\mu^{10}\nu$	0	0	2	22	8	16
$p^2\mu^9\nu^2$	0	0	4	44	16	32
$p^2\mu^8\nu^3$	0	0	8	88	32	64
$p^2\mu^7\nu^4$	0	0	16	176	64	128
$p^2\mu^6\nu^5$	0	$20\cdot1$	32	312	128	236
$p^2\mu^5\nu^6$	0	$10\cdot4+10\cdot6$	54	454	236	372
$p^2\mu^4\nu^7$	0	$4\cdot8+6\cdot28+4\cdot15$	72	524	372	484
$p^2\mu^3\nu^8$	0	$8+3\cdot64+3\cdot80+16$	75	465	484	512
$p^2\mu^2\nu^9$	0	$72+2\cdot206+96$	62	314	512	444
$p^2\mu\nu^{10}$	0	$260+280$	46	206	444	348
$p^2\nu^{11}$	0	440	32	132	348	256

* * * * * * * * * *

	π	λ	p	p'	μ	ν
$pp'\mu^{11}$	20	0	11	11	14	28
$pp'\mu^{10}\nu$	$20+20$	0	22	22	28	56
$pp'\mu^9\nu^2$	$16+2\cdot24+16$	0	44	44	56	112
$pp'\mu^8\nu^3$	$8+3\cdot24+3\cdot24+8$	0	88	88	112	224
$pp'\mu^7\nu^4$	$2+4\cdot14+6\cdot34+4\cdot14+2$	0	176	176	224	448
$pp'\mu^6\nu^5$	$5\cdot4+10\cdot24+10\cdot24+5\cdot4$	$20\cdot5$	312	312	448	796
$pp'\mu^5\nu^6$	$15\cdot8+20\cdot20+15\cdot8$	$10\cdot21+10\cdot21$	454	454	796	1172
$pp'\mu^4\nu^7$	$35\cdot8+35\cdot8$	$4\cdot42+6\cdot103+4\cdot42$	524	524	1172	1390
$pp'\mu^3\nu^8$	$70\cdot4$	$32+3\cdot236+3\cdot236+32$	465	465	1390	1300
$pp'\mu^2\nu^9$	0	$206+2\cdot612+206$	314	314	1300	964
$pp'\mu\nu^{10}$	0	$620+620$	206	206	964	688
$pp'\nu^{11}$	0	900	132	132	688	476

* * * * * * * * * *

	π	λ	p	p'	μ	ν
$p\mu^{12}$	0	0	4	14	6	12
$p\mu^{11}\nu$	0	0	8	28	12	24
$p\mu^{10}\nu^2$	0	0	16	56	24	48
$p\mu^9\nu^3$	0	0	32	112	48	96
$p\mu^8\nu^4$	0	0	64	224	96	192
$p\mu^7\nu^5$	0	0	128	448	192	384
$p\mu^6\nu^6$	0	$20\cdot3$	236	796	384	708
$p\mu^5\nu^7$	0	$10\cdot14+10\cdot15$	372	1172	708	1126
$p\mu^4\nu^8$	0	$4\cdot32+6\cdot80+4\cdot36$	484	1390	1126	1500
$p\mu^3\nu^9$	0	$36+3\cdot206+3\cdot216+42$	512	1300	1500	1656
$p\mu^2\nu^{10}$	0	$260+2\cdot620+280$	444	964	1656	1532
$p\mu\nu^{11}$	0	$880+900$	348	688	1532	1284
$p\nu^{12}$	0	1560	256	476	1284	1008

* * * * * * * * * *

	π	λ	p	p'	μ	ν
μ^{13}	0	0	6	6	4	8*
$\mu^{12}\nu$	0	0	12	12	8	16
$\mu^{11}\nu^2$	0	0	24	24	16	32
$\mu^{10}\nu^3$	0	0	48	48	32	64
$\mu^9\nu^4$	0	0	96	96	64	128
$\mu^8\nu^5$	0	0	192	192	128	256
$\mu^7\nu^6$	0	0	384	384	256	512
$\mu^6\nu^7$	0	$20\cdot 3$	708	708	512	964
$\mu^5\nu^8$	0	$10\cdot 16 + 10\cdot 16$	1126	1126	964	1608
$\mu^4\nu^9$	0	$4\cdot 42 + 6\cdot 96 + 4\cdot 42$	1500	1500	1608	2304
$\mu^3\nu^{10}$	0	$60 + 3\cdot 280 + 3\cdot 280 + 60$	1656	1656	2304	2808
$\mu^2\nu^{11}$	0	$440 + 2\cdot 900 + 440$	1532	1532	2808	2936
$\mu\nu^{12}$	0	$1560 + 1560$	1284	1284	2936	2752
ν^{13}	0	3120	1008	1008	2752	2384

* * * * * * * * * *

在这些数目中, 有一些与 §31 中讨论的几何形体的数目是一样的. 具体地说, 对于本节中含有 p^3 的那些符号, 如果令其中的 p 和 p' 保持不变, 而将 μ 换为 ζ, ν 换为 ζ', 则得到一个 §31 中的符号, 它与原先的符号取值是一样的.

除了上述符号外, Sturm 先生还计算了含有前面定义的多重条件 η 与 η' 的所有符号. 得出这些数目的方法与上面是完全一样的, 即考虑定义条件中还含有 η 与 η' 的那些系统. 不过, 这些数目也可以通过几个二维的公式由已经算出的数目来得到. 我们从个数守恒原理来导出这些公式. 为此, 假设给定了由几何形体 Γ 构成的一个二级系统, 任取两个点 C' 和 D', 再取两个相互叠合的点 C 和 D 与它们对应. 条件 μ^2 要求, 从 B' 中通过点 C' 和 D' 的两条直线与从 B 中通过点 C 和 D 的直线共轭. 满足这一条件的 Γ 有两种: 第一种是, Γ 的丛 B' 中通过点 C' 和 D' 的平面, 对应于丛 B 中通过 C 与 D 的叠合点的那条直线; 第二种是, Γ 有两个奇异平面 e 与 e', 且 e 含有 C 和 D 的叠合点. 于是, 我们得到

9) $$\mu^2 = \eta + \lambda e$$

以及

10) $$\mu^2 = \eta' + \lambda e'$$

此外, 取两条相交的直线 c' 和 d', 并取两条相互重合的直线 c 和 d 与它们对应. 条件 ν^2 要求, 从 B' 中含有 c' 和 d' 的平面共轭于从 B 中含有 c 和 d 的平面. 满足这一条件的 Γ 有四种: 第一种是, Γ 的丛 B 中含有 c 和 d 的平面, 对应于丛

---

* 这一列最上方的符号原文为 μ', 有误.—— 校注

B' 中通过 c' 与 d' 之交点的那条直线; 第二种是, Γ 的丛 B 中含有 c 和 d 的平面, 共轭于 c' 和 d' 决定的平面, 即 Γ 要满足条件 $\nu p' - p'^2$; 第三种是, Γ 为退化形体 π, 并且它的奇异直线 g 与重合直线 c 和 d 相交; 第四种是, Γ 的丛心 p 位于直线 c 和 d 上. 于是, 我们得到

11) $$\nu^2 = \eta' + \nu p' + \pi g - p'^2 + p^2$$

以及

12) $$\nu^2 = \eta + \nu p + \pi g' - p^2 + p'^2$$

如果将 9) 式与 10) 式相加, 然后根据 7) 式用 $\lambda\mu$ 去代换 $\lambda e + \lambda e'$, 再按照 1) 式用 $2\mu - \nu$ 去代换 λ; 或者, 将 11) 式与 12) 式相加, 然后根据 6) 式 * 用 $\pi\nu$ 去代换 $\pi g + \pi g'$, 再按照 2) 式用 $2\nu - \mu - p - p'$ 去代换 π, 那么, 这两种方法将得出同一个结果, 即

13) $$\mu\nu = \eta + \eta'$$

这个式子也可以直接推出来. 利用这些公式可以推出许多结果, 例如:

1) $$\eta\nu^{12} = \mu^2\nu^{12} - \lambda\nu^{12}e = 2936 - 1560 = \mathbf{1376}$$

或者, 也可以这样推

$$\eta\nu^{12} = \nu^{14} - \nu^{13}p - \pi\nu^{12}g' + \nu^{12}p^2 - \nu^{12}p'^2$$
$$= 2384 - 1008 - 0 = \mathbf{1376}$$

2) $$\eta' pp'\mu^7\nu^3 = pp'\mu^9\nu^3 - \lambda\mu^7\nu^3 e' = 112 - 0 = \mathbf{112}$$

或者, 也可以这样推

$$\eta' pp'\mu^7\nu^3 = pp'\mu^7\nu^5 - pp'^2\mu^7\nu^4 - \pi pp'\mu^7\nu^3 g + pp'^3\mu^7\nu^3 - p^3p'\mu^7\nu^3$$
$$= 448 - 176 - (2 + 3\cdot 14 + 3\cdot 34 + 14) = \mathbf{112}$$

3) $$\eta\eta' pp'\mu^5\nu^3 = \eta' pp'\mu^7\nu^3 - \lambda\eta' pp'\mu^5\nu^3 e = 112 - 0 = \mathbf{112}$$

同样, 也可推出

$$\eta^2 pp'\mu^5\nu^3 = \mathbf{112} \quad 以及 \quad \eta'^2 pp'\mu^5\nu^3 = \mathbf{112}$$

这三个计算结果, 又可以用 13) 式来进行检验, 即利用等式 **

$$(\mu\nu)^2 pp'\mu^5\nu^3 = (\eta^2 + 2\eta\eta' + \eta'^2)pp'\mu^5\nu^3$$

可以推出

$$448 = 112 + 2\cdot 112 + 112$$

---

*这里的 "6) 式", 原文为 "8) 式", 有误.—— 校注
**在原文中, 下面等式的右边没有因子 pp', 有误.—— 校注

除了在本节和上节中讨论的几何形体, 通过将射影相关的两个二级基本几何形体组合在一起, 还可以生成另外两个几何形体, 而与之有关的数目都可以通过退化形体的数目算出来. 我们将这两个几何形体简单描述如下:

1. 该几何形体由一个直线丛 B 和一个平面 E' 这样组合而成, 它们使得 B 中的每条直线射影相关于 E' 上的一个点, 而 B 中的每个平面射影相关于 E' 中的一条直线. 这种几何形体有两个退化形体, 其一由射影相关的两个直线束组成, 其二由 B 中的一个平面束和 E' 中与之射影相关的一个直线点列组成. 因此, 退化形体的数目与 §28 和 §30 中所计算的数目有关.

2. 该几何形体由一个直线丛 B 和一个平面 E' 这样组合而成, 它们使得 B 中的每条直线对应于 E' 中的一条直线, 而 B 中的每个平面对应于 E' 上的一个点. 这种几何形体有两个退化形体, 其一由一个直线束和与之射影相关的一个平面束组成, 其二由一个直线点列和与之射影相关的一个直线束组成. 因此, 退化形体的数目可以由 §29 中所计算的数目来确定.

于是, 这四个几何形体都是由射影相关的两个二级基本几何形体构成的. 而通过退化形体, 与它们有关的数目就取决于由射影相关的两个一级基本几何形体构成的几何形体的数目. 完全一样地, 对于由射影相关的两个三级基本几何形体构成的几何形体, 其退化形体的数目, 进而其余的数目, 都可以通过由射影相关的两个二级基本几何形体构成的几何形体的数目算出来. 如果这里涉及的基本几何形体是点空间和平面空间, 则相关几何形体的数目, Hirst 先生在一篇即将发表的论文中已经算出来了 (**Lit.42**).

* * * * * * * * * *

本章所计算的许多数目, 都是借助于退化形体, 而最终用空间的公理数目表达出来的. 迄今为止, 通过 Chasles-Zeuthen 约化来确定的数目, 除了这里讲到的, 几乎就没有了. 不过, 系统地计算越来越复杂的几何形体, 理论上并没有任何障碍. 这些复杂的对象包括: Cayley 直纹面(**Lit.39**) 以及其余的三阶曲面; 二次复形; Clebsch 连缀(connex); 高阶的共线关系与关联关系, 在这些关系中, 基本几何形体元素之间的对应关系不是一对一, 而是多对多 (**Lit.41**); 此外还有许多其他的对象.

用 Salmon-Fiedler 及 Clebsch-Lindemann 意义下的解析几何方法, 逐步深入地来探究本章所讨论的问题, 也许非常值得一试. 特别是, 本章中关于几何形体的退化形体的结果, 给解析几何提出了很重要的课题, 就是对这些几何形体作出适当的解析几何描述, 使得从中即可清楚地看出它们最重要的退化形体. 例如, §25 的讨论就蕴含了如下的问题: 从代数上理解三次空间曲线的十一种退化曲线的性质. 此外, §23, §24 及 §26 中大量退化形体的主干数, 如果能用代数方法推出来的话, 那也是很有意思的 (参见哥本哈根科学院 1878 年的有奖征解问题, 即本书 §26 中的脚注).

第五章

多 重 叠 合

§33
直线与曲面交点的叠合 (Lit.43)

n 阶曲面 F_n 与每条直线 g 都有 n 个公共点. 我们从这 n 个点中任取一点, 记作 p_1; 再任取一点, 记作 p_2; 接着又任取一点, 记作 p_3; 如此类推, 一直到 p_n. 根据 §13 中关于点对的一维叠合公式, 要求这些交点中有两个点 (例如 p_1 和 p_2) 叠合在一起的条件 ε_2, 与 p_1, p_2, g 这三个条件之间成立以下的方程:

$$\varepsilon_2 = p_1 + p_2 - g$$

用 g_s 乘此方程, 则有

$$\varepsilon_2 g_s = p_1 g_s + p_2 g_s - G$$

再应用 §7 中的关联公式 III, 就得到

$$\varepsilon_2 g_s = (G + p_1^3 g) + (G + p_2^3 g) - G$$

也就是

$$\varepsilon_2 g_s = G + p_1^3 g + p_2^3 g$$

上式右边的每个符号都可以由 F_n 的定义来确定. 其中的符号 G 表示, F_n 中有多少对点可同时位于一条给定直线上, 并且每对点中的任意一个, 都可当作该点对中的第一个点. 于是, 由 F_n 的定义就推出

$$G = n(n-1)$$

而符号 $p_1^3 g$ 和 $p_2^3 g$ 的值都等于零, 因为一个任意给定的点不一定会落在所考虑的曲面上. 因而, 我们得到

$$\varepsilon_2 g_s = n(n-1)$$

用文字来表述这个结果, 就是

空间中每个直线束都含有 $n(n-1)$ 条这样的直线, 其中的每条都含有 F_n 的两个相互叠合的点.

从现在起, 我们总假设所考虑的 F_n 没有奇点, 即没有二重曲线等等. 在此假设下, 所得的结果也可以按如下方式来表述:

空间中每个直线束都含有 F_n 的 $n(n-1)$ 条切线, 这也等价于说, F_n 的切线构成了一个 $n(n-1)$ 次的复形.

自然, 我们可以在 n 个 p 符号中任取两个不同者, 来替代上面的 p_1 和 p_2. 现在, 我们将要求 p_1 与 p_2 叠合的条件, 与一些类似的条件复合起来, 这些条件或者要求 p_2 与 p_3 叠合, 或者要求 p_5 与 p_6 叠合, 如此等等. 通过这种方式, 我们即可得到关于一条直线与一个曲面多重相切和高阶相切* 的所有条件. 例如, 考虑下面的二重条件: 除了 p_1 与 p_2 外, 还有另外两个点 (例如 p_3 与 p_4) 也叠合在一起. 我们只要应用上面同一个叠合公式, 即可推知此二重条件为

$$\varepsilon_2 p_3 + \varepsilon_2 p_4 - \varepsilon_2 g$$

其中需要注意的是, 条件 ε_2 不能用 p_3 或者 p_4, 而要用另外两个 p 符号来加以表达于是, 一条直线与一个曲面在两个不同的位置各有两个交点叠合这一条件, 就可以表示为

$$(p_1 + p_2 - g)(p_3 + p_4 - g)$$

这样的直线称为双切线(doppeltangente). 我们将直线 g 是 F_n 的双切线这个条件记作 ε_{22}. 那么, 由于每个切点都可以看成为两个交点 (或者是 p_1 与 p_2, 或者是 p_3 与 p_4) 的叠合点, 于是, 我们就得到

$$2\varepsilon_{22} = (p_1 + p_2 - g)(p_3 + p_4 - g)$$

也就是

$$2\varepsilon_{22} = p_1 p_3 + p_1 p_4 + p_2 p_3 + p_2 p_4 - g p_1 - g p_2 - g p_3 - g p_4 + g_e + g_p$$

上式右边的十个符号中, 前面四个所表示的意义完全相同, 即一条直线 g 与一个 F_n 有两个不同的交点位于给定平面上. 接下来的四个符号所表示的意义也完全相同, 即一条直线 g 与一条给定直线相交, 同时它与 F_n 的一个交点位于给定平面上. 一般说来, 由 i 个下标各异的 p 符号相乘而构成的任何两个符号, 都是相等的. 现在, 用 g_e 去乘上面的方程, 得到

$$2\varepsilon_{22} g_e = 4 p_1 p_3 g_e - 4 p_1 g_s + G = 4 p_1 p_3 g_e - 4 p_1^3 g - 3G$$

上面的符号所表示的条件都是四重的, 而直线的参数个数为 4, 因而这些符号的数值都是我们想要计算的.

---

* 这里, 直线与曲面的多重 (mehrfach) 相切是指直线与曲面有多于一个的切点, 有两个切点的称为双切线, 三个切点的称为三重切线, 等等; 而高阶 (mehrpunktig) 相切则是指直线与曲面在某个切点处的接触阶数大于二阶.—— 校注

为了确定 $p_1p_3g_e$ 的值, 我们注意, 在条件 g_e 决定的平面上, F_n 既与 p_1 决定的平面有 n 个交点, 又与 p_3 决定的平面有 n 个交点. 第一组的 n 个交点与第二组的 n 个交点总共可以产生 n^2 条连接直线. 在每条这样的连线上, 除了产生此连线的两个交点外, 其余 $n-2$ 个交点中, 每个都可当作 p_2; 其后剩下的 $n-3$ 个交点中, 每个都可当作 p_4; 于是, 我们有

$$p_1p_3g_e = n^2(n-2)(n-3)$$

p_1^3g 的值仍然等于零. 为了确定 G 的值, 我们注意, 在条件 G 决定的直线上, n 个交点中的任何一个都可当作 p_1; 剩下的 $n-1$ 个交点中, 每个都可当作 p_2; 再剩下的 $n-2$ 个交点中, 每个都可当作 p_3; 最后剩下的 $n-3$ 个交点中, 每个都可当作 p_4. 于是得到

$$2\,\varepsilon_{22}g_e = 4n^2(n-2)(n-3) - 4 \cdot 0 - 3n(n-1)(n-2)(n-3)$$
$$= n(n-2)(n-3)(4n-3n+3)$$

也就是

$$\varepsilon_{22}g_e = \frac{1}{2}n(n-2)(n-3)(n+3)$$

因此, 在 n 阶曲面的每个平面截口上都有上述那么多条双切线.

记 ε_3 为以下条件, 它要求一条直线与 F_n 的 n 个交点中, 不仅点 p_1 与 p_2 叠合, p_2 与 p_3 也要叠合. 那么, 对于 ε_3 这个条件, 我们类似地可以推出, 它等于

$$(p_1 + p_2 - g)(p_2 + p_3 - g)$$

也就是

$$p_1p_2 + p_1p_3 + p_2p_3 + p_2^2 - g(p_1 + p_3) - 2gp_2 + g_e + g_p$$

因此有

$$\varepsilon_3 g_e = 3p_1p_2g_e + p_1^2g_e - p_1^3g - p_3^3g - 2p_2^3g - 4G + G$$

这里的 $p_1p_2g_e = n^2(n-2)$, $G = n(n-1)(n-2)$, 其余的符号都等于零, 故有

$$\varepsilon_3 g_e = 3n^2(n-2) - 3n(n-1)(n-2) = 3n(n-2)$$

因此, 在一个给定平面内, 与 F_n 三阶接触的切线 (即 F_n 的主切线) 的数目, 就是上面这个数.

为了求得关于多重相切和高阶相切的所有其余的数目, 我们引入下面的符号

$$\varepsilon_{iklm}$$

其中的指标 i, k, l, m 只有在大于 1 时, 才需要写出来. 这个符号表示的条件是, 在一条直线与 F_n 的 n 个交点中, 分别有 i, k, l, m 个交点在四个不同的位置叠合在一起. 要求一条直线与 F_n 有两个交点发生叠合, 这是一个单重的条件, 所以, ε_2 为单重条件, ε_3 和 ε_{22} 为二重条件, $\varepsilon_4, \varepsilon_{32}, \varepsilon_{222}$ 为三重条件, $\varepsilon_5, \varepsilon_{42}, \varepsilon_{33}, \varepsilon_{322}$*, ε_{2222} 为四重条件. 因为直线的参数个数为 4, 所以更高维的条件就没有了. 此外, 在 $\varepsilon_2, \varepsilon_3, \varepsilon_4$ 出现了的情形中, 我们将相应的切点分别记作 b_2, b_3, b_4. 对于 ε_{32}, 我们将三阶接触的切点记作 b_3, 而二阶接触的切点记作 b_2. 对于 ε_{22}, 为了区分两个切点, 我们将它们分别记作 b_2 和 c_2. 对于 ε_{222}, 我们在三个切点中任取一个记作 b_2. 自然, b_2, b_3, b_4, c_2 这些符号也都表示了相应的条件. 例如, $\varepsilon_{32}b_3$ 表示, 一条直线与曲面切于两点, 一点为三阶接触, 另一点为二阶接触, 并且三阶接触的那个切点位于一个给定平面上. 又例如, $\varepsilon_{22}b_2^2$ 表示, 一条直线是曲面的双切线, 并且其中一个切点位于一条给定直线上. 注意, 这个条件是下述条件的 n 倍, 该条件要求一条直线与 F_n 相切于两点, 并且其中之一是 F_n 上的一个给定点. 现在, 我们利用引入的符号, 将那些想要计算的关于 ε 的四重条件, 用一些关于 g 以及那 n 个交点的容易确定的条件表达出来. 不过在这里, 我们首先要把那些等于零的符号略去, 其次还要把通过 §7 中的关联公式, 可以表成另外两个符号之和的那些符号也略去, 例如下面的这些符号:

$$\varepsilon_3 b_3 g \quad = \varepsilon_3 b_3^2 + \varepsilon_3 g_e$$
$$\varepsilon_2 b_2 c_2 g = \varepsilon_2 b_2 g_e + \varepsilon_2 b_2 c_2^2 = \varepsilon_2 c_2 g_e + \varepsilon_2 b_2^2 c_2$$
$$\varepsilon_2 b_2 g_p \quad = \varepsilon_2 b_2^3 + 2\varepsilon_2 g_s = 2\varepsilon_2 g_s$$

切线数目列表

1) $\varepsilon_2 g_s$ 2) $\varepsilon_2 b_2 g_e$

3) $\varepsilon_3 g_e$ 4) $\varepsilon_3 g_p$ 5) $\varepsilon_3 b_3^2$

6) $\varepsilon_{22} g_e$ 7) $\varepsilon_{22} g_p$ 8) $\varepsilon_{22} b_2^2$ 9) $\varepsilon_{22} b_2 c_2$

10) $\varepsilon_4 g$ 11) $\varepsilon_4 b_4$

12) $\varepsilon_{32} g$ 13) $\varepsilon_{32} b_3$ 14) $\varepsilon_{32} b_2$

15) $\varepsilon_{222} g$ 16) $\varepsilon_{222} b_2$

17) ε_5 18) ε_{42} 19) ε_{33} 20) ε_{322} 21) ε_{2222}

利用上面阐述的方法, 对于这 21 个数, 我们分别得到了下表所列的公式. 为简明起见, 我们在每个式子的右边都应用了关联公式, 并略去了等于零的符号. 最后得到的结果, 都将关于 ε 的条件表示成了五个关于 p 和 g 的条件的函数. 这五个条件是

$$p_1 p_2 p_3 p_4, \quad p_1^2 p_2 p_3, \quad p_1^2 p_2^2, \quad g_e p_1 p_2, \quad G$$

---

* 这里的符号 ε_{322}, 原文为 ε_{332}, 有误.—— 校注

公 式 列 表

1) $\varepsilon_2 g_s = (p_1 + p_2 - g)g_s = G$

2) $\varepsilon_2 b_2 g_e = (p_1 + p_2 - g)p_1 g_e = (p_1 + p_2 - g)p_2 g_e$
        $= p_1 p_2 g_e - G$

3) $\varepsilon_3 g_e = (p_1 + p_2 - g)(p_1 + p_3 - g)g_e = 3p_1 p_2 g_e - 4p_1 g_s + G$
        $= 3p_1 p_2 g_e - 3G$

4) $\varepsilon_3 g_p = (p_1 + p_2 - g)(p_1 + p_3 - g)g_p$
        $= p_1^2 g_p + 3p_1 p_2 g_p - 4p_1 g_s + G$
        $= G + 3p_1 g_s - 4G + G = G$

5) $\varepsilon_3 b_3^2 = (p_1 + p_2 - g)(p_1 + p_3 - g)p_1^2$
        $= p_2 p_3 p_1^2 - g p_3 p_1^2 - g p_2 p_1^2 + g^2 p_1^2$
        $= p_1^2 p_2 p_3 - 2p_1^2 p_2^2 + G$

6) $2\varepsilon_{22} g_e = (p_1 + p_2 - g)(p_3 + p_4 - g)g_e = 4p_1 p_2 g_e - 4p_1 g_s + G$
        $= 4p_1 p_2 g_e - 3G$

7) $2\varepsilon_{22} g_p = (p_1 + p_2 - g)(p_3 + p_4 - g)g_p = 4p_1 p_3 g_p - 4p_1 g_s + G$
        $= 4p_1 p_3 g_p - 3G = 4p_1 g_s - 3G = G$

8) $\varepsilon_{22} b_2^2 = (p_1 + p_2 - g)(p_3 + p_4 - g)p_1^2 = 2p_1^2 p_2 p_3 - 3p_1^2 g p_3 + g^2 p_1^2$
        $= 2p_1^2 p_2 p_3 - 3p_1^2 p_2^2 + G$

9) $\varepsilon_{22} b_2 c_2 = (p_1 + p_2 - g)(p_3 + p_4 - g)p_1 p_3 = p_1^2 p_3^2 + 2p_1^2 p_3 p_4$
          $+ p_1 p_2 p_3 p_4 - 2g p_1^2 p_3 - 2g p_1 p_2 p_3 + g_e p_1 p_3 + g_p p_1 p_3$
        $= p_1^2 p_2^2 + 2p_1^2 p_2 p_3 + p_1 p_2 p_3 p_4 - 2p_1^2 p_2^2 - 2g_e p_1 p_2$
          $- 2p_1^2 p_2 p_3 + g_e p_1 p_2 + G$
        $= p_1 p_2 p_3 p_4 - p_1^2 p_2^2 - g_e p_1 p_2 + G$

10) $\varepsilon_4 g = (p_1 + p_2 - g)(p_1 + p_3 - g)(p_1 + p_4 - g)g$
        $= 3p_1^2 p_2 g + 4p_1 p_2 p_3 g - 3g^2 p_1^2 - 9g^2 p_1 p_2 + 6g^3 p_1 - g^4$
        $= 3p_1^2 p_2^2 + 4p_1^2 p_2 p_3 + 4p_1 p_2 g_e - 3G$
          $- 9g_e p_1 p_2 - 9G + 6 \cdot 2G - 2G$
        $= 3p_1^2 p_2^2 + 4p_1^2 p_2 p_3 - 5p_1 p_2 g_e - 2G$

11) $\varepsilon_4 b_4 = (p_1 + p_2 - g)(p_1 + p_3 - g)(p_1 + p_4 - g)p_1$
        $= 3p_1^2 p_2 p_3 + p_1 p_2 p_3 p_4 - 6g p_1^2 p_2 - 3g p_1 p_2 p_3$
          $+ 3g^2 p_1^2 + 3g^2 p_1 p_2 - g^3 p_1$
        $= p_1 p_2 p_3 p_4 + 3p_1^2 p_2 p_3 - 6p_1^2 p_2^2 - 3p_1^2 p_2 p_3$
          $- 3g_e p_1 p_2 + 3G + 3g_e p_1 p_2 + 3G - 2G$
        $= p_1 p_2 p_3 p_4 - 6p_1^2 p_2^2 + 4G$

12) $\varepsilon_{32}g = (p_1 + p_2 - g)(p_1 + p_3 - g)(p_4 + p_5 - g)g$

$= 2p_1^2 g + 6p_1 p_2 p_3 g - g^2 p_1^2 - 11 g^2 p_1 p_2 + 6g^3 p_1 - g^4$

$= 2p_1^2 p_2^2 + 6p_1 p_2 g_e + 6p_1^2 p_2 p_3 - G$

$\quad - 11 g_e p_1 p_2 - 11 G + 6 \cdot 2G - 2G$

$= 6p_1^2 p_2 p_3 + 2p_1^2 p_2^2 - 5p_1 p_2 g_e - 2G$

13) $\varepsilon_{32} b_3 = (p_1 + p_2 - g)(p_1 + p_3 - g)(p_4 + p_5 - g)p_1$

$= 4p_1^2 p_2 p_3 + 2p_1 p_2 p_3 p_4 - 6g p_1^2 p_2 - 5g p_1 p_2 p_3$

$\quad + 2g^2 p_1^2 + 4g^2 p_1 p_2 - g^3 p_1$

$= 2p_1 p_2 p_3 p_4 + 4p_1^2 p_2 p_3 - 6p_1^2 p_2^2 - 5p_1^2 p_2 p_3$

$\quad - 5g_e p_1 p_2 + 2G + 4g_e p_1 p_2 + 4G - 2G$

$= 2p_1 p_2 p_3 p_4 - p_1^2 p_2 p_3 - 6p_1^2 p_2^2 - g_e p_1 p_2 + 4G$

14) $\varepsilon_{32} b_2 = (p_1 + p_2 - g)(p_1 + p_3 - g)(p_4 + p_5 - g)p_4$

$= p_1^2 p_2^2 + 4p_1^2 p_2 p_3 + 3p_1 p_2 p_3 p_4 - 5g p_1^2 p_2$

$\quad - 7g p_1 p_2 p_3 + g^2 p_1^2 + 5g^2 p_1 p_2 - g^3 p_1$

$= 3p_1 p_2 p_3 p_4 + 4p_1^2 p_2 p_3 + p_1^2 p_2^2 - 5p_1^2 p_2^2 - 7p_1^2 p_2 p_3$

$\quad - 7g_e p_1 p_2 + G + 5g_e p_1 p_2 + 5G - 2G$

$= 3p_1 p_2 p_3 p_4 - 3p_1^2 p_2 p_3 - 4p_1^2 p_2^2 - 2g_e p_1 p_2 + 4G$

15) $3! \, \varepsilon_{222} \, g = (p_1 + p_2 - g)(p_3 + p_4 - g)(p_5 + p_6 - g)g$

$= 8p_1 p_2 p_3 g - 12 p_1 p_2 g^2 + 6p_1 g^3 - g^4$

$= 8p_1^2 p_2 p_3 + 8p_1 p_2 g_e - 12 p_1 p_2 g_e - 12G + 6 \cdot 2G - 2G$

$= 8p_1^2 p_2 p_3 - 4p_1 p_2 g_e - 2G$

16) $2 \, \varepsilon_{222} \, b_2 = (p_1 + p_2 - g)(p_3 + p_4 - g)(p_5 + p_6 - g)p_1$

$= 4p_1^2 p_2 p_3 + 4p_1 p_2 p_3 p_4 - 4g p_1^2 p_2 - 8g p_1 p_2 p_3$

$\quad + g^2 p_1^2 + 5g^2 p_1 p_2 - g^3 p_1$

$= 4p_1^2 p_2 p_3 + 4p_1 p_2 p_3 p_4 - 4p_1^2 p_2^2 - 8p_1^2 p_2 p_3$

$\quad - 8g_e p_1 p_2 + G + 5g_e p_1 p_2 + 5G - 2G$

$= 4p_1 p_2 p_3 p_4 - 4p_1^2 p_2 p_3 - 4p_1^2 p_2^2 - 3g_e p_1 p_2 + 4G$

17) $\varepsilon_5 = (p_1 + p_2 - g)(p_1 + p_3 - g)(p_1 + p_4 - g)(p_1 + p_5 - g)$

$= 6p_1^2 p_2 p_3 + 5p_1 p_2 p_3 p_4 - 12 g p_1^2 p_2 - 16 g p_1 p_2 p_3$

$\quad + 6g^2 p_1^2 + 18 g^2 p_1 p_2 - 8g^3 p_1 + g^4$

$= 5p_1 p_2 p_3 p_4 + 6p_1^2 p_2 p_3 - 12 p_1^2 p_2^2 - 16 p_1^2 p_2 p_3 - 16 g_e p_1 p_2$

$\quad + 6G + 18 g_e p_1 p_2 + 18G - 8 \cdot 2G + 2G$

$= 5p_1 p_2 p_3 p_4 - 10 p_1^2 p_2 p_3 - 12 p_1^2 p_2^2 + 2g_e p_1 p_2 + 10G$

18) $\varepsilon_{42} = (p_1 + p_2 - g)(p_1 + p_3 - g)(p_1 + p_4 - g)(p_5 + p_6 - g)$

$= 6p_1^2 p_2 p_3 + 8p_1 p_2 p_3 p_4 - 9g p_1^2 p_2 - 22g p_1 p_2 p_3$
$\quad + 3g^2 p_1^2 + 21g^2 p_1 p_2 - 8g^3 p_1 + g^4$

$= 10p_1 p_2 p_3 p_4 + 6p_1^2 p_2 p_3 - 9p_1^2 p_2^2 - 22p_1^2 p_2 p_3 - 22g_e p_1 p_2$
$\quad + 3G + 21g_e p_1 p_2 + 21G - 8 \cdot 2G + 2G$

$= 8p_1 p_2 p_3 p_4 - 16p_1^2 p_2 p_3 - 9p_1^2 p_2^2 - g_e p_1 p_2 + 10G$

19) $2\varepsilon_{33} = (p_1 + p_2 - g)(p_1 + p_3 - g)(p_4 + p_5 - g)(p_4 + p_6 - g)$

$= p_1^2 p_2^2 + 6p_1^2 p_2 p_3 + 9p_1 p_2 p_3 p_4 - 8g p_1^2 p_2$
$\quad - 24g p_1 p_2 p_3 + 2g^2 p_1^2 + 22g^2 p_1 p_2 - 8g^3 p_1 + g^4$

$= 9p_1 p_2 p_3 p_4 + 6p_1^2 p_2 p_3 + p_1^2 p_2^2 - 8p_1^2 p_2^2 - 24p_1^2 p_2 p_3$
$\quad - 24g_e p_1 p_2 + 2G + 22g_e p_1 p_2 + 22G - 8 \cdot 2G + 2G$

$= 9p_1 p_2 p_3 p_4 - 18p_1^2 p_2 p_3 - 7p_1^2 p_2^2 - 2g_e p_1 p_2 + 10G$ *

20) $2\varepsilon_{322} = (p_1 + p_2 - g)(p_1 + p_3 - g)(p_4 + p_5 - g)(p_6 + p_7 - g)$

$= 4p_1^2 p_2 p_3 + 12p_1 p_2 p_3 p_4 - 4p_1^2 p_2 g - 28p_1 p_2 p_3 g$
$\quad + p_1^2 g^2 + 23g^2 p_1 p_2 - 8g^3 p_1 + g^4$

$= 4p_1^2 p_2 p_3 + 12p_1 p_2 p_3 p_4 - 4p_1^2 p_2^2 - 28p_1^2 p_2 p_3 - 28g_e p_1 p_2$
$\quad + G + 23g_e p_1 p_2 + 23G - 8 \cdot 2G + 2G$

$= 12p_1 p_2 p_3 p_4 - 24p_1^2 p_2 p_3 - 4p_1^2 p_2^2 - 5g_e p_1 p_2 + 10G$

21) $4!\,\varepsilon_{2222} = (p_1 + p_2 - g)(p_3 + p_4 - g)(p_5 + p_6 - g)(p_7 + p_8 - g)$

$= 16p_1 p_2 p_3 p_4 - 32g p_1 p_2 p_3 + 24g^2 p_1 p_2 - 8g^3 p_1 + g^4$ **

$= 16p_1 p_2 p_3 p_4 - 32p_1^2 p_2 p_3 - 32g_e p_1 p_2 + 24g_e p_1 p_2$
$\quad + 24G - 8 \cdot 2G + 2G$

$= 16p_1 p_2 p_3 p_4 - 32p_1^2 p_2 p_3 - 8g_e p_1 p_2 + 10G$

这些公式将关于 ε 的数目直接表示成了五个主干数

$$p_1 p_2 p_3 p_4, \ p_1^2 p_2 p_3, \ g_e p_1 p_2, \ p_1^2 p_2^2, \ G$$

的函数, 而这五个主干数都很容易从 n 阶曲面的定义得出.

1. 符号 G 表示的是, 当仅有 i 个交点需要处理时, 在一条给定直线与曲面的 n 个交点中, 无重复地依次取出 i 个交点的所有可能方式的数目. 于是, G 的值就等于 $n(n-1)(n-2)\cdots(n-i+1)$.

2. 为了确定 $p_1^2 p_2^2$ 的值, 我们将条件 p_1^2 所决定直线上的 n 个交点, 与条件 p_2^2 所决定直线上的 n 个交点一一作连线, 由此得到 n^2 条连接直线. 于是, 在两个点的

---

* 这一行中的 $2g_e p_1 p_2$ 这一项, 原文为 $2g_c p_1 p_2$, 有误.—— 校注

** 这一行中的 g^4 这一项, 原文为 g_4, 有误.—— 校注

情形, $p_1^2 p_2^2$ 等于 n^2; 在三个点的情形, 则等于 $n^2(n-2)$; 而在一般 i 个点的情形, 它等于 $n^2(n-2)(n-3)\cdots(n-i+1)$.

3. 为了确定 $g_e p_1 p_2$ 的值, 我们注意, 在 g_e 所决定平面与曲面的交点中, 既有 n 个属于 p_1 决定的平面, 也有 n 个属于 p_2 决定的平面. 我们将第一组的每个交点与第二组的每个交点作连线, 即可得到: 在两个点的情形, $g_e p_1 p_2$ 等于 n^2; 而在 i 个点的情形, 则等于 $n^2(n-2)(n-3)\cdots(n-i+1)$.

4. 为了确定 $p_1^2 p_2 p_3$ 的值, 我们首先定出条件 p_1^2 所决定直线与曲面的 n 个交点, 然后对每个这样的交点来计算, 有多少条直线既通过该点, 也通过 p_2 所决定平面上的一个交点, 同时还通过 p_3 所决定平面上的另一个交点, 即有多少条通过该点的直线满足条件 $g_p p_2 p_3$. 对这个符号应用关联公式, 就得到 $g_s p_3 + p_2^2 p_3 = G + p_3^3 g + p_2^3 p_3$. 因为 $p_3^3 g$ 和 $p_2^3 p_3$ 的值都等于零, 而 $G = n(n-1)$, 故 $p_1^2 p_2 p_3$ 就等于 $n^2(n-1)$; 而在 i 个点的情形, 它等于 $n^2(n-1)(n-3)\cdots(n-i+1)$.

5. 为了计算 $p_1 p_2 p_3 p_4$, 我们先来计算 $g p_2 p_3 p_4$. 这个符号等于 $g_e p_3 p_4 + p_2^2 p_3 p_4$, 从而利用上面第 3 款和第 4 款的结论, 它就等于 $n^2(n-2) + n^2(n-1) = n^2(2n-3)$. 可是, $g p_2 p_3 p_4$ 表示的是一个直纹面的次数, 组成该直纹面的是所有那样的直线, 这些直线在三个条件 p_1, p_2, p_3 所决定的三个给定平面上, 分别含有三个不同的交点. 因此, 根据 Bezout 定理 (参见 §13), 该直纹面与曲面 F_n 的 ∞^1 个公共点中, 位于一个给定平面上的有 $n^3(2n-3)$ 个. 根据上面第 4 款的结果, 这些点中有 $n^2(n-1)$ 个位于 p_2 决定的平面上, 又有 $n^2(n-1)$ 个位于 p_3 决定的平面上, 还有 $n^2(n-1)$ 个位于 p_4 决定的平面上. 剩下那些点的数目, 就是我们所求符号 $p_1 p_2 p_3 p_4$ 的值; 因此, 在 4 个点的情形, 有

$$p_1 p_2 p_3 p_4 = 2n^4 - 3n^3 - 3n^2(n-1)$$

而在 i 个点的情形, 它等于 $n^2(2n^2 - 6n + 3)(n-4)\cdots(n-i+1)$.

对于 $n = 3$, 这个公式给出的数为 27. 这也就是那种直线的数目, 这种直线与一个三次曲面有四个不同的交点分别位于四个给定的平面上, 换言之, 一个三次曲面共含有 27 条直线.

现在, 将算得的五个主干数的值, 代入到上面用关联公式推得的公式中, 就得到下述结果:

1) $\quad \varepsilon_2 g_s = n(n-1)$

2) $\quad \varepsilon_2 b_2 g_e = n$

3) $\quad \varepsilon_3 g_e = 3n(n-2)$

4) $\qquad \varepsilon_3 g_p = n(n-1)(n-2)$

5) $\qquad \varepsilon_3 b_3^2 = 2n$

6) $\qquad \varepsilon_{22} g_e = \dfrac{1}{2} n(n-2)(n-3)(n+3)$

7) $\qquad \varepsilon_{22} g_p = \dfrac{1}{2} n(n-1)(n-2)(n-3)$

8) $\qquad \varepsilon_{22} b_2^2 = n(n-3)(n+2)$

9) $\qquad \varepsilon_{22} b_2 c_2 = n(n^3 - 2n^2 + 2n - 6)$

10) $\qquad \varepsilon_4 g = 2n(n-3)(3n-2)$

11) $\qquad \varepsilon_4 b_4 = n(11n - 24)$

12) $\qquad \varepsilon_{32} g = n(n-3)(n-4)(n^2 + 6n - 4)$

13) $\qquad \varepsilon_{32} b_3 = n(n-4)(3n^2 + 5n - 24)$

14) $\qquad \varepsilon_{32} b_2 = n(n-2)(n-4)(n^2 + 2n + 12)$

15) $\qquad \varepsilon_{222} g = \dfrac{1}{3} n(n-3)(n-4)(n-5)(n^2 + 3n - 2)$

16) $\qquad \varepsilon_{222} b_2 = \dfrac{1}{2} n(n-2)(n-4)(n-5)(n^2 + 5n + 12)$

17) $\qquad \varepsilon_5 = 5n(n-4)(7n-12)$

18) $\qquad \varepsilon_{42} = 2n(n-4)(n-5)(n+6)(3n-5)$

19) $\qquad \varepsilon_{33} = \dfrac{1}{2} n(n-4)(n-5)(n^3 + 3n^2 + 29n - 60)$

20) $\qquad \varepsilon_{322} = \dfrac{1}{2} n(n-4)(n-5)(n-6)(n^3 + 9n^2 + 20n - 60)$

21) $\qquad \varepsilon_{2222} = \dfrac{1}{12} n(n-4)(n-5)(n-6)(n-7)(n^3 + 6n^2 + 7n - 30)$

在以上的计算结果中, 我们举几个用文字来加以表述.

9. 对于 n 次曲面与一个平面交线上的每个点, 作曲面在该点的切线, 使之与曲面还相切于另一个点, 则那些另外的切点所构成曲线的次数为 $n(n^3 - 2n^2 + 2n - 6)$.

11. 与 n 次曲面四阶接触的切线, 其切点所构成曲线的次数为 $n(11n - 24)$.

15. n 次曲面的所有三重切线构成了一个直纹面, 其次数为

$$\frac{1}{3} n(n-3)(n-4)(n-5)(n^2 + 3n - 2)$$

17. n 次曲面上有 $5n(n-4)(7n-12)$ 个这样的点, 在该点处有一条切线与曲面五阶接触.

18. n 次曲面有

$$2n(n-4)(n-5)(n+6)(3n-5)$$

条这样的切线, 它们与曲面在一个点四阶接触, 同时在另一个点二阶接触.

21. n 次曲面上四重切线的数目为

$$\frac{1}{12}n(n-4)(n-5)(n-6)(n-7)(n^3+6n^2+7n-30)$$

除了上述 21 个公式, 我们不难再补充下面一些公式. 这些公式涉及的条件要求, 在一条多重或高阶的切线上, 有一个单重的交点位于一个给定平面或者一条给定直线上. 下面举几个例子对此加以说明.

22. 在 n 次曲面上考虑那样的点, 通过该点可以作一条直线与曲面在另外的地方产生三重相切. 那么, 这样的点所构成曲线的次数等于下式的 $\frac{1}{6}$:

$$\begin{aligned}
&p_1(p_2+p_3-g)(p_4+p_5-g)(p_6+p_7-g)\\
&=8p_1p_2p_3p_4-12gp_1p_2p_3+6g^2p_1p_2-g^3p_1\\
&=8p_1p_2p_3p_4-12g_ep_1p_2-12p_1^2p_2p_3+6g_ep_1p_2+6G-2G\\
&=8p_1p_2p_3p_4-12p_1^2p_2p_3-6g_ep_1p_2+4G^*\\
&=8n^2(2n^2-6n+3)(n-4)(n-5)(n-6)\\
&\quad-12n^2(n-1)(n-3)(n-4)(n-5)(n-6)\\
&\quad-6n^2(n-2)(n-3)(n-4)(n-5)(n-6)\\
&\quad+4n(n-1)(n-2)(n-3)(n-4)(n-5)(n-6)\\
&=2n(n-4)(n-5)(n-6)(n^3+3n^2-2n-12)
\end{aligned}$$

23. 通过 n 次曲面上一个给定点, 可以作主切线与曲面相切于另外的地方, 这种主切线的数目等于下式的 $\frac{1}{n}$:

$$\begin{aligned}
&p_1^2(p_2+p_3-g)(p_2+p_4-g)\\
&=p_1^2p_2^2+3p_1^2p_2p_3-4gp_1^2p_2+p_1^2g^{2**}\\
&=p_1^2p_2^2+3p_1^2p_2p_3+4p_1^2p_2^2+G\\
&=3p_1^2p_2p_3-3p_1^2p_2^2+G\\
&=3n^2(n-1)(n-3)-3n^2(n-2)(n-3)+n(n-1)(n-2)(n-3)\\
&=n(n-3)(n^2+2)
\end{aligned}$$

24. 考虑 n 次曲面上那样的切线, 这种切线与曲面有三个不同的单重交点, 并且三个交点分别位于三个给定平面上. 那么, 这种切线的数目等于

$$\begin{aligned}
p_1p_2p_3(p_4+p_5-g)&=2p_1p_2p_3p_4-gp_1p_2p_3{}^{***}\\
&=2p_1p_2p_3p_4-p_1^2p_2p_3-g_ep_1p_2
\end{aligned}$$

---

* 这一行中的 $8p_1p_2p_3p_4$ 这一项, 原文为 $8p_1g_2p_3p_4$, 有误. —— 校注
** 这一行中的 $p_1^2p_2^2$ 这一项, 原文为 $p_1^2p_1^2$, 有误. —— 校注
*** 这一行中的 $gp_1p_2p_3$ 这一项, 原文为 $g_1p_1p_2p_3$, 有误. —— 校注

$$= 2n^2(2n^2 - 6n + 3)(n - 4) - n^2(n - 1)(n - 3)(n - 4)$$
$$\quad - n^2(n - 2)(n - 3)(n - 4)$$
$$= n^2(n - 4)(2n^2 - 3n - 3)$$

上面这些计数的结果, 都是直接从五个主干数推出来的, 因而也就是从 n 次曲面的定义推出来的. 这是作者特意安排的, 目的在于借此表明, 即使那些用传统的纯代数方法得不到的结果 *, 例如, 五阶接触切线的数目, 只要应用我们的条件演算法, 无需其他额外的工具, 就可自然而然地从二级点系统的概念得到.

当然, 这些结果也可以通过逐步推导而得到. 例如, 首先, 可以由切线的数目算出主切线和双切线的数目; 然后, 利用所得的结果, 对于四阶接触的切线, 在一个点三阶接触、另一个点二阶接触的切线, 以及三重切线, 就都可以算出它们的数目; 接着, 再利用所得的结果, 对于五阶接触的切线, 在一个点四阶接触、另一个点二阶接触的切线, 在两个点均为三阶接触的切线, 在一个点三阶接触、另两个点二阶接触的切线, 以及四重切线, 也都可以算出它们的数目. 举例说来, 我们通过应用 §13 的叠合公式 1), 可以由 $\varepsilon_{32}b_3, \varepsilon_{32}b_2, \varepsilon_{32}g$ 这三个符号的数值, 立即得出 ε_5 的数值, 即有

$$\varepsilon_5 = \varepsilon_{32}b_3 + \varepsilon_{32}b_2 - \varepsilon_{32}g$$
$$\quad = n(n - 4)(3n^2 + 5n - 24) + n(n - 2)(n - 4)(n^2 + 2n + 12)$$
$$\quad\quad - n(n - 3)(n - 4)(n^2 + 6n - 4)$$
$$\quad = n(n - 4)(35n - 60) = 5n(n - 4)(7n - 12)$$

我们还要建立另外一些公式, 通过这些公式, 上面计算的那些 ε 符号的数值中, 后面算得者即可由先前算得者推出来. 对此目的而言, 下述定理非常有用, 它可以从 Bezout 定理直接推出来:

给定 n 次曲面 F_n 及大于 1 的整数 $\alpha, \beta, \cdots$. 考虑那样的直线, 这种直线与 F_n 在一点 α 阶相切, 在另一点 β 阶相切, $\cdots$. 如果这种直线生成了次数为 ν 的直纹面, 则有

$$n \cdot \nu = 1 \cdot \nu_1 + \alpha \cdot \nu_\alpha + \beta \cdot \nu_\beta + \cdots$$

其中, $\nu_1, \nu_\alpha, \nu_\beta, \cdots$ 是那些曲线的次数, 这些曲线分别由这种直线与曲面的单重交点, α 阶接触的切点, β 阶接触的切点, $\cdots\cdots$ 所构成.

为了应用这个定理计算 ε 符号的数值, 我们约定, b_1 这个符号, 当与 ε 符号写在一起时, 总是表示相关切线的一个单重交点. 那么, 根据上述定理, 就有

---

* 参见 Salmon 与 Fiedler 所著的《空间解析几何》(第二版), 第二部分, 465 节的最后几行.

220

$$n \cdot \varepsilon_3 g^2 \quad = 3 \cdot \varepsilon_3 b_3 g + 1 \cdot \varepsilon_3 b_1 g$$

$$n \cdot \varepsilon_3 b_3 g \quad = 3 \cdot \varepsilon_3 b_3^2 + 1 \cdot \varepsilon_3 b_3 b_1$$

$$n \cdot \varepsilon_{22} g^2 \quad = 2 \cdot \varepsilon_{22} g b_2 + 1 \cdot \varepsilon_{22} g b_1$$

$$n \cdot \varepsilon_{22} b_2 g = 2 \cdot \varepsilon_{22} b_2^2 + 2 \cdot \varepsilon_{22} b_2 c_2 + 1 \cdot \varepsilon_{22} b_2 b_1$$

$$n \cdot \varepsilon_4 g \quad = 4 \cdot \varepsilon_4 b_4 + 1 \cdot \varepsilon_4 b_1$$

$$n \cdot \varepsilon_{32} g \quad = 3 \cdot \varepsilon_{32} b_3 + 2 \cdot \varepsilon_{32} b_2 + 1 \cdot \varepsilon_{32} b_1$$

$$n \cdot \varepsilon_{222} g = 2 \cdot \varepsilon_{222} b_2 + 1 \cdot \varepsilon_{222} b_1$$

利用这些公式, 即可用前面头 21 个公式中所计算的符号, 来确定与 b_1 有关的符号. 例如, 22) 式中所计算的符号 $\varepsilon_{222} b_1$, 也可以这样来算:

$$\begin{aligned}
&n \cdot \varepsilon_{222} g - 2\varepsilon_{222} b_2 \\
=& \frac{1}{3} n^2 (n-3)(n-4)(n-5)(n^2 + 3n - 2) \\
&- 2 \cdot \frac{1}{2} n(n-2)(n-4)(n-5)(n^2 + 5n + 12) \\
=& \frac{1}{3} n(n-4)(n-5)(n^4 - 11n^2 + 6n - 3n^3 - 9n^2 - 6n + 72) \\
=& \frac{1}{3} n(n-4)(n-5)(n-6)(n^3 + 3n^2 - 2n - 12)
\end{aligned}$$

应用关于点对的一维叠合公式, 我们无须进行繁复的计算, 即可将下列各数

$$\varepsilon_5, \ \varepsilon_{42}, \ \varepsilon_{33}, \ \varepsilon_{322}, \ \varepsilon_{2222}$$

表成为数 n 及以下各数的函数:

$$\varepsilon_4 g, \ \varepsilon_4 b_4, \ \varepsilon_{32} g, \ \varepsilon_{32} b_3, \ \varepsilon_{32} b_2, \ \varepsilon_{222} g, \ \varepsilon_{222} b_2$$

并且一般可以有几种不同的表达方式. 下面的推导说明了这一点:

17) $\quad \begin{aligned}[t] \varepsilon_5 &= \varepsilon_4 b_4 \cdot (n-4) + \varepsilon_4 b_1 - \varepsilon_4 g \cdot (n-4) \\ &= \varepsilon_4 b_4 \cdot (n-4) + (n \cdot \varepsilon_4 g - 4\varepsilon_4 b_4) - \varepsilon_4 g \cdot (n-4) \\ &= \varepsilon_4 b_4 \cdot (n-8) + 4\varepsilon_4 g \end{aligned}$

17) $\quad \varepsilon_5 = \varepsilon_{32} b_3 + \varepsilon_{32} b_2 - \varepsilon_{32} g$

18) $\quad \begin{aligned}[t] \varepsilon_{42} &= \varepsilon_4 b_1 \cdot (n-5) + \varepsilon_4 b_1 \cdot (n-5) - \varepsilon_4 g \cdot (n-4)(n-5) \\ &= 2(n \cdot \varepsilon_4 g - 4\varepsilon_4 b_4) \cdot (n-5) - \varepsilon_4 g \cdot (n-4)(n-5) \\ &= \varepsilon_4 g \cdot (n-5)(n+4) - \varepsilon_4 b_4 \cdot 8(n-5) \end{aligned}$

18) $\quad \begin{aligned}[t] \varepsilon_{42} &= \varepsilon_{32} b_3 \cdot (n-5) + \varepsilon_{32} b_1 - \varepsilon_{32} g \cdot (n-5) \\ &= \varepsilon_{32} b_3 \cdot (n-5) + (n \cdot \varepsilon_{32} g - 3\varepsilon_{32} b_3 - 2\varepsilon_{32} b_2) - \varepsilon_{32} g \cdot (n-5) \\ &= \varepsilon_{32} b_3 \cdot (n-8) - 2\varepsilon_{32} b_2 + 5\varepsilon_{32} g \end{aligned}$

18) $\quad \varepsilon_{42} = \varepsilon_{222}b_2 \cdot 2 + \varepsilon_{222}b_2 \cdot 2 - \varepsilon_{222}g \cdot 6$

$\qquad\quad = 4\varepsilon_{222}b_2 - 6\varepsilon_{222}g$

19) $\quad 2\varepsilon_{33} = \varepsilon_{32}b_2 \cdot (n-5) + \varepsilon_{32}b_1 - \varepsilon_{32}g \cdot (n-5)$

$\qquad\quad = \varepsilon_{32}b_2 \cdot (n-5) + (n \cdot \varepsilon_{32}g - 3\varepsilon_{32}b_3 - 2\varepsilon_{32}b_2) - \varepsilon_{32}g \cdot (n-5)\,^*$

$\qquad\quad = \varepsilon_{32}b_2 \cdot (n-7) - 3\varepsilon_{32}b_3 + 5\varepsilon_{32}g$

20) $\quad 2\varepsilon_{222} = \varepsilon_{32}b_1 \cdot (n-6) + \varepsilon_{32}b_1 \cdot (n-6) - \varepsilon_{32}g \cdot (n-5)(n-6)$

$\qquad\quad = 2(n-6) \cdot (n \cdot \varepsilon_{32}g - 3\varepsilon_{32}b_3 - 2\varepsilon_{32}b_2) - \varepsilon_{32}g \cdot (n-5)(n-6)$

$\qquad\quad = \varepsilon_{32}g \cdot (n-6)(n+5) - 6\varepsilon_{32}b_3 \cdot (n-6) - 4\varepsilon_{32}b_2 \cdot (n-6)$

20) $\quad \varepsilon_{322} = \varepsilon_{222}b_2 \cdot (n-6) + \varepsilon_{222}b_1 \cdot 3 - \varepsilon_{222}g \cdot 3(n-6)$

$\qquad\quad = \varepsilon_{222}b_2 \cdot (n-6) + 3(n \cdot \varepsilon_{222}g - 2\varepsilon_{222}b_2) - 3\varepsilon_{222}g \cdot (n-6)$

$\qquad\quad = \varepsilon_{222}b_2 \cdot (n-12) + 18\varepsilon_{222}g$

21) $\quad 4\varepsilon_{2222} = \varepsilon_{222}b_1 \cdot (n-7) + \varepsilon_{222}b_1 \cdot (n-7) - \varepsilon_{222}g \cdot (n-6)(n-7)$

$\qquad\quad = 2(n-7) \cdot (n \cdot \varepsilon_{222}g - 2\varepsilon_{222}b_2) - \varepsilon_{222}g \cdot (n-6)(n-7)$

$\qquad\quad = \varepsilon_{222}g \cdot (n-7)(n+6) - 4\varepsilon_{222}b_2 \cdot (n-7)$

于是, 将下列各符号的数值:

$$\varepsilon_4 g, \ \varepsilon_4 b_4, \ \varepsilon_{32}g, \ \varepsilon_{32}b_3, \ \varepsilon_{32}b_2, \ \varepsilon_{222}g, \ \varepsilon_{222}b_2$$

代入上面的公式, 就可以验证前面所算得数目的正确性, 而且对于 ε_5, 我们可以验证两次; 对于 ε_{42}, 三次; 对于 ε_{33}, 一次; 对于 ε_{322}, 两次; 对于 ε_{222}, 一次.

下面要处理的是两条多重或高阶的切线具有公共切点的情况. 为了得到与之相关的数目, 我们先来讨论一个重要的引理. 假设在曲面 F_n 上任意给定了一条 r 次的曲线 C, 则与 C 相交的直线 g 共有 ∞^3 条. 因此, 若对这种直线加上一个三重的条件, 则与 C 相交的直线中, 满足该条件的就只有有限条. 如果我们所加的条件中, 除了本节中所讨论的符号外, 不含有其他的符号, 那么, 与上面的讨论完全一样, 这些符号的值一般可以由 $g_s, p_1g_e, p_1^2p_2, p_1p_2p_3$ 这四个符号的值推出来. 在每条与 C 相交的直线 g 上, 我们必须将 g 与 C 的交点本身, 跟其余的 $n-1$ 个交点区别开来, 所以, 我们把 g 与 C 的交点记作 q_1, 其余 $n-1$ 个交点则分别记作 p_2, p_3, 等等. 那么, 关于 g 的三重条件, 就可以归结为下面这些不等于零的符号:

$$g_s, \ g_ep_2, \ q_1p_2^2, \ q_1p_2p_3, \ p_2^2p_3, \ p_2p_3p_4$$

这六个符号的数值很容易从 n 阶曲面 F_n 及 r 阶曲线 C 的定义得出. g_s 决定的平面与 C 交于 r 个点. 因此, 当我们只讨论 C 上的交点时, g_s 就等于 r; 而当讨论 i 个交点时, 则有

$\quad^*$ 这一行的第二个括号中, $3\varepsilon_{32}b_3$ 这一项, 原文为 $3\varepsilon_{32}b_2$, 有误.—— 校注

$$g_s = r(n-1)(n-2)\cdots(n-i+1)$$

同样地, 有

$$g_e p_2 = rn(n-2)\cdots(n-i+1)$$

对于 $q_1 p_2^2$, 我们注意到, 条件 q_1 决定的平面与曲线 C 交于 r 个点, 条件 p_2^2 决定的直线与曲面 F_n 交于 n 个点, 如果在前面 r 个点和后面 n 个点中各取一点, 作它们的连线, 则得到一条与 C 相交并满足条件 $q_1 p_2^2$ 的直线, 于是有

$$q_1 p_2^2 = rn(n-2)(n-3)\cdots(n-i+1)$$

为了确定 $q_1 p_2 p_3$ 的值, 回想一下, q_1 决定的平面与曲线 C 有 r 个交点, 通过其中任何一点, 可以作 $n(n-1)$ 条直线, 其中的每条都与曲面有两个不同的交点, 分别位于两个给定平面上, 于是有

$$q_1 p_2 p_3 = rn(n-1)(n-3)\cdots(n-i+1)$$

此外, p_2^2 决定的直线与 F_n 有 n 个交点, 通过其中任何一点, 可以作 $r(n-1)$ 条直线, 其中每条都与 C 相交, 并且还有一个交点位于条件 p_3 决定的平面上, 故有

$$p_2^2 p_3 = rn(n-1)(n-3)\cdots(n-i+1)$$

由此推出, 对于三个点的情形, $g p_2 p_3 = g_e p_2 + p_2^2 p_3 = rn(2n-3)$. 因而, 这个数也就是由 ∞^1 条那样的直线所构成直纹面的次数, 其中的每条直线除了与 C 相交外, 还有两个不同的交点位于两个给定平面上. 这个直纹面与 F_n 有 $rn^2(2n-3)$ 个交点. 这些交点中, 位于 C 上的数目为 $q_1 p_2 p_3 = rn(n-1)$, 而满足条件 $p_2^2 p_3$ 与 $p_2 p_3^2$ 的数目则都是 $rn(n-1)$. 于是, 在三个点的情形, 剩下来的点的数目为

$$p_2 p_3 p_4 = rn^2(2n-3) - 3rn(n-1) = rn(2n^2 - 6n + 3)$$

而在 i 个点的情形, 则为

$$p_2 p_3 p_4 = rn(2n^2 - 6n + 3)(n-4)\cdots(n-i+1)$$

将这六个结果与上面求得的下述五个符号

$$p_1 g_s, \ p_1 p_2 g_e, \ p_1^2 p_2^2, \ p_1^2 p_2 p_3, \ p_1 p_2 p_3 p_4$$

的数值相比较, 就可以看到, 将条件 p_1 换成与 r 次曲线 C 相交这一条件, 对主干数的影响仅仅在于将它的数值乘上了分数 $\dfrac{r}{n}$. 这个结果可以表述成如下形式:

在 n 次曲面 F_n 上, 给定了一条 r 次的曲线 C; 另外, 对一条直线与 F_n 的 n 个交点还给定了一个任意的三重条件. 那么, 在满足此三重条件的直线中, 那些与 C 相交的直线数目, 是那些有一个交点位于一个给定平面上的直线数目的 $\dfrac{r}{n}$ 倍.

如果我们知道, 满足上面定理中三重条件的直线与 F_n 的交点所构成的曲线, 正好是 F_n 与另外某个曲面的整个交线, 则此结果也可以由 Bezout 定理推出.

利用刚刚证明的引理, 从我们的计数结果出发, 可以得到大量新的数目, 正如下述各例所示.

25. 由 1) 式推出 *, $\varepsilon_2 b_2 g_p = \varepsilon_2 g_s = n(n-1)$. 因此, 通过空间中的每个点都可以作 $\frac{r}{n} \cdot n(n-1) = r(n-1)$ 条这样的切线, 使得其切点落在该曲面所含的一条 r 次的曲线上; 或者等价地说, 对于 F_n 上每条 r 次的曲线, 该曲线上所有点的切平面构成了一个 $r(n-1)$ 次的一级轨迹. 由此推出, 通过空间中的每个点, 都可以作 $n(11n-24)(n-1)$ 个这样的切平面, 它们在切点处与曲面四阶接触 (参见第 11 款). 同样容易推出, 存在 $n(n-1)^2$ 个点, 在每个这样的点, 都有两条切线分别通过给定点, 换句话说, 通过每条直线可以对 F_n 作 $n(n-1)^2$ 个切平面.

26. 由 3) 式和 5) 式推出

$$\varepsilon_3 b_3 g = \varepsilon_3 {b_3}^2 + \varepsilon_3 g_e = 2n + 3n(n-2) = n(3n-4)$$

这个数就是与一条给定直线相交的所有主切线的切点所构成曲线的次数. 因此, 根据我们的引理, 这条曲线与四阶接触切点所构成曲线 (参见第 11 款) 共有

$$\frac{1}{n} \cdot n(3n-4) \cdot \varepsilon_4 b_4 = (3n-4) \cdot \varepsilon_4 b_4$$

个交点. 其中的 $\varepsilon_4 g$ 个点, 是与给定直线相交的四阶接触切线的切点, 其余的

$$(3n-4) \cdot \varepsilon_4 b_4 - \varepsilon_4 g$$

个点, 既是一条四阶接触切线的切点, 又是另外一条与给定直线相交的主切线的切点. 但我们由第 5 款知道, 在 F_n 的每个点, 只有两条主切线与之相切. 因此, 后面这个数就是那种三阶接触切线的数目, 这种切线既与给定直线相交, 又与某条四阶接触切线有公共切点. 现在, 我们将每条四阶接触切线和与它有公共切点的主切线组成直线对, 由此在 F_n 上得到一个由直线对构成的一级系统, 然后对此系统应用 §15 中的叠合公式 21). 那么, $\sigma p = \varepsilon_4 b_4$; 而根据第 25 款, σe 等于 $\varepsilon_4 b_4 \cdot (n-1)$. 叠合符号 $\varepsilon\sigma$ 表示的是那种四阶接触切线的数目, 这种切线和与它有公共切点的主切线相重合; 因而, 这个数等于

$$\varepsilon_4 g + [(3n-4) \cdot \varepsilon_4 b_4 - \varepsilon_4 g] - \varepsilon_4 b_4 - \varepsilon_4 b_4 \cdot (n-1)$$
$$= 2(n-2) \cdot \varepsilon_4 b_4 = 2n(n-2)(11n-24)$$

---

* 这里的原文是 "由 2 式) 推出", 有误.—— 校注

因为相互重合的主切线被称为抛物切线, 其切点被称为抛物点, 所以这个结果也可以表述成如下形式:

在一个 n 阶曲面上, 四阶接触的抛物切线的数目为

$$2n(n-2)(11n-24)$$

27. 容易想到, 得到了上面的结果之后, 接下来我们就该确定抛物点所形成曲线 (即抛物曲线) 的阶数和抛物切线所形成直纹面的次数了. 为此, 我们对曲面上的每个点, 将在该点处的两条主切线组成一个直线对, 由此在 F_n 上得到一个由直线对构成的二级系统, 然后对此系统应用 §15 中的叠合公式 39) 及 49). 那么, 在这两个公式中, 必须令

$$\sigma g_e = 3n(n-2), \quad \sigma h_e = 3n(n-2), \quad \sigma p^2 = 2n$$
$$\sigma pe = 2n(n-1), \quad \sigma e^2 = 2n(n-1)^2$$

为了确定 σgh 的值, 我们应用上面证明的引理, 并使用符号 $\varepsilon_3 b_3 g = \varepsilon_3 g_e + \varepsilon_3 b_3^2$ 的值两次, 使用符号 $\varepsilon_3 g^2 = \varepsilon_3 g_e + \varepsilon_3 g_p$ 的值一次, 就得到

$$\sigma gh = n(3n-4)^2 - 3n(n-2) - n(n-1)(n-2)$$
$$= 4n(2n^2 - 6n + 5)$$

从而, 我们选用的叠合公式就给出: 抛物曲线的阶数为

$$3n(n-2) + 3n(n-2) + 2n - 2n(n-1) = 4n(n-2)$$

而抛物切线所形成直纹面的次数为

$$4n(2n^2 - 6n + 5) - 2n - 2n(n-1)^2 = 2n(n-2)(3n-4)$$

根据我们的引理, 抛物曲线与四阶接触切点所构成曲线的交点个数为

$$4n(n-2)(11n-24)$$

但是, 上面的第 26 款给出, 在这些点上共有

$$2n(n-2)(11n-24)$$

条切线. 前一个数是后一个数的两倍, 这是因为抛物曲线与四阶接触切点所构成曲线在 $2n(n-2)(11n-24)$ 个点处都是二阶接触的.

28. 我们来讨论一个属于度量几何的问题, 即确定一个 n 次曲面 F_n 上脐点 (kreispunkt) 的个数. 所谓脐点就是这样的点, 在该点处的两条主切线都与无穷远处的虚球圆 (kugelkreis) 相交. 因此, 我们所讨论的问题, 从射影几何的观点看, 就是要确定 F_n 上有多少个点, 在该点处的两条主切线都与一条给定的圆锥曲线相交. 根据个数守恒原理 (参见 §4), 我们可以用圆锥曲线的两种退化曲线之一来替换它. 首先, 我们取由两条相交直线组成的退化曲线. 于是, 满足所提条件的情形就有如下两种: 其一, 两条主切线分别与两条直线相交; 其二, 两条主切线同时与一条直线相交. 第一种情形下的数目, 就是上面第 27 款所确定的符号 σgh 的值; 而在第二种情形, 与两条主切线同时相交的那条直线, 必定位于主切线所在的切平面上. 因此, 所求的脐点个数为

$$4n(2n^2 - 6n + 5) + 2n(n-1)^2 = 2n(5n^2 - 14n + 11)$$

也许, 取圆锥曲线的另一种退化曲线来推导这个结果, 也同样很有意思. 这种退化曲线就是二重直线, 即由两条重合的直线组成. 那么, 两条主切线都与圆锥曲线相交这个条件, 在以下三种情形得以满足: 其一, 当一条抛物主切线与二重直线相交; 其二, 当主切线的切平面含有该二重直线, 并且这种主切线都会满足条件四次; 其三, 当主切线的切点就是二重直线与 F_n 的 n 个交点之一. 于是, 所求的脐点个数仍然是

$$2n(n-2)(3n-4) + 4n(n-1)^2 + 2n = 2n(5n^2 - 14n + 11)$$

在 Salmon 与 Fiedler 所著的《空间几何》一书中 (第二版, p.43-46), 也给出了这个数. 但他们所给的数, 比正确的数值要大, 多出了含于一个平面中的主切线的数目. 正确的结果最初是 Voss 给出的, 发表于 *Math. Ann.*, 第 IX 卷, p.241 (**Lit.44**). 类似地, 我们也可以解决如下的度量问题: 求曲率中心所形成曲面的阶数和类数 (**Lit.45**), 或者求曲率线上的切线所形成线汇的场秩和丛秩 (**Lit.46**).

29. 现在来求 n 阶曲面上那种点的数目, 在这种点处的两条主切线都是四阶接触, 并且互不重合. 为此, 我们来构造这样的点对, 其中一个点位于四阶接触切线的切点构成的曲线上, 另一个点则是一条仅为三阶接触的主切线上其余的 $n-3$ 个单重交点之一. 对于由这种点对构成的一级系统, 我们来应用关于点对的一维叠合公式 (即 §13 的 1) 式). 那么, 该公式中的符号 p 就是 $\varepsilon_4 b_4 \cdot (n-3)$, 而符号 g 则是第 26 款所计算的符号 $(3n-4) \cdot \varepsilon_4 b_4 - \varepsilon_4 g$ 再乘以 $n-3$. 对于公式中的符号 q, 用上面导出含有 b_1 符号的相同方法来计算, 即可得出 q 的值为 $n \cdot [(3n-4) \cdot \varepsilon_4 b_4 - \varepsilon_4 g] - 3\varepsilon_4 b_4$. 于是, 在我们选用的公式中, 叠合符号的值就等于

$$[\varepsilon_4 b_4 \cdot (n-3)] + [n(3n-4)\varepsilon_4 b_4 - n \cdot \varepsilon_4 g - 3\varepsilon_4 b_4]$$
$$- [(3n-4) \cdot \varepsilon_4 b_4 \cdot (n-3) - \varepsilon_4 g \cdot (n-3)]$$

也就是

$$\varepsilon_4 b_4 \cdot (10n - 18) - 3\varepsilon_4 g$$

但是, 满足叠合符号的情形有如下两种: 其一是那种点, 在该点处的两条主切线相互重合且都为四阶接触; 其二是那种点, 在该点处的两条主切线不相重合且都为四阶接触. 第一种情形中点的个数, 就是第 26 款中所算得的数目. 第二种情形中点的个数, 则正是我们要来求的. 对于这个数我们得到

$$\frac{1}{2} \cdot \varepsilon_4 b_4 \cdot (10n - 18) - \frac{3}{2} \cdot \varepsilon_4 g - (n-2) \cdot \varepsilon_4 b_4$$
$$= \varepsilon_4 b_4 \cdot (4n - 7) - \frac{3}{2} \cdot \varepsilon_4 g \quad (\textbf{Lit.47})$$

将上面算得的 $\varepsilon_4 b_4$ 和 $\varepsilon_4 g$ 的数值代入上式, 即得到下述结果:

"一个 n 阶曲面上有

$$5n(7n^2 - 28n + 30)$$

个这样的点, 在这些点处的两条主切线不相重合且都为四阶接触."

对于 $n = 3$, 这个数等于 135. 这也就是一个三阶曲面所含 27 条直线的交点个数.

作者在他的论文《切线的奇点》中 (*Math. Ann.*, 第 11 卷, p.377), 除了定出刚才计算的数目和以前得到的大部分数目以外, 还得到了许多其他的结果. 我们从中列举几个如下:

30. 在抛物点三阶接触并在另一个点二阶接触的切线的数目为

$$2n(n-2)(n-4)(3n^2 + 5n - 24)$$

31. 考虑这样的切线, 它们在一个点三阶接触, 在另一个点二阶接触, 并且这两个切点处的切平面相互重合. 那么, 这种切线的数目为

$$n(n-2)(n-4)(n^3 + 3n^2 + 13n - 48)$$

它也就是那种二重切平面的个数, 这种二重切平面的两个切点的连接直线, 在其中一个切点处是三阶接触的.

32. 考虑这样的点, 在这种点处, 第一条主切线为四阶接触, 第二条主切线仅为三阶接触, 但还在另外一点处二阶接触. 那么, 这种点的数目为

$$n(n-4)(27n^3 - 13n^2 - 264n + 396)$$

33. 考虑这样的点, 在这种点处, 两条主切线不相重合, 同为三阶接触, 又都与曲面在另外的点处产生二阶接触. 那么, 这种点的数目为

$$n(n-4)(4n^5 - 4n^4 - 95n^3 + 99n^2 + 544n - 840)$$

34. 考虑这样的切线, 它们在一个点处三阶接触, 在另一个点处二阶接触. 那么, 这种切线的那个三阶接触切点所构成的曲线与抛物点所构成的曲线, 在两者的每个交点处都是二阶接触的; 并且, 这两条曲线的交点恰好就是那样的抛物点, 在该点处的主切线与曲面还在另外的点相切.

35. 考虑这样的切线, 它们在一个点处三阶接触, 在另一个点处二阶接触. 那么, 这种切线的那个三阶接触切点所构成的曲线与四阶接触切点所构成的曲线, 两者既有相切点, 又有单重交点. 两者的相切点恰好就是五阶接触切线的切点, 而两者的单重交点可以分为两类: 在第一类点处, 有一条切线为四阶接触, 且该切线还在另一点处与曲面二阶接触; 在第二类点处, 有一条主切线为四阶接触, 另一条主切线则仅为三阶接触, 但还在另一点处二阶接触.

§34
一条直线上多个点的叠合 (Lit.48)

在前一节中, 我们已经讨论了一个几何形体中多于两个点叠合的情况, 这个几何形体由一条直线及该直线上的 n 个点组成, 只不过在其定义中多了一个限制条件, 即要求那 n 个点位于同一个曲面上. 现在, 我们来处理更一般的几何形体 Γ, 它的定义和上面一样, 但是没有那个限制, 就是说, 它由一条直线 g 及 g 上的 n 个点

$$p_1, \; p_2, \; \cdots, \; p_n$$

组成. 要求这 n 个点在其承载体 g 上的同一个位置叠合, 是一个 $n-1$ 重的条件, 我们将它记为 ε. 现在要用关于

$$g, \; p_1, \; p_2, \; \cdots, \; p_n$$

的基本条件将 ε 表达出来. 这可以由点对的叠合公式 (即 §13 的 1) 式) 通过符号乘法而得到. 如果我们将 g 上的点 p_i 与 p_k 叠合这个条件记作 ε_{ik}, 则叠合公式说明, 它可以表成为

$$\varepsilon_{ik} = p_i + p_k - g$$

228

于是, 对于下面这个二重条件: g 上的点 p_i 与 p_k 在一个位置叠合, 而点 p_r 与 p_s 在另一个位置叠合, 就有以下的公式:

$$\begin{aligned}
\varepsilon_{ik}\,\varepsilon_{rs} &= (p_i + p_k - g)(p_r + p_s - g) \\
&= p_i p_r + p_i p_s + p_k p_r + p_k p_s \\
&\quad - g(p_r + p_s + p_i + p_k) + (g_e + g_p)^{*}
\end{aligned}$$

同样地, 将下述条件

$$\varepsilon_{12},\ \varepsilon_{13},\ \varepsilon_{14},\ \varepsilon_{15},\ \cdots,\ \varepsilon_{1n}$$

的公式乘起来, 就得到了条件 ε 的公式, 即 g 上的 n 个点

$$p_1,\ p_2,\ p_3,\ \cdots,\ p_n$$

在同一个位置叠合这个条件的公式, 它就是

$$\varepsilon = (p_1 + p_2 - g)(p_1 + p_3 - g)(p_1 + p_4 - g) \cdots (p_1 + p_n - g)$$

因为这 n 个下标中, 每个下标都和下标 1 有同等的地位和权利, 所以, 若将式子中的 $n-1$ 个因子按乘法展开, 最后所得的 ε 的表达式, 对于 n 个下标必然是对称的. 要得到这种对称表达式, 最快的办法如下: 先将 ε 的表达式按照 $p_1 - g$ 的升幂排列, 则有

$$\varepsilon = \alpha_{n-1} + \alpha_{n-2}(p_1 - g) + \alpha_{n-3}(p_1 - g)^2 + \cdots + \alpha_0 (p_1 - g)^{n-1}$$

其中

$$\alpha_0 = 1, \quad \alpha_1 = p_2 + p_3 + \cdots + p_n$$

一般情况下, α_i 是 $(n-1)_i$ 个乘积的一个和式, 其中每个乘积都是从 $n-1$ 个符号

$$p_2,\ p_3,\ p_4,\ \cdots,\ p_n$$

中选取 i 个不同者相乘而得. 但是, §7 中的关联公式对于 $p_1 - g$ 的方幂给出了以下的结果:

$$\begin{aligned}
(p_1 - g)^2 &= p_1^2 - 2p_1 g + g^2 \\
&= p_1^2 - (p_1^2 + g_e) - p_1 g + (g_e + g_p) \\
&= -p_1 g + g_p
\end{aligned}$$

---

*这一行的第一个括号中, p_k 这一项的原文为 p^k, 有误.—— 校注

$$(p_1 - g)^3 = (-p_1 g + g_p)(p_1 - g)$$
$$= -p_1^2 g + p_1 g_p + p_1 g^2 - g_s$$
$$= -(p_1^3 + p_1 g_e) + p_1 g_p + (p_1^3 + g_s + p_1 g_e) - g_s$$
$$= p_1 g_p$$
$$(p_1 - g)^4 = p_1 g_p (p_1 - g)$$
$$= p_1^2 g_p - p_1 g_s$$
$$= 0$$

因此, 对于 $m > 3$, 都有

$$(p_1 - g)^m = 0$$

将 $p_1 - g$ 的这些方幂的数值代入, 就得到

$$\varepsilon = (\alpha_{n-1} + p_1 \alpha_{n-2}) - g(\alpha_{n-2} + p_1 \alpha_{n-3}) + g_p(\alpha_{n-3} + p_1 \alpha_{n-4})$$

但这里的三个括号对于 $p_1, p_2, \cdots, p_n$ 都是对称的, 因为

$$\alpha_i + p_1 \alpha_{i-1}{}^*$$

是 n_i 个乘积之和, 其中每个乘积都是从 n 个符号 $p_1, p_2, p_3, \cdots, p_n$ 中选取 i 个不同者相乘而得. 因此, 若以后总将此和式记作 β_i, 则所求的主要公式就是

1) $\qquad \varepsilon = \beta_{n-1} - g\beta_{n-2} + g_p \beta_{n-3}$

为了说明此公式的含义, 我们考虑它在 $n = 4$ 时的特殊情况, 则有

$$\varepsilon = p_1 p_2 p_3 + p_1 p_2 p_4 + p_1 p_3 p_4 + p_2 p_3 p_4$$
$$- g p_1 p_2 - g p_1 p_3 - g p_1 p_4 - g p_2 p_3 - g p_2 p_4 - g p_3 p_4$$
$$+ g_p p_1 + g_p p_2 + g_p p_3 + g_p p_4$$

用关于 g 的基本条件与 1) 式作符号乘法, 得到

2) $\qquad g\varepsilon = g\beta_{n-1} - (g_p + g_e)\beta_{n-2} + g_s \beta_{n-3}$

3) $\qquad g_p \varepsilon = g_p \beta_{n-1} - g_s \beta_{n-2} + G\beta_{n-3}$

4) $\qquad g_e \varepsilon = g_e \beta_{n-1} - g_s \beta_{n-2}$

5) $\qquad g_s \varepsilon = g_s \beta_{n-1} - G\beta_{n-2}$

6) $\qquad G\varepsilon = G\beta_{n-1}$

---

*这里的原文是 $\alpha_i + p_i \alpha_{i-1}$, 有误. —— 译注

为了表达关于叠合点位置的条件, 我们引入下述记号:

$$p_{123\cdots n}, \quad p^2_{123\cdots n}, \quad p^3_{123\cdots n}$$

这三个符号表示, n 个 p 点相互叠合, 且叠合点分别位于

一个给定平面上

一条给定直线上

一个给定的点上

用 n 个条件 $p_1, p_2, \cdots, p_n$ 中的任何一个去乘 1) 式, 都可以得到 $p_{1234\cdots n}$ 的公式. 不过, 最快的办法是用 p_1 去乘 1) 式前面含有符号 α 的那个公式, 由此首先可得

$$p_{123\cdots n} = p_1\alpha_{n-1} + p_1^2\alpha_{n-2} - p_1 g\alpha_{n-2}$$
$$- p_1^2 g\alpha_{n-3} + p_1 g_p \alpha_{n-3} + p_1^2 g_p \alpha_{n-4}$$

然后, 应用 §7 中直线与点的关联公式, 即得

$$p_{123\cdots n} = p_1\alpha_{n-1} + p_1^2\alpha_{n-2} - p_1^2\alpha_{n-2} - g_e\alpha_{n-2} - p_1 g_e\alpha_{n-3}$$
$$- p_1^3\alpha_{n-3} + p_1^3\alpha_{n-3} + g_s\alpha_{n-3} + p_1 g_s\alpha_{n-4}$$
$$= p_1\alpha_{n-1} - g_e(\alpha_{n-2} + p_1\alpha_{n-3}) + g_s(\alpha_{n-3} + p_1\alpha_{n-4})$$

现在, 再使用符号 β, 则最后就得到

7) $$p_{123\cdots n} = \beta_n - g_e\beta_{n-2} + g_s\beta_{n-3}$$

再考虑 $n = 4$ 的特殊情况, 则有

$$p_{1234} = p_1 p_2 p_3 p_4 - g_e p_1 p_2 - g_e p_1 p_3 - g_e p_1 p_4 - g_e p_2 p_3$$
$$- g_e p_2 p_4 - g_e p_3 p_4 + g_s p_1 + g_s p_2 + g_s p_3 + g_s p_4$$

将 7) 式分别乘以 g_e 和 G, 则得

8) $$g_e p_{123\cdots n} = g_e\beta_n - G\beta_{n-2}$$

9) $$G p_{123\cdots n} = G\beta_n$$

要得到 $p^2_{123\cdots n}$ 的公式, 最快的办法是, 用 g 去乘 7) 式, 再从所得的结果中减去 4) 式, 然后利用 §7 中的关联公式 I)

$$pg - g_e = p^2$$

就得到

10) $$p^2_{123\cdots n} = g\beta_n - g_e\beta_{n-1} + G\beta_{n-3}$$

并由此推出

11) $$g_e p_{123\cdots n}^2 = g_s \beta_n - G\beta_{n-1}$$

用 g_p 去乘 7) 式, 再从所得的结果中减去 5) 式, 然后利用 §7 中的关联公式 II)

$$pg_p - g_s = p^3$$

就可以得到 $p_{123\cdots n}^3$ 的公式, 它就是

12) $$p_{123\cdots n}^3 = g_p \beta_n - g_s \beta_{n-1} + G\beta_{n-2}$$

将前面 7)—12) 这六个公式反过来用, 可以使下面六个条件

$$Gp_1 p_2 \cdots p_n, \quad g_s p_1 p_2 \cdots p_n, \quad g_e p_1 p_2 \cdots p_n$$
$$g_p p_1 p_2 \cdots p_n, \quad gp_1 p_2 \cdots p_n, \quad p_1 p_2 \cdots p_n$$

仅仅通过叠合条件就表示出来. 为简明起见, 我们只推导 $n = 4$ 这个特殊情况, 然后对一般的 n 直接写下结果.

当 $n = 4$ 时, 6) 式可以写成下面的形式:

13) $$Gp_1 p_2 p_3 p_4 = Gp_{1234}$$

由 11) 式推得

$$g_s p_1 p_2 p_3 p_4 = g_e p_{1234}^2 + Gp_1 p_2 p_3 + Gp_1 p_2 p_4 + Gp_1 p_3 p_4 + Gp_2 p_3 p_4$$

也就是

14) $$g_s p_1 p_2 p_3 p_4 = g_e p_{1234}^2 + Gp_{123} + Gp_{124} + Gp_{134} + Gp_{234}$$

同样地, 由 8) 式得到

15) $$g_e p_1 p_2 p_3 p_4 = g_e p_{1234} + Gp_{12} + Gp_{13} + Gp_{14} + Gp_{23} + Gp_{24} + Gp_{34}$$

由 12) 式推出

$$
\begin{aligned}
g_p p_1 p_2 p_3 p_4 = {}& p_{1234}^3 + (g_e p_{123}^2 + Gp_{12} + Gp_{13} + Gp_{23}) \\
& + (g_e p_{124}^2 + Gp_{12} + Gp_{14} + Gp_{24}) \\
& + (g_e p_{134}^2 + Gp_{23} + Gp_{14} + Gp_{34}) \\
& + (g_e p_{234}^2 + Gp_{23} + Gp_{24} + Gp_{34}) \\
& - Gp_{12} - Gp_{13} - Gp_{14} - Gp_{23} - Gp_{24} - Gp_{34}
\end{aligned}
$$

也就是

16) $$
\begin{aligned}
g_p p_1 p_2 p_3 p_4 = {}& p_{1234}^3 + g_e p_{123}^2 + g_e p_{124}^2 + g_e p_{134}^2 + g_e p_{234}^2 \\
& + Gp_{12} + Gp_{13} + Gp_{14} + Gp_{23} + Gp_{24} + Gp_{34}
\end{aligned}
$$

232

类似地, 由 10) 式推出

$$gp_1p_2p_3p_4 = p_{1234}^2 + g_ep_{123} + g_ep_{124} + g_ep_{134} + g_ep_{234}$$
$$+ 3\left(Gp_1 + Gp_2 + Gp_3 + Gp_4\right)$$
$$- Gp_1 - Gp_2 - Gp_3 - Gp_4$$

也就是:

17) $$gp_1p_2p_3p_4 = p_{1234}^2 + g_ep_{123} + g_ep_{124} + g_ep_{134} + g_ep_{234}$$
$$+ 2\left(Gp_1 + Gp_2 + Gp_3 + Gp_4\right)$$

最后, 由 7) 式得到

$$p_1p_2p_3p_4 = p_{1234} + g_ep_{12} + g_ep_{13} + g_ep_{14}$$
$$+ g_ep_{23} + g_ep_{24} + g_ep_{34} + 6G$$
$$- g_ep_1^2 - g_ep_2{}^2 - g_ep_3{}^2 - g_ep_4{}^2 - 4G$$

也就是

18) $$p_1p_2p_3p_4 = p_{1234} + g_ep_{12} + g_ep_{13} + g_ep_{14} + g_ep_{23} + g_ep_{24} + g_ep_{34}{}^*$$
$$- g_ep_1^2 - g_ep_2{}^2 - g_ep_3{}^2 - g_ep_4{}^2 + 2G$$

现在, 我们来将公式 13)—18) 从 $n = 4$ 推广到任意的 n. 为简明起见, 我们令

$$s_i,\ s_i^2,\ s_i^3$$

分别表示 n_i 个符号的一个和式, 其中的每个符号都是带有 i 个下标的

$$p,\ p^2,\ p^3$$

而这 i 个下标则取遍从 n 个数

$$1,\ 2,\ 3,\ \cdots,\ n$$

中选取 i 个不同数的所有 n_i 种可能的组合. 利用这个简化记号, 公式 13)—18) 对于一般的 n 就可以表示成如下的形式:

13) $$Gp_1p_2\cdots p_n = Gs_n$$

14) $$g_sp_1p_2\cdots p_n = g_es_n^2 + Gs_{n-1}$$

15) $$g_ep_1p_2\cdots p_n = g_es_n + Gs_{n-2}$$

16) $$g_pp_1p_2\cdots p_n = s_n^3 + g_es_{n-1}^2 + Gs_{n-2}$$

17) $$gp_1p_2\cdots p_n = s_n^2 + g_es_{n-1} + 2Gs_{n-3}$$

18) $$p_1p_2\cdots p_n = s_n + g_es_{n-2} - g_es_{n-3}^2 + 2Gs_{n-4}$$

$*$ 这一行式子中, g_ep_{24} 这一项的原文为 g_ep_{23}, 有误.—— 校注

此外, 公式 13)—18) 还可以用来将公式 1)—6) 中所计算的叠合条件

$$\varepsilon, \ \varepsilon g, \ \varepsilon g_p, \ \varepsilon g_e, \ \varepsilon g_s, \ \varepsilon G$$

通过下述符号

$$s_i, \ s_i^2, \ s_i^3, \ g_e s_i, \ G s_i, g_e s_i^2$$

表示出来, 这是因为在公式 1)—6) 中出现的条件都具有如下的形式:

$$Gp_1 p_2 \cdots p_i, \quad g_s p_1 p_2 \cdots p_i, \quad g_e p_1 p_2 \cdots p_i$$

$$g_p p_1 p_2 \cdots p_i, \quad g p_1 p_2 \cdots p_i, \quad p_1 p_2 \cdots p_i$$

因此, 用 13)—18) 式的右边来代换这些条件, 再使用前面引入的简化记号 s, 就得到

19) $\qquad \varepsilon = s_{n-1} - s_{n-2}^2 + s_{n-3}^3$

20) $\qquad \varepsilon g = s_{n-1}^2 - s_{n-2}^3 + g_e s_{n-2} - 2 g_e s_{n-3}^2$

21) $\qquad \varepsilon g_p = s_{n-1}^3 + g_e s_{n-2}^2 + G s_{n-3}$

22) $\qquad \varepsilon g_e = g_e s_{n-1} - g_e s_{n-2}^2$

23) $\qquad \varepsilon g_s = g_e s_{n-1}^2 + G s_{n-2}$

24) $\qquad \varepsilon G = G s_{n-1}$ **(Lit.48)**

为了说明这些公式的含义, 我们来考虑 19)—23) 式在 4 维的特殊情形. 此时, 对于 19) 式, 我们必须令 $n = 5$; 对于 20) 式, 令 $n = 4$; 对于 21) 式, 令 $n = 3$; 对于 23) 式, 令 $n = 2$; 于是, 分别得到

19) $\qquad \varepsilon = p_{1234} + p_{1235} + p_{1245} + p_{1345} + p_{2345}$
$$- p_{123}^2 - p_{124}^2 - p_{125}^2 - p_{134}^2 - p_{135}^2 - p_{145}^2$$
$$- p_{234}^2 - p_{235}^2 - p_{245}^2 - p_{345}^2$$
$$+ p_{12}^3 + p_{13}^3 + p_{14}^3 + p_{15}^3 + p_{23}^3 + p_{24}^3$$
$$+ p_{25}^3 + p_{34}^3 + p_{35}^3 + p_{45}^3$$

20) $\qquad \varepsilon g = p_{123}^2 + p_{124}^2 + p_{134}^2 + p_{234}^2$
$$- p_{12}^3 - p_{13}^3 - p_{14}^3 - p_{23}^3 - p_{24}^3 - p_{34}^3$$
$$+ g_e p_{12} + g_e p_{13} + g_e p_{14} + g_e p_{23} + g_e p_{24} + g_e p_{34}$$
$$- 2 g_e p_1^2 - 2 g_e p_2^2 - 2 g_e p_3{}^2 - 2 g_e p_4^2$$

21) $\qquad \varepsilon g_p = p_{12}^3 + p_{13}^3 + p_{23}^3 + g_e p_1^2 + g_e p_2^2 + g_e p_3{}^2 + G$

22) $\qquad \varepsilon g_e = g_e p_{12} + g_e p_{13} + g_e p_{23} - g_e p_1^2 - g_e p_2^2 - g_e p_3{}^2$

23) $\qquad \varepsilon g_s = g_e p_1^2 + g_e p_2^2 + G$

234

在第六章, 当我们对于由一条直线及该直线上 n 个点组成的几何形体, 讨论其特征理论时, 上面推导的这些公式将有重要的应用.

显然, 叠合公式还可用来检验前面几节所算过的某些数目, 或者用来以更加漂亮的方式推出这些数目. 作为例子, 我们来讨论公式 19)—23). 如果将直线 g 与给定的 n 阶曲面 F_n 的 n 个交点记作 $p_1, p_2, \cdots, p_n$, 则这些公式所含的符号中, 除了

$$G, \ g_e p_{12}, \ p_{123}^2, \ p_{1234}$$

以及那些结构类似、但下标不同的符号之外, 其余全部为零. 因而, 在这种情况下, 公式 19)—23) 化简为

$$\varepsilon = 5\, p_{1234} - 10\, p_{123}^2$$
$$\varepsilon g = 4\, p_{123}^2 + 6\, g_e p_{12}$$
$$\varepsilon g_p = G$$
$$\varepsilon g_e = 3\, g_e p_{12}$$
$$\varepsilon g_s = G$$

现在, 由于 G 在两个点的情形等于 $n(n-1)$, 对于三个点则等于 $n(n-1)(n-2)$; $g_e p_{12}$ 对于三个点等于 $n(n-2)$, 对于四个点则等于 $n(n-2)(n-3)$; p_{123}^2 对于四个点等于 $2n(n-3)$, 对于五个点则等于 $2n(n-3)(n-4)$; 最后, p_{1234} 对于五个点等于 $n(11n-24)(n-4)$; 从而

由 23) 式推出: 位于一个直线束中的切线数目等于 $n(n-1)$.

由 22) 式推出: 位于一个平面截面中的主切线数目等于 $3n(n-2)$.

由 21) 式推出: 通过一个给定点的主切线数目等于 $n(n-1)(n-2)$.

由 20) 式推出: 由四阶接触的切线所构成直纹面的次数等于

$$4 \cdot 2n(n-3) + 6n(n-2)(n-3) = 2n(n-3)(3n-2)$$

由 19) 式推出: 五阶接触的切线数目等于

$$5n(11n-24)(n-4) - 10 \cdot 2n(n-3)(n-4) = 5n(n-4)(7n-12)$$

确定五阶接触切线数目的这种方法, 只用到四阶接触切点所构成曲线的次数, 以及在一个点上有两条相切的主切线这一事实. 与先前所用的方法相比, 也许还是它更简单些.

将这里的计算方法推广到由曲面构成的系统, 不会有任何的困难. 例如, 让我们来确定在一个由曲面构成的一级系统中, 具有六阶接触切线的曲面的数目. 为此,

我们要考虑 19) 式当 $n = 6$ 时的特殊情况. 此时, 等式的右边会出现 6_1 个形如 p_{12345} 的符号, 6_2 个形如 p_{1234}^2 的符号, 6_3 个形如 p_{123}^3 的符号. 从而, 我们就得到了下述定理:

在一个由曲面构成的一级系统中, 具有六阶接触切线的曲面的数目为

$$6\varphi - 15\psi + 40\mu$$

其中, φ 是系统中所有 ∞^1 条五阶接触切线的切点所构成曲线的阶数; ψ 是系统中所有 ∞^2 条四阶接触切线的切点所构成曲面的阶数; μ 是系统中通过一个给定点的曲面的数目.

§35
一个直线束中多条直线的叠合 (Lit.48)

下面来考虑这样的几何形体 Γ, 它由一个束心为 p、束平面为 e 的直线束, 以及该直线束中的 n 条直线

$$g_1,\ g_2,\ g_3,\ \cdots,\ g_n$$

组成. 我们对 Γ 加上一个 $n-1$ 重的条件 ε, 它要求这 n 条直线在该直线束中的某条直线处相互叠合. 我们首先要做的是, 用关于

$$p,\ e,\ g_1,\ g_2,\ \cdots,\ g_n$$

的 $n-1$ 重基本条件将 ε 表达出来. 这一点, 可以利用关于两条相交直线叠合条件的公式 (即 §15 的 21) 式), 再通过符号乘法的步骤来实现. 要求 g_i 与 g_k 这两条直线叠合是一个单重条件, 如果用 ε_{ik} 来记它的话, 则有

$$\varepsilon_{ik} = g_i + g_k - p - e$$

由于

$$\varepsilon = \varepsilon_{12}\,\varepsilon_{13}\,\varepsilon_{14}\cdots\varepsilon_{1n}$$

因此, 我们所求的关于 ε 的公式, 就可以通过下式

$$\varepsilon = (g_1 + g_2 - p - e)(g_1 + g_3 - p - e)\cdots(g_1 + g_n - p - e)$$

而得到.

为了得到一个关于 $g_1, g_2, \cdots, g_n$ 对称的表达式, 我们将上面式子中的 $n-1$ 个因子按如下方式乘开来, 使得乘开之后的结果按照 $g_1 - p - e$ 的升幂来排列, 就有

$$\varepsilon = \alpha_{n-1} + \alpha_{n-2}(g_1 - p - e) + \alpha_{n-3}(g_1 - p - e)^2 + \cdots + \alpha_0(g_1 - p - e)^{n-1}$$

其中

$$\alpha_0 = 1, \quad \alpha_1 = g_2 + g_3 + \cdots + g_n$$

一般情况下, α_i 是 $(n-1)_i$ 个乘积的一个和式, 其中每个乘积都是从 $n-1$ 个符号

$$g_2, \; g_3, \; g_4, \cdots, \; g_n$$

中选取 i 个不同者相乘而得. 但是, 利用关于 $g_1 - p - e$ 方幂的关联公式 (参见 §7, §10, §11), 我们得到如下的结果:

$$
\begin{aligned}
(g_1 - p - e)^2 &= (g_{1e} + g_{1p}) - g_1(p+e) - g_1 p - g_1 e + p^2 + 2pe + e^2 \\
&= -g_1(p+e) + 2pe \\
(g_1 - p - e)^3 &= (g_1 - p - e)(-g_1 p - g_1 e + 2pe) \\
&= 2g_1 pe - 2p^2 e - 2pe^2 - pg_{1e} - pg_{1p} - eg_{1e} \\
&\quad - eg_{1p} + p^2 g_1 + e^2 g_1 + 2peg_1 \\
&= 2g_1 pe - 2p^2 e - 2pe^2 - 2g_{1s} + 2peg_1 \\
&= 2g_1 pe - 2p^3 - 2e^3 - 4\widehat{pe} - 2g_{1s} + 2peg_1 \\
&= 2g_1 pe - 2\widehat{pe} \\
(g_1 - p - e)^4 &= (g_1 - p - e)(2g_1 pe - 2\widehat{pe}) \\
&= -2\widehat{pe}g_1 - 2p^3 e - 2pe^3 - 2g_1 p^2 e - 2g_1 pe^2 + 2(g_{1e} + g_{1p})pe \\
&= -2\widehat{pe}g_1 \\
(g_1 - p - e)^5 &= (g_1 - p - e)(-2\widehat{pe}g_1) \\
&= -2\widehat{pe}(g_{1e} + g_{1p}) + 2p^3 eg_1 + 2pe^3 g_1 \\
&= 0
\end{aligned}
$$

一般说来, 对于 $m > 4$, 都有

$$(g_1 - p - e)^m = 0$$

将所得 $g_1 - p - e$ 方幂的值代入前面 ε 的表达式, 即得

$$
\begin{aligned}
\varepsilon &= (\alpha_{n-1} + g_1 \alpha_{n-2}) - (p+e)(\alpha_{n-2} + g_1 \alpha_{n-3}) \\
&\quad + 2pe(\alpha_{n-3} + g_1 \alpha_{n-4}) - 2\widehat{pe}(\alpha_{n-4} + g_1 \alpha_{n-5})
\end{aligned}
$$

上面四个括号对于 $g_1, g_2, \cdots, g_n$ 确实都是对称的, 这是因为

$$\alpha_i + g_1 \alpha_{i-1}$$

总是 n_i 个乘积的一个和式, 其中每个乘积都是从 n 个符号

$$g_1, \; g_2, \; g_3, \cdots, \; g_n$$

中取 i 个不同者相乘而得. 因此, 如果将这个和式记作 β_i, 则最后得到所求的主要公式为

1) $$\varepsilon = \beta_{n-1} - (p+e)\beta_{n-2} + 2pe\beta_{n-3} - 2\widehat{pe}\beta_{n-4}$$

特别, 对于一个三级系统, 这个公式给出了系统中有四条直线 g_1, g_2, g_3, g_4 重合的那种几何形体 Γ 的数目, 结果为

$$\begin{aligned} \varepsilon = &(g_1g_2g_3 + g_1g_2g_4 + g_1g_3g_4 + g_2g_3g_4) \\ &- (p+e)(g_1g_2 + g_1g_3 + g_1g_4 + g_2g_3 + g_2g_4 + g_3g_4) \\ &+ 2pe(g_1 + g_2 + g_3 + g_4) - 2\widehat{pe} \end{aligned}$$

用关于直线束的束心 p 和束平面 e 的条件, 对 1) 式作符号乘法, 我们就得到

2) $$p\varepsilon = p\beta_{n-1} - (p^2 + pe)\beta_{n-2} + 2p^2e\beta_{n-3} - 2p^3e\beta_{n-4}$$

3) $$e\varepsilon = e\beta_{n-1} - (pe + e^2)\beta_{n-2} + 2pe^2\beta_{n-3} - 2pe^3\beta_{n-4}$$

4) $$p^2\varepsilon = p^2\beta_{n-1} - (p^3 + p^2e)\beta_{n-2} + 2p^3e\beta_{n-3}$$

5) $$pe\varepsilon = pe\beta_{n-1} - (p^2e + pe^2)\beta_{n-2} + 2p^2e^2\beta_{n-3} - 2p^3e^2\beta_{n-4}$$

6) $$e^2\varepsilon = e^2\beta_{n-1} - (pe^2 + e^3)\beta_{n-2} + 2pe^3\beta_{n-3}$$

7) $$p^3\varepsilon = p^3\beta_{n-1} - p^3e\beta_{n-2}$$

8) $$\widehat{pe}\varepsilon = \widehat{pe}\beta_{n-1} - p^2e^2\beta_{n-2} + 2p^3e^2\beta_{n-3}$$

9) $$e^3\varepsilon = e^3\beta_{n-1} - pe^3\beta_{n-2}$$

10) $$p^3e\varepsilon = p^3e\beta_{n-1} - p^3e^2\beta_{n-2}$$

11) $$pe^3\varepsilon = pe^3\beta_{n-1} - p^3e^2\beta_{n-2}$$

12) $$p^3e^2\varepsilon = p^3e^2\beta_{n-1}$$

为了表达关于叠合直线位置的条件, 我们引入下述记号:

$$g_{123\cdots n}, \ g_{e123\cdots n}, \ g_{p123\cdots n}, \ g_{s123\cdots n}, \ G_{123\cdots n}$$

它们表示的条件分别是: n 条直线 g 相互重合, 并且这条 n 重的叠合直线

> 与一条给定直线相交
> 位于一个给定平面内
> 通过一个给定点
> 位于一个给定直线束中
> 为一条给定直线

用 n 个条件 $g_1, g_2, \cdots, g_n$ 中的任何一个去乘 1) 式, 都可以得到 $g_{123\cdots n}$ 的公式. 不过, 最快的办法是用 g_1 去乘 1) 式前面含有符号 α 的那个公式, 由此首先可得

$$\begin{aligned} g_{123\cdots n} = &g_1\alpha_{n-1} + g_1^2\alpha_{n-2} - pg_1\alpha_{n-2} - eg_1\alpha_{n-2} \\ &- pg_1^2\alpha_{n-3} - eg_1^2\alpha_{n-3} + 2peg_1\alpha_{n-3} \\ &+ 2peg_1^2\alpha_{n-4} - 2\widehat{pe}g_1\alpha_{n-4} - 2\widehat{pe}g_1^2\alpha_{n-5} \end{aligned}$$

再应用直线与点以及直线与平面的关联公式 (参见 §7, §10, §11), 就可以推出

$$
\begin{aligned}
g_{123\cdots n} &= g_1\alpha_{n-1} - (p^2 + e^2)\alpha_{n-2} - (p^2 + e^2)g_1\alpha_{n-3} - 2g_{1s}\alpha_{n-3} \\
&\quad + 2g_{1s}\alpha_{n-3} + 2(p^3 + e^3 + \widehat{pe})\alpha_{n-3} \\
&\quad + 2(p^3 + e^3 + \widehat{pe})g_1\alpha_{n-4} + 2G_1\alpha_{n-4} - 2G_1\alpha_{n-4} \\
&\quad - 2p^2 e^2 \alpha_{n-4} - 2 \cdot p^2 e^2 g_1 \alpha_{n-5} \\
&= g_1\alpha_{n-1} - (p^2 + e^2)(\alpha_{n-2} + g_1\alpha_{n-3}) \\
&\quad + 2(p^3 + e^3 + \widehat{pe})(\alpha_{n-3} + g_1\alpha_{n-4}) \\
&\quad - 2p^2 e^2(\alpha_{n-4} + g_1\alpha_{n-5})
\end{aligned}
$$

现在, 利用前面引入的 β 符号, 就得到

13) $\qquad g_{123\cdots n} = \beta_n - (p^2 + e^2)\beta_{n-2} + 2(p^3 + e^3 + \widehat{pe})\beta_{n-3} - 2p^2 e^2 \beta_{n-4}$

我们再一次考虑 $n = 4$ 的特殊情况, 则得

$$
\begin{aligned}
g_{1234} &= g_1 g_2 g_3 g_4 - (p^2 + e^2)(g_1 g_2 + g_1 g_3 + g_1 g_4 + g_2 g_3 + g_2 g_4 + g_3 g_4) \\
&\quad + 2(p^3 + e^3 + \widehat{pe})(g_1 + g_2 + g_3 + g_4) - 2p^2 e^2
\end{aligned}
$$

用 $p, e, pe, \widehat{pe}$ 分别去乘 13) 式, 得到

14) $\qquad pg_{123\cdots n} = p\beta_n - (p^3 + e^3 + \widehat{pe})\beta_{n-2} + 2p^2 e^2 \beta_{n-3} - 2p^3 e^2 \beta_{n-4}$

15) $\qquad eg_{123\cdots n} = e\beta_n - (p^3 + e^3 + \widehat{pe})\beta_{n-2} + 2p^2 e^2 \beta_{n-3} - 2p^3 e^2 \beta_{n-4}$

16) $\qquad peg_{123\cdots n} = pe\beta_n - p^2 e^2 \beta_{n-2} + 2p^3 e^2 \beta_{n-3}$

17) $\qquad \widehat{pe}g_{123\cdots n} = \widehat{pe}\beta_n$ *

要求出 $g_{e123\cdots n}$ 的公式, 最快的办法是应用 §7 中的关联公式 I, 并用 14) 式减 4) 式, 结果就是

18) $\qquad g_{e123\cdots n} = p\beta_n - p^2 \beta_{n-1} + (p^3 - e^3)\beta_{n-2} + 2pe^3 \beta_{n-3} - 2p^3 e^2 \beta_{n-4}$

同样地, 用 15) 式减 6) 式, 就得到 $g_{p123\cdots n}$ 的公式:

19) $\qquad g_{p123\cdots n} = e\beta_n - e^2 \beta_{n-1} + (e^3 - p^3)\beta_{n-2} + 2p^3 e\beta_{n-3} - 2p^3 e^2 \beta_{n-4}$

为确定 $g_{s123\cdots n}$ 的公式, 我们先用关联公式 $g_s = peg - (p^3 + e^3 + \widehat{pe})$, 再用 16) 式, 7) 式, 8) 式和 9) 式, 就得到

20) $\qquad g_{s123\cdots n} = pe\beta_n - (p^3 + e^3 + \widehat{pe})\beta_{n-1} + p^2 e^2 \beta_{n-2}$

同样地, 应用关联公式 $G = \widehat{pe}g - p^2 e^2$, 则由 17) 式, 10) 式和 11) 式可以得出 $G_{123\cdots n}$ 的公式:

21) $\qquad G_{123\cdots n} = \widehat{pe}\beta_n - p^2 e^2 \beta_{n-1} + 2p^3 e^2 \beta_{n-2}$

---

* 这个等式的左边, 原文为 $peg_{123\cdots n}$, 有误.—— 校注

接下来, 用 p 和 p^2 去乘 18) 式, 用 e 和 e^2 去乘 19) 式, 用 p, e, pe 去乘 21) 式, 则分别得到

22)
$$pg_{e123\cdots n} = p^2\beta_n - p^3\beta_{n-1} - pe^3\beta_{n-2} + 2p^2e^3\beta_{n-3}$$

23)
$$p^2 g_{e123\cdots n} = p^3\beta_n - p^2e^3\beta_{n-2}$$

24)
$$eg_{p123\cdots n} = e^2\beta_n - e^3\beta_{n-1} - p^3e\beta_{n-2} + 2p^3e^2\beta_{n-3}$$

25)
$$e^2 g_{p123\cdots n} = e^3\beta_n - p^2e^3\beta_{n-2}$$

26)
$$pG_{123\cdots n} = p^3 e\beta_n - p^3e^2\beta_{n-1}$$

27)
$$eG_{123\cdots n} = pe^3\beta_n - p^3e^2\beta_{n-1}$$

28)
$$peG_{123\cdots n} = p^2e^3\beta_n$$

现在, 我们要利用公式 13) 和公式 18)—28) 这十二个公式, 反过来将下面的十二个条件

$$p^3e^2\beta_n, \quad pe^3\beta_n, \quad p^3e\beta_n, \quad e^3\beta_n, \quad p^3\beta_n, \quad \widehat{pe}\beta_n, \quad e^2\beta_n, \quad p^2\beta_n, \quad pe\beta_n, \quad e\beta_n, \quad p\beta_n, \quad \beta_n$$

仅仅通过叠合条件表达出来. 为简明起见, 我们只对 $n = 5$ 的情况来做推导, 因为从 $n = 5$ 的公式不难推出对于一般 n 的结果.

对于 $n = 5$, 28) 式可以写成如下的形式:

29)
$$p^3 e^2 g_1 g_2 g_3 g_4 g_5 = peG_{12345}$$

利用此式, 就可由 26) 式得到

30) $\quad p^3 e g_1 g_2 g_3 g_4 g_5 = pG_{12345} + pe(G_{1234} + G_{1235} + G_{1245} + G_{1345} + G_{2345})$ *

同样可得

31) $\quad pe^3 g_1 g_2 g_3 g_4 g_5 = eG_{12345} + pe(G_{1234} + G_{1235} + G_{1245} + G_{1345} + G_{2345})$

由 23) 式我们推得

$$p^3 g_1 g_2 g_3 g_4 g_5 = p^2 g_{e12345} + p^3 e^2 (g_1 g_2 g_3 + g_1 g_2 g_4 + \cdots)$$

再应用 29) 式, 就得到

32) $\quad p^3 g_1 g_2 g_3 g_4 g_5 = p^2 g_{e12345} + pe(G_{123} + G_{124} + G_{125} + \cdots)$

同样可得

33) $\quad e^3 g_1 g_2 g_3 g_4 g_5 = e^2 g_{p12345} + pe(G_{123} + G_{124} + G_{125} + \cdots)$

由 21) 式, 我们首先可以推得

$$\widehat{pe} g_1 g_2 g_3 g_4 g_5 = G_{12345} + (p^3 e + pe^3)(g_1 g_2 g_3 g_4 + \cdots) - 2p^3 e^2 (g_1 g_2 g_3 + \cdots)$$
$$= G_{12345} + p(G_{1234} + \cdots) + e(G_{1234} + \cdots) + 4pe(G_{123} + \cdots)$$
$$\quad - 2pe(G_{123} + \cdots)$$

---

* 这个等式的左边, 原文为 $p^3 e g_1 g_2 g_3 g_5$, 有误.—— 校注

从而有

34) $\qquad \widehat{pe}g_1g_2g_3g_4g_5 = G_{12345} + (p+e)(G_{1234} + G_{1235} + \cdots)$
$$+ 2pe(G_{123} + G_{124} + \cdots)$$

利用 32) 式, 31) 式及 29) 式, 由 21) 式可以推得

$$p^2g_1g_2g_3g_4g_5 = pg_{e12345} + p^2(g_{e1234} + g_{e1235} + \cdots) + 3pe(G_{12} + G_{13} + \cdots)$$
$$+ e(G_{123} + \cdots) + 3pe(G_{12} + \cdots) - 2pe(G_{12} + \cdots)$$

从而有

35) $\qquad p^2g_1g_2g_3g_4g_5 = pg_{e12345} + p^2(g_{e1234} + g_{e1235} + \cdots)$
$$+ e(G_{123} + G_{124} + \cdots)$$
$$+ 4pe(G_{12} + G_{13} + \cdots)$$

与此式对偶的公式是

36) $\qquad e^2g_1g_2g_3g_4g_5 = eg_{p12345} + e^2(g_{p1234} + g_{p1235} + \cdots)$
$$+ p(G_{123} + G_{124} + \cdots)$$
$$+ 4pe(G_{12} + G_{13} + \cdots)$$

再利用公式 30)—34), 就可以由 20) 式推得

$$peg_1g_2g_3g_4g_5 = g_{s12345} + (p^3 + e^3 + \widehat{pe})(g_1g_2g_3g_4 + \cdots) - p^2e^2(g_1g_2g_3 + \cdots)$$
$$= g_{s12345} + p^2(g_{e1234} + \cdots) + e^2(g_{p1234} + \cdots) + (G_{1234} + \cdots)$$
$$+ 3pe(G_{12} + \cdots) + 3pe(G_{12} + \cdots)$$
$$+ 2(p+e)(G_{123} + \cdots) + 6pe(G_{12} + \cdots)$$
$$- p(G_{123} + \cdots) - e(G_{123} + \cdots) - 6pe(G_{12} + \cdots)$$

从而有

37) $\qquad peg_1g_2g_3g_4g_5 = g_{s12345} + p^2(g_{e1234} + \cdots) + e^2(g_{p1234} + \cdots)$
$$+ (G_{1234} + \cdots) + (p+e)(G_{123} + \cdots)$$
$$+ 6pe(G_{12} + \cdots)$$

利用 35) 式, 32) 式, 33) 式 31) 式, 29) 式这几个式子, 可以由 18) 式推得

$$pg_1g_2g_3g_4g_5 = g_{e12345} + p^2(g_1g_2g_3g_4 + \cdots) + e^3(g_1g_2g_3 + \cdots)$$
$$- p^3(g_1g_2g_3 + \cdots) - 2pe^3(g_1g_2 + \cdots)$$
$$+ 2p^3e^2(g_1 + g_2 + \cdots)$$
$$= g_{e12345} + [p(g_{e1234} + \cdots) + 2p^2(g_{e123} + \cdots)$$
$$+ 3e(G_{12} + \cdots) + 16pe(G_1 + \cdots)]$$
$$+ [e^2(g_{p123} + \cdots) + 6pe(G_1 + \cdots)]$$
$$- [p^2(g_{p123} + \cdots) + 6pe(G_1 + \cdots)]$$
$$- 2[e(G_{12} + \cdots) + 4pe(G_1 + \cdots)] + 2pe(G_1 + \cdots)$$

从而有

38) $$pg_1g_2g_3g_4g_5 = g_{e12345} + p(g_{e1234} + \cdots) + p^2(g_{e123} + \cdots)$$
$$+ e^2(g_{p123} + \cdots) + e(G_{12} + \cdots)\,^*$$
$$+ 10pe(G_1 + \cdots)$$

与此式对偶的公式为

39) $$eg_1g_2g_3g_4g_5 = g_{p12345} + e(g_{p1234} + \cdots) + e^2(g_{p123} + \cdots)$$
$$+ p^2(g_{e123} + \cdots) + p(G_{12} + \cdots)$$
$$+ 10pe(G_1 + \cdots)$$

最后, 利用公式 30)—36), 就由 13) 式得到

$$g_1g_2g_3g_4g_5 = g_{12345} + p^2(g_1g_2g_3 + \cdots) + e^2(g_1g_2g_3 + \cdots) - 2p^3(g_1g_2 + \cdots)$$
$$- 2e^3(g_1g_2 + \cdots) - 2\widehat{pe}(g_1g_2 + \cdots) + 2p^3e(g_1 + \cdots) + 2pe^3(g_1 + \cdots)$$
$$= g_{12345} + [p(g_{e123} + \cdots) + 3p^2(g_{e12} + \cdots) + 6e(G_1 + \cdots) + 40p^3e^2]$$
$$+ [e(g_{p123} + \cdots) + 3e^2(g_{p12} + \cdots) + 6p(G_1 + \cdots) + 40p^3e^2]$$
$$- 2[p^2(g_{e12} + \cdots) + 10p^3e^2] - 2[e^2(g_{p12} + \cdots) + 10p^3e^2]$$
$$- 2[(G_{12} + \cdots) + 4p(G_1 + \cdots) + 4e(G_1 + \cdots) + 20p^3e^2]\,^{**}$$
$$+ 2[p(G_1 + \cdots) + 5p^3e^2] + 2[e(G_1 + \cdots) + 5p^3e^2]$$

从而有

40) $$g_1g_2g_3g_4g_5 = g_{12345} + p(g_{e123} + \cdots) + e(g_{p123} + \cdots) + p^2(g_{e12} + \cdots)$$
$$+ e^2(g_{p12} + \cdots) - 2(G_{12} + \cdots) + 20p^3e^2$$

为了更清楚地理解这些公式在 n 小于 5 时的具体形式, 我们在有必要的地方, 将下面的符号:

$$pg_e,\ p^2g_e,\ eg_p,\ e^2g_p,\ G,\ pG,\ eG,\ peG$$

分别代换成下面的关联公式:

$$p^2g - p^3,\ p^3g, e^2g - e^3,\ e^3g,\ \widehat{peg} - p^2e^2,\ p^3eg - p^3e^2,\ pe^3g - p^3e^2,\ p^3e^2g$$

例如, 对于 $n = 3$, 29)—40) 这十二个公式就是

29) $$p^3e^2g_1g_2g_3 = p^3e^2g_{123}$$

30) $$p^3eg_1g_2g_3 = pG_{123} + p^3e^2(g_{12} + g_{13} + g_{23})$$

31) $$pe^3g_1g_2g_3 = eG_{123} + p^3e^2(g_{12} + g_{13} + g_{23})$$

32) $$p^3g_1g_2g_3 = p^3g_{123} + p^3e^2(g_1 + g_2 + g_3)$$

33) $$e^3g_1g_2g_3 = e^3g_{123} + p^3e^2(g_1 + g_2 + g_3)$$

---

* 这一行式子的第一个加项, 原文为 $e^2g_{p123} + \cdots$), 缺了一个圆括号, 有误.—— 校注

** 这一行式子, 原文为 $2(G_{12} + \cdots) + \cdots + 20p^3e^2]$, 缺了一个中括号, 有误.—— 校注

242

34) $$\widehat{pe}g_1g_2g_3 = G_{123} + p(G_{12} + G_{13} + G_{23}) + e(G_{12} + G_{13} + G_{23}) \\ + 2p^3e^2(g_1 + g_2 + g_3)$$

35) $$p^2g_1g_2g_3 = pg_{e123} + p^3(g_{12} + g_{13} + g_{23}) + e(G_1 + G_2 + G_3) + 4p^3e^2$$

36) $$e^2g_1g_2g_3 = eg_{p123} + e^3(g_{12} + g_{13} + g_{23}) + p(G_1 + G_2 + G_3) + 4p^3e^2$$

37) $$peg_1g_2g_3 = g_{s123} + p^3(g_{12} + g_{13} + g_{23}) + e^3(g_{12} + g_{13} + g_{23}) \\ + (G_{12} + G_{13} + G_{23}) + p(G_1 + G_2 + G_3) \\ + e(G_1 + G_2 + G_3) + 6p^3e^2$$

38) $$pg_1g_2g_3 = g_{e123} + p(g_{e12} + g_{e13} + g_{e23}) + p^3(g_1 + g_2 + g_3) \\ + e^3(g_1 + g_2 + g_3) + p^3e$$

39) $$eg_1g_2g_3 = g_{p123} + e(g_{p12} + g_{p13} + g_{p23}) + e^3(g_1 + g_2 + g_3) \\ + p^3(g_1 + g_2 + g_3) + pe^3$$

40) $$g_1g_2g_3 = g_{123} + p(g_{e1} + g_{e2} + g_{e3}) + e(g_{p1} + g_{p2} + g_{p3})^* \\ + p^3 + e^3 - 2\widehat{pe}$$

为了说明这些公式对于任意的 n 值所具有的形式, 下面我们再给出 35) 式和 40) 式在 $n = 7$ 时的情况:

35) $$p^2g_1g_2g_3g_4g_5g_6g_7 = pg_{e1234567} + p^3(g_{123456} + g_{123457} + \cdots) \\ + e(G_{12345} + G_{12346} + \cdots) \\ + 4p^3e^2(g_{1234} + g_{1235} + \cdots)$$

40) $$g_1g_2g_3g_4g_5g_6g_7 = g_{1234567} + p(g_{e12345} + g_{e12346} + \cdots) \\ + e(g_{p12345} + \cdots) + p^3(g_{1234} + g_{1235} + \cdots) \\ + e^3(g_{1234} + \ldots) - 2\widehat{pe}(g_{1234} + g_{1235} + \cdots) \\ + 20p^3e^2(g_{123} + g_{124} + g_{125} + \cdots)$$

利用这些式子, 我们也可以将公式 1)—12) 所表示出来的叠合条件, 用关于叠合直线的其余条件表示出来. 由此可以得到与 §34 中公式 19)—24) 类似的公式. 不过, 我们在此不打算讲这些了.

公式 29)—40) 在下一章中非常有用, 主要是用来对于由一个直线束中 n 条直线组成的几何形体, 讨论其特征理论 (参见 §44). 另一方面, 公式 1)—28) 在下一节就会用到, 我们要用它来计算 n 次复形的某些奇点的个数.

---

* 这一行式子中, 等号后面的第一个括号, 原文为 $(g_{e1} + g_{e2} + g_{e2})$, 有误.—— 校注

§36

一般直线复形的奇点 (Lit.49)

在 §33 中已经证明, 如果将 n 次曲面定义成为由 ∞^2 个点这样组成的一个集合, 使得每条直线上都有 n 个点属于该集合, 则只要从此定义出发, 再利用叠合公式, 就可以推出所有关于多重相切和高阶相切的切线的数目. 在本节中, 我们对于n 次直线复形 C_n 来作类似的推导, 这当中会用到我们在 §35 中得出的一些公式.

根据复形 C_n 的定义, 在空间的∞^5 个直线束中, 每个直线束都含有 C_n 中的 n 条直线, 因而 C_n 就是由 §35 中所考虑的几何形体构成的一类特殊的五级系统. 如果在一个直线束与复形的 n 条公共直线中, 有 i 条在直线 h_i 处相互叠合, 我们就称该直线束与复形在 h_i 处 i 阶相切. 于是, 我们打算在本节中研究的问题就可以表述成如下形式:

"对于与复形 C_n 在一条或多条直线处二阶或高阶相切的直线束, 确定所有有关的数目, 其中既包括这种直线束中与切直线 (berührungsstrahle) 有关的数目, 也包括这种直线束中与属于 C_n 的非切直线有关的数目".

得到这些数目的方法有两种. 一种是直接方法, 即像 §33 中一样, 将叠合条件互乘, 从而将所求的数目表示成为某些主干数的函数, 然后由复形的定义求出这些主干数的值. 另一种是间接方法, 即首先从复形的定义出发, 对于 ∞^4 个二阶相切的直线束求出有关的数目; 然后, 从这些数目出发, 对于三阶相切的直线束确定有关的数目; 并由此类推, 逐步地推到任何一个有限阶数, 例如, 六阶相切的直线束.

我们用 Γ 来表示这样一种几何形体, 它由一个束心为 p, 束平面为 e 的直线束以及该直线束与复形 C_n 的 n 条公共直线组成. 类似于 §33, 我们对叠合条件引入以下的记号: 设 $i_1, i_2, i_3, \cdots, i_m$ 都大于 1, 则符号

$$\varepsilon_{i_1 i_2 i_3 \cdots i_m}$$

表示几何形体 Γ 的 n 条直线中, 有 i_1 条在第一条直线处叠合, 有 i_2 条在第二条直线处叠合, $\cdots$, 有 i_m 条在第 m 条直线处叠合. 这个符号同时也表示满足此条件的任何一个几何形体 Γ. 例如, ε_{43} 既表示这样一种几何形体 Γ, 在它的 n 条直线中, 有四条在一处叠合, 又有三条在另一处叠合; 同时, ε_{43} 也表示了一个五重条件, 它要求 Γ 具有上面所说的叠合. 于是, 用这个记号就可以给出下面一些 ε 条件:

1) 单重条件: ε_2
2) 二重条件: $\varepsilon_3, \varepsilon_{22}$
3) 三重条件: $\varepsilon_4, \varepsilon_{32}, \varepsilon_{222}$
4) 四重条件: $\varepsilon_5, \varepsilon_{42}, \varepsilon_{33}, \varepsilon_{322}, \varepsilon_{2222}$

244

5) 五重条件: ε_6, ε_{52}, ε_{43}, ε_{422}, ε_{332}, ε_{3222}, ε_{22222}

如果一个 ε 符号只涉及一条叠合直线, 并且是 i 条直线相互叠合, 我们就用 h_i 来表示该叠合直线; 如果涉及两条叠合直线, 我们就用 h_i 记其中一条, 用 l_i 记另外一条; 如果涉及三条叠合直线, 则记第一条为 h_i, 第二条为 l_i, 第三条为 m_i. 举例说明如下:

1. $\varepsilon_4 p h_4$ 表示如下的五重条件, 它要求几何形体 Γ 的束心位于一个给定平面上, 并有四条直线发生叠合, 且该叠合直线与一条给定直线相交.

2. $\varepsilon_{222} h_2 l_2$ 表示如下的五重条件, 它要求几何形体 Γ 在三个不同的位置分别发生两条直线的叠合, 且这三条叠合直线中, 有两条各与一条给定直线相交.

3. $\varepsilon_{32} h_3 h_2$ 表示如下的五重条件, 它要求几何形体 Γ 中有三条直线在一处发生叠合, 又有两条直线在另一处发生叠合, 且这两条叠合直线各与一条给定直线相交.

为了让计算过程更加清楚, 我们只考虑那种 ε 符号, 这种符号中仅含有关于叠合直线的单重基本条件, 因为通过关联公式, 其他的都可以从这种情况而得到. 这些关联公式就是 §11 中第 5 款的 a), b), c), d) 各式, 即

$$h_e = ph - p^2$$
$$h_p = eh - e^2$$
$$h_s = peh - p^3 - e^3 - \widehat{pe}$$
$$H = \widehat{peh} - p^3 e - pe^3$$

此外, 对于互为对偶的两个符号, 我们只给出其中的一个.

要计算的 ε 符号列表

1) $\varepsilon_2 p^3 e$	2) $\varepsilon_2 p^3 h_2$	3) $\varepsilon_2 \widehat{peh}_2$			
4) $\varepsilon_3 p^3$	5) $\varepsilon_3 \widehat{pe}$	6) $\varepsilon_3 p^2 h_3$	7) $\varepsilon_3 peh_3$		
8) $\varepsilon_{22} p^3$	9) $\varepsilon_{22} \widehat{pe}$	10) $\varepsilon_{22} p^2 h_2$	11) $\varepsilon_{22} peh_2$	12) $\varepsilon_{22} ph_2 l_2$	
13) $\varepsilon_4 p^2$	14) $\varepsilon_4 pe$	15) $\varepsilon_4 ph_4$			
16) $\varepsilon_{32} p^2$	17) $\varepsilon_{32} pe$	18) $\varepsilon_{33} ph_3$	19) $\varepsilon_{32} ph_2$	20) $\varepsilon_{32} h_3 h_2$	
21) $\varepsilon_{222} p^2$	22) $\varepsilon_{222} pe$	23) $\varepsilon_{222} ph_2$	24) $\varepsilon_{222} h_2 l_2$		
25) $\varepsilon_5 p$	26) $\varepsilon_5 h_5$				
27) $\varepsilon_{42} p$	28) $\varepsilon_{42} h_4$	29) $\varepsilon_{42} h_2$			
30) $\varepsilon_{33} p$	31) $\varepsilon_{33} h_3$				
32) $\varepsilon_{322} p$	33) $\varepsilon_{322} h_3$	34) $\varepsilon_{322} h_2$			
35) $\varepsilon_{2222} p$	36) $\varepsilon_{2222} h_2$				
37) ε_6	38) ε_{52}	39) ε_{43}	40) ε_{422}	41) ε_{332}	
42) ε_{3222}	43) ε_{22222}				

在给出这些符号时, 本来可以同时考虑条件 h_1, 它要求几何形体 Γ 的 n 条直线中有一条, 它既非叠合直线, 又与一条给定直线相交. 不过, 那样的话就会有 82 个符号需要处理了. 所以, 为简明起见, 只有当这个条件 h_1 对于计算上面列举的 43 个符号有帮助时, 我们才加以考虑. 利用关于复形与线汇中公共直线的定理 (参见 §15 中 35) 式的推论), 可以找到办法, 将条件 h_1 用先前所引入的条件表达出来. 假设有一个由直线束构成的一级系统, 每个直线束的束心为 p, 束平面为 e. 那么, 这些直线束中的直线构成了一个线汇, 其丛秩为 p, 场秩为 e. 这个线汇与复形 C_n 有 ∞^1 条公共直线, 根据上面引述的定理, 其中与一条给定直线相交者的数目为

$$n \cdot p + n \cdot e$$

因此, 如果将几何形体 Γ 的 n 条直线中有一条与给定直线相交这个条件记作 g, 则成立以下的辅助公式:

$$g = n \cdot (p + e)$$

在应用到几何形体 ε 上时, 必须将条件 g 进行分解, 就像在 §33 中对几何形体 ε 所做的那样. 例如:

1) $$n \cdot (p+e)\varepsilon_4 p = g\varepsilon_4 p = 4 \cdot \varepsilon_4 ph_4 + 1 \cdot \varepsilon_4 ph_1$$

也就是

$$\varepsilon_4 ph_1 = n \cdot (p^2\varepsilon_4 + pe\varepsilon_4) - 4 \cdot \varepsilon_4 ph_4$$

2) $$\begin{aligned} n \cdot (p+e)\varepsilon_{32}h_3 &= g\varepsilon_{32}h_3 = 3 \cdot \varepsilon_{32}h_3{}^2 + 2 \cdot \varepsilon_{32}h_3h_2 + 1 \cdot \varepsilon_{32}h_3h_1 \\ &= 3 \cdot \varepsilon_{32}h_3e + 3 \cdot \varepsilon_{32}h_3p + 2 \cdot \varepsilon_{32}h_3h_2 + 1 \cdot \varepsilon_{32}h_3h_1 \\ &= 3 \cdot \varepsilon_{32}ph_3 - 3 \cdot \varepsilon_{32}p^2 + 3 \cdot \varepsilon_{32}eh_3 - 3 \cdot \varepsilon_{32}e^2 \\ &\quad + 2 \cdot \varepsilon_{32}h_3h_2 + 1 \cdot \varepsilon_{32}h_3h_1 \end{aligned}$$

也就是

$$\begin{aligned} \varepsilon_{32}h_3h_1 &= n \cdot (\varepsilon_{32}ph_3 + \varepsilon_{32}eh_3) - 3 \cdot \varepsilon_{32}ph_3 - 3 \cdot \varepsilon_{32}eh_3 \\ &\quad + 3 \cdot \varepsilon_{32}p^2 + 3 \cdot \varepsilon_{32}e^2 - 2 \cdot \varepsilon_{32}h_3h_2 \end{aligned}$$

3) $$n \cdot (p+e)\varepsilon_5 = g\varepsilon_5 = 5 \cdot \varepsilon_5 h_5 + 1 \cdot \varepsilon_5 h_1$$

也就是

$$\varepsilon_5 h_1 = n \cdot (p\varepsilon_5 + e\varepsilon_5) - 5 \cdot \varepsilon_5 h_5$$

用上面证明的辅助公式, 还可以毫无困难地得出主干数的值. 所有 ε 值的直接计算, 都要归结到这些主干数. 具体地说, 如果把几何形体 Γ 的 n 条直线中的任一条记为 g_1, 第二条记为 g_2, 第三条记为 g_3, 如此下去直到 g_n, 则所有 ε 的数值最终可以通过下面八个主干数表达出来:

$$p^3 e^2,\ p^3 eg_1,\ p^3 g_1 g_2,\ \widehat{peg_1 g_2},\ p^2 g_1 g_2 g_3,\ peg_1 g_2 g_3,\ pg_1 g_2 g_3 g_4,\ g_1 g_2 g_3 g_4 g_5$$

其中对于互为对偶的两个数, 我们都只写出了一个. 首先, 从复形的定义即可直接看出下述符号 (以及与它们对偶的符号) 的数值:

$$p^3e^2 = 1, \quad p^3g_{1p} = 0, \quad p^3g_{1e} = 0, \quad \widehat{peg_{1e}} = n, \quad p^2g_{1s} = 0$$

$$peg_{1s} = n, \quad pG_1 = 0, \quad pg_{1p}g_{2p} = n^2, \quad pg_{1p}g_{2e} = n^2$$

$$pg_{1e}g_{2e} = n^2, \quad g_{1s}g_{2p} = n^2$$

利用上面的辅助公式, 即可由此一步一步地推得

$$p^3eg_1 = n, \quad p^3g_1g_2 = n^2, \quad \widehat{peg_1g_2} = 2n(n-1)$$

$$p^2g_{1p}g_2 = n^2, \quad p^2g_{1e}g_2 = n^2, \quad peg_{1e}g_2 = 2n^2 - n, \quad pg_{1s}g_2 = n^2$$

$$p^2g_1g_2g_3 = 4n^3 - 6n^2, \quad peg_1g_2g_3 = 6n^3 - 12n^2 + 4n$$

$$pg_{1p}g_2g_3 = 3n^3 - 4n^2, \quad pg_{1e}g_2g_3 = 3n^3 - 4n^2$$

$$g_{1e}g_{2e}g_3 = 2n^3 - 2n^2, \quad g_{1e}g_{2p}g_3 = 2n^3 - 2n^2, \quad g_{1s}g_2g_3 = 2n^3 - 2n^2$$

$$pg_1g_2g_3g_4 = 10n^4 - 36n^3 + 28n^2$$

$$g_{1e}g_2g_3g_4 = 6n^4 - 18n^3 + 10n^2$$

$$g_1g_2g_3g_4g_5 = 20n^5 - 120n^4 + 200n^3 - 80n^2$$

因此, 当涉及到 i 条直线时, 八个主干数的数值如下:

$$\text{I)} \qquad p^3e^2 = n(n-1)\cdots(n-i+1)$$

$$\text{II)} \qquad p^3eg_1 = n(n-1)\cdots(n-i+1)$$

$$\text{III)} \qquad p^3g_1g_2 = n^2(n-2)\cdots(n-i+1)$$

$$\text{IV)} \qquad \widehat{peg_1g_2} = 2n(n-1)(n-2)\cdots(n-i+1)$$

$$\text{V)} \qquad p^2g_1g_2g_3 = 2n^2(2n-3)(n-3)\cdots(n-i+1)$$

$$\text{VI)} \qquad peg_1g_2g_3 = 2n(3n^2 - 6n + 2)(n-3)\cdots(n-i+1)$$

$$\text{VII)} \qquad pg_1g_2g_3g_4 = 2n^2(5n^2 - 18n + 14)(n-4)\cdots(n-i+1)$$

$$\text{VIII)} \qquad g_1g_2g_3g_4g_5 = 20n^2(n-2)(n^2 - 4n + 2)(n-5)\cdots(n-i+1)$$

现在, 我们来计算上面列举的 43 个含有条件 ε 的符号. 首先, 将八个主干数的值代入 §35 中的公式 1)—28), 就可以立即得到含有

$$\varepsilon_2, \ \varepsilon_3, \ \varepsilon_4, \ \varepsilon_5, \ \varepsilon_6$$

的那 13 个符号的数值, 即有

$$\begin{aligned}
\text{1)} \quad & \varepsilon_2 p^3 e = p^3 e(g_1 + g_2) - p^3 e^2 = n(n-1) + n(n-1) - n(n-1) \\
& = n(n-1)
\end{aligned}$$

$$\text{2)} \quad \varepsilon_2 p^3 h_2 = p^3 g_1 g_2 - p^3 e^2 = n^2 - n(n-1) = n$$

$$\text{3)} \quad \varepsilon_2 \widehat{peh_2} = \widehat{peg_1 g_2} = 2n(n-1)$$

4) $\quad\varepsilon_3 p^3 = 3p^3 g_1 g_2 - 3p^3 e g_1 = 3n^2(n-2) - 3n(n-1)(n-2)$

$\qquad = 3n(n-2)$

5) $\quad\varepsilon_3 pe = 3\widehat{pe}g_1 g_2 - 3p^3 e g_1 - 3pe^3 g_1 + 2p^3 e^2$

$\qquad = 3 \cdot 2n(n-1)(n-2) - 6n(n-1)(n-2) + 2n(n-1)(n-2)$

$\qquad = 2n(n-1)(n-2)$

6) $\quad\varepsilon_3 p^2 h_3 = p^2 g_1 g_2 g_3 - 3p^2 e^2 g_1 + 2p^3 e^2$

$\qquad = 2n^2(2n-3) - 6n(n-1)(n-2) + 2n(n-1)(n-2)$

$\qquad = 2n(3n-4)$

7) $\quad\varepsilon_3 pe h_3 = pe g_1 g_2 g_3 - 3p^2 e^2 g_1 + 2p^3 e^2$

$\qquad = 2n(3n^2 - 6n + 2) - 6n(n-1)(n-2) + 2n(n-1)(n-2)$

$\qquad = 2n(n^2 - 2)$

13) $\quad\varepsilon_4 p^2 = 4p^2 g_1 g_2 g_3 - 6(p^3 + p^2 e)g_1 g_2 + 8p^3 e g_1$

$\qquad = 4 \cdot 2n^2(2n-3)(n-3) - 6n^2(n-2)(n-3) - 6n^2(n-2)(n-3)$

$\qquad \quad - 6 \cdot 2n(n-1)(n-2)(n-3) + 8n(n-1)(n-2)(n-3)$

$\qquad = 4n(n-3)(3n-2)$

14) $\quad\varepsilon_4 pe = 4pe g_1 g_2 g_3 - 6(p^2 e + pe^2)g_1 g_2 + 8p^2 e^2 g_1 - 2p^3 e^2$ *

$\qquad = 4 \cdot 2n(3n^2 - 6n + 2)(n-3) - 12n^2(n-2)(n-3)$

$\qquad \quad - 12 \cdot 2n(n-1)(n-2)(n-3) + 16n(n-1)(n-2)(n-3)$

$\qquad \quad - 2n(n-1)(n-2)(n-3)$

$\qquad = 2n(n-3)(n^3 + 3n - 2)$

15) $\quad\varepsilon_4 p h_4 = p g_1 g_2 g_3 g_4 - 6(p^3 + pe^2)g_1 g_2 + 8p^2 e^2 g_1 - 2p^3 e^2$

$\qquad = 2n^2(5n^2 - 18n + 14) - 12n^2(n-2)(n-3)$

$\qquad \quad - 6 \cdot 2n(n-1)(n-2)(n-3) + 16n(n-1)(n-2)(n-3)$

$\qquad \quad - 2n(n-1)(n-2)(n-3)$

$\qquad = 2n(6n^2 - 11n - 6)$

25) $\quad\varepsilon_5 p = 5p g_1 g_2 g_3 g_4 - 10(p^2 + pe)g_1 g_2 g_3 + 20p^2 e g_1 g_2 - 10p^3 e g_1$

$\qquad = 5 \cdot 2n^2(5n^2 - 18n + 14)(n-4) - 10 \cdot 2n^2(2n-3)(n-3)(n-4)$

$\qquad \quad - 10 \cdot 2n(3n^2 - 6n + 2)(n-3)(n-4)$

$\qquad \quad + 20n^2(n-2)(n-3)(n-4)$

$\qquad \quad + 20 \cdot 2n(n-1)(n-2)(n-3)(n-4)$

$\qquad \quad - 10n(n-1)(n-2)(n-3)(n-4)$

$\qquad = 10n(n-4)(n+2)(2n-3)$

---

* 这一行中的 $4pe g_1 g_2 g_3$ 这一项, 原文为 $4pe p g_1 g_2 g_3$, 有误.——校注

26) $\quad\varepsilon_5 h_5 = g_1g_2g_3g_4g_5 - 10(p^2+e^2)g_1g_2g_3 + 20(p^3+e^3+\widehat{pe})g_1g_2 - 10p^2e^2g_1$

$\qquad = 20n^2(n-2)(n^2-4n+2) - 20\cdot 2n^2(2n-3)(n-3)(n-4)$

$\qquad\quad + 40n^2(n-2)(n-3)(n-4)$

$\qquad\quad + 20\cdot 2n(n-1)(n-2)(n-3)(n-4)$

$\qquad\quad - 20n(n-1)(n-2)(n-3)(n-4)$

$\qquad = 20n(7n^2-30n+24)$

27) $\quad\varepsilon_6 = 6g_1g_2g_3g_4g_5 - 15(p+e)g_1g_2g_3g_4 + 20\cdot 2peg_1g_2g_3 - 15\cdot 2\widehat{pe}g_1g_2$

$\qquad = 6\cdot 20n^2(n-2)(n^2-4n+2)(n-5)$

$\qquad\quad - 30\cdot 2n^2(5n^2-18n+14)(n-4)(n-5)$

$\qquad\quad + 40\cdot 2n(3n^2-6n+2)(n-3)(n-4)(n-5)$

$\qquad\quad - 30\cdot 2n(n-1)(n-2)(n-3)(n-4)(n-5)$

$\qquad = 20n(n-5)(17n^2-50n+24)$

至于其余 30 个 ε 的符号, 或者可以像 §33 那样, 通过叠合条件的复合直接从主干数推出, 或者可以从已经算出的数目一步一步地推出. 下面的例子对这两种方法都提供了说明.

1. 通过以下方程可以把 ε_{22222} 直接表成为主干数的函数:

$$5!\cdot\varepsilon_{22222} = (g_1+g_2-p-e)(g_3+g_4-p-e)(g_5+g_6-p-e)$$
$$\cdot(g_7+g_8-p-e)(g_9+g_{10}-p-e)$$

由此推出

$5!\cdot\varepsilon_{22222} = 5_0\cdot 2^5\cdot g_1g_2g_3g_4g_5 - 5_1\cdot 2^4\cdot(p+e)g_1g_2g_3g_4 + 5_2\cdot 2^3\cdot(p+e)^2g_1g_2g_3$

$\qquad\quad - 5_3\cdot 2^2\cdot(p+e)^3g_1g_2 + 5_4\cdot 2^1\cdot(p+e)^4g_1$

$\qquad\quad - 5_5\cdot 2^0\cdot(p+e)^5$

$\qquad = (n-5)(n-6)(n-7)(n-8)(n-9)\cdot[32\cdot 20n^2(n-2)(n^2-4n+2)$

$\qquad\quad - 5\cdot 16\cdot 2\cdot 2n^2(5n^2-18n+14)(n-4)$

$\qquad\quad + 10\cdot 8\cdot 2\cdot 2n^2(2n-3)(n-3)(n-4)$

$\qquad\quad + 10\cdot 8\cdot 2\cdot 2n(3n^2-6n+2)(n-3)(n-4)$

$\qquad\quad - 10\cdot 4\cdot 8n^2(n-2)(n-3)(n-4)$

$\qquad\quad - 10\cdot 4\cdot 6\cdot 2n(n-1)(n-2)(n-3)(n-4)$

$\qquad\quad + 5\cdot 2\cdot 20n(n-1)(n-2)(n-3)(n-4)$

$\qquad\quad - 20n(n-1)(n-2)(n-3)(n-4)]$

$\qquad = 20n(n-5)(n-6)(n-7)(n-8)(n-9)(n^4+6n^3+3n^2-50n+24)$

也就是

$$\varepsilon_{22222} = \frac{1}{6}n(n-5)(n-6)(n-7)(n-8)(n-9)(n-2)(n^3 + 8n^2 + 19n - 12)$$

因此, 这个数就是空间中那种直线束的数目, 这种直线束与一个给定的 n 次直线复形产生五次二阶相切, 也就是说, 这种直线束中有五条直线, 在其中的每条处都有复形中的两条直线叠合. 或者换一种说法, 这个数就是那种平面的数目, 在这种平面上, 一个给定 n 次复形中的直线包络了一条具有五重点的曲线.

2. 直接地计算 $p^2\varepsilon_{32}$ 的数值. 为此, 我们将 §35 中的 1) 式在 $n = 2$ 和 $n = 3$ 的两个情形相乘, 再用 p^2 去乘所得的结果, 就得到

$$p^2\varepsilon_{32} = 6p^2 g_1 g_2 g_3 - 9(p^3 + p^2 e)g_1 g_2 + 10p^3 e g_1 + 3p^2 e^2 g_1 - 2p^3 e^2$$

将主干数代入此式后, 即得

$$p^2\varepsilon_{32} = 2n(n-3)(n-4)(n^2 + 6n - 4)$$

3. 间接地计算 $\varepsilon_{32}eh_2$ 的数值. 为此, 我们把这个符号回推到含有 ε_{22} 的符号, 就得到

$$\begin{aligned}
\varepsilon_{32}eh_2 &= \varepsilon_{22}[eh_2 l_2(n-4) + eh_2 h_1 - (e^2 h_2 + peh_2)(n-4)] \\
&= \varepsilon_{22}[eh_2 l_2(n-4) + n \cdot eh_2(p+e) - 2(eh_{2e} + eh_{2p}) \\
&\quad - 2eh_2 l_2 - (e^2 h_2 + peh_2)(n-4)] \\
&= 2n(n-4)(2n^3 + 4n^2 - 13n - 6)
\end{aligned}$$

4. 符号 ε_{43} 的数值可以通过下面的公式, 从含有 ε_{322} 的符号算得

$$\begin{aligned}
\varepsilon_{43} &= \varepsilon_{322}h_2 + \varepsilon_{322}h_2 - 2(p+e)\varepsilon_{322} \\
&= 4n(n-5)(n-6)(n^4 + 8n^3 + 67n^2 - 250n + 320)
\end{aligned}$$

5. 符号 $p\varepsilon_5$ 的数值可以由下式算得

$$p\varepsilon_5 = p\varepsilon_{32}h_3 + p\varepsilon_{32}h_2 - (p^2 + pe)\varepsilon_{32} = 10n(n-4)(n+2)(2n-3)$$

6. 符号 ε_6 的数值可以快速地算得. 对此, 既可以用下式:

$$\varepsilon_6 = \varepsilon_{42}h_4 + \varepsilon_{42}h_2 - (p+e)\varepsilon_{42}$$

也可以用下式:

$$\varepsilon_6 = \varepsilon_{33}h_3 + \varepsilon_{33}h_3 - 2(p+e)\varepsilon_{33} = 20n(n-5)(17n^2 - 50n + 24)$$

用这样的方法, 作者得到了下表所列的 43 个含有 ε 符号的数值, 并且还用多种方式对它们进行了验证.

43 个 ε 符号的数值列表

1) $\quad \varepsilon_2 p^3 e = n(n-1)$

2) $\quad \varepsilon_2 p^3 h_2 = n$

3) $\quad \varepsilon_2 \widehat{pe} h_2 = 2n(n-1)$

4) $\quad \varepsilon_3 p^3 = 3n(n-2)$

5) $\quad \varepsilon_3 \widehat{pe} = 2n(n-1)(n-2)$

6) $\quad \varepsilon_3 p^2 h_3 = 2n(3n-4)$

7) $\quad \varepsilon_3 peh_3 = 2n(n^2-2)$

8) $\quad \varepsilon_{22} p^3 = \dfrac{1}{2}n(n-2)(n-3)(n+3)$

9) $\quad \varepsilon_{22} \widehat{pe} = n(n-1)(n-2)(n-3)$

10) $\quad \varepsilon_{22} p^2 h_2 = 2n(n-3)(n^2+2n-4)$

11) $\quad \varepsilon_{22} peh_2 = 2n(n-3)(2n^2-n-2)$

12) $\quad \varepsilon_{22} ph_2 l_2 = 2n(2n^3-2n^2-9n+6)$

13) $\quad \varepsilon_4 p^2 = 4n(n-3)(3n-2)$

14) $\quad \varepsilon_4 pe = 2n(n-3)(n^2+3n-2)$

15) $\quad \varepsilon_4 ph_4 = 2n(6n^2-11n-6)$

16) $\quad \varepsilon_{32} p^2 = 2n(n-3)(n-4)(n^2+6n-4)$

17) $\quad \varepsilon_{32} pe = 2n(n-3)(n-4)(2n^2+3n-2)$

18) $\quad \varepsilon_{32} ph_3 = 2n(n-4)(n^3+6n^2-15n-6)$

19) $\quad \varepsilon_{32} ph_2 = 2n(n-4)(2n^3+4n^2-13n-6)$

20) $\quad \varepsilon_{32} h_3 h_2 = 4n(n^4-n^3+n^2-50n+72)$

21) $\quad \varepsilon_{222} p^2 = \dfrac{2}{3}n(n-3)(n-4)(n-5)(n^2+3n-2)$

22) $\quad \varepsilon_{222} pe = \dfrac{1}{3}n(n-3)(n-4)(n-5)(3n^2+3n-2)$

23) $\quad \varepsilon_{222} ph_2 = n(n-4)(n-5)(3n^3+4n^2-17n-6)$

24) $\quad \varepsilon_{222} h_2 l_2 = 4n(n-5)(2n^4-2n^3-9n^2-38n+72)$

25) $\quad \varepsilon_5 p = 10n(n-4)(n+2)(2n-3)$

26) $\quad \varepsilon_5 h_5 = 20n(7n^2-30n+24)$

27) $\quad \varepsilon_{42} p = 2n(n-4)(n-5)(n^3+14n^2-n-30)$

28) $\quad \varepsilon_{42} h_4 = 4n(n-5)(6n^3+13n^2-138n+120)$

29) $\quad \varepsilon_{42} h_2 = 4n(n-5)(n^4+4n^3+15n^2-138n+120)$

30) $\quad \varepsilon_{33} p = n(n-4)(n-5)(2n^3+12n^2+n-30)$

31) $\quad \varepsilon_{33} h_3 = 4n(n-5)(n^4+2n^3+19n^2-142n+120)$

32) $\quad \varepsilon_{322}p = n(n-4)(n-5)(n-6)(3n^3+16n^2-5n-30)$

33) $\quad \varepsilon_{322}h_3 = 2n(n-5)(n-6)(n^4+8n^3-3n^2-130n+120)$

34) $\quad \varepsilon_{322}h_2 = 4n(n-5)(n-6)(2n^4+6n^3-n^2-130n+120)$

35) $\quad \varepsilon_{2222}p = \dfrac{1}{12}n(n-4)(n-5)(n-6)(n-7)(5n^3+18n^2-9n-30)$

36) $\quad \varepsilon_{2222}h_2 = \dfrac{2}{3}n(n-5)(n-6)(n-7)(3n^4+8n^3-17n^2-122n+120)$

37) $\quad \varepsilon_6 = 20n(n-5)(17n^2-50n+24)$

38) $\quad \varepsilon_{52} = 20n(n-5)(n-6)(2n^3+13n^2-50n+24)$

39) $\quad \varepsilon_{43} = 4n(n-5)(n-6)(n^4+8n^3+67n^2-250n+120)$

40) $\quad \varepsilon_{422} = 2n(n-5)(n-6)(n-7)(n^4+18n^3+47n^2-250n+120)$

41) $\quad \varepsilon_{332} = 2n(n-5)(n-6)(n-7)(2n^4+16n^3+49n^2-250n+120)$

42) $\quad \varepsilon_{3222} = \dfrac{2}{3}n(n-5)(n-6)(n-7)(n-8)(3n^4+24n^3+31n^2-250n+120)$

43) $\quad \varepsilon_{22222} = \dfrac{1}{6}n(n-5)(n-6)(n-7)(n-8)(n-9)(n-2)(n^3+8n^2+19n-12)$

从这些数值出发, 再利用关联公式, 对于那些含有关于叠合直线 h 的多重条件的符号, 就很容易确定其数值, 即有

44) $\quad \varepsilon_3 h_{3s} = \varepsilon_3 peh_3 - \varepsilon_3 p^3 h_3 - \varepsilon_3 e^3 h_3 - \varepsilon_3 \widehat{pe}h_3 = 4n$

45) $\quad \varepsilon_{22}h_{2s} = \varepsilon_{22}peh_2 - 2\varepsilon_{22}p^3 - 2\varepsilon_{22}e^3 - 2\varepsilon_{22}\widehat{pe} = 2n(n-3)(n+2)$

46) $\quad \varepsilon_4 h_{4p} = \varepsilon_4(eh_4 - e^2) = 2n(11n-18)$

47) $\quad \varepsilon_{32}h_{3p} = \varepsilon_{32}(eh_3 - e^2) = 2n(n-4)(3n^2+7n-18)$

48) $\quad \varepsilon_{32}h_{2p} = \varepsilon_{32}(eh_2 - e^2) = 2n(n-4)(n^3+n^2+9n-18)$

49) $\quad \varepsilon_{222}h_{2p} = \varepsilon_{222}(eh_2 - 3e^2) = n(n-4)(n-5)(n^3+4n^2+5n-18)$

在可以通过我们的符号 $\varepsilon_2,\ \varepsilon_3,\ \varepsilon_{22},\ \varepsilon_4,\ \varepsilon_{32},\ \varepsilon_{222}$ 表达出来的数目中, 最重要的那些, 自从 Plücker, Klein 和 Voss 肇始直线几何的研究以来, 就已为大家所熟知了. 然而, 对于含有 $\varepsilon_5,\ \varepsilon_{42},\ \varepsilon_{33},\ \varepsilon_{322},\ \varepsilon_{2222},\ \varepsilon_6,\ \varepsilon_{52},\ \varepsilon_{43},\ \varepsilon_{422},\ \varepsilon_{332},\ \varepsilon_{3222},\ \varepsilon_{22222}$ 的那些符号, 它们的数值则是作者首先算出来的, 结果发表在作者《复形的奇点》一文中 (*Math. Ann.*, 第 12 卷, p.202)(**Lit.49**). Voss 用代数的方法也算出了一些 ε 符号的值, 发表在 *Math. Ann.*, 第 9 卷, p.55—162. 我们将他得到的结果列举如下, 并附上该结果在其论文中的页码.

1) $\varepsilon_3 h_{3s} = 4n$ (第 63 页), 就是说, 通过复形中的每条直线都有四个拐平面 (Wendeebene)(这个直线几何中的结果, 类似于在曲面的每个点上都有两条主切线);

2) $\varepsilon_3 \widehat{pe} = 2n(n-1)(n-2)$ (第 72 页);

3) $\varepsilon_3 eh_e = n(3n-2)$ (第 72 页);

252

4) $\varepsilon_3 eh_p = n(3n-2)$ （第 73 页）；

5) $\varepsilon_4 p^2 = 4n(n-3)(3n-2)$ （第 74 页），这也就是由所有那些具有**波动棱边** (undulationskante) 的复形圆锥 (complexkegel) 的中心所构成曲面的阶数；

6) $\varepsilon_4 h_{4p} = 2n(11n-18)$ （第 74 页）；

7) $\varepsilon_{22} h_{2s} = 2n(n+2)(n-3)$ （第 75 页）；

8) $\varepsilon_{22}\widehat{pe} = n(n-1)(n-2)(n-3)$ （第 75 页）.

Plücker **复形曲面**(complexfläche)(**Lit.49**) 的奇点，都可以用我们的符号中含有 e^2 的那些条件来表示. 在此，我们只将其中最重要者列举如下：

9) $\varepsilon_2 p^2 e^2 = 2n(n-1)$ （Voss, 第 139 页）；

10) $\varepsilon_3 pe^2 = n(n-2)(2n+1)$ （第 139 页）；

11) $\varepsilon_{22} pe^2 = \frac{1}{2}n(n-2)(n-3)(3n+1)$ （第 139 页）；

12) $\varepsilon_4 e^2 = 4n(n-3)(3n-2)$ （第 141 页），这也就是**回转曲线**(rückkehrcurve) 上**驻留点**(stationärer punkt) 的数目；

13) $\varepsilon_{32} e^2 = 2n(n-3)(n-4)(n^2+6n-4)$ （第 76 页及第 141 页）；

14) $\varepsilon_{222} e^2 = \frac{2}{3}n(n-3)(n-4)(n-5)(n^2+3n-2)$ （第 76 页及第 141 页）.

所谓复形的**奇异曲面**，是由所有那些具有**双棱边**(doppelkante) 的复形圆锥的中心构成的曲面. 利用在本节中所讨论的工具，也可以很容易地求出这种奇异曲面的奇点数目，所用方法与 §33 中求关于**切平面**构成的二级轨迹的数目是一模一样的.

最后，我们还要指出一点，对于 $i = n-1$，八个主干数都不为零. 由此可以推知，一个 i 次复形中包含了 ∞^{4-i} 个这样的直线束，每个直线束都完全含于该复形中，就是说，它的全部直线都属于该复形. 完全一样地，§33 中的主干数也给出了完全含于一个曲面中的直线的条数. 例如，那里的公式给出

$$p_1 p_2 p_3 p_4 = 2n^4 - 6n^3 + 3n^2$$

对于 $n = 3$，这就给出，每个三次曲面都含有 27 条直线，因为如果一条直线与三次曲面有四个不同的交点，则由个数守恒原理可知，它的全部点都在三次曲面上. 同样地，如果一个 i 次复形与一个直线束有 $i+1$ 条公共直线，我们也可以得出结论说，该直线束的全部直线都属于这个复形. 于是，从八个主干数可以推出下面的结论：

1. $p^3 g_1 g_2 = n^2$. 对于 $n = 1$，这给出数值 1. 由此推出，对于一个线性复形及空间中的一个点，存在唯一一个直线束以该点为束心，并完全含于该复形中.

2. $p^2g_1g_2g_3 = 2n^2(2n-3)$. 对于 $n=2$, 这给出数值 8. 由此推出, 对于一个二次复形, 所有那些完全含于该复形中的直线束的束心构成了一个 8 阶的曲面. 这个曲面就是将所谓的Kummer曲面按两次来计数, 之所以要计数两次, 是因为曲面上的每个点都是两个完全含于该复形中的直线束的束心.

3. $peg_1g_2g_3 = 2n(3n^2-6n+2)$. 对于 $n=2$, 这给出数值 8. 由此推出, 对于一个二次复形, 所有那些束平面通过一个给定点、并且完全含于该复形中的直线束的束心构成了一条 8 阶的空间曲线.

4. $pg_1g_2g_3g_4 = 2n^2(5n^2-18n+14)$. 对于 $n=3$, 这给出数值 90. 由此推出, 对于一个三次复形, 所有那些完全含于该复形中的直线束的束心构成了一条 90 阶的空间曲线. Voss 也得到了这个结果 (*Math. Ann.*, 第 9 卷, p.158).

5. $g_1g_2g_3g_4g_5 = 20n^2(n-2)(n^2-4n+2)$. 对于 $n=4$, 这给出数值 1280. 由此推出, 对于一个四次复形, 那种完全含于该复形中的直线束共有 1280 个. 这个直线几何中的结果, 类似于三次曲面上有 27 条直线的结论. 它是由作者首先得到的, 发表于*Math. Ann.* 第 12 卷, p.211. 正如研究三次曲面上那 27 条直线之间的相对位置一样, 研究三次复形中的 ∞^1 个直线束取何种特殊位置, 研究四次复形中那 1280 个直线束之间的相对位置, 都会是很有意思的工作.

顺便提一下, 上面给出的五个结果, 也可以通过几个含有 ε 的符号而得到. 例如, 第 4 款中的结果, 可以在关于 $\varepsilon_{22}ph_2l_2$ 和 ε_4ph_4 的公式中, 令 $n=3$ 而得到; 而第 5 款中的结果, 则可以在关于 $\varepsilon_{32}h_3h_2$ 和 ε_5h_5 的公式中, 令 $n=4$ 而得到.

第六章
特 征 理 论

§37
关于任意几何形体 Γ 的特征问题

1864 年, Chasles 通过实验的方法发现 (comptes rendus)(**Lit.50**), 对于由一个固定平面内的圆锥曲线构成的一级系统, 如果加上一个单重条件 z, 则系统中满足该条件的圆锥曲线个数总是等于

$$\alpha \cdot \mu + \beta \cdot \nu \,^*$$

其中, 系数 α 和 β 是由条件 z 的性质决定的, μ 和 ν 则分别是该一级系统中满足条件 μ 和 ν 的圆锥曲线的数目. 这里, 条件 μ 和 ν 的意义如下:

μ, 要求圆锥曲线通过固定平面中的一个给定点.

ν, 要求圆锥曲线与固定平面中一条给定直线相切.

Chasles 因此把 μ 和 ν 称为该一级系统的特征条件 **. 使用我们的术语, Chasles 定理可以简单表述为:

"对于圆锥曲线的每个单重条件都可以通过 μ 和 ν 这两个条件表达出来."

现在, 我们来考虑更一般的情况, 将圆锥曲线推广到有 c 个参数的任意几何形体 Γ, 将一级系统推广到 i 级系统 Σ, 将 μ 和 ν 这两个条件推广到任意多个 i 重条件. 于是, 对于几何形体 Γ, 我们就可以提出以下的问题:

对于几何形体 Γ, 是否可以将任意的 i 重条件用某几个 i 重条件表达出来, 使所得的方程对于每个 i 级系统都成立?

让我们假设, 对于 Γ 已经找到了 m 个 i 重条件, 使得每个其他的 i 重条件都可以用它们表达出来. 我们将这 m 个条件记为 $b_1, b_2, \cdots, b_m$ ***. 那么, 首先可以

---

* 这个定理的证明见 §38.

**后来, 有人错误地把关于几何形体 Γ 的所有个数都称为 Γ 的特征, 并不理会对于该几何形体 Γ 是否有类似于 Chasles 定理的结果.

***从下文来看, Schubert 在这里考虑的其实是所有 i 重条件组成的 Abel 群. 这里要找的 b_1, $b_2, \cdots, b_m$ 这 m 个条件, 以及下面的 $c_1, c_2, \cdots, c_m$, 不仅要生成这个群, 实际上还要求它们相互独立, 即在整数环上线性无关, 因此它们是这个 Abel 群的一组基底.—— 校注

推知, 还可以另选某 m 个 i 重条件, 比如说 $c_1, c_2, \cdots, c_m$, 使得每个其他的 i 重条件也都以可用它们表达出来. 能够这样做的理由如下: 根据假设,

$$c_1, \ c_2, \ \cdots, \ c_m$$

中的每个条件都可以用 $b_1, b_2, b_3, \cdots, b_m$ 表达出来, 因而有 m 个如下形式的方程:

$$c = \alpha_1 \cdot b_1 + \alpha_2 \cdot b_2 + \alpha_3 \cdot b_3 + \cdots + \alpha_m \cdot b_m$$

但是, 从这 m 个方程推出, m 个 b 条件都可表成为 m 个 c 条件的线性函数. 于是, 如果某个条件 z 已经用 m 个 b 条件表达出来了, 则将刚才所说的线性函数代入其表达式, 就可以将 z 表成为这 m 个新选出来的 c 条件的函数. 这个结果也可以这样来表述:

假设对于几何形体 Γ, 存在 m 个 i 重条件, 使得每个条件 z 都可以用它们表达出来, 即表达式对所有的 i 级系统都成立. 那么, 在**某种任意选择的** $k + m$ 个 i 重条件之间 *, 有 k 个相互独立的方程成立.

举例说来, 考虑对于圆锥曲线的单重条件 z, 它要求圆锥曲线与其所在平面中一条给定的三阶四秩平面曲线相切. 根据 §14, 这个条件对 μ 和 ν 的依赖关系由下述方程给出:

$$z = 4\mu + 3\nu$$

由此很容易导出一个方程, 将 z 与 §20 中讨论过的两个单重退化条件 δ 和 ε 联系起来, 这里的条件 δ 要求圆锥曲线的切线分解为两条直线, 而条件 ε 要求圆锥曲线的切线构成两个直线束. 为此, 我们必须将 δ 和 ε 用 μ 和 ν 表示出来, 而这在 §20 中就已经做了. 用本节的记号来表示就是

$$2\mu - \nu = \delta$$
$$2\nu - \mu = \varepsilon$$

由此推出

$$\mu = \frac{2}{3}\delta + \frac{1}{3}\varepsilon$$
$$\nu = \frac{1}{3}\delta + \frac{2}{3}\varepsilon$$

把这个结果代入 z 的表达式, 就得到

$$z = \frac{11}{3}\delta + \frac{10}{3}\varepsilon$$

---

* 这里, "**某种任意选择的**" 是指: 首先, 这样的 $k + m$ 个 i 重条件是存在的; 其次, 此结果并非对所有 $k + m$ 个 i 重条件都成立.—— 校注

256

如果根据这个式子, 就强调说, 只有 μ 和 ν 这两个条件是特征条件, 那是没什么意义的, 因为它们完全可以换成某些其他的条件. 因此, Chasles 的定理按以下方式来表述要更好一些:

对于圆锥曲线而言, 每个单重条件都可以用两个任意选定的单重条件来线性表示, 或者等价地说, 任给 $2+k$ 个圆锥曲线的单重条件, 则在它们之间至少成立 k 个相互独立且普遍成立的方程.*

现在, 我们回到有 c 个参数的几何形体 Γ, 并假定对于 Γ 而言, 任意的 i 重条件 z 都可以用 m 个 i 重条件

$$b_1, \ b_2, \ \cdots, \ b_m$$

表示成如下的形式:

1) $\qquad\qquad\qquad z = \alpha_1 \cdot b_1 + \alpha_2 \cdot b_2 + \alpha_3 \cdot b_3 + \cdots + \alpha_m \cdot b_m$

其中 $\alpha_1, \alpha_2, \alpha_3, \cdots, \alpha_m$ 都是系数, 它们的数值自然是与条件 z 的性质有关的. 为了确定这些数值, 我们用 m 个任意选定的 $c-i$ 重条件, 比如说,

$$d_1, \ d_2, \ d_3, \ \cdots, \ d_m$$

去乘 1) 式, 就得到 m 个方程 **. 这些方程的左边是下面的 m 个 c 重符号:

$$zd_1, \ zd_2, \ \cdots, \ zd_m$$

而右边是下面的 m^2 个 c 重符号:

$$b_1d_1, \ b_2d_1, \ \cdots, \ b_1d_2, \ \cdots, \ b_md_m$$

以及要求的 m 个系数:

$$\alpha_1, \ \alpha_2, \ \cdots, \ \alpha_m$$

现在, 把由 b 和 d 复合而成的这 m^2 个符号的数值当成是已知的, 并将这些数值代入这 m 个方程. 那么, 利用这 m 个方程, 就可以将 m 个数 α 都表示成为 m 个符号

$$zd_1, \ zd_2, \ \cdots, \ zd_m$$

---

* 这里, Schubert 的表述不是很确切. 不过, 用现在的语言来讲, 他想说的就是, 圆锥曲线的单重条件组成了一个秩为 2 的自由 Abel 群. 下文中还有类似的不确切之处, 但若用现在的观点去看, 并不难理解其正确的含意是什么.—— 校注

**这里, m 个条件 $d_1, d_2, \cdots, d_m$ 必须是相互独立的, 才能保证从所得的 m 个方程中可以将 α_1, $\alpha_2, \cdots, \alpha_m$ 解出来. 所以, 如果将 $c-i$ 重条件组成的 Abel 群的秩记为 m', Schubert 在此实际上默认了有 $m' \geqslant m$. 反过来, 当然同样也有 $m \geqslant m'$. 于是, 就一定有 $m = m'$. 这也就是下面要说的结果: "i 级特征数等于 $c-i$ 级特征数". 如此看来, Schubert 在这里可能陷入了循环论证.—— 校注

的函数. 每个这样得出的函数本身都可以看成为一个 c 重的条件, 并且是由 z 与一个 $c-i$ 重条件复合而成的. 我们把由此产生的 $c-i$ 重条件记为

$$e_1, e_2, \cdots, e_m$$

并将所得的 m 个 α 的数值代入 1) 式, 就得到

2) $\qquad z = (ze_1) \cdot b_1 + (ze_2) \cdot b_2 + (ze_3) \cdot b_3 + \cdots + (ze_m) \cdot b_m$

在这里, 符号 $z, b_1, b_2, \cdots, b_m$ 表示的是那种几何形体 Γ 的数目, 这种 Γ 既满足这些条件, 又满足某个与之一并考虑的 i 级系统 Σ 的 $c-i$ 重定义条件. 如果将这个 $c-i$ 重的定义条件记作 y, 并将 2) 式完整地写下来, 就得到

3) $\qquad zy = (ze_1) \cdot (yb_1) + (ze_2) \cdot (yb_2) + (ze_3) \cdot (yb_3) + \cdots + (ze_m) \cdot (yb_m)$

现在, 每个括号中都是一个 c 重条件的符号, 而括号之间的那些点则表示通常算术中的乘积. 不过, 如果我们不去关注条件 y 和 z 本身, 而去关注这些条件定义的系统, 则 3) 式还可以用另一种方式来解释. 我们已经将 y 定义的 i 级系统记作 Σ 了, 现在将 z 定义的 $c-i$ 级系统记作 Σ'. 那么, 只要我们注意到, 符号 e 是与系统 Σ' 有关的, 符号 b 是与系统 Σ 有关的, 则上面括号中的 z 和 y 都可以省略不写. 为了更好地区分起见, 我们把与 Σ' 有关的符号也加上一撇, 那么 3) 式就可以写成为

4) $\qquad yz = b_1 \cdot e_1' + b_2 \cdot e_2' + b_3 \cdot e_3' + \cdots + b_m \cdot e_m'$

式中的点仍表示真正的乘积. 以上的这些讨论可以总结为下面的主要定理:

假设对于几何形体 Γ 找到了某 m 个 i 重条件, 使得每个其他的 i 重条件都可以用它们表示出来. 那么, 一个 i 级系统 Σ 与一个 $c-i$ 级系统 Σ' 中公共几何形体 Γ 的数目, 可以表示成为 m 个乘积之和, 每个乘积都由两个因子组成, 其中第一个因子给出的是 Σ 中满足某个 i 重条件的几何形体的数目, 第二个因子给出的则是 Σ' 中满足某个 $c-i$ 重条件的几何形体的数目. 这 m 个 i 重条件与那 m 个 $c-i$ 重条件, 除了要求它们相互独立以外, 可以完全任意地选取. 为了将两个系统中公共几何形体的数目表示成所说的形式, 我们需要知道下面的这些数: 首先是这样的 m 个数, 它们分别给出 Σ 中有多少个几何形体满足所选的 m 个 i 重条件; 其次是这样的 m 个数, 它们分别给出 Σ' 中有多少个几何形体满足所选的 m 个 $c-i$ 重条件; 最后是这样的 m^2 个数, 它们分别给出有多少个几何形体, 满足由所选的 i 重条件与所选的 $c-i$ 重条件复合而成的 m^2 个 c 重条件.

让我们举个例子. 假定我们已知, 对于固定平面中的圆锥曲线, 每个单重条件都能用前面定义的两个条件 μ 和 ν 来表示. 于是, 我们可以提出这样的问题: 计算一个给定的一级系统 Σ 与一个给定的四级系统 Σ' 中公共圆锥曲线的数目 x^*. 而

---

*这里, 字母 x 的原文为希腊字母 χ. 不过, 在下文中, 凡是提到两个系统中公共元素的个数时, 所用的字母都是 x. 我们据此认为原文排印有误.—— 校注

258

为了计算这个数, 我们可以对 Σ 选取两个任意的单重条件, 对 Σ' 选取两个任意的四重条件. 假设我们对 Σ 取的是 δ 和 ε 这两个退化条件, 对 Σ' 取的两个条件则是 μ'^4 和 ν'^4, 它们分别要求 Σ' 中的圆锥曲线通过四个给定点和与四条给定直线相切. 又假设 Σ 和 Σ' 的定义条件分别为 y 和 z. 那么, 我们有以下的式子:

$$z = \alpha_1 \cdot \delta + \alpha_2 \cdot \varepsilon$$

其中 α_1 和 α_2 是待定的系数. 分别用 μ^4 和 ν^4 去乘这个式子, 则在等式右边将得到 $\delta\mu^4, \varepsilon\mu^4, \delta\nu^4, \varepsilon\nu^4$. 但是, 由 §20 我们知道

$$\delta\mu^4 = 3, \quad \varepsilon\mu^4 = 0, \quad \delta\nu^4 = 0, \quad \varepsilon\nu^4 = 3$$

因而有

$$\mu^4 z = 3 \cdot \alpha_1 + 0 \cdot \alpha_2$$
$$\nu^4 z = 0 \cdot \alpha_1 + 3 \cdot \alpha_2$$

由此推出

$$\alpha_1 = \frac{1}{3}\mu^4 z, \quad \alpha_2 = \frac{1}{3}\nu^4 z$$

从而这两个系统中公共圆锥曲线的数目等于

$$\frac{1}{3}\mu'^4 \cdot \delta + \frac{1}{3}\nu'^4 \cdot \varepsilon$$

由我们的主要定理还可以推出: 对于有 c 个参数的几何形体 Γ, 如果需要 m 个 i 重条件, 才能把每个其他的 i 重条件表示出来, 那么, 要将每个其他的 $c-i$ 重条件表示出来, 同样也需要 m 个 $c-i$ 重条件. 这个常数 m 给出的是, 对于几何形体 Γ 而言, 为了将每个其他的 i 重条件表达出来, 所必需的 i 重条件的个数. 我们将 m 称为几何形体 Γ 的 i 级特征数. 用这个术语, 刚才给出的那个结论即可简洁地表述如下:

对于每个参数个数为 c 的几何形体 Γ, i 级特征数都等于 $c-i$ 级特征数. (**Lit.50**)

于是, 根据 c 是偶数或奇数, 一个参数个数为 c 的几何形体就具有 $\frac{1}{2}c$ 或 $\frac{1}{2}(c-1)$ 个特征数. 作为例子, 我们在此对于空间中的圆锥曲线和二次曲面, 给出它们的特征数 (参见*Math. Ann.*, 第 10 卷, p.360, p.362).

对于空间中的圆锥曲线有

1) 单重和七重特征数等于 3

2) 二重和六重特征数等于 6

3) 三重和五重特征数等于 9

4) 四重特征数等于 10

对于二次曲面有

1) 单重和八重特征数等于 3

2) 二重和七重特征数等于 6

3) 三重和六重特征数等于 10

4) 四重和五重特征数等于 13

因此, 在圆锥曲线的任何 $k+9$ 个三重条件之间, 至少有 k 个相互独立的方程成立. 例如, 对于圆锥曲线, 如果用 m, n, r 表示和 §16 中相同的条件, 则在下面十个条件

$$n^3,\ n^2r,\ nr^2,\ r^3,\ mn^2,\ mnr,\ mr^2,\ m^2n,\ m^2r,\ m^3$$

之间有唯一一个普遍成立的方程. 它就是我们在 §16 中给出的方程 XIV), 即

5) $\quad 2n^3 - 3n^2r + 3nr^2 - 2r^3 - 6mn^2 + 4mnr + 0 \cdot mr^2 + 12m^2n - 8m^2r + 0 \cdot m^3 = 0$

这个式子推广了 Lindemann 整理的 Clebsch 讲义中第 406 页上的公式 11). 同样地, 对于二次曲面, 如果用 μ, ν, ϱ 表示和 §16 及 §22 中相同的条件, 则在下面 15 个四重条件

$$\mu^4,\ \mu^3\varrho,\ \mu^2\varrho^2,\ \mu\varrho^3,\ \varrho^4,\ \nu\mu^3,\ \nu\mu^2\varrho,\ \nu\mu\varrho^2,\ \nu\varrho^3,\ \nu^2\mu^2,\ \nu^2\mu\varrho,\ \nu^2\varrho^2,\ \nu^3\mu,\ \nu^3\varrho,\ \nu^4$$

之间成立两个方程, 就是我们在 §16 中给出的方程 XI 与方程 XII, 即

6) $\quad 2\nu^3\mu - 2\nu^3\varrho - 3\nu^2\mu^2 + 3\nu^2\varrho^2 + 2\nu\mu^3 - 2\nu\varrho^3 = 0$

7) $\quad 2\nu^4 - 5\nu^3\mu - 5\nu^3\varrho + 6\nu^2\mu^2 + 8\nu^2\mu\varrho + 6\nu^2\varrho^2 - 4\nu\mu^3 - 6\nu\mu^2\varrho$

$\qquad -6\nu\mu\varrho^2 - 4\nu\varrho^3 + 4\mu^3\varrho + 4\mu\varrho^3 = 0$

在上面处理圆锥曲线时, 我们使用了 *消去法*. 应用消去法, 在由 μ, ν, ϱ 复合而成的高于四重的条件之间, 也很容易建立起方程. 例如, 对于二次曲面, 由 μ, ν, ϱ 复合而成的八重条件共有 45 个, 在它们之间成立 42 个方程. 为了得出这些方程, 我们用 μ, ν, ϱ 复合而成的 45 个八重条件分别去乘下面的方程

$$z = \alpha \cdot \mu + \beta \cdot \nu + \gamma \cdot \varrho$$

然后, 用 §22 中算出的数值代入等式右边产生的九重符号, 再消去 α, β, γ. 于是, 我们就在 45 个那样的符号之间得到了 42 个方程, 每个这样的符号都是由 z 与某个含 μ, ν, ϱ 的八重符号复合而成. 如果在这 42 个方程中, 略去那个任意的符号 z, 则

260

所得的方程就具有我们所求的形式. 作为第二个例子, 我们来考虑一个固定平面中的圆锥曲线. 它的一级特征数等于 2, 从而四级特征数也等于 2; 它的二级特征数等于 3, 从而三级特征数也等于 3. 因此, 在四个条件

$$\mu^3,\ \mu^2\nu,\ \mu\nu^2,\ \nu^3$$

之间存在唯一的一个方程, 而在五个条件

$$\mu^4,\ \mu^3\nu,\ \mu^2\nu^2,\ \mu\nu^3,\ \nu^4$$

之间存在三个方程, 这里的 μ 和 ν 仍然是我们在本节开始时所给的条件. 为了导出 $\mu^3, \mu^2\nu, \mu\nu^2, \nu^3$ 之间的那个方程, 我们分别用这些条件去乘下面的方程:

$$z = \alpha\cdot\mu^2 + \beta\cdot\mu\nu + \gamma\cdot\nu^2$$

然后, 将 §20 中算出的 $\mu^5, \mu^4\nu, \mu^3\nu^2, \mu^2\nu^3, \mu\nu^4, \nu^5$ 的数值 1, 2, 4, 4, 2, 1 代入. 于是, 就得到

$$\mu^3 z = \alpha + 2\beta + 4\gamma$$
$$\mu^2\nu z = 2\alpha + 4\beta + 4\gamma$$
$$\mu\nu^2 z = 4\alpha + 4\beta + 2\gamma$$
$$\nu^3 z = 4\alpha + 2\beta + \gamma$$

由此消去 α, β, γ, 就得到了所求的方程:

8) $$0 = 2\mu^3 - 3\mu^2\nu + 3\mu\nu^2 - 2\nu^3$$

这是 5) 式的一个特殊情形, 因为那里的条件 n 和 r 就是我们这里的 μ 和 ν. 完全一样地, 如果从下述各式中

$$\mu^4 z = \alpha + 2\beta$$
$$\mu^3\nu z = 2\alpha + 4\beta$$
$$\mu^2\nu^2 z = 4\alpha + 4\beta$$
$$\mu\nu^3 z = 4\alpha + 2\beta$$
$$\nu^4 z = 2\alpha + \beta$$

消去 α 和 β, 我们就得到 $\mu^4, \mu^3\nu, \mu^2\nu^2, \mu\nu^3, \nu^4$ 之间的三个方程, 它们是

9) $$2\mu^4 - \mu^3\nu = 0,\quad 4\mu^4 + 4\nu^4 - 3\mu^2\nu^2 = 0,\quad 2\nu^4 - \mu\nu^3 = 0$$

如果用 μ 与 ν 分别去乘 8) 式, 也可以得到这三个四维方程之中的**两个方程**.

前面所有的讨论都有一个前提假设, 即对于几何形体 Γ 能找到有限个 i 重条件, 使得任何其他的 i 重条件都可以用它们表示出来. 目前还没有证明, 每个几何形体都满足这个假设. 然而, 这样的几何形体确实是存在的, 其中有些我们已经证明了, 有些将在下面几节中证明. 这样的几何形体有: 点、平面、直线、圆锥曲线, 以及一些由有限个点、平面和直线组成的几何形体. 例如, §34 中由一条直线及该直线上 n 个点组成的几何形体, §35 中由一个直线束及该直线束中 n 条直线组成的几何形体. 在这个方向上继续研究其他的几何形体, 对计数几何的发展非常重要. 因此, 我们对每个几何形体 Γ 提出如下的问题, 并称之为几何形体 Γ 的特征问题. 考虑到上面证明的主要定理, 这个问题可以表述如下:

"假设几何形体 Γ 的参数个数为 c, Σ 是由 Γ 构成的完全任意的 i 级系统, Σ' 是由 Γ 构成的完全任意的 $c-i$ 级系统, 并且这两个系统所共有的几何形体 Γ 只有有限的 x 个. 我们的问题是: 对于所有 i 的值, 将数目 x 表成为 m 个乘积之和, 每个乘积都由两个因子组成, 其中第一个因子给出的, 是 Σ 中满足某个 i 重条件的几何形体的数目, 第二个因子给出的, 则是 Σ' 中满足某个 $c-i$ 重条件的几何形体的数目. 不论这个数 m 是多大, 也不论构成乘积的是什么样的 i 重条件和 $c-i$ 重条件 *, 问题都可以认为是解决了. 因为必须对 i 和 $c-i$ 所有的值都建立公式, 从而根据 c 是偶数或者奇数, 特征问题的解分别需要建立 $\frac{1}{2}c$ 个或者 $\frac{1}{2}(c-1)$ 个公式."

将所求的数 x 表示出来的公式, 称为特征公式, 公式中的条件称为特征条件. 符号 x 同时也表示了一个 c 重条件, 它要求几何形体 Γ 同时属于 Σ 和 Σ' 两个系统. 如果我们用关于 Γ 的 k 重条件 z 去乘一个特征公式, 则既可以用 z 去乘关于 Σ 的那个 i 重符号, 也可以用 z 去乘关于 Σ' 的那个 $c-i$ 重符号. 在前一种情形, 得到的公式涉及一个 $k+i$ 级系统和一个 $c-i$ 级系统; 而在后一种情形, 得到的公式涉及一个 i 级系统和一个 $c+k-i$ 级系统. 在两种情况下, xz 都表示了那种几何形体 Γ 的个数, 这种 Γ 同时属于这两个系统, 并且还满足条件 z. 于是, 只要对初始的特征公式作符号乘法, 即可得到数量不限的新公式. 我们把这些新公式叫做衍生特征公式.

点和平面的特征问题可以用 §13 中的 Bezout 定理来解决. 假设给定了一个由点组成的一级系统 Σ, 即一条曲线, 以及一个由点组成的二级系统 Σ', 即一个曲面; 再假设 Σ 和 Σ' 只有有限个公共点. 那么, 我们知道, 两者公共点的个数 x 等于曲线的次数乘以曲面的次数, 也就是, Σ 中属于一个给定平面的点数乘以 Σ' 中属于一条给定直线的点数. 因此, 如果用 p(或者 p') 表示以下的条件: 它要求 Σ(或者 Σ')

---

* 即退化条件也是可以的.

262

中的点属于一个给定平面; 又用 p^2 (或者 p'^2) 表示以下的条件: 它要求 Σ (或者 Σ') 中的点属于一条给定直线. 那么, 上面的讨论说明, 对于点的那个唯一的特征公式可以写成

$$10) \qquad x = p \cdot p'^2$$

用 p 对此式作符号乘法, 就可以得到关于两个给定二级系统的衍生特征公式:

$$11) \qquad xp = p^2 \cdot p'^2$$

这个公式所表达的其实就是, *两个曲面交线的次数等于它们次数的乘积*.

　　直线的特征问题可以用 §15 中从叠合公式推得的 Halphen 定理来解决. 对于两个给定的系统, 我们仍然记作 Σ 和 Σ'; 而对于直线的基本条件, 当它们涉及 Σ 时, 记作 g, g_e, g_p, g_s, G; 当它们涉及 Σ' 时, 则记作 g', g'_e, g'_p, g'_s, G'. 那么, 对于直线有两个特征公式. 其一, 当 Σ 为一级系统, 而 Σ' 为三级系统时, 特征公式为

$$12) \qquad x = g \cdot g'_s$$

其二, 当两个系统都是二级时, 特征公式为

$$13) \qquad x = g_e \cdot g'_e + g_p \cdot g'_p$$

因此, 直线的一级特征数等于 1, 故三级特征数也等于 1, 但它的二级特征数等于 2, 这个事实对于直线几何来说具有重要的意义.

　　对于一个是二级系统, 另一个是三级系统的情况, xg 的公式可以通过两种方式得到. 一种是用 g 去乘 12) 式, 另一种是用 g' 去乘 13) 式, 两种方式都给出

$$14) \qquad xg = g_e \cdot g'_s + g_p \cdot g'_s$$

　　对于两个都是三级系统的情况, xg_e 和 xg_p 的公式, 可以分别用 g_e 和 g_p 去乘 12) 式而得到, 即有

$$15) \qquad xg_e = g_s \cdot g'_s$$
$$16) \qquad xg_p = g_s \cdot g'_s$$

　　这些公式中出现的乘积都有两个因子, 我们总可以将其中一个理解为条件, 另一个理解为系数. 例如, 公式 13) 说明, 加在直线上的二重条件 z 等于带系数的 g_e 与 g_p 之和, 其中, g_e 的系数给出的是有多少条直线满足条件 z 并位于一个给定平面内, g_p 的系数给出的则是有多少条直线满足条件 z 并通过一个给定点. 此外, 还有一点值得注意, 就是只要我们知道了特征数, 即可很容易地确定特征公式的形式. 例如, 已知直线的二级特征数为 2, 所以可以选用二重条件 g_e 和 g_p 来将所有其他

的条件表示出来. 从而有以下的等式:

$$z = \alpha \cdot g_e + \beta \cdot g_p$$

现在, 分别用 g_e 和 g_p 去乘这个式子, 就得到

$$zg_e = \alpha \cdot 1 + \beta \cdot 0$$
$$zg_p = \alpha \cdot 0 + \beta \cdot 1$$

因此, α 就等于 g_e', 而 β 就等于 g_p'.

§38
圆锥曲线的特征问题 (Lit.51)

在 §13 与 §15 中, 对于由点或者直线构成的两个系统, 我们从点对或者直线对的叠合公式推出了它们公共元素个数的公式. 与此同时, 我们还得到了其他一些结果. 例如, 一条曲线与一个曲面公共点的个数就等于那种点的个数, 在这种点处, 有曲线上的某个点和曲面上的某个点发生完全叠合, 就是说, 这两个点无限靠近, 并且通过叠合位置的每条直线都可以看成是叠合直线. 如果将处理点系统的这个方法应用到一个固定平面中的圆锥曲线上, 就可以推出, 在两个级次之和等于 5 的圆锥曲线系统中, 公共圆锥曲线的数目 x 就等于那种圆锥曲线 Q 的数目, 在这种圆锥曲线处, 有分属两个系统的两条圆锥曲线无限靠近, 并且它们同属于每个含有 Q 的圆锥曲线束, 或者等价地说, 它们的四个交点全都落在每条圆锥曲线 K 上. 用这种方法来确定数目 x, 与熟知的代数方法相比, 有一个显著的优点, 就是它最清晰地呈现了这个问题与 Bezout 定理的类似之处.

假设在一个固定的平面内, 给定了由圆锥曲线构成的一个一级系统 Σ 和一个四级系统 Σ', 此外还给定了一条任意的圆锥曲线 K. 对于 Σ 中的圆锥曲线, 我们使用以下的条件符号: μ 要求它通过一个给定点, ν 要求它与一条给定直线相切, δ 要求它的点构成两条直线, ε 要求它的切线构成两个直线束 (参见 §20). 对于 Σ' 中的圆锥曲线, 我们使用相同的条件符号, 但是要加上一撇; 例如, μ'^4 表示的条件是, Σ' 中的圆锥曲线应该通过四个给定点. 现在, 我们在一条任给的直线 g 上, 用通常的Chasles对应原理来确定那种点的数目, 这种点既属于一条 Σ 中的圆锥曲线, 又属于一条 Σ' 中的圆锥曲线, 而且这两条圆锥曲线的四个交点全都落在 K 上. 对于 g 上任给的一点 A, Σ 中有 μ 条圆锥曲线通过它, 其中的每条都与 K 有四个交点 C, D, E, F. Σ' 中通过这四个交点的圆锥曲线有 μ'^4 条, 其中的每条都与 g 有两个交点 B; 因此, 与 A 点对应的 B 点数目是

$$2\mu\mu'^4$$

264

现在反过来问, 与一个 B 点对应的 A 点有多少个? 为了求出这个数, 需要知道 Σ' 中那种圆锥曲线的数目 v, 这种圆锥曲线通过一个给定点, 并且与 Σ 中的某条圆锥曲线这样地相交, 使得两者的四个交点全都落在 K 上. 这个数 v 可以用 K 上的点对应来确定. 不过, 最快的办法还是把给定点就置于 K 上, 然后用个数守恒原理来确定. 这样的话, Σ 中通过该给定点的那 μ 条圆锥曲线, 每条都与 K 还交于另外的三个点. 因为 Σ' 中通过这四个交点的圆锥曲线数目为 μ'^4, 从而在 Σ' 中共有

$$v = \mu\mu'^4$$

条这样的圆锥曲线, 它们通过一个给定点, 并且与 Σ 中某条圆锥曲线的四个交点全都落在 K 上. Σ 中与它们相交的那 v 条圆锥曲线, 每条都与 g 交于两点. 因此, 在 g 上与一个 B 点对应的 A 点数目也是

$$2\mu\mu'^4$$

于是, 根据 §13 中的对应原理, g 上共有

$$4\mu\mu'^4$$

个点 (AB), 在每个这样的点处都有两个点 A 和 B 发生叠合. 这样的叠合点 (AB) 可以分为以下三种:

  1. 圆锥曲线 K 与直线 g 的两个交点;
  2. 两个系统所共有的 x 条圆锥曲线与直线 g 的交点;
  3. Σ 中每条圆锥曲线 ε 与直线 g 的交点, 这是因为 ε 的点构成了两条叠合的直线.

g 与 K 的两个交点中的每一个, 作为叠合点 (AB) 来看的话, 都要计算 $\mu\mu'^4$ 次, 这是因为 Σ 中有 μ 条圆锥曲线通过该点, 而对于其中的每条圆锥曲线, Σ' 中都有 μ'^4 条圆锥曲线通过它与 K 的四个交点, 其中包括了 g 与 K 的那个交点. 此外, 正如本节开头所说的, 两个系统所共有的那 x 条圆锥曲线与 g 的每个交点, 作为叠合点 (AB) 都要计算一次. 这也是 Σ 中非退化的圆锥曲线所能产生的仅有的叠合点. 但是, Σ 中满足退化条件 ε 的圆锥曲线, 每条都能产生好几个叠合点. 一条这样的圆锥曲线与 g 相交于两个相互叠合的点 P, 又与 K 相交于四个点 C,D,E,F, 这四个点可以分为两组, 每组含有两个相互叠合的点, 不妨设 C 和 D 叠合成为点 (CD), E 和 F 叠合成为点 (EF). 现在, Σ' 中有 μ'^4 条圆锥曲线通过 C,D,E,F 这四个点, 但它们之中, 不是每条都会通过点 P. Σ' 中的那种圆锥曲线就不通过点 P, 这种圆锥曲线既与直线 CD 在点 (CD) 处, 又与直线 EF 在点 (EF) 处实实在在地相切, 就是说, 它不仅以点 (CD) 和 (EF) 为二阶交点, 而且还以直线 CD 和 EF

为其切线. 我们在 §16 和 §20 中已经证明, Σ' 的圆锥曲线与一条给定直线相切于一个给定点这一条件等于 $\frac{1}{2}\mu'\nu'$. 所以, Σ' 中还剩下

$$\mu'^4 - \left(\frac{1}{2}\mu'\nu'\right)\left(\frac{1}{2}\mu'\nu'\right)$$

条圆锥曲线, 它们通过 C, D, E, F 这四个点, 但不以 (CD) 或 (EF) 为切点. 但是, 这样一种圆锥曲线的全部点必定都位于 (CD) 与 (EF) 的连线上, 从而它必定满足退化条件 ε'. 这样一来, 作为点的轨迹, 它与我们考虑的圆锥曲线 ε 是完全重合的, 从而它也与 g 相交于那两个相互叠合的点 P. 所以, 在直线 g 上属于上面列举的第三种叠合点的数目为

$$\varepsilon \cdot 2 \cdot \left(\mu'^4 - \frac{1}{4}\mu'^2\nu'^2\right)$$

于是, 我们最终得到如下的方程:

1) $\qquad 4\mu\mu'^4 = 2\mu\mu'^4 + 2x + \varepsilon \cdot 2 \cdot \left(\mu'^4 - \frac{1}{4}\mu'^2\nu'^2\right)$

由此即得 Σ 与 Σ' 这两个系统所共有的圆锥曲线数目, 也就是我们所求的 x 为

2) $\qquad x = \mu\mu'^4 - \varepsilon \cdot \left(\mu'^4 - \frac{1}{4}\mu'^2\nu'^2\right)$

如果我们愿意的话, 可以将

3) $\qquad \varepsilon = 2\mu - \nu$ (参见 §20 和 §27)

代入上式, 那样就可以将 μ 和 ε 这两个条件换成为 μ 和 ν 这两个条件, 进而得到

4) $\qquad x = \mu \cdot \left(\frac{1}{2}\mu'^2\nu'^2 - \mu'^4\right) + \nu \cdot \left(\mu'^4 - \frac{1}{4}\mu'^2\nu'^2\right)$

这样一来, 对于由圆锥曲线构成的一个一级系统和一个四级系统, 特征问题就得到了解决, 同时Chasles定理也得到了证明(参见 §37). 值得指出的是, 上面的推导过程不仅说明了, 圆锥曲线的每个条件都可以用 μ 和 ν 表示出来, 而且它还能定出 μ 和 ν 的某些系数的数值. 正如上一节中详细讲述过的那样, 这些系数 α 与 β 可以通过多种方式用下述五个条件

$$\mu'^4, \ \mu'^3\nu', \ \mu'^2\nu'^2, \ \mu'\nu'^3, \ \nu'^4$$

表示出来, 这是因为这五个条件之间, 存在有三个相互独立的方程. 这三个方程中, 有一个方程可以按如下的方式得到: 先将 4) 式作对偶变换, 再将所得结果与 4) 式作比较, 由此就得到

$$3\mu'^2\nu'^2 = 4\mu'^4 + 4\nu'^4 \quad (即 §37 的 9) 式)$$

用类似的方法, 可以求出一个二级系统与一个三级系统中公共圆锥曲线的数目. 为了将这个数目表示出来, 我们必须从两个系统中各取三个条件.

要想将上述对于圆锥曲线的推导方法用到二次曲面上, 就得把圆锥曲线 K 换成一个二次曲面, 而把四个交点换成一条四阶空间曲线. 对于一个一级系统 Σ, 我们用 $\mu, \nu, \varrho, \varphi, \chi, \psi$ 来记和 §22 中相同的条件; 而对于一个八级系统 Σ', 相同的条件则记作 $\mu', \nu', \varrho', \varphi', \chi', \psi'$. 那么, 对于这两个系统中公共曲面的数目 x, 我们首先得到以下的方程:

$$4 \mu \mu'^8 = 2 \mu \mu'^8 + 2 x + 2 \varphi \cdot \frac{1}{8} \mu'^3 \nu'^4 \varphi' + 2 \psi \cdot \frac{1}{10} \mu'^6 \varrho' \psi'$$

在上式中用 $2\mu - \nu$ 去代 φ, 用 $2\nu - \mu - \varrho$ 去代 ψ, 就得到

$$x = \alpha \cdot \mu + \beta \cdot \nu + \gamma \cdot \varrho$$

这里的 α, β, γ 都是那些带撇符号的函数. 这些函数的具体形式无关紧要, 因为利用 §37 中讲过的消去法, 可以通过多种方式, 将它们用 μ', ν', ϱ' 复合而成的八重符号表示出来.

作者希望, 其他曲线和曲面的特征问题也能用类似的方法解决. 当然, 在这些情况下, 特征数都会比 2 大得多, 这一点很容易看出来. 例如, 让我们考虑一个固定平面内带尖点的三次曲线, 以及关于它的两个条件 ν 和 ϱ, 它们分别要求曲线通过一个给定点和与一条给定直线相切. 假如这两个条件就能够将所有的单重条件以普遍成立的方式表达出来, 则在任何三个 6 重 (即 $7 - 1$ 重) 条件之间都应该有一个普遍成立的方程. 但是, 从 §23 中算得的数目很容易推知, 并不是任何三个 6 重条件之间都存在这种普遍成立的方程. 也许, 对于带尖点的三次平面曲线来说, ν 和 ϱ 这两个条件, 再加上 §23 的十二个退化条件 $\delta_1, \delta_2, \varepsilon_1, \varepsilon_2, \varepsilon_3, \tau_1, \tau_2, \tau_3, \vartheta_1, \vartheta_2, \eta_1, \eta_2$, 就足以将所有的单重条件表示出来. 如果确实如此的话, 这种曲线的一级特征数就等于 14.

§39

由一条直线和其上一点所构成
几何形体的特征公式的推导与应用 (Lit.52)

这种几何形体的参数个数等于 5. 因此, 我们来研究两个给定的系统 Σ 和 Σ', 并假定两者的级数之和为 5. 我们把 Σ 中的直线记为 g, 其上的点记为 p; 而把 Σ' 中的直线记为 g', 其上的点记为 p'. 因为直线的参数个数等于 4, 所以这两个系统中的公共直线就构成了一个一级系统, 也就是一个直纹面. 在这个直纹面的每条直

线上, 既有一个点 p, 也有一个点 p'. 于是, 根据 §13 中点对的一维叠合公式, 在直纹面上有

$$\varepsilon = p + p' - g$$

条, 或者也可以说有

$$\varepsilon = p + p' - g'$$

条那样的直线, 在这种直线上的那两个点 p 和 p' 叠合在一起. 但是, 正像我们在用叠合公式推导 Bezout-Halphen 定理时所指出的那样 (参见 §13 和 §15), 这个直纹面上的每条直线都可以看成是一条直线 g 与一条直线 g' 产生的完全叠合体. 因此, 根据 §15 的公式 34), 要求一条直线同时属于 Σ 和 Σ', 即属于该直纹面的四重条件 η, 就等于

$$G + g_s g' + g_p g'_p + g_e g'_e + g g'_s + G'$$

从而, 这两个系统中公共几何形体 Γ 的数目 x 由以下的主干公式(stammformel)给出

1) $\qquad x = (p + p' - g)(G + g_s g' + g_p g'_p + g_e g'_e + g g'_s + G')$

也就是

$$x = (p + p' - g')(G + g_s g' + g_p g'_p + g_e g'_e + g g'_s + G')$$

这个公式解决了各种情况下的特征问题, 就是说, 既解决了 Σ 为一级、Σ' 为四级的情况, 又解决了 Σ 为二级、Σ' 为三级的情况. 自然, 如果将带撇的符号与不带撇的符号互换, 并不能产生新的结果. 如果两个系统中有一个是 i 级的, 则与此系统有关的非 i 重的符号都等于零. 因此, 在将 1) 式按乘法展开之后, 最好是将公式中的符号按照维数来排列, 这样就得到

2) $\ x = [pG] + [p' \cdot G + g' \cdot (pg_s - G)] + [p' g' \cdot g_s + g'_p \cdot (pg_p - g_s) + g'_e \cdot (pg_e - g_s)]$
$\qquad + [p' g'_p \cdot g_p + p' g'_e \cdot g_e + g'_s \cdot (pg - g^2)] + [p' g'_s \cdot g + G' \cdot (p - g)] + [p'G']$

假如 Σ 为 i 级, 而 Σ' 为 $5 - i$ 级, 则 2) 式的六个方括号中, 只有第 $6 - i$ 个括号不等于零. 当 $i = 5$ 和 $i = 0$ 时, 由此只能得到显然的结果; 而当 $i = 4$ 时, 这给出以下的定理: 在由几何形体 Γ 构成的一级系统 Σ 与四级系统 Σ' 中, 公共几何形体的数目为

3) $\qquad\qquad x = p' \cdot G + g' \cdot (pg_s - G)$

当 $i = 1$ 时, 所得定理完全一样, 只不过要将带撇与不带撇的符号互换而已.

当 $i = 2$ 和 $i = 3$ 时, 我们可以通过两种方式得到以下的定理:

在由几何形体 Γ 构成的二级系统 Σ 与三级系统 Σ' 中，公共几何形体的数目为

4)
$$x = p'g' \cdot g_s + g'_p \cdot (pg_p - g_s) + g'_e \cdot (pg_e - g_s)$$

利用 §7 中的关联公式, 3) 式也可以写作

5)
$$x = p' \cdot G + g' \cdot p^2 g_e$$

而 4) 式则可以写作

6)
$$x = p'^2 \cdot g_s + g'_p \cdot p^3 + g'_e \cdot pg_e$$

如果用 §37 中的消去法, 还可以从 1) 式更快地得到这两个公式. 因为 1) 式说明: 对于几何形体 Γ, 每个单重条件都可以用 p' 和 g' 来表示, 每个二重条件都可以用 $p'g'$, g'_p 及 g'_e 来表示. 但是, 这就足以定出特征公式的确切形式. 因为 §37 告诉我们, 每个单重条件可以通过某两个单重条件表示出来, 而每个二重条件可以通过某三个二重条件表示出来. 于是, 如果 z 是一个任意的单重条件, y 是一个任意的二重条件, 则 z 可以用 p' 和 g' 表示出来, 而 y 不仅能够用 $p'g', g'_p, g'_e$ 来表示, 还能用 p'^2, g'_p, g'_e 来表示, 比如说有

7)
$$z = \alpha \cdot p' + \beta \cdot g'$$

8)
$$y = \gamma \cdot p'^2 + \delta \cdot g'_p + \zeta \cdot g'_e$$

通过符号相乘, 也许还要使用消去法, 我们可以有很多办法定出系数 $\alpha, \beta, \gamma, \delta, \zeta$ 的数值. 最巧妙的办法是, 用这样的一个条件去乘, 使得除了一个符号之外, 它与其余符号的乘积都等于零. 于是, 我们分别用 G' 与 $p'^2 g'_e$ 去乘 7) 式, 得到

$$zG' = \alpha \cdot 1 + \beta \cdot 0$$
$$zp'^2 g'_e = \alpha \cdot 0 + \beta \cdot 1$$

这两个式子所说的不过是, α 表示了有多少个几何形体 Γ 同时满足 z 和 G', 而 β 表示了有多少个几何形体 Γ 同时满足 z 和 $p'^2 g'_e$. 因此, 如果将满足条件 z 的四级系统记为 Σ, Σ 中的直线记为 g, 则系数 α 等于 G, β 等于 $p^2 g_e$. 同样地, 为了定出 γ, δ, ζ 的数值, 我们分别用 $g'_s, p'^3, p'g'_e$ 去乘 8) 式, 得到

$$yg'_s = \gamma \cdot 1 + \delta \cdot 0 + \zeta \cdot 0$$
$$yp'^3 = \gamma \cdot 0 + \delta \cdot 1 + \zeta \cdot 0$$
$$yp'g'_e = \gamma \cdot 0 + \delta \cdot 0 + \zeta \cdot 1$$

由此推得系数 γ 等于 g'_s, δ 等于 p'^3, ζ 等于 $p'g'_e$.

由 5) 式和 6) 式这两个初始的特征公式, 对于级数之和大于 5 的两个系统, 我们也可以推出一些公式. 要做到这一点, 只需用关于 p' 和 g' 的基本条件去乘 5) 式

和 6) 式即可 (参见 §37). 首先, 我们用 p' 和 g' 去乘 5) 式, 所得的两个公式涉及的是 Σ' 为二级, Σ 为四级的情况. 这两个公式是

$$xp = p'^2 \cdot G + p'g' \cdot p^2 g_e$$
$$xg = p'g' \cdot G + g'^2 \cdot p^2 g_e$$

利用关联公式, 它们也可以写成

9) $$xp = p'^2 \cdot G + p'^2 \cdot p^2 g_e + g'_e \cdot p^2 g_e$$

10) $$xg = p'^2 \cdot G + g'_e \cdot G + g'_e \cdot p^2 g_e + g'_p \cdot p^2 g_e$$

其次, 用 p' 和 g' 去乘 6) 式, 所得的两个公式涉及的是 Σ 与 Σ' 均为三级的情况. 这两个公式是

11) $$xp = p'^3 \cdot g_s + g'_s \cdot p^3 + p'^3 \cdot p^3 + p'g'_e \cdot pg_e$$

12) $$xp = p'^3 \cdot g_s + g'_s \cdot p^3 + g'_s \cdot pg_e + p'g'_e \cdot g_s$$

最后, 用 p'^2, g'_p 和 g'_e 去乘 5) 式, 所得的三个公式涉及的是 Σ' 为三级, Σ 为四级的情况. 这三个公式是

13) $$xp^2 = p'^3 \cdot G + p'g'_e \cdot p^2 g_e + p'^3 \cdot p^2 g_e$$

14) $$xg_p = p'^3 \cdot G + g'_s \cdot G + g'_s \cdot p^2 g_e$$

15) $$xg_e = p'g'_e \cdot G + g'_s \cdot p^2 g_e$$

自然, 若用 pp' 去乘 6) 式, 也可以得到 13) 式. 此外, 用 gg' 去乘 6) 式, 可以得到 14) 式与 15) 式之和; 用 $p'g$ 去乘 6) 式, 可以得到 13) 式与 15) 式) 之和.

对于两个给定系统都是四级的情况, 仍然有很多办法得到它们的公式. 例如, 可以用 p'^3, $p'g'_e$ 和 g'_s 分别去乘 5) 式, 从而得到

16) $$xp^3 = p'^2 g'_e \cdot p^2 g_e \quad \text{(这就是两个顶点相同的圆锥中公共直线的条数)}$$

17) $$xpg_e = p'^2 g'_e \cdot G + G' \cdot p^2 g_e + p'^2 g'_e \cdot p^2 g_e$$

18) $$xg_s = G' \cdot G + p'^2 g'_e \cdot G + G' \cdot p^2 g_e$$

15) 式, 17) 式和 18) 式这三个公式同时也解决了那种情况下的特征问题, 在这种情况中, 几何形体 Γ 构成的两个系统都位于同一个平面内, 即都位于条件 g_e 决定的平面内. 如果我们想将这个条件加在几何形体 Γ 的定义中, 从而将它从这些公式中去掉, 则在 15) 式, 17) 式和 18) 式这三个式子中, 就要把 G 换成 $g_e g_e$, 把 G' 换成 $g'_e g'_e$, 把 g'_s 换成 $g'g'_e$, 然后再从所有的符号中把 $g_e g_e$ 删掉. 这样就得到

19) $$x = p' \cdot g_e + g' \cdot p^2$$

20) $$xp = p'^2 \cdot g_e + g'_e \cdot p^2 + p'^2 \cdot p^2$$

21) $$xg = g'_e \cdot g_e + p'^2 \cdot g_e + g'_e \cdot p^2$$

270

我们以 19) 式为例, 来将这个式子用文字表述如下:

"假设在一个固定平面内, 给定了由几何形体 Γ 构成的一级系统 Σ 和二级系统 Σ', 这里 Γ 由一条直线和该直线上的一个点组成. 那么, 这两个系统中公共几何形体的数目是两个乘积之和, 第一个乘积是 Σ 中那 ∞^1 个点所构成曲线的阶数, 乘以 Σ' 中含有一条给定直线的几何形体 Γ 的个数; 第二个乘积是 Σ 中那 ∞^1 条直线所构成轨迹的次数, 乘以 Σ' 中含有一个给定点的几何形体 Γ 的个数(参见 §14 的结尾部分)."

对多于两个的系统, 从 5) 式和 6) 式也能毫不费力地推出关于它们公共几何形体 Γ 的公式. 假设给定了三个系统, 它们定义条件的维数之和为 5, 即它们系统的级数之和为 10, 则这三个系统公共几何形体 Γ 的数目就是一个有限的值. 一般说来, 如果有 i 个系统, 其级数之和为 s, 则它们所共有的几何形体总是构成一个 $s - 5(i-1)$ 级的系统 (参见 §3). 举例说来, 让我们来确定下面五个给定的四级系统

$$\Sigma_1, \ \Sigma_2, \ \Sigma_3, \ \Sigma_4, \ \Sigma_5$$

中公共几何形体的数目. 我们用 α_i 来记 Σ_i 中那种几何形体的个数, 这种几何形体中的直线是一条给定的直线; 用 β_i 来记 Σ_i 中那种几何形体的个数, 这种几何形体中的直线位于一个给定平面上, 并且它的点位于一条给定直线上. 于是, 如果将几何形体 Γ 属于系统 Σ_i 这个单重条件记为 z_i, 则根据 5) 式, z_i 就等于

$$p \cdot \alpha_i + g \cdot \beta_i,$$

其中的 p 和 g 都是单重条件, p 要求几何形体 Γ 中的点在一个给定平面上, g 要求 Γ 的直线与一条给定直线相交. 从而, 对于五重条件 $z_1 z_2 z_3 z_4 z_5$, 即要求几何形体 Γ 属于所有五个系统这一条件, 我们就得到以下的公式:

22) $$z_1 z_2 z_3 z_4 z_5 = (\alpha_1 \cdot p + \beta_1 \cdot g)(\alpha_2 \cdot p + \beta_2 \cdot g)(\alpha_3 \cdot p + \beta_3 \cdot g)$$
$$\cdot (\alpha_4 \cdot p + \beta_4 \cdot g)(\alpha_5 \cdot p + \beta_5 \cdot g)$$

将等式右边按乘法展开之后, 得到 32 项, 其中不等于零的项, 只有那些含有下述三个符号

$$p^3 g^2, \ p^2 g^3, \ p g^4$$

之一的项. 然而, 我们有 $p^3 g^2 = 1, p^2 g^3 = 2, p g^4 = 2$ (参见 §19). 从而容易看出, 这五个系统中公共几何形体的数目 x 为

23) $x = 1 \cdot (\alpha_1\alpha_2\alpha_3\beta_4\beta_5 + \alpha_1\alpha_2\alpha_4\beta_3\beta_5 + \alpha_1\alpha_2\alpha_5\beta_3\beta_4 + \alpha_1\alpha_3\alpha_4\beta_2\beta_5$

$\quad + \alpha_1\alpha_3\alpha_5\beta_2\beta_4 + \alpha_1\alpha_4\alpha_5\beta_2\beta_3 + \alpha_2\alpha_3\alpha_4\beta_1\beta_5$

$\quad + \alpha_2\alpha_3\alpha_5\beta_1\beta_4 + \alpha_2\alpha_4\alpha_5\beta_1\beta_3 + \alpha_3\alpha_4\alpha_5\beta_1\beta_2)$

$\quad + 2 \cdot (\alpha_1\alpha_2\beta_3\beta_4\beta_5 + \alpha_1\alpha_3\beta_2\beta_4\beta_5 + \alpha_1\alpha_4\beta_2\beta_3\beta_5 + \alpha_1\alpha_5\beta_2\beta_3\beta_4$

$\quad + \alpha_2\alpha_3\beta_1\beta_4\beta_5 + \alpha_2\alpha_4\beta_1\beta_3\beta_5 + \alpha_2\alpha_5\beta_1\beta_3\beta_4$

$\quad + \alpha_3\alpha_4\beta_1\beta_2\beta_5 + \alpha_3\alpha_5\beta_1\beta_2\beta_4 + \alpha_4\alpha_5\beta_1\beta_2\beta_3)$

$\quad + 2 \cdot (\alpha_1\beta_2\beta_3\beta_4\beta_5 + \alpha_2\beta_1\beta_3\beta_4\beta_5 + \alpha_3\beta_1\beta_2\beta_4\beta_5 + \alpha_4\beta_1\beta_2\beta_3\beta_5$

$\quad + \alpha_5\beta_1\beta_2\beta_3\beta_4)$

对上面导出的特征公式作对偶变换, 就对于由一条直线及含有该直线的一个平面所组成几何形体, 解决了其特征问题.

对于这里研究的几何形体 Γ, 其特征问题还有第二种解法, 就是对于那两个级数之和为 5 的系统 Σ 与 Σ', 一开始我们不去考虑它们公共的一级直线系统, 而去考虑它们公共的二级点系统. 那么, 对于这个点系统中的每个点, 都有一条直线 g 和一条直线 g' 通过该点. 如果把每两条这样相互关联的 g 和 g' 组成一个直线对, 则根据 §15 的公式 10), 存在

$$g_p + g'_p + e^2 - ep$$

个那样的直线对, 这种直线对中的两条直线无限靠近, 并且含有它们的每个平面都可以看作是它们的连接平面. 其中, 符号 e 表示的条件是, 两条直线 g 和 g' 的连接平面要通过一个给定点. 因此, 我们还得用关于 g, g', p, p' 的符号将条件 e^2 和 ep 表示出来. 如果我们注意到: 除了这种直线对之外, 其他叠合体都不能满足条件 e, 就很容易由 §15 中的 39) 式与 49) 式得出这样的表示式. 从而, 由 §15 的 39) 式推得

$$ep = g_e + g'_e + p^2$$

而由 §15 的 49) 式推得

$$e^2 = gg' - p^2$$

现在, 由 §13 的 15) 式可知, 要求一个点 p 等于一个点 p', 即要求点 p 属于我们所研究的二级点系统, 这个三重条件等于

$$p^3 + p^2 p' + p p'^2 + p'^3$$

由此得出, 两个系统 Σ 和 Σ' 中公共几何形体 Γ 的数目 x 为

$$x = (p^3 + p^2 p' + p p'^2 + p'^3) \cdot [g_p + g'_p + (gg' - p^2) - (g_e + g'_e + p^2)]$$

272

也就是

24) $\qquad x = (p^3 + p^2 p' + p p'^2 + p'^3) \cdot (g_p - g_e - 2p^2 + gg' + g'_p - g'_e)$

如果将上式右边按乘法展开, 再应用关联公式, 就能再次得到 2) 式. 这对于 2) 式提供了一个有趣的验证. 特别, 当 Σ' 为一级, Σ 为四级时, 可用如下的方法推出 5) 式:

$$
\begin{aligned}
x &= p^3 g \cdot g' + p^2 (g_p - g_e - 2p^2) \cdot p' \\
&= p^2 g_e \cdot g' + (p^2 g_p - p^2 g_e) \cdot p' \\
&= p^2 g_e \cdot g' + G \cdot p'
\end{aligned}
$$

我们也可以再次得到 6) 式, 因为首先有

$$
x = p^3 \cdot g'_p - p^3 \cdot g'_e + p^2 g \cdot p' g' + p(g_p - g_e - 2p^2) \cdot p'^2
$$

对此应用关联公式, 就得到

$$
\begin{aligned}
x &= p^3 \cdot g'_p - p^3 \cdot g'_e + p^3 \cdot g'_e + p^3 \cdot p'^2 + pg_e \cdot g'_e + pg_e \cdot p'^2 \\
&\quad + g_s \cdot p'^2 + p^3 \cdot p'^2 - pg_e \cdot p'^2 - 2p^3 \cdot p'^2 \\
&= p^3 \cdot g'_p + pg_e \cdot g'_e + g_s \cdot p'^2
\end{aligned}
$$

我们所得的特征公式对于计数问题有许许多多的应用, 在此仅讨论下面的几个.

Ⅰ. 公式 19) 可以看作是一个定理. 作为此定理的一个特殊情况, 就可以得到在 §4 和 §11 中证明过的关于一个曲线系统中与一条给定曲线相切的曲线数目 x 的那个定理. 具体说来是这样的: 对于给定的曲线, 我们将它的切线和切点分别记作 g' 和 p'; 而对于给定的曲线系统, 它的切线和切点则分别记作 g 和 p. 从而, 该曲线给出了一个由几何形体 Γ 构成的一级系统, 其中的 Γ 由直线 g' 和点 p' 组成; 而该曲线系统则给出了一个由几何形体 Γ 构成的二级系统, 其中的 Γ 由直线 g 和点 p 组成. 现在来应用 19) 式. 那么, 公式中的 p' 就是给定曲线的阶数 m, g' 是给定曲线的秩数 n, g_e 是该系统中与一条给定直线相切的曲线数目 ν, p^2 是该系统中通过一个给定点的曲线数目 μ. 于是有

$$
x = m \cdot \nu + n \cdot \mu
$$

Ⅱ. 完全一样地, 利用上面的特征公式, 对于由切线与其切点组成的几何形体, 我们可以求出所有关于它们的个数. 举例说来, 对于一个阶为 n、秩为 r 的曲面 F, 我们将它的每条切线 g 与其切点 p 组成一个几何形体; 而对于阶为 n'、秩为 r' 的另一个曲面 F', 也将它的每条切线 g' 与其切点 p' 组成一个几何形体. 这样就得到

两个由几何形体 Γ 构成的三级系统. 我们对这两个系统应用 11) 式和 12) 式. 那么,$pg_e, g_s, p'g'_e, g'_s$ 这几个符号分别等于 n, r, n', r',除此以外,其他的符号都等于零. 从而,11) 式给出的结果就是,两个曲面相交曲线的次数为 nn';12) 式给出的则是,两个曲面公共点处切平面的交线所构成直纹面的次数为

$$nr' + n'r$$

第二,假设给定了一个阶为 n、秩为 r 的空间曲线,以及一个由空间曲线构成的三级系统,并设该系统中总有 φ 条曲线与一条给定直线相切,总有 χ 条曲线与一个给定平面相切于一个给定点. 那么,5) 式给出,该系统中与给定空间曲线相切的曲线数目为

$$n \cdot \varphi + r \cdot \chi$$

第三,假设给定了由空间曲线构成的一个一级系统和一个二级系统,则同样可以由 6) 式得出该一级系统中与该二级系统中的某条空间曲线相切的曲线数目.

此外,还容易得出空间曲线与曲面相切的数目,也就是下面的两个结果.

第四,假设给定了一条阶为 n、秩为 r 的空间曲线,以及一个由曲面构成的一级系统,并设该系统中总有 μ 个曲面通过一个给定点,总有 ν 个曲面与一条给定直线相切. 那么,5) 式给出,该系统中与该给定空间曲线相切的曲面数目为

$$n \cdot \nu + r \cdot \mu$$

第五,假设给定了一个阶为 n、秩为 r 的曲面,以及一个由空间曲线构成的一级系统,并设该系统中总有 ν 条曲线与一条给定直线相切,总有 ϱ 条曲线与一个给定平面相切. 那么,6) 式给出,该系统中与该给定曲面相切的曲线数目为

$$\nu \cdot r + \rho \cdot n$$

第六,假设给定了两个空间曲线的二级系统. 在第一个系统中,总有 a 条曲线通过一个给定点,总有 b 条曲线与一个给定直线束中的某条直线相切,总有 c 条曲线与一个给定平面相切于一条给定直线上的一个给定点;在第二个系统中,相应的曲线数目则是 a', b', c'. 那么,11) 式给出,所有分属两个系统中的两条相切曲线的切点所构成曲线的阶数为

$$a'b + b'a + a'a + c'c$$

而 12) 式则给出,由上述切点处的切线所构成直纹面的次数为

$$a'b + b'a + b'c + c'b$$

第七,假设给定了五个由曲面构成的一级系统 $\Sigma_1, \Sigma_2, \Sigma_3, \Sigma_4, \Sigma_5$,并设在系统 Σ_i 中,总有 μ_i 个曲面通过一个给定点,总有 ν_i 个曲面与一条给定直线相切. 那么,如果在 23) 式中,将每个 β_i 用 μ_i 代入,每个 α_i 用 ν_i 代入,则我们就得到那种空间直线的数目,这种直线与分属五个系统的五个曲面都相切于同一点.

III. 在一个曲面 F 上,将每条切线 g 与其切点 p 组成一个几何形体;而在另一个曲面 F' 上,将每条主切线 g' 与其切点 p' 组成一个几何形体. 于是,我们分别得到一个三级系统和一个二级系统,这两个系统公共元素的个数也可以通过 6) 式来确定. 记 F 的阶为 n,秩为 r;又记 F' 的阶为 n',记 F' 在一个平面截口中主切线的数目为 α'. 那么,6) 式给出下面的结论:考虑两个曲面 F 与 F' 相交曲线上的那种点,在这种点处,曲线的切线就是 F' 的主切线. 那么,这种点的数目为

$$2n'r + \alpha'n$$

如果这两个曲面都没有奇点,则从 §33 中我们知道

$$r = n(n-1), \quad \alpha' = 3n'(n'-2)$$

从而,上面那个数等于

$$2nn'(n-1) + 3nn'(n'-2)$$

也就是

$$nn'(2n + 3n' - 8)$$

这与 Salmon 和 Fiedler 所著的《空间几何》(第 438 款) 中的结果是一致的.

IV. 假设给定了两个无奇点的 (strahlallgemein) 复形 C 和 C',其次数分别为 n 和 n'. 从 §36 中我们知道,C 中的每条直线 g 上都有四个那样的点,它们都是与 g 相切的复形曲线(complexcurve)的尖点. 我们将这四个点中的每个点 p 都与 g 组成一个几何形体 Γ,然后对复形 C' 也这样做. 那么,我们就得到两个由几何形体 Γ 构成的三级系统,两者具有 ∞^1 个公共的元素. 这些公共元素中的直线构成了一个直纹面,其次数由 11) 式给出;而这些公共元素中的点则构成了一条曲线,其次数由 12) 式给出. 具体地说,从 §36 中我们知道

$$p^3 = 3n(n-2), \quad g_s = 4n, \quad pg_e = n(3n-2)$$
$$p'^3 = 3n'(n'-2), \quad g'_s = 4n', \quad p'g'_e = n'(3n'-2)$$

将这些数值代入 12) 式与 11) 式,就得到

$$xg = 8nn'(3n + 3n' - 8)$$

$$xp = 2nn'(9nn' - 6n - 6n' - 2)$$

这里, 第一个数是由全部 ∞^1 条那种直线所构成直纹面的次数, 这种直线是这两个给定的 n 次与 n' 次复形的复形曲线在它们公共尖点处的回转切线. 这些公共尖点本身也构成了一条曲线, 其次数就是上面的第二个数.

V. 我们还要给出特征公式在度量几何问题中的一个应用. 我们在一个阶为 n、秩为 r 的给定曲面 F 上, 将每条切线 g 与其切点 p 组成一个几何形体 Γ; 又在阶为 n'、秩为 r'、类为 k' 的另一个曲面 F' 上, 将每个点 p' 与其法线 g' 组成一个几何形体. 这样, 我们就得到一个三级系统 Σ 和一个二级系统 Σ'. 这两个系统中公共几何形体的个数, 可以用 6) 式来求得. 为此, 我们得令 $g_s = r$, $pg_e = n$, $p'^2 = n'$, 并令 g'_e 等于落在 F' 的一个平面截口中的法线的条数. 后面这个数在 §4 的例 6 中已经求得了, 它就等于曲面 F' 的秩 r'. 从而, 我们得出以下的结论: 考虑两个曲面相交曲线上的那种点, 在这种点处一个曲面的法线与另一个曲面相切, 就是说, 在这种点处两个曲面垂直相交. 那么, 这种点的数目为

$$n'r + nr'$$

如果在上述讨论中, 将曲面 F 换成一个由曲面构成的一级系统, 并设该系统中总有 μ 个曲面通过一个给定点, 有 ν 个曲面与一条给定直线相切. 那么, 曲面 F' 上的那种点就构成了一条曲线, 在这种点处 F' 与系统中的某个曲面垂直相交. 于是, 9) 式给出, 这条曲线的次数等于

$$\mu(n' + r') + \nu n'$$

最后, 我们来从 10) 式求出上面那种点处的法线所构成直纹面的次数. 为此, 除了符号 p'^2 和 g'_e 的数值以外, 我们还必须知道符号 g'_p 的数值, 即通过一个给定点的法线数目. 我们在 §4 的例 6 中就已经求得了这个数等于 $n' + r' + k'$. 于是, 10) 式给出, 上述直纹面的次数等于

$$\mu(n' + 2r' + k') + \nu(n' + r')$$

§40
直线束的特征公式的推导与应用 (Lit.52)

直线束的参数个数为 5. 因此, 假设给定了由直线束构成的两个系统 Σ 和 Σ', 两者级数之和为 5. 我们将 Σ 中直线束的束平面和束心分别记作 e 和 p, 而 Σ' 中

直线束的束平面和束心则分别记作 e' 和 p'. 这两个系统有 ∞^2 个公共平面. 要求一个平面既是 Σ 中的平面 e, 又是 Σ' 中的平面 e', 是一个三重条件. 根据 §13 中 15) 式的对偶公式, 这个三重条件等于

$$e^3 + e^2 e' + e e'^2 + e'^3$$

在 ∞^2 个公共平面中的每个平面上, 都有一个点 p 和一个点 p'. 二重条件 εg 要求这两个点叠合, 并且两点的连线 g 通过此公共平面上一个任取的点, 即连线与一条任意给定的直线相交. 根据 §13 中的 2) 式, 这个二重条件等于

$$p^2 + p'^2 + g_e - g_p$$

也就是

$$p^2 + p'^2 + g_e - eg + e^2$$

我们注意到, 所有 p 和 p' 的叠合体都必定满足条件 g. 因此, 所有不含 g 的叠合符号都等于零, 故有

$$0 = pp' - g_e$$
$$0 = p + p' - g$$

从而, 符号 g_e 和 g 都能用关于 p 和 p' 的符号表示出来.

于是, 我们知道 εg 就等于

$$p^2 + p'^2 + pp' - ep - ep' + e^2$$

因此, 利用主干公式(stammformel), 要求一个直线束同时属于 Σ 和 Σ' 这两个系统的五重条件 x, 就可以示表成为

1) $x = (e^3 + e^2 e' + e e'^2 + e'^3)(p^2 + p'^2 + pp' - ep - ep' + e^2)$

将上式右边按乘法展开, 然后将所得的五重符号按照关于 Σ 或 Σ' 的条件的维数来排序, 则得

$$
\begin{aligned}
x = &[e^3(p^2 - ep + e^2)] + [e' \cdot e^2(p^2 - ep + e^2) + p' \cdot e^3(p - e)] \\
&+ [e'^2 \cdot e(p^2 - ep + e^2) + e'p' \cdot e^2(p - e) + p'^2 \cdot e^3] \\
&+ [e'^3 \cdot (p^2 - ep + e^2) + e'^2 p' \cdot e(p - e) + e'p'^2 \cdot e^2] \\
&+ [e'^3 p' \cdot (p - e) + e'^2 p'^2 \cdot e] + [e'^3 p'^2]
\end{aligned}
$$

现在, 使用符号 $\widehat{pe}$ 和 $\widehat{p'e'}$, 并应用 §10 中的关联公式 XIII 和 XIV, 则得

2) $x = (p^3 e^2) + (e' \cdot ep^3 + p' \cdot e^3 p) + (e'^2 \cdot p^3 + e'p' \cdot \widehat{pe} + p'^2 \cdot e^3)$

$\qquad + (e'^3 \cdot p^2 + \widehat{p'e'} \cdot pe + p'^3 \cdot e^2) + (e'^3 p' \cdot p + e'p'^3 \cdot e) + (e'^3 p'^2)$

将这个公式作对偶变换, 或者将带撇的符号与不带撇的符号互换, 这个公式都会变为它自己. 这就验证了主干公式的正确性. 现在, 若 Σ' 为一级, Σ 为四级, 则除了第二个括号中的符号以外, 其余所有的符号都等于零. 这就给出了以下的定理:

在直线束构成的一级系统 Σ' 与四级系统 Σ 中, 公共直线束的数目 x 由下式给出:

3)
$$x = p' \cdot pe^3 + e' \cdot p^3 e$$

同样地, 若 Σ' 为二级, Σ 为三级, 则从第三个括号得到以下的定理:

在直线束构成的二级系统 Σ' 与三级系统 Σ 中, 公共直线束的数目 x 由下式给出:

4)
$$x = p'^2 \cdot e^3 + p'e' \cdot \widehat{pe} + e'^2 \cdot p^3$$

其实, 通过考虑与上述推导对偶的情况, 也能得到 2) 式. 那样的话, 为了得到 2) 式, 我们就必须从这两个系统的公共点所构成的曲面出发, 并利用另一个主干公式, 也就是利用下面的公式:

$$x = (p^3 + p^2 p' + pp'^2 + p'^3)(e^2 + e'^2 + ee' - pe - pe' + p^2)$$

此外, 利用我们在 §37 中讲过的, 并在 §39 中实施的消去法, 也可以定出 3) 式和 4) 式, 这只须注意到以下的事实: 对于束心为 p, 束平面为 e 的直线束来说, 每个单重条件都能用 p 和 e 表示出来, 而每个二重条件都能用 p^2, pe, e^2 表示出来.

现在, 我们来讨论直线束的衍生特征公式. 这些公式涉及级数之和大于 5 的两个系统, 可以通过用 p', e' 等符号与 3) 式和 4) 式相乘而得到.

若 Σ' 为二级, Σ 为四级, 则有

5)
$$xp = p'^2 \cdot pe^3 + p'e' \cdot p^3 e$$

6)
$$xe = p'e' \cdot pe^3 + e'^2 \cdot p^3 e$$

若 Σ' 为三级, Σ 也是三级, 则有

7)
$$xp = p'^3 \cdot e^3 + p'^3 \cdot \widehat{pe} + \widehat{p'e'} \cdot \widehat{pe} + \widehat{p'e'} \cdot p^3 + e'^3 \cdot p^3$$

8)
$$xe = p'^3 \cdot e^3 + e'^3 \cdot \widehat{pe} + \widehat{p'e'} \cdot \widehat{pe} + \widehat{p'e'} \cdot e^3 + e'^3 \cdot p^3$$

若 Σ' 为三级, Σ 为四级, 则有

9)
$$xp^2 = p'^3 \cdot pe^3 + p'^3 \cdot p^3 e + \widehat{p'e'} \cdot p^3 e$$

10)
$$xpe = p'^3 \cdot pe^3 + \widehat{p'e'} \cdot pe^3 + \widehat{p'e'} \cdot p^3 e + e'^3 \cdot p^3 e$$

11)
$$xe^2 = \widehat{p'e'} \cdot pe^3 + e'^3 \cdot pe^3 + e'^3 \cdot p^3 e$$

若 Σ' 为四级, Σ 也是四级, 则有

12)
$$xp^3 = p'^3 e' \cdot p^3 e$$

13)
$$x\widehat{pe} = p'^3 e' \cdot pe^3 + p'e'^3 \cdot p^3 e$$

14)
$$xe^3 = p'e'^3 \cdot pe^3 \quad \text{(这也是两条平面曲线交点的个数)}$$

278

显然, 关于直线束的公式可以用来处理曲面的相切, 这是因为一个曲面的所有切线构成了一个直线束的二级系统, 而所谓两个曲面的相切, 就是指两个相应的直线束系统有一个公共的元素. 从而, 我们在 §14 中从叠合公式推出的关于曲面相切的那些数目, 有一部分是公式 3)—14) 的特殊情况. 具体地说, 若曲面 F 的阶为 n, 秩为 r, 类为 k, 则对于由相应的切线束构成的二级系统, 就有

$$p^2 = n, \quad pe = r, \quad e^2 = k$$

此外, 对于由曲面构成的一级系统, p^3 等于系统中通过一个给定点的曲面数目 μ, $\widehat{pe}$ 等于与一条给定直线相切的曲面数目 ν, e^3 等于与一个给定平面相切的曲面数目 ϱ. 最后, 对于由曲面构成的二级系统, p^3e 等于系统中与一条给定直线相切于该直线上一个给定点的曲面数目 ϑ, pe^3 等于与一个给定平面相切于该平面上一条给定直线的曲面数目 φ. 从而, 根据 4) 式, 在一个一级曲面系统 (μ, ν, ϱ) 中, 与一个曲面 (n, r, k) 相切的曲面数目等于

$$n \cdot \varrho + r \cdot \nu + k \cdot \mu$$

假设给定了由曲面构成的两个一级系统 (μ, ν, ϱ) 和 (μ', ν', ϱ'). 考虑所有分属两个系统中的两个相切的曲面, 则它们的切点所构成曲线的阶数与切平面所构成轨迹的次数, 分别由 7) 式与 8) 式给出. 具体地说, 第一个数等于

$$\mu \cdot \varrho' + \varrho \cdot \mu' + \mu \cdot \nu' + \nu \cdot \mu' + \nu \cdot \nu'$$

而第二个数等于

$$\mu \cdot \varrho' + \varrho \cdot \mu' + \varrho \cdot \nu' + \nu \cdot \varrho' + \nu \cdot \nu'$$

假设给定了一个曲面 (n, r, k), 以及一个由曲面构成的二级系统 (ϑ, φ), 则两者会产生 ∞^1 次的相切. 于是, 根据 5) 式, 这些切点所构成曲线的阶数等于

$$n \cdot \varphi + r \cdot \vartheta$$

而根据 6) 式, 相应切平面所构成轨迹的次数等于

$$r \cdot \varphi + k \cdot \vartheta$$

最后, 假设给定了一个一级曲面系统 (μ, ν, ϱ) 与一个二级曲面系统 (ϑ, φ), 则两者的切点构成了一个曲面, 根据 9) 式, 其次数等于

$$\mu \cdot \vartheta + \mu \cdot \varphi + \nu \cdot \vartheta$$

此外, 相应的切平面构成了一个轨迹, 根据 11) 式, 其次数等于

$$\varrho \cdot \varphi + \varrho \cdot \vartheta + \nu \cdot \varphi$$

最后, 这些切点处的切线构成了一个复形, 根据 10) 式, 其次数等于

$$\mu \cdot \varphi + \nu \cdot \varphi + \nu \cdot \vartheta + \varrho \cdot \vartheta$$

作为直线束特征理论的第二个应用, 我们来求解下面的问题: 假设给定了五个无奇点的直线复形 C_1, C_2, C_3, C_4, C_5, 其次数分别为

$$n_1,\ n_2,\ n_3,\ n_4,\ n_5$$

现在要求确定, 在同一个平面内的五条复形曲线都相交于同一点的情况会出现多少次. 要求一个直线束属于复形 C_i, 这是一个单重条件, 我们将它记作 z_i. 那么, 我们所求的数目就等于符号 $z_1 z_2 z_3 z_4 z_5$ 的数值. 现在, 我们由前面的论述已经知道, 这五个条件中的每一个, 都可以用关于直线束的两个条件表示出来, 比如说用 p 和 e 来表示, 这里的 p 要求直线束的束心位于一个给定平面上, 而 e 要求直线束的束平面通过一个给定点; 因而就有

$$z_i = \alpha_i \cdot p + \beta_i \cdot e$$

用 pe^3 去乘这个式子, 就得知 α_i 等于那些既属于复形 C_i, 又满足条件 pe^3 的直线束的个数, 因而也就是 C_i 中一条复形曲线的阶数. 于是, 根据 §36, 它等于

$$n_i(n_i - 1)$$

再用 $p^3 e$ 去乘这个式子, 则由于对偶原理, 我们得到了同一个结果, 即 β_i 也等于

$$n_i(n_i - 1)$$

从而, 我们有

$$z_i = n_i(n_i - 1) \cdot (p + e)$$

于是, 我们所求的数目就是

$$\begin{aligned}
z_1 z_2 z_3 z_4 z_5 &= n_1(n_1-1)n_2(n_2-1)n_3(n_3-1)n_4(n_4-1)n_5(n_5-1)(p+e)^5 \\
&= n_1 n_2 n_3 n_4 n_5 (n_1-1)(n_2-1)(n_3-1)(n_4-1)(n_5-1)(10p^3e^2 + 10p^2e^3) \\
&= 20 \cdot n_1 n_2 n_3 n_4 n_5 (n_1-1)(n_2-1)(n_3-1)(n_4-1)(n_5-1)
\end{aligned}$$

§41

由一条直线、该直线上的一个点以及含有该直线的一个平面 所构成几何形体的特征公式的推导与应用 (Lit.52)

这种几何形体的参数个数为 6. 因此, 我们来研究由这种几何形体构成的两个系统 Σ 与 Σ', 两者级数之和为 6. 我们将 Σ 中的直线记为 g, g 上的点记为 p, 含有 g 的平面记为 e; 而 Σ' 中相应的主元素则分别记为 g', p', e'. 对于几何形体 Γ, 我们来考虑六重条件 x, 它要求 Γ 同时属于这两个系统. 用 §39 和 §40 中推导主干公式类似的方法, 我们推知, x 可以用下述五种方式表示出来:

1) $\quad x = (G + g_s g' + g_p g'_p + g_e g'_e + g g'_s + G')(p + p' - g)(e + e' - g)$

2) $\quad x = (p^3 + p^2 p' + p p'^2 + p'^3)(g_p - g_e - 2p^2 + gg' + g'_p - g'_e)(e + e' - g)$

3) $\quad x = (e^3 + e^2 e' + e e'^2 + e'^3)(g_e - g_p - 2e^2 + gg' + g'_e - g'_p)(p + p' - g)$

4) $\quad x = (e^3 + e^2 e' + e e'^2 + e'^3)(p^2 + p'^2 + pp' - ep - ep' + e^2)(g + g' - p - e)$

5) $\quad x = (p^3 + p^2 p' + p p'^2 + p'^3)(e^2 + e'^2 + ee' - ep - pe' + p^2)(g + g' - e - p)$

在上面的五种情况下, 将等式右边按乘法展开, 再利用关联公式, 将对于 Σ 或 Σ' 维数相同的符号归并在一起, 最后都会得到同一个公式, 即

6) $\quad \begin{aligned} x = &[peG] + [p' \cdot eG + e' \cdot pG + g' \cdot p^3 e^2] \\ &+ [p'^2 \cdot e^2 g_p + p'e' \cdot G + e'^2 \cdot p^2 g_e + g'_p \cdot p^3 e + g'_e \cdot pe^3] \\ &+ [p'^3 \cdot e g_p + \widehat{p'e'} \cdot g_s + e'^3 \cdot pg_e + p'g'_e \cdot e^3 + g'_s \cdot \widehat{pe} + e'g'_p \cdot p^3] \\ &+ \cdots\cdots \end{aligned}$

若 Σ' 为一级, Σ 为五级, 则第二个方括号给出了公共几何形体的数目, 故有

7) $\qquad\qquad x = p' \cdot eG + e' \cdot pG + g' \cdot p^3 e^2$

若 Σ' 为二级, Σ 为四级, 则由第三个方括号得到

8) $\qquad\qquad x = p'^2 \cdot e^2 g_p + p'e' \cdot G + e'^2 \cdot p^2 g_e + g'_p \cdot p^3 e + g'_e \cdot pe^3$

若 Σ' 为三级, Σ 也为三级, 则第四个方括号给出如下的特征公式:

9) $\qquad\qquad x = p'^3 \cdot e g_p + \widehat{p'e'} \cdot g_s + e'^3 \cdot pg_e + p'g'_e \cdot e^3 + g'_s \cdot \widehat{pe} + e'g'_p \cdot p^3$

如果两个系统的级数之和大于6, 则通过对公式 7)—9) 作符号乘积, 就可以得到它们的公式. 为简明起见, 我们这里只讨论两个系统 Σ 与 Σ' 都是四级的情况. 对于这样的两个系统, 下述五个公式成立:

10)　　　$xp^2 = p^3e \cdot G' + G \cdot p'^3e' + (p^3e + pe^3) \cdot p'^2g'_e + p^2g_e \cdot (p'e'^3 + p'^3e')$

11)　　　$xpe = p^3e \cdot p'^3e' + e^3p \cdot e'^3p' + G \cdot (p'^3e' + p'e'^3) + (p^3e + pe^3) \cdot G'$
　　　　　$+ p^3e \cdot e'^2g'_p + e^2g_p \cdot p'^3e' + e^3p \cdot p'^2g'_e + p^2g_e \cdot e'^3p'$

12)　　　$xe^2 = pe^3 \cdot G' + G \cdot p'e'^3 + (p^3e + pe^3) \cdot e'^2g'_p + e^2g_p \cdot (p'e'^3 + p'^3e')$

13)　　　$xg_p = p^3e \cdot G' + G \cdot p'^3e' + G \cdot e'^2g'_p + e^2g_p \cdot G' + p^2g_e \cdot e'^2g'_p$
　　　　　$+ e^2g_p \cdot p'^2g'_e + G \cdot G'$

14)　　　$xg_e = pe^3 \cdot G' + G \cdot p'e'^3 + G \cdot p'^2g'_e + p^2g_e \cdot G' + e^2g_p \cdot p'^2g'_e$
　　　　　$+ p^2g_e \cdot e'^2g'_p + G \cdot G'$

这些公式有许多的应用, 我们从中指出下面的几个.

I. 对一个 n 次复形中的每条直线, 考虑与它相切的复形曲线. 我们将该直线与该曲线的切点及所在的平面组成一个几何形体, 于是得到一个由几何形体 Γ 构成的四级系统 Σ. 对于这个系统有

$$G = 0,\ p^2g_e = e^2g_p = n,\ p^3e = pe^3 = n(n-1)$$

现在, 用同样的方式, 再从另一个 n' 次复形得到一个由几何形体 Γ 构成的四级系统 Σ'. 然后, 对 Σ 和 Σ' 应用公式 10)—14), 就得到了大家熟知的两个复形的公共线汇的焦曲面的特征 (Voss, *Math. Ann.*, 第 9 卷, p.87).

II. 对于一个 n 次复形中的每条直线, 考虑它的四个拐平面 (wendeebene). 我们将该直线与每个拐平面及相关的圆锥顶点组成一个几何形体, 于是得到一个由几何形体 Γ 构成的三级系统 Σ. 对于这个系统有

$$p^3 = e^3 = 3n(n-2),\ pg_e = eg_p = n(3n-2),\ g_s = 4n$$
$$\widehat{pe} = 2n(n-1)(n-2) \quad (\text{由 §36 的公式推出})$$

此外, 用同样的方式, 再从另一个 n' 次复形得到一个由几何形体 Γ 构成的三级系统 Σ'. 然后, 对 Σ 和 Σ' 应用 9) 式, 就得到了下面的定理:

在一个 n 次复形与一个 n' 次复形相交所构成的线汇中, 有

$$4nn'(2n^2 + 2n'^2 + 9nn' - 18n - 18n' + 20)$$

条这样的直线, 它们是同一个平面中分属两个复形的两条复形曲线在公共尖点处的回转切线.

III. 9) 式给出了一个二级曲线系统中那种空间曲线的数目, 这种空间曲线与另一个二级曲线系统中的某条空间曲线相切, 并且切点处的两个密切平面相互重合.

Ⅳ. 8) 式给出了一个二级曲面系统中那种曲面的数目, 这种曲面与一个给定曲面具有一条公共的法线, 并且该法线上的曲率中心相互重合, 相应的主曲率平面也相互重合.

Ⅴ. 9) 式给出了那种平面的数目, 这种平面与两个给定的二级复形系统相交形成了两条复形曲线, 使得这两条曲线有一个公共的四重点, 并且两条曲线在该点处的四条切线中有一条相互重合 (参见 §36 中的 35) 式和 36) 式).

Ⅵ. 8) 式给出了一个二级复形系统中那种复形的数目, 这种复形的奇异曲面与一个给定复形的奇异曲面相切, 并且两个复形在切点处的奇异直线相互重合.

Ⅶ. 给定次数分别为 n_1, n_2, n_3 的三个复形, 我们来求那种平面的个数, 在这种平面上三个给定复形的复形曲线在同一个点处两两相切. 为此, 我们得利用 8) 式将下面的二重条件表示出来, 这个条件要求平面 e 内属于某个复形的复形曲线与直线 g 在 p 点相切. 于是, 对于这三个复形, 就得到三个二维的公式. 然后, 将这三个公式乘起来, 就得到我们所求的数为

$$4n_1n_2n_3(n_1 + n_2 + n_3 - 3)$$

我们在 §39—§41 中处理的几何形体, 都是由多个主元素复合而成的. 还有许多其他类似的几何形体, 我们也能同样地加以处理. 作为例子, 我们来提一下几何形体 Γ', 它由一个固定平面中的一个点 p 和一条直线 g 组成, 但是这里的 p 和 g 并不关联. Clebsch 研究了由这种几何形体生成的三级系统, 即由一个单重条件定义的系统, 并由此建立了关于代数形式的理论. 他把这种系统叫做连缀(connex)(**Lit.52a**). 如果 z 是加在几何形体 Γ' 上的某个单重条件, 则必有

$$z = \alpha \cdot p + \beta \cdot g$$

其中的 α 给出了有多少个几何形体同时满足条件 z 和 pg_e, β 给出了有多少个几何形体同时满足条件 z 和 $p^2 g$. Clebsch 把 α 称为 z 所定义的连缀的阶数, β 称为它的类数. 假设给定了四个连缀 C_1, C_2, C_3, C_4, 它们的阶数分别为 $\alpha_1, \alpha_2, \alpha_3, \alpha_4$, 类数分别为 $\beta_1, \beta_2, \beta_3, \beta_4$, 那么我们要问, 它们公共几何形体 Γ' 的数目 x 为多少 *? 这个数目 x 可以很容易地由下式给出:

$$
\begin{aligned}
x &= (\alpha_1 p + \beta_1 g)(\alpha_2 p + \beta_2 g)(\alpha_3 p + \beta_3 g)(\alpha_4 p + \beta_4 g)^{**} \\
&= (\alpha_1\alpha_2\beta_3\beta_4 + \alpha_1\alpha_3\beta_2\beta_4 + \alpha_1\alpha_4\beta_2\beta_3 + \alpha_2\alpha_3\beta_1\beta_4 + \alpha_2\alpha_4\beta_1\beta_3 + \alpha_3\alpha_4\beta_1\beta_2)p^2 g^2 \\
&= \alpha_1\alpha_2\beta_3\beta_4 + \alpha_1\alpha_3\beta_2\beta_4 + \alpha_1\alpha_4\beta_2\beta_3 + \alpha_2\alpha_3\beta_1\beta_4 + \alpha_2\alpha_4\beta_1\beta_3 + \alpha_3\alpha_4\beta_1\beta_2
\end{aligned}
$$

Lindemann 也得到了这个表达式 (见 Clebsch 的《讲义》, 第 940 页).

---

* 这句中的: 几何形体 Γ', 原文为: 几何形体 Γ, 有误. —— 校注

** 这一行最后一个括号的原文为 $(\alpha_4 + \beta_4 g)$, 有误. —— 校注

§42

由一条直线和该直线上的 n 个点 所构成几何形体的特征理论 (Lit.53)

我们将这种几何形体 Γ 称为 "直线点组", 它的参数个数为 $4+n$. 因此, 我们来研究级数之和为 $4+n$ 的两个系统 Σ 与 Σ', 并将 Σ 中的直线记为 g, 其上的点记为

$$p_1, p_2, p_3, p_4, \cdots, p_n$$

而将 Σ' 中的直线记为 g', 其上的点记为

$$p_1', p_2', p_3', \cdots, p_n'$$

现在, 考虑 $4+n$ 重的条件 x, 它要求一个直线点组同时属于这两个系统. 通过类似于 §39, §40 及 §41 中的推导方法, 我们可以得到下述关于 x 的主干公式:

$$1) \quad x = (G + g_s g' + g_p g_p' + g_e g_e' + g g_s' + G')(p_1 + p_1' - g)(p_2 + p_2' - g) \cdots (p_n + p_n' - g)$$

将上式右边按乘法展开, 然后将对于 Σ 或 Σ' 维数相等的符号归并在一起, 就可以由上述主干公式得到各种情况下的特征公式. 不过, 根据 §37, 我们还有一个比这个办法更便捷的方法. 这是因为, 我们需要从 1) 式获取的信息仅仅是: 若 Σ' 为一级, 则相应的特征公式中, 所含关于 Σ' 的条件只有下面的这些:

$$g', p_1', p_2', p_3', \cdots, p_n'$$

而若 Σ' 为二级, 则相应的特征公式中, 所含关于 Σ' 的条件只有下面的这些:

$$g_e', g_p', g' p_1', g' p_2', \cdots, g' p_n', p_1' p_2', p_1' p_3', \cdots, p_{n-1}' p_n'$$

如此等等. 我们由此得出以下重要的结论: 在一个 i 级系统 Σ' 和一个 $4+n-i$ 级系统 Σ 中, 公共直线点组的数目总可以通过 m 个关于 Σ 的条件和 m 个关于 Σ' 的条件表示出来, 这里

$$
\begin{aligned}
&\text{若 } i = 1, \quad \text{则 } m = 1 + n_1 \\
&\text{若 } i = 2, \quad \text{则 } m = 2 + n_1 + n_2 \\
&\text{若 } i = 3, \quad \text{则 } m = 1 + 2n_1 + n_2 + n_3 \\
&\text{若 } i = 4, \quad \text{则 } m = 1 + n_1 + 2n_2 + n_3 + n_4
\end{aligned}
$$

而一般情况下, 有

2) $$m = n_i + n_{i-1} + 2n_{i-2} + n_{i-3} + n_{i-4}$$

根据我们在 §37 中所作的一般性讨论, 用来建立特征公式的那 m 个 i 重条件完全可以任意选取, 其中就包括了 §34 中用 g 的基本条件和 n 个 p 点的基本条件表达出来的那些叠合条件. 因为使用这些叠合条件可以使特征公式具有最简单的形式, 所以我们就来用这些条件, 并对它们采用与 §34 中同样的记号. 于是, 我们用带有 k 个并列下标的 ε 表示要求具有和 ε 完全一样下标的那 k 个 p 点叠合在一起; 此外, 用带有 k 个并列下标的 p, p^2 或者 p^3 表示要求那 k 个 p 点叠合在一起, 这 k 个 p 点具有和 p, p^2 或者 p^3 完全一样的下标, 并且它们的叠合位置分别位于一个给定平面上, 一条给定直线上或者一个给定的点处. 现在, 我们来讨论建立特征公式的问题.

若 Σ' 为一级系统, 则我们知道, 关于 Σ' 的每个单重条件 z 都可以用

$$g', \, p'_1, \, p'_2, \, p'_3, \, \cdots, \, p'_n$$

表示出来. 所以, 我们可以将 z 写作以下的形式:

3) $$z = \beta \cdot g' + \alpha_1 \cdot p'_1 + \alpha_2 \cdot p'_2 + \alpha_3 \cdot p'_3 + \cdots + \alpha_n \cdot p'_n$$

其中的系数 $\beta, \alpha_1, \alpha_2, \cdots, \alpha_n$ 取决于条件 z 的具体性质. 为了用关于 z 所定义的四级系统的 $4 + n - 1$ 重条件, 将这些系数以最简单的方式表达出来, 我们选择那样的四重条件去乘 3) 式, 使得结果中尽可能地多的符号等于零. 为此, 我们用下面这些条件去乘:

$$gp^3_{123\cdots n}, \, Gp_{234\cdots n}, \, Gp_{134\cdots n}, \, \cdots, \, Gp_{12\cdots n-1}$$

就得到

$$z g p^3_{123\cdots n} = \beta \cdot 1$$
$$z G p_{23\cdots n} = \alpha_1 \cdot 1$$

等等. 因此, 如果将 z 看作是系统 Σ 的定义条件, 则 Σ 与 Σ' 中公共直线点组的数目 x 就是

4) $$x = g' \cdot g p^3_{1234\cdots n} + p'_1 \cdot G p_{234\cdots n} + p'_2 \cdot G p_{134\cdots n} + \cdots + p'_n \cdot G p_{123\cdots n-1}$$

由此可以得到一系列的衍生特征公式, 例如, 用 g'_s 去乘这个式子, 就得到

5) $$xg_s = G' \cdot g p^3_{1234\cdots n} + p'_1 g'_s \cdot G p_{234\cdots n} + \cdots$$
$$= G' \cdot g p^3_{1234\cdots n} + G' \cdot G p_{234\cdots n} + p'^3_1 g' \cdot G p_{234\cdots n} + \cdots$$

这个公式在 $n = 1$ 时的特殊情形, 就是 §39 中的 18) 式.

若 Σ' 为二级系统, 则每个二重条件 z 都可写作以下的形式:

6)
$$z = \alpha_{12}\cdot p'_{12} + \alpha_{13}\cdot p'_{13} + \cdots + \alpha_1\cdot p'^2_1 + \alpha_2\cdot p'^2_2 + \cdots + \beta\cdot g'_p + \gamma\cdot g'_e$$

为了确定上式中的 $n_2 + n_1 + 2$ 个系数, 我们用

$$g_p p^3_{34\cdots n}, \quad g_p p^3_{24\cdots n}, \cdots$$
$$gp^3_{234\cdots n}, \quad gp^3_{134\cdots n}, \cdots$$
$$p^3_{123\cdots n}, \quad g_e p_1 p_2 \cdots p_n$$

去乘这个式子, 从而得到

$$zg_p p^3_{34\cdots n} = \alpha_{12}\cdot 1, \quad zg_p p^3_{24\cdots n} = \alpha_{13}\cdot 1, \cdots$$
$$zgp^3_{234\cdots n} = \alpha_1\cdot 1, \quad zgp^3_{134\cdots n} = \alpha_2\cdot 1, \cdots$$
$$zp^3_{123\cdots n} = \beta\cdot 1, \quad zg_e p_1 p_2 \cdots p_n = \gamma\cdot 1$$

值得注意的是, 每个系数都是通过单独一个符号来确定的. 由此得出, 一个二级系统 Σ' 和一个 $2+n$ 级系统 Σ 中公共直线点组的数目 x 为

7)
$$x = p'_{12}\cdot g_p p^3_{34\cdots n} + p'_{13}\cdot g_p p^3_{24\cdots n} + \cdots$$
$$+ p'^2_1\cdot gp^3_{234\cdots n} + p'^2_2\cdot gp^3_{134\cdots n} + \cdots$$
$$+ g'_p\cdot p^3_{123\cdots n} + g'_e\cdot g_e p_1 p_2 \cdots p_n$$

例如, 对于 $n = 2$, 我们由此即得

8)
$$x = p'_{12}\cdot G + p'^2_1\cdot gp^3_2 + p'^2_2\cdot gp^3_1 + g'_p\cdot p^3_{12} + g'_e\cdot g_e p_1 p_2$$

要决定在 $n = 2$ 时, 符号 $g_p p^3_{34\cdots n}$ 等于什么, 最可靠的办法是, 先将这个符号写成 $Gp_{34\cdots n}$, 由此即可看出, 在 $n = 2$ 时它就成了条件 G. 为简明起见, 我们只对 $n = 2$ 这个特殊情况写出衍生特征公式. 为此, 我们分别用 g, g_e, g_p, g_s 去乘 8) 式. 由此首先得到, 当 Σ' 为三级, Σ 为四级时, 有

9)
$$xg = g'p'_{12}\cdot G + g'p'^2_1\cdot gp^3_2 + g'p'^2_2\cdot gp^3_1 + g'_s\cdot p^3_{12} + g'_s\cdot g_e p_1 p_2$$

利用 §34 中的公式, 我们可以改变上式中部分符号的形状, 例如:

$$g'p'_{12} = g'_e\varepsilon'_{12} + p'^2_{12} = g'_e p'_1 + g'_e p'_2 - g'_s + p'^2_{12}$$
$$g'p'^2_1 = g'_e p'_1 + p'^3_1, \quad g'p'^2_2 = g'_e p'_2 + p'^3_2$$

于是得到

$$xg = g'_e p'_1\cdot G + g'_e p'_2\cdot G - g'_s\cdot G + p'^2_{12}\cdot G$$
$$+ g'_e p'_1\cdot gp^3_2 + p'^3_1\cdot gp^3_2 + g'_e p'_2\cdot gp^3_1 + p'^3_2\cdot gp^3_1$$
$$+ g'_s\cdot p^3_{12} + g'_s\cdot g_e p_1 p_2$$

而当两个系统均为四级时, 则由 8) 式得到

10)
$$xg_e = g'_e p'_{12}\cdot G + g'_e p'^2_1\cdot gp^3_2 + g'_e p'^2_2\cdot gp^3_1 + G'\cdot g_e p_1 p_2$$
$$= g'_e p'_{12}\cdot G + g'p'^3_1\cdot gp^3_2 + g'p'^3_1\cdot gp^3_1 + G'\cdot g_e p_{12} + G'\cdot G^*$$

---

* 这一行中 $g'p'^3_2\cdot gp^3_1$ 这一项, 原文为 $g'p'^3_2\cdot gp^3_1$, 有误. —— 校注

11) $\quad xg_p = g_p' p_{12}' \cdot G + g_p' p_1'^2 \cdot gp_2^3 + g_p' p_2'^2 \cdot gp_1^3 + G' \cdot p_{12}^3$ *

$\quad = g_s' \varepsilon'_{12} \cdot G + p_{12}'^3 \cdot G + g' p_1'^3 \cdot gp_2^3 + G' \cdot gp_2^3$

$\qquad + g' p_2'^3 \cdot gp_1^3 + G' \cdot gp_1^3 + G' \cdot p_{12}^3$

$\quad = (g' p_1'^3 + g' p_2'^3 + G') \cdot G + p_{12}'^3 \cdot G + G' \cdot p_{12}^3 + gp_1'^3 \cdot gp_2^3$

$\qquad + g' p_2'^3 \cdot gp_1^3 + G' \cdot gp_1^3 + G' \cdot gp_2^3$

$\quad = G' \cdot G + G' \cdot p_{12}^3 + p_{12}'^3 \cdot G + G' \cdot gp_1^3 + g' p_1'^3 \cdot G + G' \cdot gp_2^3$

$\qquad + g' p_2'^3 \cdot G + g' p_1'^3 \cdot gp_2^3 + g' p_2'^3 \cdot gp_1^3$

在 10) 式和 11) 式最后的那个表达式中, 如果将等号右边带撇的符号与不带撇的符号互换, 则表达式还是变为自身. 这就给出了验证这两个公式的一个方法. 最后, 当 Σ' 为五级, Σ 为四级, 且 $n = 2$ 时, 我们得到

12) $\quad xg_s = g_s' p_{12}' \cdot G + g_s' p_1'^2 \cdot gp_2^3 + g_s' p_2'^2 \cdot gp_1^3$

$\quad = g' p_{12}'^3 \cdot G + \varepsilon'_{12} G' \cdot G + G' p_1' \cdot gp_2^3 + G' p_2' \cdot gp_1^3$

$\quad = g' p_{12}'^3 \cdot G + G' p_1' \cdot G + G' p_2' \cdot G + G' p_1' \cdot gp_2^3 + G' p_2' \cdot gp_1^3$

若 Σ' 为三级系统, 则对于每个三重条件 z, 都有以下形式的等式:

13) $\quad z = \alpha_{123} \cdot p_1' p_2' p_3' + \alpha_{124} \cdot p_1' p_2' p_4' + \cdots$

$\qquad + \alpha_{12} \cdot p_{12}'^2 + \alpha_{13} \cdot p_{13}'^2 + \cdots$

$\qquad + \alpha_1 \cdot p_1'^3 + \alpha_2 \cdot p_2'^3 + \cdots$

$\qquad + \beta_1 \cdot p_1' g_e' + \beta_2 \cdot p_2' g_e' + \cdots$

$\qquad + \gamma \cdot g_s'$

为了确定这 $n_3 + n_2 + 2n_1 + 1$ 个系数, 我们用下面这些条件去乘上式:

$$Gp_{45\cdots n}, \qquad\qquad Gp_{35\cdots n}, \cdots$$
$$g_e p_{34\cdots n}^2, \qquad\qquad g_e p_{24\cdots n}^2, \cdots$$
$$p_{23\cdots n}^3, \qquad\qquad p_{13\cdots n}^3, \cdots$$
$$g_e p_2 p_3 p_4 \cdots p_n, \qquad g_e p_1 p_3 \cdots p_n, \cdots$$
$$p_{123\cdots n}^2$$

就得到

$$zGp_{45\cdots n} \qquad = \alpha_{123} \cdot 1, \qquad zGp_{35\cdots n} = \alpha_{124} \cdot 1, \cdots$$
$$zg_e p_{34\cdots n}^2 \qquad = \alpha_{12} \cdot 1, \qquad zg_e p_{24\cdots n}^2 = \alpha_{13} \cdot 1, \cdots$$
$$zp_{23\cdots n}^3 \qquad\quad = \alpha_1 \cdot 1, \qquad\quad zp_{13\cdots n}^3 = \alpha_2 \cdot 1, \cdots$$
$$zg_e p_2 p_3 p_4 \cdots p_n \quad = \beta_1 \cdot 1 + \alpha_{123} \cdot 1 + \alpha_{124} \cdot 1 + \cdots + \alpha_{1,n-1,n} \cdot 1$$
$$zg_e p_1 p_3 p_4 \cdots p_n \quad = \beta_2 \cdot 1 + \alpha_{213} \cdot 1 + \alpha_{214} \cdot 1 + \cdots + \alpha_{2,n-1,n} \cdot 1$$

---

* 这一行中 $g_p' p_2'^2 \cdot gp_1^3$ 这一项, 原文为 $g_p' p_2^2 \cdot gp_1^3$, 有误. —— 校注

等等, 以及

$$zp_{123\cdots n}^2 = \gamma$$

从而有

$$\gamma = p_{123\cdots n}^2$$

此外还有

$$\alpha_{123} = Gp_{45\cdots n}\,, \quad \alpha_{124} = Gp_{35\cdots n}\,, \cdots$$
$$\alpha_{12} = g_e p_{34\cdots n}^2\,, \quad \alpha_{13} = g_e p_{24\cdots n}^2\,, \cdots$$
$$\alpha_1 = p_{234\cdots n}^3\,, \qquad \alpha_2 = p_{134\cdots n}^3\,, \cdots$$

以及

$$\beta_1 = g_e p_2 p_3 p_4 \cdots p_n - \alpha_{123} - \alpha_{124} - \cdots$$
$$\quad\; = g_e p_2 p_3 p_4 \cdots p_n - Gp_{45\cdots n} - Gp_{35\cdots n} - \cdots$$
$$\beta_2 = g_e p_1 p_3 p_4 \cdots p_n - Gp_{45\cdots n} - Gp_{35\cdots n} - \cdots$$

等等. 其中, 在系数 β_i 的表达式中, 减去的是所有那样的符号 Gp, 这些符号中 p 的下标取遍各种可能的 $n-3$ 个值, 但不包括 i 这个值. 于是, 由此推知, 对于一个三级系统 Σ' 和一个 $1+n$ 级系统 Σ, 它们公共直线点组的数目 x 就是

14)　$x = p_1' p_2' p_3' \cdot Gp_{45\cdots n} + p_1' p_2' p_4' \cdot Gp_{35\cdots n} + \cdots$
$$+ p_{12}'^2 \cdot g_e p_{34\cdots n}^2 + p_{13}'^2 \cdot g_e p_{24\cdots n}^2 + \cdots$$
$$+ p_1'^3 \cdot p_{234\cdots n}^3 + p_2'^3 \cdot p_{134\cdots n}^3 + \cdots$$
$$+ g_s' \cdot p_{123\cdots n}^2$$
$$+ p_1' g_e' \cdot g_e p_2 p_3 p_4 \cdots p_n + p_2' g_e' \cdot g_e p_1 p_3 p_4 \cdots p_n + \cdots$$
$$- p_1' g_e' \cdot (Gp_{45\cdots n} + \cdots) - p_2' g_e' \cdot (Gp_{45\cdots n} + \cdots) - \cdots$$

为了把这个式子搞得更清楚, 我们写下此式在 $n=3$ 时的完整形式, 它就是

15)　　$x = p_1' p_2' p_3' \cdot G + p_{12}'^2 \cdot g_e p_3^2 + p_{13}'^2 \cdot g_e p_2^2 + p_{23}'^2 \cdot g_e p_1^2$
$$+ p_1'^3 \cdot p_{23}^3 + p_2'^3 \cdot p_{13}^3 + p_3'^3 \cdot p_{12}^3 + g_s' \cdot p_{123}^2$$
$$+ p_1' g_e' \cdot g_e p_2 p_3 + p_2' g_e' \cdot g_e p_1 p_3 + p_3' g_e' \cdot g_e p_1 p_2$$
$$- p_1' g_e' \cdot G - p_2' g_e' \cdot G - p_3' g_e' \cdot G$$

而在 $n=4$ 时, 这个式子中带负号的项为

$$-p_1' g_e' \cdot (Gp_2 + Gp_3 + Gp_4) - p_2' g_e' \cdot (Gp_1 + Gp_3 + Gp_4) - p_3' g_e' \cdot (Gp_1 + Gp_2 + Gp_4)\ ^*$$

利用 §34 中的 18) 式, 可以在 14) 式中将 $p_1' p_2' p_3', p_1' p_2' p_4'$ 等符号消去, 并引入叠合符号. 例如, 可以令

$$p_1' p_2' p_3' = p_{123}' + p_1' g_e' + p_2' g_e' + p_3' g_e' - g_s'$$

---

* 这一行最后的一项, 原文为 $-p_3' g_e' \cdot (Gp_1 + Gp_2 + Gp_3)$, 有误. —— 校注

288

于是, 14) 式就变为

16) $\quad x = p'_{123} \cdot Gp_{45\cdots n} + p'_{124} \cdot Gp_{35\cdots n} + \cdots$

$\qquad + p'^2_{12} \cdot g_e p^2_{34\cdots n} + p'^2_{13} \cdot g_e p^2_{24\cdots n} + \cdots$

$\qquad + p'^3_1 \cdot p^3_{23\cdots n} + p'^3_2 \cdot p^3_{134\cdots n} + \cdots$

$\qquad + g'_s \cdot p^2_{123\cdots n}$

$\qquad + p'_1 g'_e \cdot g_e p_2 p_3 \cdots p_n + p'_2 g'_e \cdot g_e p_1 p_3 \cdots p_n + \cdots {}^{*}$

$\qquad - g'_s \cdot (Gp_{45\cdots n} + Gp_{25\cdots n} + \cdots)$

如果一开始我们就采用 p'_{123} 等条件来表达特征公式, 那样就可以直接得到 16) 式.

为了举一个衍生特征公式的例子, 我们用 g' 去乘 15) 式, 即得

$$xg' = g'p'_1 p'_2 p'_3 \cdot G + g'p'^2_{12} \cdot g_e p_3{}^2 + g'p'^2_{13} \cdot g_e p_2^2 + g'p'^2_{23} \cdot g_e p_1^2 \ {}^{**}$$

$$+ g'p'^3_1 \cdot p^3_{23} + g'p'^3_2 \cdot p^3_{13} + g'p'^3_3 \cdot p^3_{12} + G' \cdot p^2_{123} \ {}^{***}$$

$$+ p'_1 g'_s \cdot g_e p_2 p_3 + p'_2 g'_s \cdot g_e p_1 p_3 + p'_3 g'_s \cdot g_e p_1 p_2$$

$$- p'_1 g'_s \cdot G - p'_2 g'_s \cdot G - p'_3 g'_s \cdot G$$

现在, 利用 §34 中的公式 13)—18), 将此式中所有的四重条件都换成叠合条件, 比如说, 令

$$g'p'_1 p'_2 p'_3 = p'^2_{123} + g'_e(p'_{12} + p'_{13} + p'_{23}) + 2G'$$

$$p'_1 g'_s = g'_e p'^2_1$$

$$g_e p_2 p_3 = g_e p_{23} + G$$

再将 $g'p'^3_1$ 换成与之相等的 $g'_e p'^2_1$, 等等; 又将 $g'p'^2_{12}$ 换成和式 $p'^3_{12} + g'_e p'^2_{12}$, 等等. 于是, 我们就得到

17) $xg' = p'^2_{123} \cdot G + G' \cdot p^2_{123} \ {}^{**}$

$\qquad + g'_e(p'_{12} + p'_{13} + p'_{23}) \cdot G + G' \cdot g_e(p_{12} + p_{13} + p_{23}) + 2G' \cdot G$

$\qquad + p'^3_{12} \cdot p_3{}^2 g_e + p'^3_{13} \cdot p_2^2 g_e + p'^3_{23} \cdot p_1^2 g_e$

$\qquad + p'^2_1 g'_e \cdot p^3_{23} + p'^2_2 g'_e \cdot p^3_{13} + p'^2_3 g'_e \cdot p^3_{12} \ {}^{****}$

$\qquad + g'_e p'_{12} \cdot g_e p_3{}^2 + g'_e p'_{13} \cdot g_e p_2^2 + g'_e p'_{23} \cdot g_e p_1^2$

$\qquad + p'_1 g'_e \cdot g_e p_{12} + p'_2 g'_e \cdot g_e p_{13} + p'_3 g'_e \cdot g_e p_{12} \ {}^{*****}$

这个公式作者验证了多次, 它完全一般地给出了两个由具有三个点的直线点组构成的四级系统中, 那些公共元素中的直线所构成直纹面的次数.

$*$ 这一行的原文为 $+p'_1 g'_e \cdot g_e p_2 p_3 \cdots n p_n + p'_2 g'_e \cdot g_e p_1 p_3 \cdots n p_n + \cdots$, 有误. —— 校注

$**$ 这一行等号左边的原文为 xg, 有误. —— 校注

$***$ 这一行第一项的原文为 $gp'^3_1 \cdot p^3_{23}$, 有误. —— 校注

$****$ 这一行第三项的原文为 $p'^2_3 g_e \cdot p^3_{12}$, 有误. —— 校注

$*****$ 这一行第三项的原文为 $p'^2_3 g_e \cdot g_e p_{12}$, 有误. —— 校注

第四, 若 Σ' 为四级系统, 为了保持形式一致, 我们全部采用叠合条件来作为特征条件, 确切地说, 用下面的 $n_4 + n_3 + 2n_2 + n_1 + 1$ 个条件:

$$
\begin{array}{ll}
p'_{1234}, & p'_{1235}, \cdots \\
p'^2_{123}, & p'^2_{124}, \cdots \\
p'^3_{12}, & p'^3_{13}, \cdots \\
g'_e p'_{12}, & g'_e p'_{13}, \cdots \\
g'_e p'^2_1, & g'_e p'^2_2, \cdots, \text{以及 } G'
\end{array}
$$

就足以表达所有的特征公式. 于是, 一个任意的四重条件 z 可以写成如下的形式:

18)
$$
\begin{aligned}
z = {} & \alpha_{1234} \cdot p'_{1234} + \alpha_{1235} \cdot p'_{1235} + \cdots \\
& + \alpha_{123} \cdot p'^2_{123} + \alpha_{124} \cdot p'^2_{124} + \cdots \\
& + \alpha_{12} \cdot p'^3_{12} + \alpha_{13} \cdot p'^3_{13} + \cdots \\
& + \beta_{12} \cdot g'_e p'_{12} + \beta_{13} \cdot g'_e p'_{13} + \cdots \\
& + \alpha_1 \cdot g'_e p'^2_1 + \alpha_2 \cdot g'_e p'^2_2 + \cdots \\
& + \gamma \cdot G'
\end{aligned}
$$

为了确定其中的系数, 就得选择适当的条件去乘上式. 为此, 我们仍然全部选用叠合条件, 确切地说, 就是下面这些:

$$
\begin{array}{ll}
Gp_{56\cdots n}, & Gp_{46\cdots n}, \cdots \\
g_e p^2_{45\cdots n}, & g_e p^2_{35\cdots n}, \cdots \\
p^3_{34\cdots n}, & p^3_{24\cdots n}, \cdots \\
g_e p_{34\cdots n}, & g_e p_{24\cdots n}, \cdots \\
p^2_{23\cdots n}, & p^2_{13\cdots n}, \cdots \\
p_{1234\cdots n}
\end{array}
$$

当然, 这样会产生叠合符号的乘积, 而它们的数值并不能直接得知. 不过, 如果我们用 §34 中得出的公式, 将其中的一个因子通过非叠合符号表示出来, 就无须解释这种乘积的意义了. 因此, 为了确定这些系数, 我们需要建立 $n_4 + n_3 + 2n_2 + n_1 + 1$ 个方程. 如果从中算出这些系数, 并将所得的数值代入 18) 式, 最后就可以得到, 四级系统 Σ' 与 n 级系统 Σ 中公共直线点组的数目 x 为

19)
$$
\begin{aligned}
x = {} & p'_{1234} \cdot Gp_{567\cdots n} + p'_{1235} \cdot Gp_{467\cdots n} + \cdots \\
& + p'^2_{123} \cdot g_e p^2_{45\cdots n} + p'^2_{124} \cdot g_e p^2_{35\cdots n} + \cdots \\
& + p'^3_{12} \cdot p^3_{34\cdots n} + p'^3_{13} \cdot p^3_{24\cdots n} + \cdots \\
& + g'_e p'_{12} \cdot g_e p_{34\cdots n} + g'_e p'_{13} \cdot g_e p_{24\cdots n} + \cdots
\end{aligned}
$$

$$+ [g_e' p_{12}' \cdot (Gp_{56\cdots n} + Gp_{36\cdots n} + \cdots)$$
$$+ g_e' p_{13}' \cdot (Gp_{56\cdots n} + Gp_{26\cdots n} + \cdots) + \cdots]$$
$$+ g_e' p_1'^2 \cdot p_{23\cdots n}^2 + g_e' p_2'^2 \cdot p_{13\cdots n}^2 + \cdots$$
$$- [g_e' p_1'^2 \cdot (Gp_{56\cdots n} + Gp_{46\cdots n} + \cdots)$$
$$+ g_e' p_2'^2 \cdot (Gp_{56\cdots n} + \cdots) + \cdots]$$
$$+ G' \cdot p_{123\cdots n}$$
$$+ [G' \cdot (g_e p_{34\cdots n} + \cdots)]$$
$$- [G' \cdot (g_e p_{4\cdots n}^2 + \cdots)]$$
$$+ 2(G' \cdot G)$$

为了把这个式子搞得更清楚, 我们仍然考虑 $n = 4$ 这个特殊情况, 此时的公式给出了两个由具有四个点的直线点组构成的四级系统中, 公共元素的数目 x 为

20) $x = p_{1234}' \cdot G$
$$+ p_{123}'^2 \cdot g_e p_4^2 + p_{124}'^2 \cdot g_e p_3{}^2 + p_{134}'^2 \cdot g_e p_2^2 + p_{234}'^2 \cdot g_e p_1^2$$
$$+ p_{12}'^3 \cdot p_{34}^3 + p_{13}'^3 \cdot p_{24}^3 + p_{14}'^3 \cdot p_{23}^3 + p_{23}'^3 \cdot p_{14}^3 + p_{24}'^3 \cdot p_{13}^3 + p_{34}'^3 \cdot p_{12}^3$$
$$+ g_e' p_{12}' \cdot g_e p_{34} + g_e' p_{13}' \cdot g_e p_{24} + g_e' p_{14}' \cdot g_e p_{23} + g_e' p_{23}' \cdot g_e p_{14}$$
$$+ g_e' p_{24}' \cdot g_e p_{13} + g_e' p_{34}' \cdot g_e p_{12}$$
$$+ (g_e' p_{12}' + g_e' p_{13}' + g_e' p_{14}' + g_e' p_{23}' + g_e' p_{24}' + g_e' p_{34}') \cdot G$$
$$+ g_e' p_1'^2 \cdot p_{234}^2 + g_e' p_2'^2 \cdot p_{134}^2 + g_e' p_3'^2 \cdot p_{124}^2 + g_e' p_4'^2 \cdot p^2{}_{123}$$
$$- (g_e' p_1'^2 + g_e' p_2'^2 + g_e' p_3'^2 + g_e' p_4'^2) \cdot G$$
$$+ G' \cdot p_{1234}$$
$$+ G' \cdot (g_e p_{12} + g_e p_{13} + g_e p_{14} + g_e p_{23} + g_e p_{24} + g_e p_{34})$$
$$- G' \cdot (g_e p_1^2 + g_e p_2^2 + g_e p_3{}^2 + g_e p_4^2)$$
$$+ 2G' \cdot G$$

可以看到, 若将带撇的符号与不带撇的符号互换, 公式保持不变. 这就给出了验证这个公式的一个方法.

现在, 对于一个 i 级系统与另一个 $4 + n - i$ 级的系统, 写出它们的特征公式并没有任何实质性的困难. 不过, 如果要完全明确地写出来, 公式中含有哪些乘积, 不含哪些乘积, 那要占用非常大的篇幅. 然而, 只要我们对某个不是太小的 i 和 n 写出这个公式, 就足以从这个特殊情况看出最一般的特征公式所具有的形式. 为此, 我们取 $n = 9, i = 6$. 于是, 对一个六级系统 Σ' 和一个七级系统 Σ 中公共直线点组的数目 x, 就得到了下面的公式, 其中每个方括号或者圆括号的下标, 表示的都是该括号中包括的符号乘积的个数.

21) $x = [p_{123456}' \cdot G_{789} + \cdots]_{84}$
$$+ [G' p_{12}' \cdot p_{3456789} + \cdots]_{36}$$

$$+ [p'^2_{12345} \cdot g_e p^2_{6789} + \cdots]_{126}$$
$$+ [g'_e p'^2_{123} \cdot p^2_{456789} + \cdots]_{84}$$
$$+ [p'^3_{1234} \cdot p^3_{56789} + \cdots]_{126}$$
$$+ [g'_e p'_{1234} \cdot g_e p_{56789} + \cdots]_{126}$$
$$+ [g'_e p'_{1234} \cdot (G p_{567} + G p_{568} + G p_{569} + \cdots)_{10}$$
$$+ g'_e p'_{1235} \cdot (G p_{467} + G p_{468} + G p_{469} + \cdots)_{10} + \cdots]_{94 \cdot 5_3 = 1260}$$
$$+ [G' p'_{12} \cdot (g_e p_{34567} + g_e p_{34568} + g_e p_{34569} + \cdots)_{21} + \cdots]_{92 \cdot 7_5 = 756}$$
$$- [g'_e p'^2_{123} \cdot (G p_{456} + G p_{457} + G p_{458} + G p_{459} + \cdots)_{20} + \cdots]_{93 \cdot 6_3 = 1680}$$
$$- [G' p'_{12} \cdot (g_e p^2_{3456} + g_e p^2_{3457} + g_e p^2_{3458} + g_e p^2_{3459} + \cdots)_{35} + \cdots]_{92 \cdot 7_4 = 1260}$$
$$+ 2 \cdot [G' p'_{12} \cdot (G p_{567} + G p_{568} + G p_{569} + \cdots)_{35} + \cdots]_{92 \cdot 7_3 = 1260}$$

如果两个给定系统的级数之和超过直线点组的参数个数 $4 + n$, 这种情况下的衍生特征公式, 很容易通过对 20) 式与 21) 式作符号乘法而求得.

如果 n 以及两个系统的级数都小于 21) 式的维数, 这种情况下的特征公式也可以由 21) 式得到. 不过, 此时需要注意, 如果符号 $G p_{789}$ 是四维的, 则可以推出 G 也是四维的; 但如果它的维数更低的话, 它就等于零了. 再来看符号 $g_e p^2_{6789}$. 如果它是三维的, 则根据关联公式, 可以用 $g_s p_{6789} - G\varepsilon_{6789}$ 来代换它. 由此可见, 当它的维数小于三维时, g_s 就等于零. 对于其余的符号, 利用关联公式同样很容易说明其含义. 举例说来, 设 $n = 2$, 而 Σ 与 Σ' 都为三级, 我们来从 21) 式推出这种情况下的特征公式. 此时, 21) 式中的第一个, 第二个, 以及第七到第十一个方括号中的和式都等于零; 而第三个方括号等于 $p'^2_{12} \cdot g_s$, 第四个方括号等于 $g'_s \cdot p_{12}$, 第五个方括号等于 $p'^3_1 \cdot p^3_2 + p'^3_2 \cdot p^3_1$, 第六个方括号等于 $g'_e p'_1 \cdot g_e p_2 + g'_e p'_2 \cdot g_e p_1$. 于是, 我们得到

$$22) \quad x = p'^2_{12} \cdot g_s + g'_s \cdot p^2_{12} + p'^3_1 \cdot p^3_2 + p'^3_2 \cdot p^3_1 + g'_e p'_1 \cdot g_e p_2 + g'_e p'_2 \cdot g_e p_1$$

对于两个由直线点组构成的四级系统, 它们的特征公式有一个显而易见的应用, 我们在下一节再加以讨论. 这里, 仅对 $n = 2$ 的情况, 给出几个公式的其他表达方式.

I. 22) 式解决了以下的问题: 假设在两个点空间之间给定了两个对应关系, 一个是 α-β 值的 *, 另一个是 α'-β' 值的. 我们将相互对应的两点都组成点对, 现在要问第一个对应所产生的点对中, 有多少个与第二个对应所产生的某个点对重合, 并且这两个点对的连接直线也重合. 在第一个对应下, 如果点对中的第一个点 (或第二个点) 在一条直线上移动, 则第二个点 (或第一个点) 就划出一条 A 次 (或 B

---
* 这里, 所谓 "α-β 值的对应" 指的是, 两个给定空间之间有一个代数对应, 使得对于第一个空间中的每个点, 有第二个空间中的 α 个点与之对应; 而对于第二个空间中的每个点, 有第一个空间中的 β 个点与之对应.—— 校注

次) 的空间曲线. 于是, 一个通过那条直线的平面就含有该空间曲线的 A 个 (或 B 个) 点. 将这 A 个 (或 B 个) 点与那条直线上的对应点作连线. 那么, 所产生的 A 条 (或 B 条) 连线并不一定全都含在该平面内. 假定那 A 条 (或 B 条) 连线中, 只有 a 条 (或 b 条) 含在该平面内, 则余下的 $d = A - a = B - b$ 条连线所连接的那两个点, 就会在那条直线上发生叠合. 此外, 在第一个对应下, 将相互对应的两点都作连线, 则所有这些连线构成了一个线性复形, 我们将其次数记为 c. 最后, 将第二个对应下所产生的同类个数用相同的字母加上一撇来表示. 那么, 公式 22) 就给出这两个对应所产生的公共点对的个数 x 为

23) $$x = \alpha \cdot \beta' + \beta \cdot \alpha' + a \cdot b' + b \cdot a' + c \cdot d' + d \cdot c'$$

II. 特别, 假设在某个固定平面的两个点场之间, 给定了两个对应关系, 一个是 α-β 值的, 另一个是 α'-β' 值的. 此时, 我们就必须应用公式 10), 而且要在该公式所含的符号中把条件 g_e 和 g'_e 都删掉, 因为这两个条件已经加在两个对应的定义中了. 于是, 就得到

$$x = p'_{12} \cdot g_e + p'^2_1 \cdot p^2_2 + p'^2_2 \cdot p^2_1 + g'_e \cdot p_{12} + g'_e \cdot g_e$$

现在, p^2_1 等于 α, p^2_2 等于 β, p'^2_1 等于 α', p'^2_2 等于 β'. 如果让第一个点和第二个点各自在一条直线上移动, 则对应的第二个点和对应的第一个点分别划出两条曲线. 这两条曲线的次数必定是相等的, 我们将它记为 A. 给定直线上的点和它所对应点的连接直线, 并不一定全都与给定直线重合. 假设在 A 条连接直线中, 只有 a 条与给定直线重合, 则余下的 $d = A - a$ 条连线所连接的两个点, 就会在该给定直线上发生叠合. 最后, 将第二个对应下所产生的同类数目用相同的字母加上一撇来表示. 于是, p_{12} 等于 d, g_e 等于 a, p'_{12} 等于 d', g'_e 等于 a'. 因此, 这两个对应所产生的公共点对的数目 x 由以下公式给出:

24) $$x = \alpha \cdot \beta' + \beta \cdot \alpha' + d \cdot a' + a \cdot d' + a \cdot a'$$

特别, 假如在固定平面上有一条给定的 n 次平面曲线, 且第二个对应使得曲线上的每个点都对应于该曲线上另一个点, 则有 $\alpha' = 0, \beta' = 0, d' = n, a' = n(n-1)$. 从而得到, 在第一个对应下, 两个点都位于一条 n 阶平面曲线上的那种点对的数目 x 为

25) $$x = dn(n-1) + an + an(n-1) = dn(n-1) + an^2$$

这个结果也可以通过下面的想法直接得到. 因为在第一个对应中有 A 个那样的点对, 它们的两个点分别位于两条给定的直线上. 于是, 根据 Bezout 定理, 或者根据点的特征理论 (参见 §37), 这个对应就有 $n^2 A$ 个点对位于给定的 n 次平面曲线上. 这些点对中, 一部分就是我们要求的那 x 个, 另一部分则是在该平面曲线上发生叠合的那些点对, 后者共有 nd 个. 于是, 有

$$x = n^2 A - nd = n^2(d+a) - nd = n(n-1)d + n^2 a$$

III. 下面, 我们从一般的公式来求两个三级点对系统所共有的 ∞^2 个点对中, 位于一个固定平面中的数目. 为此, 考虑 4) 式在 $n=2$ 时的特殊情况, 就有

$$x = g' \cdot g_e p_{12}^2 + p_1' \cdot Gp_2 + p_2' \cdot Gp_1$$

分别用 $g_e' g_e'$ 和 $g_e' p_{12}'$ 去乘这个式子, 得到

$$x g_e g_e = p_1' g_e' g_e' \cdot Gp_2 + g_e' g_e' p_2' \cdot Gp_1$$

和

$$x g_e p_{12} = g_s' p_{12}' \cdot g_e p_{12}^2 + g_e' p_{12}'^2 \cdot Gp_2 + g_e' p_{12}'^2 \cdot Gp_1$$

现在, 再将条件 g_e 和 g_e' 加入到所考虑系统的定义中, 就是说, 假设我们研究的系统位于一个固定的平面中, 则上式右边的 g_e' 和 g_e 都得删去. 于是, 就得到

26)
$$x g_e = p_1' g_e' \cdot p_2 g_e + p_2' g_e' \cdot p_1 g_e$$

和

$$x p_{12} = g' p_{12}' \cdot p_{12}^2 + p_{12}'^2 \cdot g_e p_2 + p_{12}'^2 \cdot g_e p_1$$

也就是

$$x p_{12} = g_e'(p_1' + p_2' - g') \cdot p_{12}^2 + p_{12}'^2 \cdot g_e p_2 + p_{12}'^2 \cdot g_e p_1 + p_{12}'^2 \cdot p_{12}^2 \,{}^{*}$$

由此推知, 对于固定平面有

27)
$$x p_{12} = g_e' p_1' \cdot p_{12}^2 + g_e' p_2' \cdot p_{12}^2 + p_{12}'^2 \cdot g_e p_1 + p_{12}'^2 \cdot g_e p_2 + p_{12}'^2 \cdot p_{12}^2$$

IV. 将 26) 式与 27) 式中求得的 $x g_e$ 和 $x p_{12}$ 的数值, 分别去代换 25) 式中的 a 和 d, 就得到下述结果. 假设在一个固定平面内, 给定了两个由点对构成的三级系统, 以及一条无奇点的 n 阶平面曲线. 那么, 同时属于这两个系统, 并且还位于该曲线上的点对数目 x 可以用下述公式来表示:

28)
$$x = n(n-1) \cdot [g_e' p_1' \cdot p_{12}^2 + g_e' p_2' \cdot p_{12}^2 + p_{12}'^2 \cdot g_e p_1 + p_{12}'^2 \cdot g_e p_2$$
$$+ p_{12}'^2 \cdot p_{12}^2] + n^2 \cdot [g_e' p_1' \cdot g_e p_2 + g_e' p_2' \cdot g_e p_1]$$

这个公式中出现的符号, 都很容易用 §18 中定义过的 Brill 数 $\alpha, \beta, \gamma, \alpha', \beta', \gamma'$ 表达出来, 其中 α 表示的是, 对于一个对应关系 C, 曲线上的一个点 p_1 对应于多少个点 p_2; 而 β 表示的是, 曲线上的一个点 p_2 反过来对应于多少个点 p_1, 但这里的 p_1 与 p_2 一般并不重合; 此外, γ 表示的是, 对于曲线的每个点, 有多少个点对 p_1 和

---

* 这一行式子的最后一项, 原文为 $p_{12}'^2 \cdot p_{12}'^2$, 有误. —— 校注

294

p_2 在该点处发生叠合; 最后, $p'_1, p'_2, \alpha', \beta', \gamma'$ 表示的是, 对于第二个对应关系 C' 的类似数目. 于是, 正如在 §18 中说过的那样, 有

$$n \cdot (p_1^2 p_2) = \alpha + \gamma, \quad n \cdot (p_1'^2 p_2') = \alpha' + \gamma'$$
$$n \cdot (p_1 p_2^2) = \beta + \gamma, \quad n \cdot (p_1' p_2'^2) = \beta' + \gamma'$$
$$p_{12}^2 = \gamma, \quad p_{12}'^2 = \gamma'$$

现在, 利用 §13 中的叠合公式 8), 即

$$p_1^2 p_2 = p_1 g_e + p_{12}^2, \quad p_1 p_2^2 = p_2 g_e + p_{12}^2$$

就得到

$$p_1 g_e = \frac{\alpha}{n} + \frac{\gamma}{n} - \gamma, \quad p_2 g_e = \frac{\beta}{n} + \frac{\gamma}{n} - \gamma, \quad p_{12}^2 = \gamma$$

以及

$$p_1' g_e' = \frac{\alpha'}{n} + \frac{\gamma'}{n} - \gamma', \quad p_2' g_e' = \frac{\beta'}{n} + \frac{\gamma'}{n} - \gamma', \quad p_{12}'^2 = \gamma'$$

把这些数值代入 28) 式, 并作几次变形, 就得到以下的公式:

29) $$x = \alpha \cdot \beta' + \beta \cdot \alpha' - (n-1)(n-2) \cdot \gamma \cdot \gamma'$$

它与Brill公式

$$x = \alpha \cdot \beta' + \beta \cdot \alpha' - 2p \cdot \gamma \cdot \gamma'$$

是完全一致的 (参见 Clebsch-Lindemann 的书, 第 446 页, 公式 13)) (**Lit.54**), 因为对于没有二重点和回转点的曲线, $(n-1)(n-2)$ 就等于亏格的两倍, 即等于 $2p$.

§43
两个曲面相交曲线的多重割线数目的计算

一个 m 次的曲面 F 与每条空间直线 g 都有 m 个交点

$$p_1, \ p_2, \ \cdots, \ p_m$$

在这些点中任取 i 个点与其承载体 g 所构成的几何形体, 满足 §42 中所研究的几何形体 Γ 在 $n = i$ 时的定义. 而且因为空间直线共有 ∞^4 条, 每个这样的曲面都可以生成一个由这种几何形体构成的四级系统. 从而, 对于两个均为四级的系统 Σ 和 Σ', 分别考虑 §42 中的公式在 $n = 1, n = 2, n = 3$ 及 $n = 4$ 时的特殊情形, 就能解决下面提出的全部四个问题:

Ⅰ. 求那种直线的数目, 这种直线满足一个三重条件, 并且它与一个 m 次曲面 F 的交点中, 有一个同时也是它与另一个 m' 次曲面 F' 的交点.

Ⅱ. 求那种直线的数目, 这种直线满足一个二重条件, 并且它与一个 m 次曲面 F 的交点中, 有两个同时也是它与另一个 m' 次曲面 F' 的交点.

Ⅲ. 求那种直线的数目, 这种直线满足一个单重条件, 并且它与一个 m 次曲面 F 的交点中, 有三个同时也是它与另一个 m' 次曲面 F' 的交点.

Ⅳ. 求那种直线的数目, 这种直线与一个 m 次曲面 F 的交点中, 有四个同时也是它与另一个 m' 次曲面 F' 的交点.

因此, 对于两个次数分别为 m 与 m' 的曲面 F 与 F', 如果用 x_i 来表示下面的 i 重条件, 它要求一条直线与这两个曲面有 i 个相同的交点. 那么, 根据 §37 中关于直线的特征理论, 问题 Ⅰ 通过计算四重条件 $x_1 g_s$ 的数值即可解决, 问题 Ⅱ 归结为计算 $x_2 g_e$ 和 $x_2 g_p$ 这两个数, 问题 Ⅲ 与数 $x_3 g$ 有关, 而问题 Ⅳ 则可通过计算符号 x_4 来解决. 然而,

$$x_1 g_s, \ x_2 g_e, \ x_2 g_p, \ x_3 g, \ x_4$$

这五个数在 §42 中已经通过一些四重条件表达出来了. 这些四重条件涉及 g 和 g', 还涉及 g 与 F 的 m 个交点

$$p_1, \ p_2, \ p_3, \ \cdots, \ p_m$$

以及 g' 与 F' 的 m' 个交点

$$p'_1, \ p'_2, \ p'_3, \ \cdots, \ p'_{m'} \ ^*$$

在这些四重条件的符号中, 我们这里只列出与 F 有关的那些, 因为对它们加上撇即可得到与 F' 有关的符号. 关于 F 的符号有

$$G, \ p_1^2 g_e, \ p_{12}^3, \ g_e p_{12}, \ p_{123}^2, \ p_{1234}$$

以及改变这六个符号的下标而得出的所有符号. 但是, 所有这些符号的数值, 或者已经在 §33 中算出了, 或者很容易由曲面的定义来确定. 确切地说, 对于 i 个交点的情形, 我们有

$$G = m(m-1) \cdots (m-i+1)$$
$$p_1^2 g_e = 0, \quad p_{12}^3 = 0$$
$$g_e p_{12} = m(m-2) \cdots (m-i+1) \quad \text{(参见 §33 的第 2 款)}$$
$$p_{123}^2 = 2m(m-3) \cdots (m-i+1) \quad \text{(参见 §33 的第 5 款)}$$
$$p_{1234} = m(11m-24)(m-4) \cdots (m-i+1) \quad \text{(参见 §33 的第 11 款)}$$

---

* 这一行最后一个符号的原文为 p'_m, 有误. —— 校注

当然, 改变这些符号的下标时, 它们的值保持不变.

因此, 在 $n = 1$ 的情形, 根据 §42 中的 5) 式, 或者根据 §39 中的 18) 式, 就得到

$$\text{I)} \qquad x_1 g_s = G \cdot G' = mm'$$

这个结果也可以直接看出来, 因为两个曲面 F 和 F' 相交所成空间曲线的次数为 mm'.

至于 $x_2 g_e$ 和 $x_2 g_p$ 的值, 可以由 §42 中的 10) 式和 11) 式直接给出, 即有

$$x_2 g_e = G \cdot G' + g_e p_{12} \cdot G' + G \cdot p'_{12}$$
$$= m(m-1) \cdot m'(m'-1) + m \cdot m'(m'-1) + m(m-1) \cdot m' {}^{*}$$

也就是

$$\text{IIa)} \qquad x_2 g_e = mm'(mm'-1)$$

这个结果也容易由以下事实得出: 一个平面中同时属于这两个曲面的点共有 mm' 个. 此外, 还有

$$x_2 g_p = G \cdot G' = m(m-1) \cdot m'(m'-1)$$

也就是

$$\text{IIb)} \qquad x_2 g_p = mm'(m-1)(m'-1)$$

此外, $x_3 g$ 的值很容易从 §42 中的 17) 式推出, 即有

$$x_3 g = G \cdot p'^2_{123} + p^2_{123} \cdot G' + G \cdot (p'_{12} + p'_{13} + p'_{23}) g'_e$$
$$+ (p_{12} + p_{13} + p_{23}) g_e \cdot G' + 2G \cdot G'$$
$$= m(m-1)(m-2) \cdot 2m' + 2m \cdot m'(m'-1)(m'-2)$$
$$+ m(m-1)(m-2) \cdot 3m'(m'-2)$$
$$+ 3m(m-2) \cdot m'(m'-1)(m'-2)$$
$$+ 2m(m-1)(m-2) \cdot m'(m'-1)(m'-2)$$
$$= mm'(m-1)(m-2) \cdot (2 + 3m' - 6 + m'^2 - 3m' + 2)$$
$$+ mm'(m'-1)(m'-2) \cdot (2 + 3m - 6 + m^2 - 3m + 2)$$
$$= mm'(m-1)(m-2) \cdot (m'^2 - 2)$$
$$+ mm'(m'-1)(m'-2) \cdot (m^2 - 2)$$
$$= mm' \cdot (2m^2 m'^2 - 3m^2 m' - 3mm'^2 + 6m + 6m' - 8)$$

也就是

$$\text{III)} \qquad x_3 g = mm'(mm'-2)(2mm'-3m-3m'+4) \quad (\textbf{Lit.55})$$

最后, 还要计算 x_4 的值. 为此, 我们利用 §42 中的 20) 式, 就得到

---

* 这一行最后一项的原文为 $m \cdot (m-1) \cdot m$, 有误. —— 校注

$$
\begin{aligned}
x_4 = \ & G \cdot p'_{1234} + p_{1234} \cdot G' + (g_e p_{12} \cdot g'_e p'_{34} + g_e p_{13} \cdot g'_e p'_{24} \\
& + g_e p_{14} \cdot g'_e p'_{23} + g_e p_{23} \cdot g'_e p'_{14} + g_e p_{24} \cdot g'_e p'_{13} + g_e p_{34} \cdot g'_e p'_{12}) \\
& + (g_e p_{12} + g_e p_{13} + g_e p_{14} + g_e p_{23} + g_e p_{24} + g_e p_{34}) \cdot G' \\
& + G \cdot (g'_e p'_{12} + g'_e p'_{13} + g'_e p'_{14} + g'_e p'_{23} + g'_e p'_{24} + g'_e p'_{34}) + 2G \cdot G' \\
= \ & m(m-1)(m-2)(m-3) \cdot m'(11m'-24) \\
& + m(11m-24) \cdot m'(m'-1)(m'-2)(m'-3) \\
& + 6m(m-2)(m-3) \cdot m'(m'-2)(m'-3) \\
& + 6m(m-2)(m-3) \cdot m'(m'-1)(m'-2)(m'-3) \\
& + 6m(m-1)(m-2)(m-3) \cdot m'(m'-2)(m'-3) \\
& + 2m(m-1)(m-2)(m-3) \cdot m'(m'-1)(m'-2)(m'-3) \\
= \ & m(m-1)(m-2)(m-3) \cdot m'(11m'-24) \\
& + m(11m-24) \cdot m'(m'-1)(m'-2)(m'-3) \\
& + 2m(m-2)(m-3) \cdot m'(m'-2)(m'-3) \cdot (mm'+2m+2m'-2) \\
= \ & mm' \cdot [(m^3-6m^2+11m-6)(11m'-24) \\
& + (11m-24)(m'^3-6m'^2+11m'-6) \\
& + 2(m^2-5m+6)(m'^2-5m'+6)(mm'+2m+2m'-2)]
\end{aligned}
$$

从而有

$$
\text{IV)} \qquad x_4 = mm' \cdot [2m^3 m'^3 - 6m^2 m'^2 (m+m') + 3mm'(m+m')^2 \\
+ 18mm'(m+m') - 26mm' - 66(m+m') + 144] \quad (\mathbf{Lit.55})
$$

上面对于 $x_1 g_s, x_2 g_e, x_2 g_p, x_3 g, x_4$ 所求得的五个结果中, 每条直线 g 都计数了多次, 其数目等于同时属于这两个曲面的那些交点的各种不同排列的个数. 因此, 如果想每条直线都只计数一次的话, 那就得对每个含有 x_i 的符号, 将其表达式除以 $i!$. 因为一条与 F 和 F' 有相同的 i 个交点的直线, 称为这两个曲面相交曲线的 i 重割线, 从而上面得到的五个结果可以用文字表述如下:

Ⅰ. 给定两个次数分别为 m 和 m' 的曲面, 则它们相交曲线的 ∞^3 条单重割线构成了一个 mm' 次的复形.

Ⅱ. 给定两个次数分别为 m 和 m' 的曲面, 则它们相交曲线的 ∞^2 条二重割线构成了一个线汇, 其场秩为

$$
\frac{1}{2} mm'(mm'-1)
$$

其丛秩为

$$
\frac{1}{2} mm'(m-1)(m'-1)
$$

III. 给定两个次数分别为 m 和 m' 的曲面, 则它们相交曲线的 ∞^1 条三重割线构成了一个直纹面, 其次数为

$$\frac{1}{6}mm'(mm'-2)(2mm'-3m-3m'+4) \quad \textbf{(Lit.55)}$$

IV. 给定两个次数分别为 m 和 m' 的曲面, 则它们相交曲线的四重割线的数目为

$$\frac{1}{24}mm' \cdot [2m^3m'^3 - 6m^2m'^2(m+m') + 3mm'(m+m')^2$$
$$+ 18mm'(m+m') - 26mm' - 66(m+m') + 144] \,\textbf{(Lit.55)}$$

§44

一个直线束和其中的 n 条直线
所构成几何形体的特征理论
以及在两个复形公共线汇上的应用

设几何形体 Γ 由一个束心为 p, 束平面为 e 的直线束, 以及该直线束中的 n 条直线

$$g_1, \ g_2, \ g_3, \cdots, \ g_n$$

组成, 而 Σ 是由这种几何形体 Γ 构成的一个系统. 对于由这种几何形体构成的第二个系统 Σ', 我们将它的束心和束平面分别记为 p' 和 e', 而 n 条直线则记为

$$g'_1, \ g'_2, \cdots, \ g'_n$$

Γ 的参数个数为 $5+n$. 因此, 当 Σ 与 Σ' 的级数之和为 $5+n$ 时, 这两个系统中公共几何形体 Γ 的数目就是个有限数. 下面, 我们将采用类似于 §39—§42 中的方法. 于是, 应用 §40 中的 1) 式, 对于要求几何形体 Γ 同时属于这两个系统的 $5+n$ 重条件 x, 就得到以下的主干公式:

1) $x = (e^3 + e^2e' + ee'^2 + e'^3)(p^2 - ep + e^2 + pp' - ep' + p'^2)$
$$\cdot (g_1 + g'_1 - p - e)(g_2 + g'_2 - p - e) \cdots (g_n + g'_n - p - e)$$

为了得到一般特征公式的具体表达式而将上面的乘积展开, 看起来是一件非常麻烦的事. 因此, 我们要再次应用在 §37 中讲过的消去法, 而从 1) 式我们只需要提取以下的信息: 对于几何形体 Γ 来说, 每个单重条件都能用

$$e, \ p, \ g_1, \ g_2, \cdots, \ g_n$$

来表示; 每个二重条件都能用

$$e^2, \, ep, \, p^2, \, eg_1, \, eg_2, \cdots, \, eg_n, \, pg_1, \, pg_2, \cdots, \, pg_n, \, g_1g_2, \, g_1g_3, \cdots, \, g_{n-1}g_n$$

来表示, 如此等等. 由此推知, 每个单重条件也可以用任意 $n+2$ 个相互独立的条件表示出来, 每个二重条件也可以用任意 $n_2 + 2n_1 + 3$ 个相互独立的条件表示出来. 一般情况下, 当两个系统中有一个为 i 级, 从而另一个为 $5 + n - i$ 级时, 为了将这两个系统中公共几何形体的数目 x 表示出来, 对于每个系统所需要的条件数目为

$$n_i + 2n_{i-1} + 3n_{i-2} + 3n_{i-3} + 2n_{i-4} + n_{i-5}$$

要做到这一点, 最快捷的办法是像 §44 那样, 选取某些叠合条件来作为特征条件. 它们也就是在 §35 中已经定义的, 并通过该节的公式 13)—28) 所表达的那些条件, 即

$$g_{123\cdots i}, \, g_{e123\cdots i}, \, g_{p123\cdots i}, \, g_{s123\cdots i}, \, G_{123\cdots i}$$

以及这些条件与下面这些符号

$$p, \, e, \, p^2, \, pe, \, e^2, \, p^3, \, \widehat{pe}, \, e^3, \, p^3e, \, pe^3, \, p^3e^2$$

的乘积. 例如, 要表示所有的五重条件, 我们可以用下面的符号:

$$g_{12345}, \, g_{p1234}, \, g_{e1234}, \, g_{s123}, \, eg_{p123}, \, pg_{e123}$$
$$G_{12}, \, e^2g_{p12}, \, p^2g_{e12}, \, e^3g_{e1}, \, p^3g_{p1}, \, p^3e^2$$

再加上通过改变上述符号的下标而产生的那些新符号.

求得特征公式具体形式的方法, 仍然与 §42 中所使用的完全一样. 首先, 让 i 重符号的系数为未知数, 再利用 $5+n-i$ 重条件作符号乘积来确定它们. 通过作这种符号乘积, 会产生一些 $5+n$ 重的符号, 其数值可以通过 §35 中的公式 13)—28) 来确定. 最后, 我们就会得到若干个方程, 其数目与未知系数的个数一样多, 也就是等于

$$n_i + 2n_{i-1} + 3n_{i-2} + 3n_{i-3} + 2n_{i-4} + n_{i-5}$$

如果不用叠合条件, 而用其他条件来作符号乘积, 看起来也许会更简单一些. 然而, 最后还是要用 §35 中的公式, 将所引入的非叠合条件通过叠合条件表示出来, 例如下面的公式:

$$g_1g_2g_3g_4g_5g_6g_7 = g_{1234567} + p(g_{e12345} + g_{e12346} + \cdots) + e(g_{p12345} + \cdots)$$
$$+ p^2(g_{e1234} + \cdots) + e^2(g_{p1234} + \cdots)$$
$$- 2(G_{1234} + \cdots) + 20pe(G_{12} + \cdots)$$

利用这种方法, 作者对于几何形体 Γ, 通过多种途径得到了同一个一般的特征公式. 由于这个公式的具体形式, 只有当其中一个系统的级数为一个确定的值时, 才能看

得更清楚, 所以我们假设系统 Σ' 是 7 级的, 从而另一个系统 Σ 是 $5+n-7$ 级, 也就是 $n-2$ 级的. 那么, 这两个系统中公共几何形体的数目 x, 就可以用下面的公式表示出来, 其中每个括号的下标表示的是该括号内所出现乘积的个数.

2)
$$
\begin{aligned}
x =\ & [p'^3 e'^2 g'_{12} \cdot g_{34\cdots n} + p'^3 e'^2 g'_{13} \cdot g_{24\cdots n} + \cdots]_{n_2} \\
& + [p'^3 g'_{p123} \cdot g_{p45\cdots n} + p'^3 g'_{p124} \cdot g_{p35\cdots n} + \cdots]_{n_3} \\
& + [e'^3 g'_{e123} \cdot g_{e45\cdots n} + \cdots]_{n_3} \\
& + [G'_{1234} \cdot g_{s5\cdots n} + \cdots]_{n_4} \\
& + [p'^2 g'_{e1234} \cdot eg_{p5\cdots n} + \cdots]_{n_4} \\
& + [e'^2 g'_{p1234} \cdot pg_{e5\cdots n} + \cdots]_{n_4} \\
& + [p' g'_{e12345} \cdot e^2 g_{p67\cdots n} + \cdots]_{n_5} \\
& + [e' g'_{p12345} \cdot p^2 g_{e67\cdots n} + \cdots]_{n_5} \\
& + [g'_{s12345} \cdot G_{67\cdots n} + \cdots]_{n_5} \\
& + [g'_{e123456} \cdot e^3 g_{e7\cdots n} + \cdots]_{n_6} \\
& + [g'_{p123456} \cdot p^3 g_{p7\cdots n} + \cdots]_{n_6} \\
& + [g'_{1234567} \cdot p^3 e^2 g_{8\cdots n} + \cdots]_{n_7} \\
& + [(p'^3 e'^2 g'_{12} + p'^3 e'^2 g'_{13} + \cdots)_6 \cdot eg_{p5\cdots n} + \cdots]_{6 \cdot n_4} \\
& + [(p'^3 e'^2 g'_{12} + \cdots)_6 \cdot pg_{e5\cdots n} + \cdots]_{6 \cdot n_4} \\
& + [(e'^3 g'_{e123} + \cdots)_{10} \cdot e^2 g_{p67\cdots n} + \cdots]_{10 \cdot n_5} \ ^* \\
& + [(p'^3 e'^2 g'_{12} + \cdots)_{10} \cdot e^2 g_{p6\cdots n} + \cdots]_{10 \cdot n_5} \\
& + [(p'^3 g'_{p123} + \cdots)_{10} \cdot p^2 g_{e6\cdots n} + \cdots]_{10 \cdot n_5} \\
& + [(p'^3 e'^2 g'_{12} + \cdots)_{10} \cdot p^2 g_{e6\cdots n} + \cdots]_{10 \cdot n_5} \\
& - 2 \cdot [(p'^3 e'^2 g'_{12} + \cdots)_{10} \cdot G_{6\cdots n} + \cdots]_{10 \cdot n_5} \\
& + [(e'^2 g'_{p1234} + \cdots)_{15} \cdot e^3 g_{e7\cdots n} + \cdots]_{15 \cdot n_6} \\
& - 2 \cdot [(e'^3 g'_{e123} + \cdots)_{20} \cdot e^3 g_{e7\cdots n} + \cdots]_{20 \cdot n_6} \\
& + [(p'^2 g'_{e1234} + \cdots)_{15} \cdot p^3 g_{p7\cdots n} + \cdots]_{15 \cdot n_6} \\
& - 2 \cdot [(p'^3 g'_{p123} + \cdots)_{20} \cdot p^3 g_{p7\cdots n} + \cdots]_{20 \cdot n_6} \\
& + [(p' g'_{e12345} + \cdots)_{21} \cdot p^3 e^2 g_{8\cdots n} + \cdots]_{21 \cdot n_7} \\
& + [(e' g'_{p12345} + \cdots)_{21} \cdot p^3 e^2 g_{8\cdots n} + \cdots]_{21 \cdot n_7} \\
& + [(p'^2 g'_{e1234} + \cdots)_{35} \cdot p^3 e^2 g_{8\cdots n} + \cdots]_{35 \cdot n_7} \\
& + [(e'^2 g'_{p1234} + \cdots)_{35} \cdot p^3 e^2 g_{8\cdots n} + \cdots]_{35 \cdot n_7} \\
& - 2 \cdot [(G'_{1234} + \cdots)_{35} \cdot p^3 e^2 g_{8\cdots n} + \cdots]_{35 \cdot n_7} \\
& + 20 \cdot [(p'^3 e'^2 g'_{12} + p'^3 e'^2 g'_{13} + \cdots)_{21} \cdot p^3 e^2 g_{8\cdots n} + \cdots]_{21 \cdot n_7}
\end{aligned}
$$

对于较小的 n 与级数较低的系统, 如果想从这个公式看出相应特征公式的具体

---

* 这一行的原文为 $+[(e^3 g'_{e123} + \cdots)_{10} \cdot e^2 g_{p67\cdots n} + \cdots]_{10 \cdot n_5}$, 有误. —— 校注

形式, 那就得用关联公式将符号加以变形. 例如, 如果想用一个二维的符号来替换 $eg_{p5\cdots n}$, 那就得采用符号 e^2, 因为有 $eg_p = e^2g - e^3$. 举个具体的例子, 让我们来考虑 2) 式在 $n = 3$, Σ' 为五级, 因而 Σ 为三级时的特殊情况, 则有

3)
$$
\begin{aligned}
x = {} & [p'^3 e'^2 \cdot g_{123}] \\
& + [p'^3 g'_{p1} \cdot g_{p23} + p'^3 g'_{p2} \cdot g_{p13} + p'^3 g'_{p3} \cdot g_{p12}] \\
& + [e'^3 g'_{e1} \cdot g_{e23} + e'^3 g'_{e2} \cdot g_{e13} + e'^3 g'_{e3} \cdot g_{e12}] \,{}^* \\
& + [G'_{12} \cdot g_{s3} + G'_{13} \cdot g_{s2} + G'_{23} \cdot g_{s1}] \\
& + [p'^2 g'_{e12} \cdot eg_{p3} + p'^2 g'_{e13} \cdot eg_{p2} + p'^2 g'_{e23} \cdot eg_{p1}] \\
& + [e'^2 g'_{p12} \cdot pg_{e3} + e'^2 g'_{p13} \cdot pg_{e2} + e'^2 g'_{p23} \cdot pg_{e1}] \\
& + [p' g'_{e123} \cdot e^3] \\
& + [e' g'_{p123} \cdot p^3] \\
& + [g'_{s123} \cdot \widehat{pe}] \\
& + [p'^3 e'^2 \cdot (eg_{p1} + eg_{p2} + eg_{p3})] \\
& + [p'^3 e'^2 \cdot (pg_{e1} + pg_{e2} + pg_{e3})] \\
& + [(e'^3 g'_{e1} + e'^3 g'_{e2} + e'^3 g'_{e3}) \cdot e^3] \\
& + [p'^3 e'^2 \cdot e^3] \\
& + [(p'^3 g'_{p1} + p'^3 g'_{p2} + p'^3 g'_{p3}) \cdot p^3] \\
& + [p'^3 e'^2 \cdot p^3] \\
& - 2 \cdot [p'^3 e'^2 \cdot \widehat{pe}]
\end{aligned}
$$

利用我们所研究的几何形体 Γ 的特征公式, 可以自然地确定直线几何中与 §43 中计算结果类似的数目, 即那种直线束的数目, 这种直线束在两个给定的复形中具有相同的直线. 通过直线束的特征公式, 这些数目最终取决于下面这些关于直线束的数值:

$$
x_1 e^3 p, \ x_1 e p^3, \ x_2 e^3, \ x_2 \widehat{ep}, \ x_2 p^3, \ x_3 e^2, \ x_3 ep, \ x_3 p^2, \ x_4 e, \ x_4 p, \ x_5
$$

其中, x_i 总是表示一个五重条件, 它要求一个直线束含有 i 条那样的直线, 每条这样的直线既属于一个 m 次的复形 C, 又属于一个 m' 次的复形 C', 而 p 和 e 则分别表示了该直线束的束心和束平面. 根据对偶原理, 以下等式成立:

$$
x_1 p^3 e = x_1 p e^3, \quad x_2 p^3 = x_2 e^3, \quad x_3 p^2 = x_3 e^2, \quad x_4 p = x_4 e
$$

因此, 我们只需要确定下面七个符号的数值就行了:

$$
\text{I) } x_1 e^3 p, \quad \text{IIa) } x_2 e^3, \quad \text{IIb) } x_2 \widehat{pe}, \quad \text{III a) } x_3 e^2
$$
$$
\text{III b) } x_3 pe, \quad \text{IV) } x_4 e, \quad \text{V) } x_5
$$

---

* 这一行的括号中最后一项的原文是: $e'^3 g_{e3} \cdot g_{e12}$, 有误. —— 校注

如果用关于 p 和 e 的基本条件去乘上面的特征公式, 我们就会发现, 这七个符号的数值都可以表成为 m 与 m' 的函数. 通过符号乘积, 就可以将每个待求的数目都表示成为一些乘积的和式, 其中每个乘积都由两个因子组成, 一个因子是关于复形 C 的五重条件, 另一个因子是关于复形 C' 的五重条件. 由于一个复形中没有直线等于一条任意给定的直线, 所以这些五重条件中有一部分取值为零, 而其余五重条件的数值则在 §36 中已经算过了. 要想在作了符号乘法之后, 还能得出对称的公式, 我们就必须应用 §35 中的公式. 为此, 我们还要定义带有 i 个不同下标的 ε 符号, 它是一个 $i-1$ 重的条件, 要求具有相同下标的那 i 条直线 g 相互重合. 最后, 我们要用下面两个事实来对公式化简: 第一, 两个相互对偶的符号取值相同; 第二, 两个仅有下标不同的符号取值相同.

Ⅰ. 为确定 $e^3 p x_1$ 的数值, 我们在一般特征公式中, 令 $n=1$, Σ 为一级, Σ' 为五级, 然后乘以 $e^3 p$, 得到

$$
\begin{aligned}
e^3 p x_1 &= e^3 p g_1 \cdot p'^3 e'^2 + e^3 p^2 \cdot e'^3 g'_e \\
&= e^3 p^2 \cdot p'^3 e'^2 + e^3 g_e \cdot p'^3 e'^2 + e^3 p^2 \cdot e'^3 g'_e \\
&= m \cdot m' + 0 \cdot m' + m \cdot 0 \\
&= mm'
\end{aligned}
$$

Ⅱa. 为确定 $e^3 x_2$ 的数值, 我们令 $n=2$, Σ 为二级, Σ' 为五级, 然后乘以 e^3, 得到

$$
\begin{aligned}
e^3 x_2 &= e^3 g_{12} \cdot p'^3 e'^2 + e^3 g_{1e} \cdot e'^3 g'_{2e} + e^3 p^2 \cdot e'^3 g'_{12} \\
&\quad + e^3 p^2 \cdot p'^3 e'^2 + e^3 g_{2e} \cdot e'^3 g'_{1e} \\
&= m \cdot m'(m'-1) + m(m-1) \cdot m' + m(m-1) \cdot m'(m'-1) \\
&= mm'(mm'-1)
\end{aligned}
$$

Ⅱb. 此外, 通过乘以 $\widehat{pe}$ 可以得到

$$
\begin{aligned}
\widehat{pe} x_2 &= \widehat{pe} g_{12} \cdot p'^3 e'^2 + \widehat{pe} g_{p1} \cdot p'^3 g'_{p2} + \widehat{pe} g_{p2} \cdot p'^3 g'_{p1} \\
&\quad + \widehat{pe} g_{e1} \cdot e'^3 g'_{e2} + \widehat{pe} g_{e2} \cdot e'^3 g'_{e1} + p^3 e^2 \cdot G'_{12} \\
&= G_{12} \cdot p'^3 e'^2 + p^3 e g_1 \cdot p'^3 e'^2 + p^3 e g_2 \cdot p'^3 e'^2 - 2 \cdot p^3 e^2 \cdot p'^3 e'^2 \\
&\quad + p e^3 g_1 \cdot p'^3 g'_{p2} + p e^3 g_2 \cdot p'^3 g'_{p1} + p^3 e g_1 \cdot e'^3 g'_{e2} \\
&\quad + p^3 e g_2 \cdot e'^3 g'_{e1} + p^3 e^2 \cdot G'_{12} \\
&= G_{12} \cdot p'^3 e'^2 + p^3 e^2 \cdot (p'^3 g'_{p2} + p'^3 g'_{p1}) + e^3 g_{1e} \cdot p'^3 g'_{p2} + e^3 g_{2e} \cdot p'^3 g'_{p1} \\
&\quad + (p^3 g_{1p} + p^3 g_{2p}) \cdot p'^3 e'^2 + p^3 e^2 \cdot (e'^3 g'_{e2} + e'^3 g'_{e1}) \\
&\quad + (e^3 g_{1e} + e^3 g_{2e}) \cdot p'^3 e'^2 + p^3 g_{1p} \cdot e'^3 g'_{2e} + p^3 g_{2p} \cdot e'^3 g'_{1e} \\
&\quad + 2 \cdot p^3 e^2 \cdot p'^3 e'^2 + p^3 e^2 \cdot G'_{12} \\
&= 2 \cdot m(m-1) \cdot m'(m'-1)
\end{aligned}
$$

Ⅲ a. 为确定 $e^2 x_3$ 的数值, 我们令 $n=3$, Σ 为三级, Σ' 为五级, 然后乘以 e^2. 在此, 为简明起见, 我们从一开始就把那些有一个因子为零的乘积略去了.

$$\begin{aligned}
x_3 e^2 &= e^2 g_{123} \cdot p'^3 e'^2 + 3e^2 pg_{1e} \cdot e'^2 g'_{p23} + p^3 e^2 \cdot e' g'_{p123} \\
&\quad + 3e^2 pg_{1e} \cdot p'^3 e'^2 + p^3 e^2 \cdot p'^3 e'^2 \\
&= eg_{p123} \cdot p'^3 e'^2 + e^3 \varepsilon_{123} \cdot p'^3 e'^2 + 3e^3 p^2 \cdot e'^3 g'_{23} + p^3 e^2 \cdot e' g'_{p123} \\
&\quad + 3e^3 p^2 \cdot p'^3 e'^2 + p^3 e^2 \cdot p'^3 e'^2 \\
&= eg_{p123} \cdot p'^3 e'^2 + p^3 e^2 \cdot e' g'_{p123} + 4e^3 p^2 \cdot p'^3 e'^2 \\
&\quad + (3e^3 g_1 g_2 - 3pe^3 g_1) \cdot p'^3 e'^2 + 3e^3 p^2 \cdot e'^3 g'_{23} \\
&= eg_{p123} \cdot p'^3 e'^2 + p^3 e^2 \cdot e' g'_{p123} + 4e^3 p^2 \cdot e'^3 p'^2 \\
&\quad + 3e^3 g_{12} \cdot p'^3 e'^2 + 3e^3 p^2 \cdot e'^3 g'_{23} \\
&= m(3m-2) \cdot m'(m'-1)(m'-2) + m(m-1)(m-2) \cdot m'(3m'-2) \\
&\quad + 4m(m-1)(m-2) \cdot m'(m'-1)(m'-2) \\
&\quad + 3m(m-2) \cdot m'(m'-1)(m'-2) + 3m(m-1)(m-2) \cdot m'(m'-2) \\
&= m(6m-8) \cdot m'(m'-1)(m'-2) + m(m-1)(m-2) \cdot m'(6m'-8) \\
&\quad + 4m(m-1)(m-2) \cdot m'(m'-1)(m'-2) \\
&= 2mm'(m^2-2) \cdot (m'-1)(m'-2) + 2mm'(m-1)(m-2) \cdot (m'^2-2) \\
&= 2mm' \cdot [(m^2 m'^2 - 3m^2 m' + 2m^2 - 2m'^2 + 6m' - 4) \\
&\quad + (m^2 m'^2 - 3mm'^2 + 2m'^2 - 2m^2 + 6m - 4)] \\
&= 2mm' \cdot [2m^2 m'^2 - 3mm'(m+m') + 6(m+m') - 8] \\
&= 2mm'(mm'-2)(2mm' - 3m - 3m' + 4) \quad (\text{参见 } \S 43 \text{ 的第 3 款})
\end{aligned}$$

III b. 为确定 pex_3 的数值, 我们用 pe 去乘 3) 式, 然后删去等于零的符号, 再将那些相互对偶的符号, 以及相互仅有下标不同的符号合并, 就得到

$$\begin{aligned}
pex_3 &= p'^3 e'^2 \cdot peg_{123} + 6p'^2 g'_{e12} \cdot pe^2 g_{p3} \\
&\quad + 4g'_{s123} \cdot p^3 e^2 + 6p'^3 e'^2 \cdot pe^2 g_{p1} - 2p'^3 e'^2 \cdot p^3 e^2 \\
&= p'^3 e'^2 \cdot peg_{123} + 6p'^3 g'_{12} \cdot p^3 e^2 + 4g'_{s123} \cdot p^3 e^2 + 4p'^3 e'^2 \cdot p^3 e^2 \\
&= m'(m'-1)(m'-2) \cdot 2m(m^2-2) + 6m'(m'-2) \cdot m(m-1)(m-2) \\
&\quad + 4m' \cdot m(m-1)(m-2) + 4m'(m'-1)(m'-2) \cdot m(m-1)(m-2) \\
&= 2mm' \cdot [(m^2 m'^2 - 3m^2 m' + 2m^2 - 2m'^2 + 6m' - 4) \\
&\quad + (3m^2 m' - 9mm' + 6m' - 6m^2 + 18m - 12) + (2m^2 - 6m + 4) \\
&\quad + (2m^2 m'^2 - 6m^2 m' - 6mm'^2 + 4m^2 + 4m'^2 + 18mm' - 12m - 12m' + 8)] \\
&= 2mm'(3m^2 m'^2 - 6m^2 m' - 6mm'^2 + 2m^2 + 2m'^2 + 9mm' - 4) \quad (\mathbf{Lit.56})
\end{aligned}$$

我们这里采用的方法, 对于两个复形的处理并不是对称的. 然而, 得出的这个公式对于 m 和 m' 却是对称的. 这个事实证明了公式的正确性.

IV. 为确定 $x_4 e$ 的数值, 仍然要对两个复形作非对称处理. 于是, 我们用 e 去

乘公式 2), 然后直接将 §36 中算得的五重条件的数值代入, 结果得到

$$
\begin{aligned}
x_4 e =\ & p'^3 e'^2 \cdot eg_{1234} + 6p'^3 g'_{12} \cdot e^2 g_{p34} + 6e'^2 g'_{p12} \cdot peg_{e34} \\
& + g'_{p1234} \cdot p^3 e^2 + 6p'^3 e'^2 \cdot e^2 g_{p12} + 6p'^3 e'^2 \cdot peg_{e12} \\
& + 4p'^3 e'^2 \cdot p^2 eg_{e1} + 4e' g'_{p123} \cdot p^2 eg_{e1} + 6p'^2 g'_{e12} \cdot p^3 e^2 \\
=\ & m'(m'-1)(m'-2)(m'-3) \cdot 2m(6m^2 - 11m - 6) \\
& + 6m'(m'-2)(m'-3) \cdot m(m-2)(m-3) \\
& + 6m'(m'-2)(m'-3) \cdot m^2(m-2)(m-3) \\
& + 4m'(3m'-2)(m'-3) \cdot m(m-1)(m-2)(m-3) \\
& + 2m'(11m'-18) \cdot m(m-1)(m-2)(m-3) \\
& + 6m'(m'-1)(m'-2)(m'-3) \cdot m(m-2)(m-3) \\
& + 6m'(m'-1)(m'-2)(m'-3) \cdot m^2(m-2)(m-3) \\
& + 4m'(m'-1)(m'-2)(m'-3) \cdot m(m-1)(m-2)(m-3) \\
& + 6m'(m'-2)(m'-3) \cdot m(m-1)(m-2)(m-3) \\
=\ & 2m'(m'-1)(m'-2)(m'-3) \cdot m(9m^2 - 26m + 12) \\
& + 2m'(9m'^2 - 26m' + 12) \cdot m(m-1)(m-2)(m-3) \\
& + 2m'(m'-2)(m'-3) \cdot m(m-2)(m-3) \cdot (3 + 3mm' + 2mm' - 2m - 2m' + 2) \\
=\ & 2m(m-2)(m-3) \cdot m'(m'-2)(m'-3) \cdot (5mm' - 2m - 2m' + 5) \\
& + 2m(m-1)(m-2)(m-3) \cdot m'(9m'^2 - 26m' + 12) \\
& + 2m(9m^2 - 26m + 12) \cdot m'(m'-1)(m'-2)(m'-3) \quad (\textbf{Lit.56}).
\end{aligned}
$$

Ⅴ. 对于 x_5, 在 2) 式中删去等于零的符号, 再合并数值相等的符号, 就得到

$$
\begin{aligned}
x_5 =\ & g_{12345} \cdot p'^3 e'^2 + 10eg_{p123} \cdot p'^2 g'_{e45} + 10pg_{e123} \cdot e'^2 g'_{p45} \\
& + 10e^2 g_{p12} \cdot p' g'_{e345} + 10p^2 g_{e12} \cdot e' g'_{p345} + p^3 e^2 \cdot g'_{12345} \\
& + 10eg_{p123} \cdot p'^3 e'^2 + 10pg_{e123} \cdot p'^3 e'^2 + 10e^2 g_{p12} \cdot p'^3 e'^2 \\
& + 10p^2 g_{e12} \cdot p'^3 e'^3 + 10p^3 e^2 \cdot p' g'_{e123} + 10p^3 e^2 \cdot e' g'_{p123} \\
& + 10p^3 e^2 \cdot p'^2 g'_{e12} + 10p^3 e^2 \cdot e'^2 g'_{p12} + 20p^3 e^2 \cdot p'^3 e'^2 \\
=\ & 20m(7m^2 - 30m + 24) \cdot m'(m'-1)(m'-2)(m'-3)(m'-4) \\
& + 20m(m-1)(m-2)(m-3)(m-4) \cdot m'(7m'^2 - 30m' + 24) \\
& + 20m(3m-2)(m-3)(m-4) \cdot m'(m'-2)(m'-3)(m'-4) \\
& + 20m(m-2)(m-3)(m-4) \cdot m'(3m'-2)(m'-3)(m'-4) \\
& + 20m(3m-2)(m-3)(m-4) \cdot m'(m'-1)(m'-2)(m'-3)(m'-4) \\
& + 20m(m-1)(m-2)(m-3)(m-4) \cdot m'(3m'-2)(m'-3)(m'-4) \\
& + 20m(m-2)(m-3)(m-4) \cdot m'(m'-1)(m'-2)(m'-3)(m'-4) \\
& + 20m(m-1)(m-2)(m-3)(m-4) \cdot m'(m'-2)(m'-3)(m'-4) \\
& + 10m(m-1)(m-2)(m-3)(m-4) \cdot m'(m'-1)(m'-2)(m'-3)(m'-4)
\end{aligned}
$$

$$= 10m(m-2)(m-3)(m-4) \cdot [2m'(3m'-2)(m'-3)(m'-4)$$
$$+ (m-1)(m'-2)(m'^3 - 15m' + 12)]$$
$$+ 10 \cdot [2m(3m-2)(m-3)(m-4)$$
$$+ (m'-1)(m-2)(m^3 - 15m + 12)] \cdot m'(m'-2)(m'-3)(m'-4) \quad \textbf{(Lit.56)}$$

假定一个直线束在两个次数分别为 m 和 m' 的复形中含有相同的 i 条直线, 对于这样的一个直线束, 如果只想把它计算一次, 而不是 $i!$ 次, 那么, 对于上面所得的含有符号 x_i 的每个结果, 我们就都要除以 $i!$. 因此, 上面的那些结果可以分别表述如下:

I 与 IIa. 两个次数分别为 m 和 m' 的复形含有一个公共的线汇, 每个平面都含有该线汇的 mm' 条直线, 以及由该线汇中两条直线形成的 $\frac{1}{2}mm'(mm'-1)$ 个交点.

IIb. 我们继续讨论上面那个线汇. 那么, 每条给定直线都含有由该线汇中两条直线形成的

$$m(m-1)m'(m'-1)$$

个交点, 并且这两条直线的连接平面通过该给定直线. 利用这个结果就能容易地算出这个线汇的焦曲面的阶数. 对于直线 s 上的每个点 A, 线汇中都有 mm' 条直线通过该点. 这 mm' 条直线中的每条直线与 s 的连接平面中, 还含有线汇中其他的 $mm'-1$ 条直线, 其中每条都与 s 交于某个 B 点. 所以, s 上的每个点 A 都对应了

$$mm'(mm'-1)$$

个点 B; 同样地, 每个点 B 也对应了这么多个点 A. 因此, s 上就有

$$2mm'(mm'-1)$$

个点, 它们既是 A 点, 又是 B 点. 这些点中首先包括刚才提到的, 由线汇中两条直线形成的 $mm'(m-1)(m'-1)$ 个交点, 并且这两条直线的连接平面通过 s, 每个这样的点都要计数两次; 其次还有 s 上的那些点, 在这种点处线汇中有两条无限靠近的直线相交, 也就是焦曲面上的点. 于是, 对于次数分别为 m 与 m' 的两个复形, 它们公共线汇的焦曲面的阶数就等于

$$2mm'(mm'-1) - 2mm'(mm'-m-m'+1) = 2mm'(m+m'-2)$$

(参见 Voss, *Math. Ann.*, 第 9 卷, 第 88 页.)

III a 与 III b. 对于次数分别为 m 和 m' 的两个复形, 它们公共的线汇中 ∞^2 次地含有三条这样的直线, 这三条直线共面且相交于同一点. 由这种交点所构成曲面

的次数, 以及这样三条直线的连接平面所构成平面轨迹的次数, 都等于

$$\frac{1}{3} \cdot mm'(mm' - 2)(2mm' - 3m - 3m' + 4) \ (\textbf{Lit.56})$$

此外, 考虑这些交点中那样的点, 与这种点相应的三条直线的连接平面通过一个给定的点. 那么, 这样的点构成了一条曲线, 其次数为

$$\frac{1}{3} \cdot mm'(3m^2 m'^2 - 6m^2 m' - 6mm'^2 + 2m^2 + 2m'^2 + 9mm' - 4) \ (\textbf{Lit.56})$$

IV. 对于次数分别为 m 和 m' 的两个复形, 它们公共的线汇中 ∞^1 次地含有四条这样的直线, 这四条直线共面且相交于同一点. 由这种交点所构成曲线的次数, 以及这样四条直线的连接平面所构成平面轨迹的次数, 都等于

$$\frac{1}{12} \cdot m(m - 2)(m - 3) \cdot m'(m' - 2)(m' - 3) \cdot (5mm' - 2m - 2m' + 5)$$
$$+ \frac{1}{12} \cdot m(m - 1)(m - 2)(m - 3) \cdot m'(9m'^2 - 26m' + 12)$$
$$+ \frac{1}{12} \cdot m(9m^2 - 26m + 12) \cdot m'(m' - 1)(m' - 2)(m' - 3) * \ [\textbf{Lit.56}]$$

V. 对于次数分别为 m 和 m' 的两个复形, 它们公共的线汇中含有五条这样的直线, 这五条直线共面且相交于同一点. 由这样五条直线构成的直线组的数目为

$$\frac{1}{12} \cdot m(m - 2)(m - 3)(m - 4) \cdot [2m'(3m' - 2)(m' - 3)(m' - 4)$$
$$+ (m - 1)(m' - 2)(m'^3 - 15m' + 12)]$$
$$+ \frac{1}{12} \cdot [2m(3m - 2)(m - 3)(m - 4)$$
$$+ (m' - 1)(m - 2)(m^3 - 15m + 12)] \cdot m'(m' - 2)(m' - 3)(m' - 4)$$

此外, 这个数也是那种平面的数目, 在这种平面与两个复形相交所成的两条复形曲线上, 有五条公共的切线相交于同一个点 (Lit.56).

---

* 这一行的原文为 $+\frac{1}{12}m(9m^2 - 26m + 12) \cdot m(m - 1)(m - 2)(m - 3)$, 有误. —— 校注

文 献 注 释

第一章

本章以容易理解的方式讲述了用几何条件进行计算的基本规则, 并对最常出现的位置条件, 引入了一套在以后各章中一直使用的符号系统. 对条件进行运算, 最初出现在 Halphen 关于圆锥曲线和二次曲面特征的论文中 (*Comptes Rendus*, 第 76 卷, p.1074; 以及 *Bull. de la Soc. Math*, 第 1 卷, 第 5 期), 以及我关于三阶平面曲线数目的研究报告中 (*Gött. Nachr.* 1874 年卷, p.267; 以及 1875 年卷, p.359). 条件演算法的基础则首先是我在《论计数几何》一文 (*Math. Ann.*, 第 10 卷, p.8) 的第一章中, 以一种系统的, 然而可能过于抽象的方式建立的.

Lit.1 对于多面体的参数个数, 除了这个值以外, 我还导出了第二个值, 即

$$c = 4k - 3e - 3f + 12$$

(Grunert 与 Hoppe 主编的 *Archiv*, 第 63 卷, p.97–99). 令这两个值相等, 就可以得到 Euler 公式 $e + f = k + 2$ 的一个新证明. 利用 Euler 公式, Hoppe 已经求得了多面体的参数等于它的棱边数(*Archiv*, 第 55 卷, p.217).

Lit.2 对于无奇点的复形, 其参数个数首先是 Lüroth 确定的 (Crelle 的 *Journal*, 第 67 卷), 后来 Voss 也求得了这个数 (*Math. Ann.*, 第 9 卷, p.59).

Lit.3 条件记号的乘积(也就是符号乘积) 这种说法, 首先是 Halphen 提出来的 (*Comptes Rendus*, 第 76 卷, p.1074). 为了对条件记号进行形式的运算, 首先是我定义了条件的乘积 (*Gött. Nachr.*, 1874 年卷, 五月号, p.272). 在我随后发表的几篇论文中, 更详细地指出了一个复合条件的各个组成条件与一个乘积的各个因子之间的相似性 (*Gött. Nachr.*, 1875 年卷, p.363; 以及 *Math. Ann.*, 第 10 卷, p.10 与 p.322). 不过, 在这些论文中, 我还没有像本书一样, 把两个条件的和也看成为一个新的条件. 对条件进行乘法运算和加法运算类似于逻辑演算中相同的运算 (参见 E. Schröder 所著《符号逻辑中的演算》, Teubner, 1877, p.5–7). 在逻辑演算中, a 乘 b 表示一个对象既是 a 又是 b, 在我们这里则表示那种条件, 它要求既要满足条件 a, 又要满足条件 b. 在逻辑演算中, a 加 b 表示一个对象或者是 a 或者是 b, 在我们这里则表示那种条件, 它要求或者满足条件 a 或者满足条件 b.

Lit.3a 1864 年, Chasles 在 *Comptes Rendus* 上首先阐述了对应原理 (见本书的 §13). 从 1871 年起, 每年他都在 *Comptes Rendus* 上发表文章, 应用这个原理计算了几百个涉及平面曲线阶数和秩数的数目, 而这些平面曲线都是通过某种条件与一些

给定的平面曲线相互关联的. 他算得的这些数目中, 大部分都是给定曲线的阶数和秩数的函数. 1874 年以后, 用来表达给定曲线与所求曲线之间关系的那些条件, 主要是度量性的条件. 例如, 这些条件涉及三角形的相似 (*C. R.*, 第 78 卷, 第 79 卷), 涉及某些线段的长度相等, 长度之比为常值, 长度之积为常值, 长度之和为常值, 而这些线段是在给定曲线的切线或法线上截出来的 (*C. R.*, 第 81 卷, 第 82 卷, 第 83 卷), 最后还涉及周长为常值的三角形, 而这些三角形的顶点位于给定的曲线上, 且三角形的边与给定的曲线相切 (*C. R.*, 第 85 卷). 如果使用本书所讲述的演算法, 所有这种数目的计算都将大大地简化.

Lit.4 个数守恒原理是我首先使用的, 当时的目的是为了用它来求三次平面曲线的数目之间的关系 (*Gött. Nachr.*, 1874 年卷, p.274). 当时我只用到了本书所列举的个数守恒原理的第 II 种形式, 所以称之为 "特殊位置原理". "个数守恒原理" 这个名称, 是我在系列论文《论计数几何》的第一篇中首次采用的 (*Math. Ann.*, 第 10 卷, p.23). 在该文中我还首次利用这个原理得到了一些重要的公式, 它们就是本书第二章中推导的, 并在后面各章中反复应用的 "关联公式". 在我的论文《二次曲面的模》的 §12 中 (*Math. Ann.*, 第 10 卷, p.351–355), 包含了这个极其有用的原理的另外一些应用. 其他数学家也经常使用这个原理的一些特殊形式. 例如, Lothar Marcks 研究了由一个 n 次曲面的曲率中心构成的曲面 (*Math.Ann.*, 第 5 卷, p.27–30). 利用这个原理的形式 I, 他计算了曲率中心曲面与一条无穷远直线的交点个数, 从而求出了该曲面的阶数 (参见 Sturm, *Math.Ann.*, 第 7 卷, p.567). 利用这个原理的形式 III, Jonquières 定出了各种各样的数目. 例如, 他计算了无奇点平面曲线和无奇点曲面的参数个数 (*Brioschi Ann.*, 第 VIII 卷, p.312–328). 至于这个原理的形式 IV, Hurwitz 最近给出了一个有趣的应用 (*Math. Ann.*, 第 15 卷, p.18). 利用这个原理, 他能够以最简单的方式, 推导出关于封闭问题 (schliessungsprobleme) 的 Steiner 定理和 Poncelet 定理, 以及其他几个类似的结果.

Lit.5 这里的两个数, 即曲面在一个平面截口中的法线数目以及从一点出发到一个曲面上的法线数目, 最早是 Sturm 给出的 (*Math. Ann.*, 第 7 卷, p.567).

Lit.5a Fouret 研究了含有超越曲线与超越曲面的代数系统 (*Bull. de la Soc. Math.*, 第 1 卷, 第 2 卷; 以及 *Comptes Rendus*, 第 78 卷, 第 79 卷, 第 82 卷). 在这几篇论文中, Fouret 同时还讨论了曲线系统和曲面系统与代数微分方程之间的有趣联系.

Lit.6 正是通过对于连续性的考虑, F. Klein 证明了他关于区分实奇点与虚奇点的公式 (*Erl. Ber.*, 1875 年卷; 以及 *Math. Ann.*, 第 10 卷, p.199).

Lit.7 在 *Math. Ann.*, 第 10 卷, p.21 上, 我建议将点轨迹的次数叫做阶, 将直线轨迹的次数叫做秩, 而将平面轨迹的次数叫做类. 在本书的 §21 中, 就是根据这些术语来为其中定义的概念命名的, 从而得到: 阶曲线, 阶直线, 阶曲面, 阶平面 ; 秩曲线, 秩来 (秩点, 秩平面), 秩曲面, 秩轴 ; 类曲线, 类轴, 类曲面, 类点.

Lit8. 对于一个给定的几何形体及一个给定的系统, 将每个相关的条件与此条件所确定的数目对应起来, 并将此数目与该条件用同一个符号来表示, 这个想法最初出现在我关于三次平面曲线的第一份报告中 (*Gött. Nachr.*, 1874 年卷, 5 月号). 这个想法, 以及将条件之间的方程与一个新的条件作符号相乘的想法 (参见 §2 与 **Lit.3**), 对于计数几何术语的形成与演算法的建立都具有重要的意义.

Lit.9 Salmon-Fiedler 与 Clebsch-Lindemann 内容丰富的巨著由 Teubner 出版社出版, 其中对于由点构成的代数系统(即曲线和曲面) 的讨论尤为详尽. 本书与这两部著作紧密衔接, 虽然不是在所使用的方法上, 但在所处理的问题上确实是如此. 对于由直线构成的系统, 一开始就是把它们本身作为研究对象来探讨的. 最早的工作有 Kummer 的论文 (见*Ber. der Berl. Akad.*; 以及 Crelle 的*Journal*) 和 Plücker-Klein 的《空间的新几何》. 随后在*Gött. Nachr.*与*Math. Ann.*上也有一些文章发表, 其中 Voss 的三篇论文特别深入 (见*Math. Ann.*, 第 8 卷, 第 9 卷, 第 10 卷)(也参见**Lit.49**). 1873 年, Zeuthen 在哥本哈根科学院院刊上发表了长篇论文《平面曲线系统的一般性探讨》(*Naturw. og Math.*, 第 IV 卷, 第 10 期), 其中研究了由平面曲线构成的一级系统, 主要目的是利用这种系统中的奇点(即退化曲线)来进行个数的计算. 在 1877 年 7 月号的*Gött. Nachr.*上, 作者研究了由那种几何形体构成的系统, 这种几何形体是由单个的点、直线和平面组合而成的, 例如由两个点及其连接直线组成的几何形体. 而且, 作者还讨论了这样的两个系统中公共几何形体的数目, 这对应于点几何中如下的问题: 一个曲面与一条空间曲线交于几个点, 或者三个曲面交于几个点 (可以把这里处理的情况与第六章解决的问题作一个比较). 1872 年, Clebsch 最早研究了一类特殊的三级系统 (*Abh. der Gött. Ges.*, 第 17 卷), 构成这种系统的是由一个点与一条直线组成的几何形体. 他把这种系统叫做 "连缀" (connexe)(参见 Clebsch–Lindemann 的著作, p.924; 也参见**Lit.52a**).

第二章

本章建立的关联公式, 在以后各章中将反复用到. 1875 年, 我在*Gött. Nachr.*, p.370–371, 就建立了部分关联公式. 后来在*Math. Ann.*, 第 10 卷, p.26–36, 则作了完整的讨论.

Lit.10 用 "关联" 这个词来表示不同种类主元素相互之间的特殊位置关系, 源自于 Grassmann 和 Sturm. "关联公式" 这个说法则是我在系列论文《论计数几何》的第二篇中首先使用的 (*Math. Ann.*, 第 13 卷, p.430).

Lit.11 Zeuthen 在研究平面曲线的一级系统时, 就用到了这个定理 (*Comptes Rendus*, 1872 年, 2 月号). 此外, Sturm 在他关于三次空间曲线的论文中, 也以非显然的方式用到了这个定理 (Crelle 的 *Journal*, 第 79 卷及第 80 卷).

Lit.12 我以前的论文中还没有用 pe 这个符号, 在相应的地方总是写成 $p^2e - p^3$ 或者 $pe^2 - e^3$.

Lit.13 位于同一个平面内的四个点的条件之间的这个公式, 是 Hurwitz 在 1876 年写信告诉我的. 在此之前, 我告诉了他位于同一条直线上的三个点的条件之间的公式 (即 §9 的第 2 款).

Lit.14 这些公式我在 *Math. Ann.*, 第 10 卷, p.37–42, 作了详细的推导, 当时是为了在研究三阶四秩的平面曲线时, 将这些公式应用到由三条拐切线组成的三角形上. 在此, 这些公式就请读者来自行推导了.

Lit.15 本节下面的几个公式, 我在《论计数几何》一文中 (*Math. Ann.*, 第 10 卷, p.33–37) 就推导出来了. 不过, 当时并没有认识到这些公式是 §7 和 §10 中所建立公式的特殊情形, 因而推导的方法不怎么漂亮.

第三章

在本章中, 利用第一章建立的演算法与第二章证明的关联公式, 我们从 Chasles 对应原理导出了*两个主元素无限靠近这类条件*的公式. 这些公式称为对应公式或者叠合公式, 是我最先推得的 (*Math. Ann.*, 第 10 卷, p.54–69). 但是, 我们在此补充了几个新的应用.

Lit.16 将 Chasles 对应原理推广到平面以及空间中的点, 分别归功于 Salmon (见《三维几何学》, 1865 年, 第二版, p.511; 或者 Fiedler 编辑的版本, p.566) 与 Zeuthen (*Comptes Rendus*, 1874 年, 6 月号). 这里的论述, 采用了更为一般的观点来处理对应问题, 则是我最先提出的 (*Math. Ann.*, 第 10 卷, p.54).

Lit.17 要确定三个曲面公共交点的数目 (即 Bezout 数), 只用对应原理即可. 例如, Fouret 就这么做了 (*Bull. de la Soc. Math.*, 第 1 卷, p.122–258). 但是, 几个轨迹中公共元素数目的公式其实是一般对应公式的特殊情形, 这一点则是我最先看出来的 (*Math. Ann.*, 第 10 卷, p.91).

Lit.18 一个平面曲线系统中与一条给定平面曲线相切的曲线数目, 是 Chasles 最先给出的 (*Comptes Rendus*), 随后 Zeuthen 给出了一般的证明 (*Math. Ann.*, 第

3 卷, p.153). 对于一个曲面系统中与一个给定曲面相切的曲面数目, 当给定曲面没有奇点时, 其结果最先是 Jonquières 证明的 (*Comptes Rendus*, 第 58 卷及第 61 卷); 而当给定曲面为任意曲面时, 结果是 Brill 证明的 (*Math. Ann.*, 第 8 卷, p.534–538). 最后, 我认识到这个公式是一个二级直线束系统与一个三级直线束系统中公共直线束数目公式的特殊情形 (*Gött. Nachr.*, 1877 年, p.407)(参见本书第六章, §40, 以及**Lit.52**).

Lit.19 给定两个由曲面构成的一级系统, 所有分属这两个系统中两个相切曲面的切点构成了一条曲线, 其次数是我利用几个相关的数目最先定出来的 (*Math. Ann.*, 第 10 卷, p.109).

Lit.20 给定由曲面组成的一个一级系统和一个二级系统, 所有分属这两个系统中两个相切曲面的切点构成了一个曲面, 其次数最先是 Fouret 定出来的 (*Comptes Rendus*, 第 80 卷, p.805). 后来, 我用直线束的公式也给出了这个结果 (*Gött. Nachr.*, 1877 年, p.408)(参见**Lit.18**, 及本书第六章, §40).

Lit.21 两个线汇中公共直线的数目最初是 Halphen 定出来的 (*Comptes Rendus*, 1872 年, p.41), 然后 Zeuthen 用对应原理也得出了同一结果 (*Comptes Rendus*, 1874 年, 6 月号). 对此我给出了一个极其简单的推导 (*Math. Ann.*, 1876 年, 第 10 卷, p.96).

Lit.22 这个定理源自于 F. Klein, 发表在 S. Lie 的一个简要报告中 (*Gött. Nachr.*, 1870 年, 4 月号).

Lit.23 §16 的内容节选自我的论文《二阶曲面的多重条件的模》(*Math. Ann.*, 第 10 卷, p.318).

Lit.24 退化曲线可以通过对一般曲线作同形投影变换来生成, 这是 Zeuthen 先生在 1875 年的一封来信中提醒我关注的.

Lit.25 在二次曲面的三个基本条件 μ, ν, ϱ 与三个退化条件 φ, χ, ψ 之间的这三个公式, 是 Zeuthen 最先建立的 (*Overs. ov. d. K. Selsk. Forh.*, 1866 年; 以及*Nouv. Ann.*, (2), VII, p.385).

Lit.26 对于二次曲面含有一条给定直线这一条件的这个表达式, 是 Hurwitz 通过个数守恒原理最先发现的 (见*Math. Ann.*, 第 10 卷, p.354). 而公式 VIII 至 XIV 则是作者发现的.

Lit.27 有几位数学家先后得出了公式 XIV 的这个特殊情况. 他们是 Cremona (*Comptes Rendus*, 第 59 卷, p.776), Halphen(*Bull. de. la Soc. Math.*, 第 1 卷) 以及 Lindemann(见他编辑的《Clebsch 讲义》一书, 第 406 页上的公式 11).

Lit.28 Brill 为了举例说明他的对应公式, 提到了在一一对应情况下的这种数

目之间的关系 (*Math. Ann.*, 第 7 卷, p.621)(参见本书的 §18 与 **Lit.29**).

Lit.29　1866 年, Chasles 对于亏格为零的曲线首先提出了对应公式 (*Comptes Rendus*, 第 62 卷). 而一般亏格曲线的对应公式, 则是 Cayley 提出的 (*Comptes Rendus*, 第 62 卷, p.586; 以及稍后的 *Phil. Trans. of the R. S.*, 1868 年, 第 158 卷). 对于这个公式, Brill 最后给出了充分的证明和深入的讨论 (*Math. Ann.*, 1873 年, 第 6 卷, p.33; 以及 *Math. Ann.*, 1874 年, 第 7 卷, p.607). Brill 的研究也可在 Clebsch–Lindemann 的著作中找到, 见该书的第 441 页.

第四章

在本章中, 对于各种各样的几何形体, 我们利用前面几章所得到的数目之间的关系, 来计算这些数目本身, 所用的办法是把这些待求的数目归结为参数个数较少的更为简单的几何形体的数目, 而后者则是已经算得了的. 本章中的部分结果, 作者先前已在 *Math. Ann.* 上发表过了; 但也有不少是新的结果, 主要是 §25 中的内容, 以及 §28—§32 中的内容.

Lit.30　1864 至 1867 年间, Chasles 对于圆锥曲线算出了大部分的数目, 结果发表在 *Comptes Rendus* 上. 关于 Chasles 的早期工作以及 1872 年以前其他人在计数几何领域内的工作, 可以参看 Painvin 编辑的文献目录, 发表在 Darboux 主编的 *Bull.*, 第 III 卷, p.155–160.

Lit.31　在平面上给定了五条圆锥曲线后, 求与它们都相切的圆锥曲线的数目. 对此, Jacob Steiner 曾给出一个错误的答案为 6^5. 正确的结果是 3264, 它是 Chasles 与 Th. Berent 最先求得的.

Lit.32　第一个利用退化曲线来计算几何数目的是 Chasles. 他在研究圆锥曲线时, 使用了这一方法 (*Comptes Rendus*, 1864 年). Zeuthen 在他的论文《平面曲线系统的一般探讨》中 (哥本哈根科学院院刊, *Natur. og. Math.*, 1873 年, 第 IV 卷, 第 10 期), 首先用这个方法来研究高次曲线, 得到了深刻的结果.

Lit.33　二次曲面的基本数目首先是 Zeuthen 算出来的 (*Overs. ov d. K. Selsk. Forh.*, 1866 年; 以及 *Nouv. Ann.*, (2), VII, p.385), 随后作者也算得了 (Crelle 的 *Journal*, 第 71 卷, p.366).

Lit.34　对于带尖点和带二重点的三阶平面曲线, Maillard 在其博士论文中 (题为《三阶平面曲线基本系统的特征的研究》, 发表于 1871 年 12 月), 首先计算了几个数目. 然后, Zeuthen 又计算了几个 (*Comptes Rendus*, 第 74 卷). 作者研究带尖点的三阶曲线时 (*Gött. Nachr.*, 1874 年卷, p.267; 以及 1875 年卷, p.359), 考虑了与奇点和切线有关的条件, 其后还作了更深入的研究 (*Math. Ann.*, 第 13 卷, p.451–509). 对于带二重点的三阶曲线, 作者也有细致的研究 (*Math. Ann.*, 第 13 卷, p.509–537). 在这些论文中, 当计算或验证三阶平面曲线的各种数目时, 也用到了个数守恒原理.

Lit.35 §25 的内容基本上摘要自作者在 1875 年 1 月受到丹麦皇家科学院嘉奖的一篇获奖论文. 该文目前尚未发表, 但对于此项工作 Zeuthen 已经做了报导 (*Kopenh. Akademieberichten*, 1875 年, 第 1 期). 在我系列论文《论计数几何》的第一和第二篇中 (*Math. Ann.*, 第 10 卷, p.6; 以及第 13 卷, p.430), 曾经表示将把对于三次空间曲线的研究作为该系列的第三篇发表. 由于相关研究结果已经写进了本书中, 所以我就不再发表《论计数几何》的第三篇了.

Lit.36 1875 年, Zeuthen 在通信中指出了我的获奖论文中的一个错误, 即退化曲线 η 的主干数不是 1 和 4, 而应为 4 和 16.

Lit.37 利用直线几何的方法, Voss 建立了这个四次复形的方程(*Math. Ann.*, 第 13 卷, p.170).

Lit.38 Sturm 用纯几何方法推得的这些三次空间曲线的数目中 (*Borch. Journ.*, 第 79 卷, p.99–140; 以及第 80 卷, p.128–149), 其中有一小部分 Cremona 已经求出来了 (*Borch. Journal*, 第 60 卷, p.180).

Lit.39 Zeuthen 的题为《平面曲线系统的一般探讨》的论文 (哥本哈根科学院院刊, *Natur. og. Math.*, 1873 年, 第 IV 卷, 第 10 期), 内容十分丰富, 其中不仅导出了这里所列举的数目, 而且对于 n 阶平面曲线的退化曲线上叠合点的重数与 Plücker奇点的位置, 也给出了一系列重要的法则. 为了直观地了解退化曲线, 该文采用了那样一种插图, 其中不仅画出了这种退化曲线本身, 而且同时还画出两条非退化的曲线, 它们是在一个一级系统中与此退化曲线非常靠近的两条曲线. 于是, 在一定程度上看起来, 退化曲线就是从这两条非退化曲线中的一条向另一条转换时的过渡曲线. 此外, 该文还包括了所有那些计算n 阶曲线基本数目所必须的公式. 对于高阶平面曲线, 比如四阶平面曲线, 到目前为止只知道很少几个零散的数目. 例如, Jonquières 证明了, 在一个固定平面内, 具有两个给定二重点并且通过 $\frac{1}{2}(n^2+3n-12)$ 个给定点的 n 阶曲线的数目为 $\frac{3}{2}\cdot(n-1)(n-2)(3n^2-3n-11)$ (*Math. Ann.*, 第 1 卷, p.424). 类似地, 在计算曲面数目方面, 到目前为止几乎也超不出二次曲面的范围. 不过, 作者已经开始处理三次直纹面的几何计数问题并描述其退化曲面.

Lit.40 利用直线对的叠合公式, 我早就推得了线性线汇的数目 (*Math. Ann.*, 第 10 卷, p.83–88). 不过, 对于具有无限靠近的准线 (leitlinie) 的线性线汇, 当时还没有将它看成是那样一种几何形体, 这种几何形体由一条那样的直线组成, 该直线上的点与通过此直线的平面射影相关.

Lit.41 我在编辑本书时, 受到 Sturm 与 Hirst 研究关联关系 (correlation) 论文的启发, 想到了对于由基本几何形体构成的一级系统, 也可以通过退化形体来计算其中射影相关元素的数目, 正如同计算曲线和曲面的数目那样. 本书 §28 结尾部分算得的那些数目, Sturm 把它们看作为 "空间射影相关" 问题的解的个数, 并通过其他更费力的办法已经得到了 (*Math. Ann.*, 第 6 卷). 稍后, Sturm 在他研究关联丛(correlative bündel) 的长篇论文中 (*Math. Ann.*, 第 12 卷, p.254–368), 用通过退化形体确定个数的方法, 又得到了本书 §30 中算得的那些数目, 并利用它们来计算关联丛的数目. 这些数目中有一部分, Hirst 先生也算出来了 (*Proc. of the London Math. Soc.*, 第 5 卷及第 8 卷), 而且他在后一篇文章中用到了退化形体. 在此期间, 我在一篇投给 Borchardt 所主编杂志的论文中, 还计算了那样一种几何形体的数目, 这种几何形体由分别位于直线 g 与直线 h 上的两个点列组成, 并且使得 h 上的每个点对应于 g 上的两个点, 但 g 上的每个点只对应于 h 上的一个点.

Lit.42 §31 中讨论的那种由两个共线丛组成的几何形体, 它们的数目至今尚未被计算过. 但是, 涉及这种几何形体多重条件的那些数目, 却已由 Sturm 定出来了 (*Math. Ann.*, 第 10 卷, p.117-136). 对于涉及两个关联丛的数目, Sturm 在他详尽的论文中 (*Math. Ann.*, 第 12 卷, p.254-368), 不仅算出了本书 §32 中的那些数目, 而且用通过退化形体计数的方法导出了涉及多重条件的数目, 顺便提一下, 后面这种数目他早就算出来了 (*Proc. of the London Math. Soc.*, 第 7 卷, p.175). 在此之前, 对于与之对偶的几何形体, 即由两个关联平面构成的几何形体, Hirst 在两个平面为给定的假设下, 计算了相应的数目 (*Proc. of the London Math. Soc.*, 第 5 卷及第 8 卷). 对于空间关联, 即对于那样一种几何形体, 它使得空间中的点与平面一一对应, Hirst 早在 1875 年就为对它进行几何计数做了预备性的研究 (*Proc. of the London Math. Soc.*, 第 6 卷, p.7).

第五章

在本章中, 我们从第三章的一维叠合公式出发, 利用符号乘法建立了一条直线上 n 个点的叠合以及一个直线束中 n 条直线叠合的条件; 并对于无奇点的曲面与复形, 求出了某些奇点的数目. 本章的内容基于我以前发表的三篇论文:《一般阶曲面的切线奇点》(*Math. Ann.*, 第 11 卷, p.348–378),《n 个点组与 n 条直线组的对应原理》(*Math. Ann.*, 第 12 卷, p.180–201), 以及《n 次复形的奇点》(*Math. Ann.*, 第

12 卷, p.202–221).

Lit.43 对于无奇点的曲面, 其切线、主切线和二重切线的数目早就为人们所知晓. 1849 年, Salmon 定出了所有四重切线的切点所构成曲线的阶数 (*Cambr. a. Dubl. Math. Journ.*, 第 4 卷, p.260), 之后 Clebsch 也得到了同一结果 (Crelle 的 *Journal*, 第 58 卷, p.93). Cayley 进一步发现 (*Phil. Trans. of the Royal Soc.*, 1869 年), 对于一条 d 阶的二重曲线, 这个数要减小 $22d$; 而对于一条 r 阶的回转曲线 (rückkehrcurve), 这个数要减小 $27r$. 这个事实被 Voss 证明了 (*Math. Ann.*, 第 9 卷, p.483). 对于在一个点二重相切、又在另一个点三重相切的切线, 以及对于在三个点二重相切的切线, Salmon 在 1860 年最先用解析方法得到了它们的数目 (*Quarterly Journ.*, 第 1 卷, p.336), 稍后, Sturm 用综合方法也得到了这些数目 (Crelle 的 *Journ.*, 第 72 卷, p.350). 我发现用 Chasles 对应原理, 或者更好一点, 用二维点对公式 (参见本书第三章的 §13), 可以很容易地确定这些数目 (*Math. Ann.*, 第 10 卷, p.100). Salmon 在他的著作《空间几何》第二部分的第 462 节中, 提出了如下的问题: 确定五重切线以及其余的有限条奇异切线的数目. 但对于用代数方法来处理这类问题所产生的困难, 他并没有什么解决的办法 (见 Salmon-Fiedler 的书, p.581). 最后, 我证明了用 Chasles 对应原理可以毫无困难地解决 Salmon 的问题 (*Math. Ann.*, 第 10 卷, p.102; 同时也发表在 *Gött. Nachr.*, 1876 年卷, 2 月号). 后来, 我将此问题与几个相关问题一起作了更为详细的处理 (*Math. Ann.*, 第 11 卷, p.348–378). 在本书的 §33 中, 所有出现的奇点数目都直接归结到若干主干数, 而这些主干数的值从曲面的定义即可看出来. 这是一个全新的方法, 很好地说明了我们计数演算法的高效便捷. 最近, Krey 补充说明了, 当曲面具有通常奇点时 (比如二重曲线等等), 作者得到的公式应该如何进行约化 (*Math. Ann.*, 第 15 卷, p.211). 对于带奇点的曲面, 考虑它的不同类型奇点个数之间的关系, 在这方面 Salmon(*Trans. of the Royal Irish Acad.*, 第 23 卷) 与 Cayley(*Phil. Trans.*, 1869 及 1871 年) 已经做了很多的工作, 但最深入的研究是 Zeuthen 做的 (*Math. Ann.*, 第 4 卷, 第 9 卷, 特别是第 10 卷的 p.446–546)(参见 Salmon-Fiedler, 第二部分, 第二版, p.605–617).

Lit.44 Voss 求出了脐点 (kreispunkt) 的正确数目 (*Math. Ann.*, 第 9 卷, p.241). 他既用了解析的方法, 又用了计数的方法. 我在此给出了确定这些数目的两种方法, 其中的第一个方法就是模仿 Voss 所用的计数方法.

Lit.45 对于没有奇点的曲面, Darboux(*Comptes Rendus*, 第 70 卷, p.1329) 与 Marcks(*Math. Ann.*, 第 5 卷, p.29) 先后定出了其曲率中心曲面的阶数和类数. 随后, Sturm 在他研究代数曲面法线的论文中 (*Math. Ann.*, 第 7 卷, p.567–583), 给出了一般的结论. 他的结果是: 对于一个阶数为 n, 类数为 m 的曲面, 如果在每个给定平面上都有它的 α 条主切线, 而通过每个给定点都有它的 σ 条主切线, 则其曲率

316

中心曲面的阶数等于 $3n+3m+\alpha+\sigma$, 类数等于 $n+m+\alpha+\sigma$.

Lit.46 对于一个阶数为 n、秩数为 r、类数为 m 的曲面, 若将其主切线所构成线汇的场秩和丛秩分别记作 α 和 σ, Sturm 证明了该曲面上曲率线的切线所构成线汇的场秩和丛秩分别为 $n+r+\alpha$ 和 $m+r+\sigma$ (*Math. Ann.*, 第 9 卷, p.573–575).

Lit.47 Clebsch 用解析方法计算过这个数 (Crelle 的 *Journ.*, 第 63 卷, p.14)(也参见 Salmon-Fiedler 所著的《空间几何》, 第二部分, 第 463 节). 但他算出的结果太大了, 大出了一个由四重切线所构成直纹面的次数. 我曾在 *Math. Ann.* 上指出了这一点 (*Math. Ann.*, 第 11 卷, p.377).

Lit.48 我们在此将对应原理从点对推到了点组, 这件事我以前就做过 (*Math. Ann.*, 第 12 卷, p.182–196). 不过, 当时还没有建立这里的公式 13)—23). 在点组的承载体是固定的这一特殊情况下, 相应的点组叠合公式, 即这里的 6) 式或 24) 式, Saltel 在我之前就考虑过了 (*Nouv. Ann.*(2), 第 12 卷, p.565—570). Saltel 利用这个公式, 对于 n 个不定元的 n 个方程, 在一个特殊情况下求得了它们所具有的有限个公共根的个数 (*Mém. cour. de l'Acad. de Belgique*, 第 24 卷). 这里所说的特殊情况是这样的, 对于 n 个方程中的每个方程来说, 若不定元 x_i 的次数为 α_i, 则当 $x_1=x_2=x_3=\cdots=x_n$ 时, 方程的次数为 $\alpha_1+\alpha_2+\alpha_3+\cdots+\alpha_n$. 对于 n 个不定元的 n 个一般的方程, Fouret 给出了它们有限个公共根的个数公式 (*Bull. de la Soc. Math. de France*, 第 2 卷, p.136). 他的方法基于他之前对于三个曲面在非无限远处的公共点个数的几何研究 (*Bull. de la Soc. Math.*, 第 1 卷, p.122), 然后将此几何结果一步一步地用代数方法推出来. Saltel 在一篇文章中建立了一个对应 (*Comptes Rendus*, 第 80 卷, p.1324), 使得一条直线上的 n 个点对应于一条亏格为零的固定空间曲线上的 n 个点. §35 中关于一个直线束中 n 条直线叠合条件的公式, 是我在 *Math. Ann.* 上的一篇文章中推出来的 (*Math. Ann.* 第 12 卷, p.196–201), 但是这里的公式 29)—40) 都是新的.

Lit.49 Plücker 在其著作《空间的新几何》中 (Teubner 出版社, 1868 及 1869 年), 为直线几何建立了基础, 从而肇始了从奇点的角度对于光滑 (strahlallgemein) n 次复形的研究. 随后的研究工作有 Clebsch(*Math. Ann.*, 第 2 卷. p.1–8; 以及第 5 卷, p.435–442), Klein(*Math. Ann.*, 第 2 卷, p.198–226; 第 5 卷, p.257–278 与 p.278–302; 以及第 7 卷, p.208–211), Lie(*Math. Ann.*, 第 5 卷, p.145–256), Klein 和 Lie(*Berl. Monatsber.*, 1870), Pasch(Giessen, 1870 年; 以及 Crelle 的 *Journ.*, 第 75 卷, p.106–153), Weiler(*Math. Ann.*, 第 7 卷, p.145–207), 以及 Voss(*Math. Ann.*, 第 8 卷, p.54–136). 这些工作为用解析的方法研究复形, 包括研究复形的奇异曲面, 作好了重要的准备. 在此基础上, Voss 在他的《论复形与线汇》(*Math. Ann.*, 第 9 卷, p.55–162) 一文中对于相关问题做了最为细致的研究. 然后, 作者利用他的演算法,

对于复形计算了那种奇点的数目 (*Math. Ann.*, 第 12 卷, p.202–211), 它们类似于 n 次曲面上奇异切线的数目, 比如五重切线的数目. 由此不仅验证了许多已由 Voss 算得的数目, 而且还补充了一系列新的有关高阶奇点的数目. 因此, §36 基本上就是作者前引论文的一个摘要. 在 §36 的结尾部分, 我们列举了已由 Voss 或在 Voss 前就已求得的那些奇点数目. 但是, 在那些数之前所列举出的其他数目, 都是用我们的计数演算法定出来的. 到目前为止, 它们都还没有用解析方法算出来过. 对于三阶曲面含有 27 条直线这个结果, 它在直线几何中的类似结果是, 存在 1280 个那样的直线束, 这种直线束中的全部直线都属于一个给定的四次复形. 对于这一结果, 同样也还没有解析的计算.

第六章

在本章中, 对于一个任意的几何形体定义了什么叫做该几何形体的特征问题, 还对于若干几何形体求解了其特征问题, 并用由此所得的特征公式给出了一系列有趣的应用. 本章的研究结果大部分是新的. 但是, §38 中导出的一维特征公式, 作者与 Hurwitz 已经合作发表过 (*Gött. Nachr.*, 1876 年卷, p.507–512). 此外, §39, §40 和 §41 中有几个结果, 我也未加证明地报告过 (*Gött. Nachr.*, 1877 年卷, p.401–426).

Lit.50 Chasles 通过归纳推理得出结论说, 每种平面曲线都有两个特征条件 (*Comptes Rendus*, 第 98 卷). 在那之后计数几何所经历的进一步发展, 特别是 Clebsch 对于 Chasles 定理所作的证明 (*Math. Ann.*, 第 6 卷, p.1), 都说明了上面那个结论不能成立(也参见 Clebsch-Lindemann 著的《几何学讲义》, p.390). 因此, 这里以合理的方式对特征条件的概念重新做了定义. 这一定义我以前就间接地提到过 (*Gött. Nachr.*, 1877 年卷, p.401). §37 中从特征条件概念所推出的一般消除过程, 也是我提出来的 (*Math. Ann.*, 第 10 卷, p.355).

Lit.51 1864 年, Chasles 在*Compets Rendus*上对于圆锥曲线提出了一维特征公式, 但并没有提供证明. 证明后来才由 Clebsch(*Math. Ann.*, 1873 年, 第 6 卷, p.1), Halphen(*Bull. de la Soc. Math. de Fr.*, 1873 年, 第 1 卷, p.130–141) 和 Lindemann (见 Clebsch 的《几何学讲义》, p.398, 1875 年) 分别给出. Halphen 在他的论文中, 以及 Lindemann 在他的书中 (p.404), 还补充了高维的特征公式. 随后, Halphen 将他的研究结果推到了二次曲面及空间中的圆锥曲线上 (*Bull. de la Soc. Math. de Fr.*, 第 2 卷, p.11–33). 但到了 1876 年, Halphen 却对 Chasles 特征公式的普遍有效性提出了质疑 (*Comptes Rendus*, 第 83 卷, p.537–538; 以及第 83 卷, p.886–888), 并提出了修正的办法, 认为该特征公式仅对某类一级系统, 并在满足某种单重条件时才能成立. 在 Halphen 第一篇文章出来之后, Hurwitz 与作者随即发表了在本书中

318

所讲述的 Chasles 定理的证明. 在同一年, Saltel 也对这个定理的普遍有效性表示了怀疑 (*Bull. de Belg.* (2), 第 62 卷, p.617–624). 直到 1878 年, Halphen 才详细给出他怀疑的具体理由, 并提出一个公式来替代 Chasles 的公式 (*Proc. of the London Math. Soc.*, 第 IX 卷, p.133–134; 以及 *Math. Ann.*, 第 14 卷)(也参见他在 *Journ. de l'Ec. pol.*, 第 45 卷上刚刚发表的论文). 很遗憾的是, 直到本书付印时作者才得到 Halphen 的这些论文, 所以无法在本书中利用 Halphen 的重要研究成果.

Lit.52 §39—§41 中那些最重要的公式, 我以前未加证明地报告过 (*Gött. Nachr.*, 1877 年卷, 7 月号, p.401–426), 但本书中所作的各种应用都是新的. 关于分属两个给定曲面系统中相切曲面的结果, Fouret 已经用完全不同的方法得到了 (*Comptes Rendus*, 第 80 卷, p.805–809; 以及第 82 卷, p.1497–1500)(参见**Lit.20**).

Lit.52a 1872 年, Clebsch 通过不变量理论引进了连缀(connexe) 的定义并对其作了研究 (*Gött. Abh.*, 第 17 卷; 以及 *Math. Ann.*, 第 5 卷, p.427). 在 Lindemann 编辑的 Clebsch 的讲义中 (《几何学讲义》, p.924–1037), 更详细地处理了连缀. 不过, 对于与坐标系无关的几何研究来说, 其他主元素对组成的系统和连缀同样地重要. 实际上, Krause 以类似的方式研究过某种空间连缀(raumconnex)(*Math. Ann.*, 第 14 卷, p.294–322), 即由那样一种几何形体构成的五级系统, 这种几何形体由一个点及与该点配套的一个平面组成.

Lit.53 §42 和 §44 的研究结果都是新的. 假设给定了 n 个由点组构成的 $n-1$ 级系统, 并考虑这些系统的承载体为给定的这样一种特殊情况. 此时, 这些系统中公共点组数目的公式, 从代数的角度看, 可以归结为 Saltel 对于 n 个不定元的 n 个一般方程所给出的有限个公共根的个数公式 (*Mém. de Belg.*, 第 24 卷)(参见**Lit.48**).

Lit.54 Brill 通过考虑一条固定曲线上的两个一级点对系统, 证明了他关于公共点对数目的公式 (*Math. Ann.*, 第 7 卷, p.607)(参见 Clebsch-Lindemann 的书, p.446), 并同时证明了这种系统叠合体的数目公式 (参见**Lit.29**).

Lit.55 关于两个曲面相交曲线的四重割线的结果, 在本书中是作为点组特征公式的特殊情况来推得的. Salmon 用完全不同的方式也得到了这个结果 (见 Salmon-Fiedler 所著的《空间几何》, 第二部分, 216 节及 219 节, p.262–264). 得到这个结果的还有 Zeuthen (*Brioschi Ann.*(2), 第 3 卷, p.175–218) 和 Picquet (*Comptes Rendus*, 第 77 卷, p.474–478; 以及 *Bull. de la Soc. Math.*, 第 1 卷, p.260–280).

Lit.56 在本书中对于两个复形交集中奇点的计数至今还未有人注意过.

附　　录

数学问题*

David Hilbert

问题 15. 为 Schubert 计数演算法建立严格的基础

　　这个问题是: 对于计数几何中得到的几何数目 **, 在准确界定其适用范围的前提下, 严格地证明其正确性. 特别需要研究的是, Schubert在他的书中 [1], 基于所谓特殊位置原理 (或称个数守恒原理) 建立的一套计数演算法, 并据此算出的那些几何数目. 虽然今天的代数学原则上保证了可以实施消元法, 但要证明计数几何中的定理, 对代数学的要求却比这要高得多, 因为它要求在对于特定的具体方程进行消元时, 事先就能知道最后所得方程的次数及其解的重数.

---

　　* 1900 年, 正值 19 与 20 世纪之交, 第二届国际数学家大会在巴黎召开. David Hilbert 在会上作了题为《数学问题》的报告. 在这篇报告中, Hilbert 指出, 数学问题对于推动数学的发展起着至关重要的作用, 进而提出了 23 个具体问题, 以供 20 世纪的数学家研究之用. Hilbert 的 23 个问题, 对于 20 世纪的数学发展产生了深远的影响. 其中的第十五问题, 就是关于 Schubert 计数演算法的. 下面从 Hilbert 的报告中摘译了与此有关的部分, 以供参考. 原文可见: Hilbert 全集 (*Gesammelte Abhandlungen*), 第三卷, 316 页.—— 校注

　　** 这里所谓的 "几何数目", 指的是作为计数几何问题的解而得到的那些数目. 举例说来, 3264 就是这样的一个几何数目, 因为它就是与五条给定的 (处于一般位置的) 圆锥曲线都相切的圆锥曲线的数目. 参见 Kleiman 为本书重印版所写的导言.—— 校注

　　1)《计数几何演算法》, Leipzig, 1879.—— 原注